基于IPv6的家居物联网开发与应用技术

■ 程卫军　范彧　雷岳俊　编著

Development and Application Technology of Home Internet of Things Based on IPv6

人民邮电出版社
北京

图书在版编目（CIP）数据

基于IPv6的家居物联网开发与应用技术 / 程卫军，范彧，雷岳俊编著. -- 北京 : 人民邮电出版社，2020.12
ISBN 978-7-115-55033-0

Ⅰ. ①基… Ⅱ. ①程… ②范… ③雷… Ⅲ. ①物联网－研究 Ⅳ. ①TP393.4②TP18

中国版本图书馆CIP数据核字(2020)第193072号

内 容 提 要

本书主要针对家居物联网的开发和应用技术进行了介绍，目的是构建一个基于 6LoWPAN 的嵌入式物联网技术知识架构和开发案例。本书内容分为 3 个部分。第一部分围绕 6LoWPAN 及其相关技术（IPv6 和 IEEE 802.15.4）进行详细介绍；第二部分主要对 Contiki 操作系统、协议栈和 RPL 路由技术的工作原理与过程进行分析和阐述；第三部分给出了一个低功耗的智能家居物联网应用开发案例。

本书可供从事物联网研究与开发应用的工程技术人员参考学习，也可作为高等院校电子、通信、物联网、自动化等专业高年级本科生或研究生的教材。

◆ 编　　著　程卫军　范　彧　雷岳俊
　责任编辑　王　夏
　责任印制　彭志环

◆ 人民邮电出版社出版发行　　北京市丰台区成寿寺路 11 号
　邮编　100164　　电子邮件　315@ptpress.com.cn
　网址　https://www.ptpress.com.cn
　北京捷迅佳彩印刷有限公司印刷

◆ 开本：787×1092　1/16
　印张：17　　　　2020 年 12 月第 1 版
　字数：414 千字　　　　2020 年 12 月北京第 1 次印刷

定价：158.00 元

读者服务热线：(010) 81055493　印装质量热线：(010) 81055316
反盗版热线：(010) 81055315

前言

2019 年 6 月，工业和信息化部发放了 5G 商用牌照，自此我国的 5G 商用模式正式开启。在 5G 未来的应用中，增强移动宽带、低时延高可靠连接和大连接物联网这三大应用场景不仅给人们生活带来跨越式的变化，也给社会产业结构带来全新的变革，尤其大连接物联网加快了万物的互联互通。智能家居物联网作为一个应用领域，也将从智能单品、系统化场景化阶段进入全新的智慧化模式，但支撑智能家居物联网的应用与开发技术仍需要不断演进和完善，如支持 6LoWPAN 的 Contiki 操作系统。虽然近年来专门针对物联网应用的操作系统已经发布，如 Mbed OS 和 LiteOS 等，但这些系统还在不断完善当中，有些商用系统需要支付费用。Contiki 操作系统目前很活跃并处在不断更新中，它的开源受到科研和开发人员的青睐，尤其适用于低功耗、资源有限的系统开发。本书出版的初衷是为当前的科研和开发人员提供研发参考。

本书共分 8 章。第 1 章为家居物联网概述，阐述了物联网与家居物联网的发展历程、相关技术和发展中存在的问题与机遇。第 2 章为 IPv4 与 IPv6，特别说明了 IPv4 向 IPv6 的过渡方法。第 3 章为 IEEE 802.15.4，介绍了该标准的基本定义和 ZigBee 技术。第 4 章为 6LoWPAN 技术，给出了该技术的协议栈和格式定义。第 5 章为 Contiki 操作系统基础，对系统内核的运行原理和过程进行了分析和诠释。第 6 章为 Contiki 协议栈，重点介绍了 uIP 和 Rime 协议栈的工作原理和过程。第 7 章为 RPL 路由协议及 Cooja 仿真，阐述了 RPL 的工作原理和 Cooja 仿真方法。第 8 章为基于 6LoWPAN 的低功耗家居物联网应用，给出了一个实用案例。本书采用理论与实践相结合、由简到深的方法对基于 6LoWPAN 的嵌入式物联网技术进行了全面介绍。

本书第 1～4 章由程卫军编写，第 5～6 章由范彧编写，第 7～8 章由雷岳俊编写，全书由程卫军统稿审校。在本书的编写过程中，中央民族大学的王继业教授多次参与讨论并提供指导，为本书的编辑和出版做了大量工作，在此表示感谢。此外，本书参考和引用了众多的图书、论文等资料，在此对所有资料的作者一并表示感谢！

由于物联网技术发展迅速和编者水平有限，书中难免有错误和不妥之处，恳请广大读者批评指正。

编　者

目录

第1章 家居物联网概述

1.1 物联网发展概述

1.1.1 物联网的出现及其概念

物联网被认为是继计算机、互联网之后世界信息产业的第三次浪潮，已经成为科技、产业、金融界关注的焦点。物联网的英文名称是“Internet of Things”，顾名思义为物物相联的互联网，它的起始要追溯到20世纪90年代。比尔·盖茨（Bill Gates）在1995年出版的《未来之路》一书中[1]，就已经涉及物物互联的思想，只是当时受限于无线网络、硬件及传感设备的发展，并未引起世人的重视。1998年，美国麻省理工学院创造性地提出了当时被称作电子产品代码（Electronic Product Code，EPC）系统的“物联网”的构想。1999年，美国Auto-ID中心在物品编码、射频识别（Radio Frequency Identification，RFID）技术和互联网的基础上提出“物联网”的概念[2]。

在中国，物联网在早期被称为传感网。中国科学院在1999年就启动了传感网的研究，并已取得了一些科研成果，建立了一些适用的传感网。同年，在美国召开的移动计算和网络国际会议提出了“传感网是下一个世纪人类面临的又一个发展机遇”。2003年，美国《技术评论》提出传感网络技术将是未来改变人们生活的十大技术之首。2005年11月17日，在突尼斯举行的信息社会世界峰会（World Summit on the Information Society，WSIS）上，国际电信联盟（International Telecommunication Union，ITU）发布了《ITU互联网报告2005：物联网》，正式提出了“物联网”的概念[3]。然而，ITU的报告对物联网的定义仍然是初步的。

随后，世界各国对此做出了积极响应并制定了各种支撑计划。2008年，IBM提出“智慧地球”理念[4]后，迅速得到了美国政府的响应。2009年，日本IT战略本部发布了日本新一代信息化“i-Japan2015”战略，旨在到 2015 年让数字信息技术聚焦电子政务、医疗保险和教育人才三大核心领域。同年，欧盟执委会发表了《欧洲物联网行动计划》[5]，描绘了物联网技术的应用前景，提出欧盟政府要加强对物联网的管理，促进物联网的发展。韩国通信委员会也出台了《物联网基础设施构建基本规划》，提出到 2012 年构建世界最先进的物联网基础设施、发展物联网服务、研发物联网技术和营造物联网推广环境等内容。

我国政府也高度重视物联网的研究和发展。2009 年 8 月 7 日，时任国务院总理温家宝在无锡视察时，提出把“感知中国”的中心建在无锡。同年 11 月，国务院正式批准同意建设无锡国家传感网创新示范区，启动了物联网示范工程建设。2010 年，国务院在“两会”的政府工作报告中提出了物联网的概念，在同年发布的《国务院关于加快培育和发展战略新兴产业的决定》中将包含物联网在内的新一代信息技术列为战略性新兴产业。随后，工业和信息化部印发《“十二五”物联网发展规划》，国务院印发《国务院关于推进物联网有序健康发展的指导意见》，国家发展和改革委员会等多个部门联合印发《物联网发展专项行动计划》。2015 年 3 月，国务院在《2015 年政府工作报告》提出“互联网+”战略，更加明确了物联网的发展方向。

物联网是新一代信息技术的重要组成部分，在不同的阶段从不同的角度出发有不同的理解和诠释。目前，有关物联网定义的争议还在进行之中，尚不存在一个世界范围内认可的权威定义。但物联网有两层意思：第一，物联网的核心和基础仍然是互联网，是在互联网基础上延伸和扩展的网络；第二，其用户端可以延伸和扩展到任何物品与物品之间，进行信息交换和通信。刘云浩在《物联网导论》中认为物联网是一个基于互联网、传统电信网等信息承载体，让所有能够被独立寻址的普通物理对象实现互联互通的网络[6]。它具有普通对象设备化、自治终端互联化和普适服务智能化 3 个重要特征。ITU 将其定义为用于实现物品到物品（Thing to Thing，T2T）、人到物品（Human to Thing，H2T）、人到人（Human to Human，H2H）之间互联的物联网。在面向互联网时可定义为全球化的基础设施，连接物理与虚拟的对象，以应用其捕获的数据和通信功能。这个基础设施包括现存的和演进的因特网和网络，它将提供特殊的对象识别、感知和连接能力，以开发独立的、协作的服务和应用基础。这些将是以高度自治的数据捕获、事件传输、网络互联和交互为特征的。发展至今，一个为我国业界基本接受的定义是以《2010 年政府工作报告》中物联网定义为蓝本发展起来的，即物联网是通过信息传感设备，按照约定的协议，把任何物品与互联网连接起来，以实现智能化识别、定位、跟踪、监控和管理的一种网络。物联网是在互联网基础上延伸和扩展的网络。

物联网的定义说明了 IoT 的技术组成和联网的目的。互联网实现了人与人之间的交流，IoT 则可以说实现了人与物、物与物之间的联通，是实现人与客观世界进行信息交互的信息网络。同时，它与传感网和泛在网也有所不同。传感网作为传感器、通信和计算机 3 项技术密切结合的产物，是一种全新的数据获取和处理技术，传感网利用传感器作为节点，以专门的无线通信协议实现物品之间连接的自组织网络，是物联网的一个子集。而泛在网是面向泛在应用的各种异构网络的集合，强调的是跨网之间的互联互通和数据融合/聚类与应用，物联网是泛在网的一个子集[7]。

1.1.2 物联网的体系结构

物联网有别于互联网，互联网的主要目的是构建一个全球性的计算机通信网络，而物联网则是主要从应用出发，利用互联网、无线通信网络资源进行业务信息的传送，是互联网、移动通信网应用的延伸，是自动化控制、遥控遥测及信息应用技术的综合展现。当物联网概念与近距离通信、信息采集与网络技术、用户终端设备结合后，其价值才会逐步得到展现。

根据信息生成、传输、处理和应用的过程，可以把物联网体系结构分成 4 层，即感知识别层、网络构建层、管理服务层和综合应用层，也可以称为感知层、传输层、支撑层和应用层，如图 1-1 所示[8]。也有文献把传输层和支撑层合二为一，称为网络层或传输层[9]。

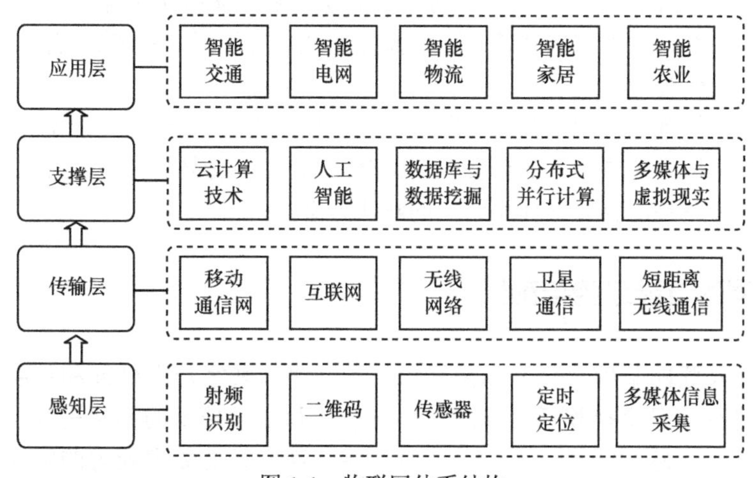

图 1-1　物联网体系结构

（1）感知层

感知识别是物联网的核心技术，是联系物理世界和信息世界的纽带，主要用于采集物理世界中发生的物理事件和数据，包括各类物理量、标识、音频、视频数据。该层通过各种类型的传感器对物体的物质属性、环境状态、行为态势等静/动态信息进行大规模、长时间和实时、分布式的信息获取与状态辨识。针对具体感知任务，通常采用协同处理的方式对多种类、多角度和多尺度的信息进行在线或实时计算，并与网络中的其他单元共享资源进行交互与信息传输，甚至可以通过执行器对感知结果做出反应，对整个过程进行智能控制。物联网的信息感知技术涉及传感器技术、RFID 技术、多媒体信息采集技术、二维码、GPS/北斗和实时定位等关键技术。

（2）传输层

传输层的目的是可靠传输，通过各种电信网络与互联网的融合，将物体的信息实时准确地传递出去。也就是通过现有互联网（IPv4/IPv6 网络）、移动通信网（如 GPRS/CDMA、3G/4G/5G、NB-IoT 等）、无线接入网（Wi-Fi、WiMAX 等）、卫星通信网等基础网络设施，对来自感知层的信息进行接入和传输。传输层采用能够接入各种异构网的设备，由于这些设备具有较强的硬件支撑能力，因此可以采用相对复杂的软件协议进行设计，其功能主要包括网络接入、网络管理和网络安全等。传输技术涉及移动通信技术、互联网技术、无线网络技术、卫星通信技术和短距离无线通信技术等关键技术。

（3）支撑层

支撑层的功能是智能处理，利用云计算、人工智能等各种智能计算技术对海量数据和信息进行分析和处理。也就是在高性能网络计算环境下，将网络内大量或海量信息资源通过计算整合成一个可互联互通的大型智能网络，为上层的服务管理和大规模行业应用建立一个高效、可靠和可信的网络计算超级平台。支撑层涉及各种智能处理技术、高性能分布式并行计算技术、海量存储与数据挖掘技术、数据管理与控制技术等多种现代计算机技术。

（4）应用层

应用层利用经过分析处理的感知数据，为用户提供丰富的服务，包括各类用户界面显示设备，以及其他管理设备等，这也是物联网系统结构的最高层。应用层根据用户的需求可以面向各类行业实际应用的管理平台和运行平台，并根据各种应用的特点集成相关的内容服务，如智能交通系统、智能家居系统、环境监控系统、远程医疗系统、智能工业系统、智能农业系统和智能校园等。

物联网各层之间既相互独立又紧密联系。在应用层以下，同一层上的不同技术互为补充，适用于不同环境，构成该层技术的全套应对策略。而不同层提供各种技术的配置和组合，根据应用需求，构成完整的物联网体系结构的解决方案。

1.1.3 物联网的发展趋势与前景

物联网是在互联网基础上延伸和拓展的一种网络，其客户端延伸和扩展到了任何物品与物品之间，进行信息交换和通信。随着传感技术和通信技术的不断进步，物联网已发展成为对物体具有全面感知能力，对信息具有可靠传递和智能处理能力的物与物之间的信息网络。2018 年，物联网技术层和应用层不断更新，行业发展渐进成熟。2019 年，随着全球 5G 的部署以及智慧城市的加快推进，物联网产业再次蓬勃发展。国际数据公司（International Data Corporation，IDC）数据显示，2018 年全球物联网开支达 6 460 亿美元，至 2020 年为 7 420 亿美元，低于 2019 年 11 月发布预测值的 14.9%。虽然 COVID-19 造成的经济影响严重制约了全球 IoT 的支出，IDC 预计全球 IoT 支出将在 2021 年恢复两位数的增长率，并在 2020—2024 年预计实现 11.3%的复合年增长率[10]。为此，物联网已逐步成为未来世界推进经济发展和社会进步的基础设施，作为重要科技手段融入人们的日常生活。目前，物联网正呈现以下发展趋势。

① 当前，世界物联网已经进入快速发展阶段，并成为社会经济、科技发展的重要推动力量。物联网相比过去，在广度、深度上都有了很大的发展。首先，过去物联网的应用局限于某个行业、某个单一目的，现在则向着多层的立体感知发展，利用传统的 RFID、无线传感网、传感器等平面感知手段，结合空间感知，把卫星资源、海洋资源利用起来，通过高速数据传输进行立体化的数据分析。随着传感器的精确化和小型化，物联网将具备更完整的信息感知能力。

② 物联网产业的市场格局正从过去的碎片化向板块化发展，市场格局日趋聚合，生态竞争成为主流。各方布局产业生态，包括通信运营商、IT 服务企业、互联网企业、行业软件企业，平台成为争夺焦点，比如设备及服务集成商的系统设备+解决方案，电信运营商的物联通道+行业应用，互联网企业的汇聚平台+智能硬件。

③ 人工智能再度成为热点。在智能经济与新型智慧城市建设高峰论坛上，中国工程院院士潘云鹤表示："全球人工智能正在从 1.0 走向 2.0 阶段，基于互联网把计算机同人

的智能有效结合，形成群体智能，是人工智能 2.0 时代的重要方向。”未来人工智能不再是机器单纯模仿一个人的某个思维能力，而是基于物联网，通过连接更多的机器和人，把人的自主思考能力与机器的精确性结合在一起，在各自擅长的领域发挥作用，比如自动驾驶汽车、智能交互等方面。因此，人工智能与物联网的协同应用构建了智能物联网（Artifical Intelligence & Internet of Things，AIoT）的概念[11]。

④ 数据安全要求提高。物联网设备的不断增多必将产生大量数据和信息，不同的物联网供应商将有可能掌握最终用户的更多数据，从而引发数据安全问题。各立法和监管机构将注重数据管理并适时提出数据存储和使用新规则，物联网公司也将关注网络安全，增加软件修复等功能。此外，硬件设备的安全对于保证重要数据应用程序的安全尤为重要。未来，减少僵尸网络以及其他威胁性网络在硬件上的运行具有现实意义。应用开源软件和开放硬件的企业用户将关注操作系统的安全性，设备制造商将提供更多针对特定区域所使用的物联网设备，考虑特定行业面临的安全风险将成为必然趋势。

⑤ 窄带物联网（Narrow Band Internet of Things，NB-IoT）[12]将是推动下一个十年物联网发展的重要引擎。NB-IoT 又称低功耗广域网，是物联网中发展起来的一个新兴技术。与传统物联网技术相比，窄带物联网具有覆盖广、连接多、速率低、成本低、功耗低和架构良好等优势。未来 NB-IoT 将在环境、交通、市政、控制、智能化、监督、家居等各个领域中充分发挥其技术优势，实现新时代的创新技术。

在这个互联网高速发展的时代，网络技术与信息技术的广泛应用，正不断推动着我国现有的生产生活，方式产生深刻的变化。物联网技术作为未来社会的一种全新的发展趋势，将在生产生活中的各个领域获得广泛的应用，我国物联网发展正呈现一股蓬勃的态势，展现出广阔的应用前景。具体表现在以下几个方面。

① 物联网在家居生活和智慧社区方面的应用前景。物联网在智能家居领域具有广阔的发展前景。利用物联网将家庭中各种电器设备与互联网上的设备连通，将家居生活有关的各个子系统有机地结合在一起，并与互联网连接起来，进行实时监控、管理信息交换和通信，实现家居智能化。例如，家庭智能控制中心可以利用温湿度、光照等传感器，智能手机等平台实现对家电的远程控制；家庭安防系统利用多个人体移动传感器、气体检测传感器进行检测并对检测结果进行处理。

② 物联网在金融商业方面的应用前景。未来，物联网将与金融行业深度结合，改善金融体系的安全防护。利用物联网技术对外来人员进行智能识别管理，对隔离区域进行有效监控和及时报警，保障金融机构的环境安全，有效降低安全风险。通过生物识别技术，比如指纹、人脸识别等活体检测技术，结合云数据甄别，可以有效提高金融支付业务的效率和安全性。物联网通过与虚拟现实（Virtual Reality，VR）和增强现实（Augmented Reality，AR）技术相结合，实现数据的重新建模、重新认知，可以提供更智能便捷的工程制造、更简洁明晰的机械产品维护，并且节省了大量的人力。对于普通消费者，VR 物联网可以帮助人们在购物前更加真实地了解商品，提升购物体验。

③ 物联网在建设智慧城市方面的应用前景。智慧型城市是未来城市建设的重要发展方向，智慧城市的建设将信息技术与城市发展推向一个崭新的物联网和云计算的智慧互联网时代，城市生态将从单组织的生产制造、部门式的社会管理，迈入全供应链协同生产、全社会和谐发展及人与自然共生共赢的新纪元。运用物联网技术，充分整合、挖掘、

利用信息技术与信息资源，政府部门可以实现信息化、图像化、全方位的科学管理，完成对城市各个领域的精确化管理、对城市资源的集约化利用。通过物联网实时传输的环境监测数据，政府部门还可以精确监控企业生产的污染排放、能源消耗，做到科学规划，依法管理。除此以外，物联网在道路规划、人车引导、智能缴费等智能交通领域已经或即将发挥更大的作用。

④ 工业物联网通过部署各种传感器，将生产设施、工业设施、自动化设备以及终端传感设备有机地联系在一起，并与后台系统以及用户进行信息共享，也就是把设备与数据和服务打通，在工业物联网云平台支撑下，企业依据数据进行相关决策，改进业务流程，从而大幅提高制造效率，改善产品质量，降低产品成本和资源消耗，最终实现将传统工业提升到智能化的新阶段，把制造业推向数字化制造转型。这一领域蕴藏着巨大市场，有数据显示，我国工业互联网市场规模 2018 年达到 4 677 亿元，2020 年有望增长到 7 000 亿元。工业物联网云平台对于物联网而言具有非常重要的核心地位，这也成为众多 IT 厂商争夺的重要阵地。为了抢占先机，该领域近几年来不断掀起并购浪潮，微软、思科和 IBM 等厂商已开始布局工业物联网市场。如今，围绕这个领域的争夺正在工业巨擘、科技巨头间展开。

1.2 家居物联网的发展现状

随着物联网技术的快速发展，智能家居物联网日益受到人们关注，目前通常称之为智能家居。智能家居物联网是互联网与物联网融合的产物，是利用计算机软硬件技术和互联网结合创造的一种新思路。

智能家居系统是以家庭环境空间为基础平台，利用综合布线技术、网络通信技术、安全防范技术、自动控制技术、音视频技术等将家居生活有关的设施集成实现，构建高效的住宅设施与家庭日程事务的管理系统，对家庭中的智能家居设备进行有效管控，以提高家居安全性、舒适性和方便性，并实现环保节能的居住环境。智能家居主要是为了满足人们的生活需要，实现生活的便利，同时注重如何在安全方便的环境下为用户提供更好的生活体验和人性化的人工智能。

智能家居概念的起源最早可追溯到 20 世纪 80 年代。1984 年，美国联合技术公司对康涅狄格州哈特福德市一座旧金融大厦进行改造，用计算机对大楼内的灯光、空调和电梯等设备进行监控，同时加入语音通信、电子邮件等信息服务功能，成为世界公认的第一座智能大厦[13]。1985 年，日本在东京青山建造了本田青山大楼，全球智能建筑开始得到发展。但真正对大众实现智能家居概念启蒙的是微软创始人比尔・盖茨的智能住宅。比尔・盖茨位于华盛顿州梅迪纳的智能住宅于 1997 年建成，这一建筑完全按照智能住宅的概念建造，建筑内有多个高性能的 Windows NT 服务器作为系统管理后台，所有家电、门窗、灯具、池塘、水族箱均由电脑控制，灯光和其他家电的设定都是自动调整。1998 年，新加坡推出了家庭智能化系统，家居系统在应用中充分考虑到业主家庭生活的便捷性和住宅的安全性，如室内环境监控、智能解锁、远程抄表、家电控制等。

虽然智能家居的概念很早就被提出，但是并没有进入大多数普通的家庭。早期的智能家居主要通过有线集中控制，这种方法有布线烦琐、造价昂贵等诸多缺点。从严格意义上来说，此阶段不能算是智能家居，只能算是智能家居雏形，它最显著的一个呈现形式是家电、窗帘、车库门等用电设备的自动管理，可看作智能家居的自动化发展阶段。随着智能手机的迅速普及，智能移动设备终端的便捷与易操作性，使其成为智能家居系统客户 App 端的主要研究方向，移动终端设备不仅可以提供给用户一个良好的互动操作界面，还能根据用户需求定制专属服务的个性化情景的生活环境。例如，谷歌公司在 2011 年推出的基于 Android 设备控制家用电器的技术方案，该技术方案以 Android 系统为控制中枢，通过智能终端 Android 手机与中央控制器进行数据以及控制命令的传输，使 Android 手机可以实现遥控家用电器的目的。2011 年，美国 Nest Labs 推出恒温器，随后推出了家庭安全摄像头和烟雾、一氧化碳探测器，引爆了智能家居产品市场。2014 年 6 月，苹果公司推出智能家居管理应用 HomeKit，用户可以在同一个界面中管理所有的智能家居设备。用户也可以通过 Siri 语音控制这些设备，还可以对智能家居进行预设。但这些智能家居产品都是单品，它们之间彼此孤立存在，不能相互连接和通信。类似的产品还有智能开关、智能插座、智能门锁、智能摄像机、智能灯泡、智能音箱、智能电视等，可看作智能家居的智能单品发展阶段。图 1-2 为国内某厂商生产的智能家居设备实物[14]。

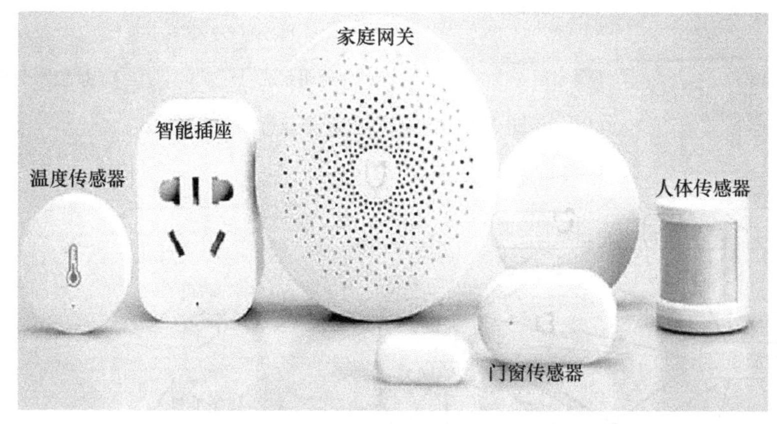

图 1-2　国内某厂商生产的智能家居设备实物

我国大约在 2000 年引进了智能家居的概念。2003 年 7 月，由联想、TCL、康佳、海信、长城共 5 家企业发起的“信息设备资源共享协同服务标准化工作组”成立，并同期发布了“闪联”品牌，致力于打造数字家庭的中国标准。海尔 U-home 数字家庭系统以家庭网关为控制中心，可以通过打电话、上网、发短信等方式对家庭内部的电器设备随时进行访问及控制。清华同方的 e-Home 智能家居系统，系统包括电话遥控、自动计费、家电集中控制等功能，可以实现日常家居生活的自动化、数字化、智能化管理。小米公司于 2015 年年初推出小米智能家居套装，加上之前发布的智能家居单品，逐渐组成一个基于 MIU 系统的智能家居平台，用户可以通过手机控制这些设备。这些智能家居产品得益于物联网的发展，也是真正意义上的智能家居，发展了智能家居的广度，实现了系统化和场景化的发展阶段。系统化是以万物互联的思维，解决智能家居碎片化问题，化零为整，整合成一个系统，方便管理和控制；场景化是在系统化的基础上，以排列组合的方式，塑造家庭生活场景的智能化。图 1-3 为智能家居场景示意[15]，图 1-4 为系统组成和工作原理。

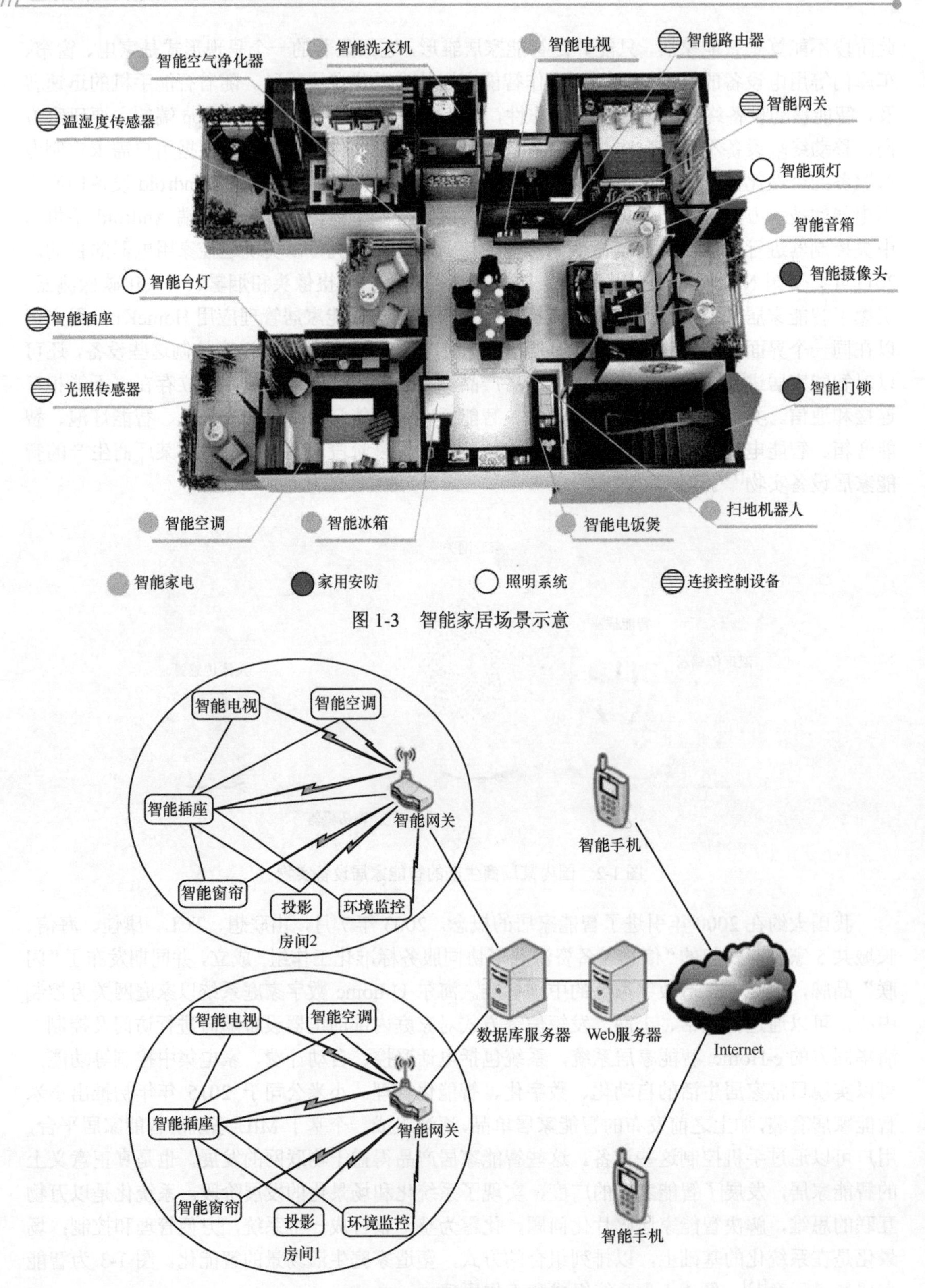

图 1-3　智能家居场景示意

图 1-4　系统组成和工作原理

1.3　家居物联网的相关技术

2011 年，美国 Nest Labs 推出智能家用恒温器，开启了智能家居元年。图 1-5 为 Nest 恒温器 2.0 内部电路，主要包括 ARM Cortex A8 微处理器和 M3 微控制器、ZigBee 和 Wi-Fi 无线通信芯片、温湿度传感器，以及其他辅助芯片等。随后该公司又推出了 Nest Protect 智能烟雾探测器，这个探测器拥有 6 个传感器：烟雾、一氧化碳、温度、光线、动作和超声波，在无线连接功能方面也同时支持 Wi-Fi 和 ZigBee 协议。最近几年，国内也相继出现了类似的产品，如智能开关、智能插座、智能门锁、智能灯泡、智能音箱等。

图 1-5　Nest 恒温器 2.0 内部电路

由此可知，智能家居设备或系统虽然涉及的技术非常广泛，需要多种技术相互协同工作以构成一个完整的系统，但所有的智能家居设备或系统都必定涉及两个关键技术：嵌入式技术和无线通信技术。嵌入式技术承载家居环境内各个节点的硬件设计与实现，无线通信技术负责建立家居内网。此外，还包括相关的计算机网络技术和信息感知与处理技术等。

1.3.1　嵌入式技术

随着计算机技术和微电子技术的不断进步，嵌入式技术以应用为中心，具有专用性、低成本、低功耗、高性能和高可靠性等特点，在后 PC 时代得到了空前发展，尤其作为硬件核心的 ARM 处理器成为当前智能电子产品的主流 CPU，与 x86 架构和 power 架构形成了竞争局面。嵌入式技术是指针对某个特定的功能或应用环境设计“专用”计算机系统的技术。从学术的角度，嵌入式系统是以应用为中心，以计算机技术为基础，并且软硬件可裁剪，适用于应用系统对功能、可靠性、成本、体积、功耗有严格要求的专用计算机系统[16]。它包含 3 个基本要素，即“专用性”“嵌入性”和“计算机系统”。也就是说，首先，它是相对于通用计算机系统而言的专用计算机系统；其次，嵌入宿主系统之中是其主要的存在方式；最后，表现形式与性能的不断发展是其显著特征。嵌入式系统一般分为 4 层：硬件层、驱动层、操作系统层和应用层。

依据嵌入式系统的发展历史，从软件角度，可将嵌入式系统分为无操作系统阶段、简单操作系统阶段和实时操作系统阶段；从硬件角度，嵌入式系统可分成以单片机/单板机为核心、以嵌入式微处理器/微控制器为核心和以 SoC 为核心的系统；按数据宽度，嵌入式系统可分成 8 位、16 位、32 位及 64 位系统等。嵌入式系统从应用的角度可划分为两大类：低端（应用）嵌入式系统，以传统的单片机系统为主体，处理器以 8/16 位为主，无操作系统或带有较简单的操作系统，完成功能较为单一的控制任务；高端（应用）嵌入式系统，以 32 位或更高位处理器为主，由功能更强的操作系统管理，能完成更多功能的嵌入式系统应用。在系统组成上，嵌入式系统一般由嵌入式微处理器、嵌入式操作系统、外围设备和应用程序 4 个部分组成，如图 1-6 所示。其中外设一般包括存储器、I/O 端口及定时器等辅助设备。随着芯片集成度的提高，一些外设被集成到处理器芯片上（如 MCU），称为片内外设；反之则被称为片外外设。尽管 MCU 片上已经包含了外设，但对于需要更多 I/O 端口和更大存储能力的大型系统来说，还必须连接额外的 I/O 端口和存储器。

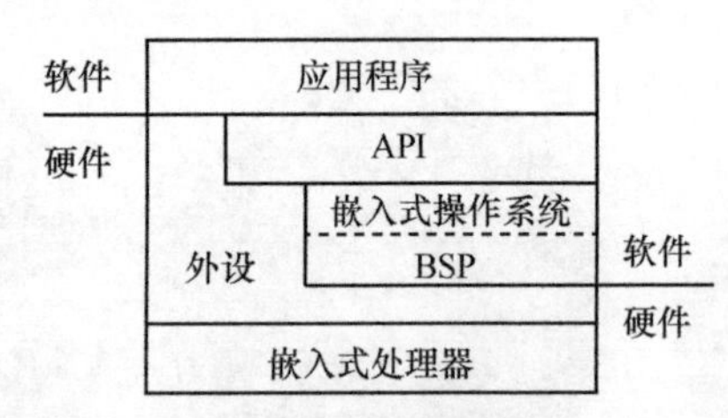

图 1-6　嵌入式系统结构

（1）嵌入式处理器

处理器是嵌入式系统硬件的核心，早期嵌入式系统的处理器（甚至包含几个芯片的）由 CPU（中央处理单元）来担任，而如今的嵌入式处理器一般是 IC 芯片形式，它也可以是 ASIC 或者 SOC 中的一个核。当前，ARM 嵌入式处理器是一种 32 位高性能、低功耗的 RISC 芯片，它由英国 ARM 公司设计，世界上几乎所有的主要半导体厂商都生产基于 ARM 体系结构的通用芯片，或在其专用芯片中嵌入 ARM 的相关技术。自 1983 年以来，ARM 内核共有 ARMx 系列近 10 种，以及新定义的 CortexM/R/A 系列。M 系列主要面向传统微控制器（MCU/单片机）应用，这类应用面很广，要求处理器有丰富的外设，并且各方面比较均衡，如基于 CortexM3 的 STM32 系列。R 系列强调实时性，主要用于实时控制，如汽车引擎。A 系列面向高性能、低功耗应用系统，如智能手机，目前主要有 Cortex A5、A8、A9、A15 核芯，以及基于以上架构的 MPCore 多核架构硬件核芯等。与国际上的发展相比，国内 ARM 芯片主要的 IC 公司还有一些差距，主要的生产厂商包括威盛、瑞芯微、华为海思、联发科、新岸线等。目前 ARM 芯片广泛应用于工业控制、无线通信、网络产品、消费类电子产品、安全产品等领域，如交换机、路由器、数控设备、机顶盒及智能卡等。

在物联网应用领域，如图 1-3 所示，根据其功能的不同，可分为一般传感器节点和网关节点。一般传感器节点如温湿度传感器、烟雾传感器等节点，这类节点具有数据传输少、需要资源有限和低功耗等特点，一般选择 8/16 位 MCU 即可满足要求，但目前 32 位 MCU 技术已经成熟，价格与 8/16 位 MCU 接近，在要求有操作系统的传感节点开始使用这类 MCU。在 MCU 市场，ARM Cortex-M 系列（M0/M3/M4）的 MCU 占有最大的份额。网关节点一般起到内外网的桥梁作用，进行不同协议或标准间的转换，甚至要运行两个或多个协议栈，并且要连接多种外围设备。这类节点多选用功能强大的高端 MCU，如 ARM Cortex-A 系列，但目前市场上 Cortex-M 系列部分产品也能满足这方面的需求。

（2）操作系统

操作系统（Operating System，OS）在嵌入式软件中起着承上启下的作用。向上提供标准的 API 函数给应用程序，使应用程序不再需要关心硬件的实现细节，使开发变得更加容易；同时使专用性很强的嵌入式应用程序能比较容易地运行于其他系统之上（前提是这个系统的硬件支持此应用需求），提高了代码的重用性。向下通过板级支持包（Board Support Package，BSP）实现对系统硬件的访问和管理，使软件可以运行于不同硬件之上。嵌入式操作系统需要具有可裁剪性和伸缩性，以适应不同的硬件平台和软件应用——这一过程叫作移植。可移植性、高可靠性和实时性是嵌入式操作系统的几个主要指标。BSP 是介于硬件和操作系统之间的一层，可以认为是操作系统的一部分，主要任务是初始化硬件，并为操作系统提供一个良好的运行环境。

不同的嵌入式应用对操作系统的实时性要求差别很大，根据对时间要求的严格程度，可分成硬实时、软实时和非实时系统。一个好的 RTOS 不仅要提供有效的机制和服务来执行好实时调度和资源管理策略，也要使其自身和资源消耗是可预知和可计算的。常用的硬实时操作系统主要有 RTLinux、μC/OS-II 和 VxWorks，软实时操作系统有嵌入式 uCLinux、Windows CE、Palm OS 等。

当前，无论是传统嵌入式的 OS 还是通用的 OS，都无法满足物联网的需求，因为物联网需要一个从端到云的整套解决方案。2016 年，风河公司曾列出物联网设备要具有八大需求：模块可升级的架构，不同级别的设备软件可伸缩，物联网设备安全，虚拟化，性能和可靠性，连接性，丰富的 UI 和认证。这说明需要一种新型操作系统，或者需要在现有的嵌入式操作系统上进行改造，来满足物联网操作系统的需求。目前市面上多数产品能够部分满足这八大需求。《嵌入式操作系统风云录》一书对物联网操作系统做出了一个基本定义[17]，就是具备低功耗、实时性和安全性的传感、连接、云端管理服务软件平台。前 3 个（低功耗、实时性和安全性）是技术，后 3 个（传感、连接和云端管理）是指从端到云的一套方案。

物联网 OS 最初起源于传感网的两个开源 OS[18]，一个是 TinyOS，另一个是 Contiki。TinyOS 项目是由加州大学伯克利分校、Intel 和 Crossbow 技术等公司 2000 年发起的开源项目，2012 年 2.1.2 版本以后就停止更新。Contiki 项目的作者是 Dam Dunkels 博士，Dunkels 博士原来在瑞典工学院计算机研究所工作，现为 Thingsqure 创始人，也是 uIP/LWIP 作者，这个项目现在一直是他在维护，欧洲一些高校关于传感网的课程仍在介绍该系统。Contiki 项目目前依然还很活跃，尤其是网络协议方面，Contiki 采用 uIP 协议，已经扩充支持 IPv6 和低功耗 6LoWPAN 路由协议。

这两种传感器 OS 只是在学术界稍有影响，在产业界没有太多的反响。物联网 OS 在 2014 年开始出现，直到 2016—2017 年才得到广泛的关注，目前物联网 OS 可以分成两类[18]。一类是为物联网而生的 OS，即针对物联网去做的 OS，代表产品是 Mbed OS、MiCO OS、Android Things 等，它们还可以再分成支持 MCU 和支持 MPU（嵌入式处理器）的两种系统，如图 1-7 所示。Mbed OS 是 ARM 在 2014 年推出的一个专为基于 ARM Cortex-M 的设备所设计的免费操作系统。Windows 10 IoT 是微软 Windows 10 家族中 IoT 版本，但缺点是不能支持在物联网系统占领主流地位的 MCU，代码不开源。MiCO OS 是国内庆科公司推出的一个面向智能硬件优化设计的、运行在微控制器上的、高度可移植的操作系统和中间件平台，它的最大亮点是 MiCO OS、移动 App 和云服务全部免费。2015 年，谷歌把 Brilo OS 改名为 Android Things，同年，华为也发布了 Lite OS。Zephry 是由 Linux 基金会于 2016 年推出的。另一类是以嵌入式 OS 为基础，把它扩展成支持物联网应用的，这一类占据最大市场份额的是 Linux 和 Android。除此之外，FreeRTOS 经过加固、改造也能用于物联网应用，最近亚马逊推出 Amazon FreeRTOS，uC/OS-III、ThreadX 也可以应用，例如瑞萨的 ARM MCU 平台——Synergy 就是基于 ThreadX 推出的。Vxwork 也有自己的嵌入式 OS。Nucleus 和 RTThread 3.0 等也都是适合物联网的 OS。但是目前市场上十余种物联网 OS 都处于发展初期，例如 ARM Mbed OS 已出了 3 个版本——1.0/2.0、3.0 和 5.0 版本，但 Mbed 操作系统仍处于开发阶段，还在摸索和发展中。

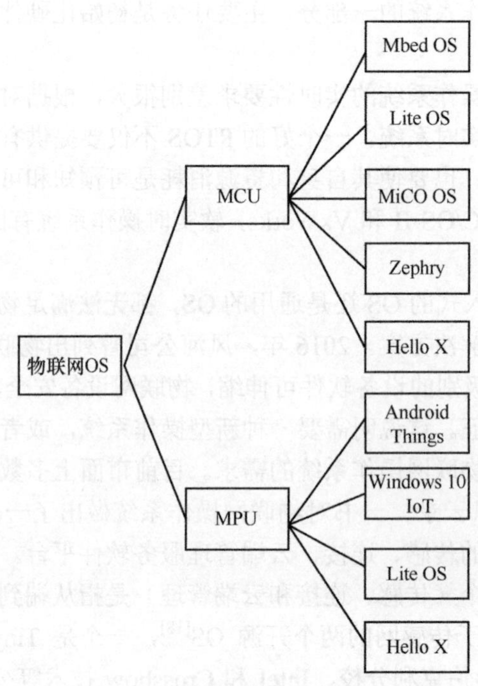

图 1-7　当前基于物联网专用的 OS 分类

1.3.2　无线通信技术

智能家居物联网以一体化、移动化、云端化为发展方向，无线通信技术可完成智能设备与家庭网络自行连接，是实现智能家居系统的核心部分。目前，针对物联网应用的无线通信技术有很多，如图 1-8 所示[15]，主要分为两类：一类是 ZigBee、Wi-Fi、蓝牙、Z-Wave 等短距离通信技术；另一类是低功耗广域网（Low Power Wide Area Network，LPWAN），即广域网通信技术。LPWAN 又可分为两类：一类是工作于未授权频谱的 LoRa、SigFox 等技术；另一类是工作于授权频谱下，3GPP 支持的 2G / 3G / 4G 蜂窝通信技术，比如 EC-GSM、LTECat-m、NB-IoT 等。这里将针对智能家居无线组网技术的应用，对几种常用的和将来具有应用潜力的无线通信技术进行说明，如 Wi-Fi 技术、蓝牙技术、ZigBee 技术、Thread 技术、Z-Wave 协议、LiFi 技术、LoRa 技术和 NB-IoT 技术等。

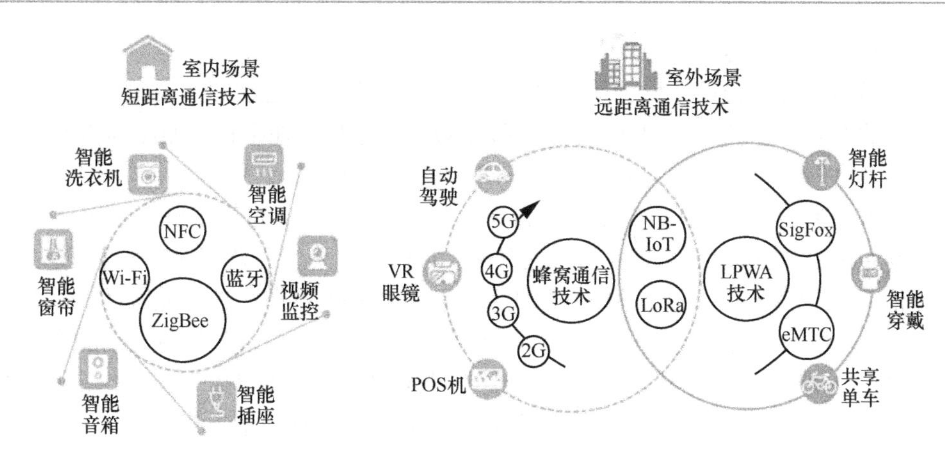

图 1-8　物联网无线通信技术与应用场景分类

（1）Wi-Fi 技术

Wi-Fi（Wireless-Fidelity，无线保真）是无线局域网（Wireless Local Area Network，WLAN）中的一个标准，遵循 IEEE 802.11 协议，自 1999 年推出以来一直是人们生活中较常用的访问互联网的方式之一。通常 Wi-Fi 技术使用 2.4 GHz 和 5 GHz 周围频段，通过有线网络外接一个无线路由器，就可以把有线信号转换成 Wi-Fi 信号，Wi-Fi 标准家族主要有 IEEE 802.11a、IEEE 802.11b、IEEE 802.11g、IEEE 802.11n、IEEE 802.11ac 和 IEEE 802.11ax。为了能有效识别标准之间的先后顺序，IEEE 决定以数字的方式进行命名，即 IEEE 802.11n 为 Wi-Fi4，IEEE 802.11ac 为 Wi-Fi5，IEEE 802.11ax 为 Wi-Fi6[19]。

目前 Wi-Fi 通信技术有两个发展趋势，一个是向高速率高频段发展。如“三频段千兆”IEEE 802.11ac Wi-Fi 路由器可承诺数据传输速率为 5 300～5 400 Mbit/s，IEEE 802.11ax 标准还在开发中，预计数据传输速率能达到 10 Gbit/s，使用 5 GHz 频段。而 IEEE 802.11ad 则属于 WiGig（Wireless Gigabit，无线千兆）高端 Wi-Fi，利用不需要牌照的 60 GHz 频谱，通过 4 个 2.16 GHz 频段获得至高 7 Gbit/s 的超高数据传输速率。正在开发中的 IEEE 802.11ay 是 WiGig 的增强标准，工作频谱为 60 GHz，数据传输速率可高达 20 Gbit/s，只是数据传输距离较短，不具备穿墙能力。

另一个则是向低频段广覆盖发展。如 2016 年 Wi-Fi 联盟公布的 IEEE 802.11ah Wi-Fi 标准——Wi-Fi HaLow，使 Wi-Fi 可以被运用到更多地方，如小尺寸、电池供电的可穿戴设备，同时也适用于工业设施内的部署，以及介于两者之间的应用。HaLow 采用 900 MHz 频段，低于当前 Wi-Fi 的 2.4 GHz 和 5 GHz 频段，具有更低功耗，同时 HaLow 的覆盖范围可以达到 1 km，信号更强，且不容易被干扰。这些特点使 Wi-Fi 更加顺应了物联网时代的发展。

（2）蓝牙技术

蓝牙技术最早始于 1994 年，由瑞典爱立信研制，遵循 IEEE 802.15.1 协议，主要用于实现固定设备、移动设备和楼宇个人域网之间的短距离数据交换。

蓝牙是基于数据包、有着主从架构的通信协议，采用跳频技术，通信频段为 ISM 波段 2.402～2.480 GHz。将传输的数据分割成许多数据包，通过 79 个指定的蓝牙频道分别进行数据包传输，蓝牙主设备最多可以同时和 7 个通信设备进行有效连接，克服了数据同步的难题。

经过多次迭代升级，蓝牙已经从 1.2 版本的数据传输速率仅为 1 Mbit/s，到 4.0 版本实现的理论数据传输速率可达到 24 Mbit/s，传输速率得到了极大的提升，通信半径从几米到几百米延伸。在微信和百度云还不太普及的时候，人们经常打开自己手机里的蓝牙设备，把手机上好玩好看的东西分享给周围的朋友。蓝牙技术被广泛地使用在手机、PDA 等移动设备，PC、GPS 设备以及大量的无线外围设备（蓝牙耳机、蓝牙键盘等）。

蓝牙技术也紧跟物联网的发展脚步。蓝牙 4.2 数据传输速率可达 1 Mbit/s，隐私功能更强大，可直接通过 IPv6 和 6LoWPAN 接入互联网。目前，蓝牙 5 与蓝牙 4.2 相比理论传输速率提高了一倍，即 2 Mbit/s，有效传输理论距离增加到 300 m[20]。在智能家居领域，采用了 Bluetooth Smart 技术的蓝牙设备之间可以不通过网络就能实现设备与设备之间的“对话”。由此可以解决在突然断网没有 Wi-Fi 的情况下，智能家居设备仍将可以继续工作。蓝牙技术的优点是速率快、功耗低、安全性高；缺点是网络节点少、不适合多点布控。

（3）ZigBee 技术

ZigBee 于 2003 年被正式提出，它的出现是为了弥补蓝牙通信协议的高复杂、功耗大、距离近、组网规模太小等缺陷，遵循 IEEE 802.15.4 协议，名称取自蜜蜂（Bee）。蜜蜂靠飞翔和“嗡嗡”（Zig）地抖动翅膀的“舞蹈”来与同伴传递花粉所在的方位信息，依靠这样的方式构成了群体中的通信网络。ZigBee 可工作在 3 个频段：868～868.6 MHz、902～928 MHz 和 2.4～2.483 5 GHz，其中最后一个频段在世界范围内通用，并且该频段为免付费、免申请的无线电频段。3 个频段传输速率分别为 20 kbit/s、40 kbit/s 和 250 kbit/s。

ZigBee 采用自组网的方式进行通信，也是无线传感器网络领域最为著名的无线通信协议。在无线传感器网络中，当某个传感器的信息从某条通信路径无法顺畅地传递出去时，动态路由器会迅速地找出另外一条近距离的信道传输数据，从而保证了信息的可靠传递。ZigBee 主要应用在距离短、功耗低、传输速率不高的电子设备间进行数据传输以及典型的有周期性数据、间歇性数据和低反应时间数据传输的应用。通信距离从标准的 75 m 到几百米、几千米，并且支持无限扩展，最多支持 65 000 个设备组网，安全性很高，在智能家居方面具有很强的潜在优势。

ZigBee 虽不算主流的无线通信技术，但却以其低功耗、低成本、低速率、高容量、长时间的电池寿命的特点深受一些厂商的追捧。例如，2015 年小米推出的系列家庭智能产品，全都支持 ZigBee 通信，以及最近推出的小米温湿度传感器。ZigBee 技术的优点是安全性高、功耗低、组网能力强、容量大、电池寿命长；缺点是成本高、抗干扰性差、ZigBee 协议没有开源、通信距离短。

（4）Thread 技术[21]

Thread 和 ZigBee 同属 IEEE 802.15.4，但是针对 IEEE 802.15.4 做了很大的改进。Thread 是一种基于 IPv6 的低功耗网状网络技术，主要是为物联网设备提供安全、无缝通信。最初设计 Thread 是为了针对智能家居和楼宇自动化应用，如电器管理、温度控制、能源使用、照明、安全等，现其范围已扩展至更广泛的物联网应用当中。

Thread 使用了 6LoWPAN 技术，并基于 IEEE 802.15.4 网状网络协议，因此 Thread 也是 IP 可寻址，其不仅能为低成本、电池供电的设备之间提供有效通信，也支持云和 AES 加密。由于 Thread 关注低功耗和固有支持 IP 属性，其在实现万物互联与网络间无缝互联上形成优势，其协议与标准如图 1-9 所示。

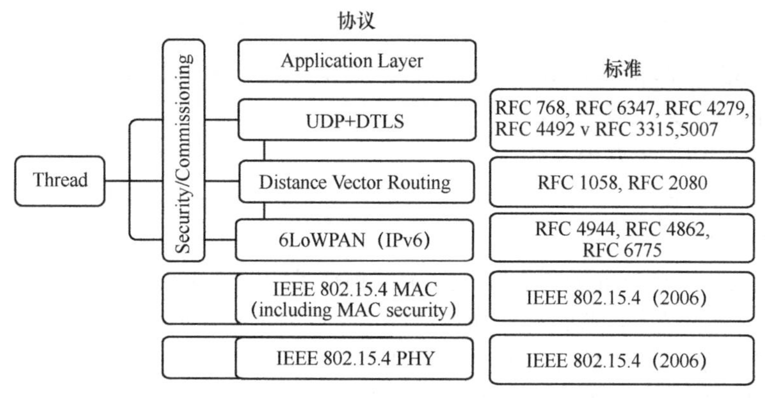

图 1-9　Thread 协议与标准

目前，它受到了高通、海尔等数十家企业组成的物联网联盟 AllSeen 的支持，也可支持苹果的 Homekit 智能家居平台，谷歌旗下的 Nest 已将 Thread 定为家庭物联网的唯一通信协定。Thread Group 联盟也已经发布了标准的软件测试工具用于所有 Thread 协议栈和最终 Thread 产品认证，来确保出色的互操作性，Thread 在短距离通信上也将大有可为。

（5）Z-Wave 协议[22]

Z-Wave 无线组网规格于 2004 年被提出，由丹麦的芯片与软件开发商 Zensys 主导，Z-Wave 联盟推广其应用。Z-Wave 工作频率为美国 908.42 MHz、欧洲 868.42 MHz，采用无线网状网络技术，因此任何节点都能直接或间接地和通信范围内的其他邻近节点通信。利用 FSK（BFSK/ GFSK）等调制方式，可以实现 9.6～40 kbit/s 的数据传输速率，信号可以在室内传输 30 m，室外可大于 100 m。

Z-Wave 是一种新兴的基于射频的、低成本、低功耗、高可靠的近距离无线通信技术，适于短距离、窄带宽的应用场合。Z-Wave 利用动态路由技术，使每个 Z-Wave 网络都有自己的网络地址，网络内每个节点的地址由控制节点分配。每个网络最多可以容纳 232 个节点，包括控制节点。Zensys 提供 Windows 开发用的动态链接库（Dynamically Linked Library，DLL），开发者利用该 DLL 内的 API 函数来进行 PC 软件设计。利用 Z-Wave 技术搭建的无线近距离网络，不仅可以实现对家电的遥控，甚至可以通过广域网对 Z-Wave 网络中的设备进行控制。

Z-Wave 专注于家庭自动化，在欧美比较流行，进入国内市场较 ZigBee 晚，市场份额也远远不及 ZigBee，且由于频带划分的原因，虽能在国内发展，但也是走得小心翼翼。相对 ZigBee，Z-Wave 传输距离远、可靠性高，但标准不开放，芯片只能通过 Sigma Designs 这一唯一来源获取。

（6）LiFi 技术[23]

LiFi（光保真技术）是一种利用可见光波谱（如灯泡发出的光）进行数据传输的全新无线传输技术，由英国爱丁堡大学电子通信学院移动通信系主席、德国物理学家 HaraldHass 教授发明。LiFi 相当于 Wi-Fi 的可见光无线通信（Visible Light Communication，VLC）技术，可同时提供照明与无线联网，且不会产生电磁干扰。其基本原理是利用 LED 发出人眼无法看到的高频明暗闪烁信号来传递信息，LED 灯光每秒可实现数百万次级的闪烁，通过将二进制数据快速编码成灯光信号进行传输，在接收端通过光敏传感器来接收信号。

与传统射频通信技术相比，LiFi 拥有众多优点，由于 LED 灯使用广泛，它们都可以作为基站，这使 LiFi 拥有实现大规模应用的基础。除此之外，LiFi 还拥有高速率、宽频谱等核心优势，能够有效缓解全球无线频谱资源短缺的现状。不过，由于 LED 灯光无法穿墙，容易被遮挡，这大大限制了其发展空间。

LiFi 技术十分适用于办公室和家中，只要开了灯就能实现高速网络连接。同时，它也十分适合在智能交通上使用，通过这项技术，交通指示灯就能实时发送路况信息。

（7）LoRa 技术[24]

LoRa 是由美国 Semtech 公司支持的基于扩频技术的超远距离物联网无线通信技术。它使用线性调频扩频调制技术，既具有低功耗特性，又明显增加通信距离，同时也提高了网络效率并消除了干扰，即不同扩频序列的终端即使使用相同的频率同时发送数据也不会产生相互干扰，在此基础上研发的集中器/网关能够并行接收并处理多个节点的数据，大大扩展了系统容量。LoRa 主要使用免费的非授权频段，并且是异步通信协议，具有功耗低、成本低廉的特点。

LoRa 网络包括终端设备、网关、服务器，数据可以进行双向传输，传输距离最远可以达到 15～20 km。LoRa 技术具有低功耗、大范围覆盖、易于部署的优点，这使其非常适用于低功耗、远距离、大规模等的物联网应用场景，例如智能抄表系统、智慧停车、车辆定位追踪、智慧农业、智慧工业、智慧城市等领域。

（8）NB-IoT 技术

窄带物联网（Narrow Band Internet of Things，NB-IoT）是万物互联网络的一个重要分支。NB-IoT 构建于蜂窝网络，只消耗大约 180 kHz 的带宽，可直接部署于 GSM 网络、UMTS 网络或 LTE 网络，以降低部署成本、实现平滑升级。NB-IoT 是 IoT 领域一个新兴的技术，支持低功耗设备在广域网的蜂窝数据连接，也被叫作低功耗广域网。NB-IoT 支持待机时间长、对网络连接要求较高设备的高效连接。据说 NB-IoT 设备电池寿命可以提高至少 10 年，同时还能提供非常全面的室内蜂窝数据连接覆盖。

2014 年 5 月，华为提出了窄带技术 NB M2M；2015 年 5 月融合 NB OFDMA 形成了 NB-CIoT；7 月，NB-LTE 与 NB-CIoT 进一步融合形成 NB-IoT；NB-IoT 标准在 3GPP R13 出现，并于 2016 年 6 月冻结。NB-IoT 具备四大特点：一是广覆盖，NB-IoT 将提供改进的室内覆盖，在同样的频段下，NB-IoT 比现有的网络增益 20 dB，相当于提升了 100 倍覆盖区域的能力；二是具备支撑连接的能力，NB-IoT 一个扇区能够支持 10 万个连接，支持低时延敏感度、超低的设备成本、低设备功耗和优化的网络架构；三是更低功耗，NB-IoT 终端模块的待机时间可长达 10 年；四是更低的模块成本，企业预期的单个接连模块成本不超过 5 美元。

NB-IoT 的物理信道在很大程度上是基于 LTE 的，NB-IoT 的上行采用 SC-FDMA，下行采用 OFDMA，载波带宽是 180 kHz，这确保了下行与 LTE 的兼容性。下行发射功率为 43 dBm，上行为 23 dBm。调制方式以 QPSK 和 BIT/SK 为主。对于下行链路，NB-IoT 设计了 3 种物理信道，包括窄带物理广播信道、窄带参考信道、主同步信号和辅同步信道。通过缩短下行物理信道类型，既满足了下行传输带宽的特点也增强了覆盖面积的要求。移动网络的信号覆盖范围取决于基站密度和链路预算。NB-IoT 具有 164 dB 的链路预算，GPRS 的链路预算是 144 dB，LTE 是 142.7 dB。与 GPRS 和 LTE 相比，NB-IoT 链路预算有 20 dB 的提升，开阔环境信号覆盖范围可以增加 7 倍。20 dB 相当于信号穿透建筑外壁发生的损失，NB-IoT 室内环境的信号覆盖相对要好。一般情况下，NB-IoT 的通信距离是 15 km。

当前，NB-IoT 在细分领域上有公共服务领域、个人生活领域、工业制造领域和新技术新业务等多个领域方面可推广应用，而垂直行业主要集中在交通行业、物流行业、卫生医疗、商品零售行业、智能抄表、公共设施、智能家居、智能农业、工业制造、企业能耗管理、企业安全防护等方面。

1.3.3　计算机网络技术

物联网的主要功能有三大关键特征：第一，全面感知，即利用 RFID、二维码、各种传感器等随时随地获取物体的信息；第二，可靠传递，即通过各种电信网络与互联网融合，将物体的信息实时准确地传递出去；第三，智能处理，即利用云计算、模糊识别等各种智能计算技术，对海量的数据和信息进行分析和处理，对物体实施智能化的控制。

物联网的互联对象尽管数不胜数，可主要分为两类[25]：一类是体积小、能量低、存储容量小、运算能力弱的智能小物体，如传感器节点；另一类是没有上述约束的智能终端，如无线 POS 机、智能家电、视频监控等。这两类互联对象从终端侧向通信网络提出了特定的需求，而支持巨大的号码/地址空间、网络可扩展、传递可靠等显然是共性需求。通信网络不仅要能提供足够多的地址空间来满足互联对象对地址的需求，而且网络容量足够大，能满足大量智能终端、智能小物体之间的通信需求。值得注意的是，智能小物体由于尺寸与复杂度的限制而决定了其能量、存储、计算速度与带宽是受限的，因而要求通信网络能够提供轻量级的通信协议、可靠的低速率传输，网络同时要具备自组织能力。

为此，物联网理念高度关注“联”和“通”，通过传感元器件、通信技术可以实现物联网“联”的实现，但是真正制约物联网发展水平和潜力的将是保证“通”所需的技术、标准和产品。物联网的互联互通需要解决传感网之间、传感网与通信网、传感网与互联网之间的互联。互联性是物联网的一个关键特性。

为了支持大量新兴的物联网应用，底层的网络技术必须具备可扩展性好、互操作性好等特点，并且通过强有力的标准来支持未来大规模的应用和创新。IP 已经被证明是历史悠久的、稳定的、高可扩展的网络通信技术，它支持各种类型的应用、十分广泛的设备、各种类型的通信接口。IP 技术采用分层的架构，具备高度的灵活性和创新性。然而，随着物联网中海量的智能终端设备加入，IPv4 地址已近枯竭，远不能满足物联网海量网络节点的要求，而 IPv6 能够提供充足的 IP 地址，成为实现物联网的必然选择。

长期以来，IP 技术被认为过于复杂，难以在资源十分受限的小型系统上运行。然而近年来，一系列轻量级的 IP 协议栈被证实能够满足只有几 KB 的 RAM 和 ROM、处理能力相当受限以及能耗受限的小型设备系统的需要。IP 为智能设备以及其他小型嵌入式设备提供了标准化的、轻量级的、平台无关的网络接入。基于 IP 技术的设备，实现全球互联，具有被任何设备在任何地点访问的优势，如 PC、手机、PDA、数据库服务器以及其他智能化设备，如温度计、灯泡等。IP 几乎可以运行在任何通信接口上，从高速以太网到低功耗的 IEEE 802.15.4 射频、IEEE 802.11（Wi-Fi）以及低功耗的电力载波通信（Power Line Communication，PLC）。对于远距离骨干网通信，IP 数据可以轻松通过因特网的加密信道快速传输。

对于低功耗、低速率的链路，帧头需要经过压缩去掉冗余的数据位，从而减少传输的数据量。最近的 6LoWPAN 协议就是一种针对低功耗应用的帧头压缩协议，它使 IPv6 能够在低功耗 IEEE 802.15.4 射频芯片上传输[26]。6LoWPAN 通常能够将 IPv6 和 UDP 帧头的 48 B 数据压缩到 6 B。ETF 组织还专门制定了一种新的面向智能设备的路由协议 RPL。

现有的一些轻量级 IP 协议栈只需要几 KB 的 RAM，甚至小于 10 KB 的 ROM。这些轻量级 TCP/IP 协议栈主要为 Contiki 操作系统上的开源 uIP 协议栈、基于 TinyOS 的商业授权的 IPv6 协议栈、商业授权的 NanoStack、开源的 LwIP 协议栈。协议栈 LwIP 大约需要 20 KB 的存储器，其余的均为 10 KB 以内。虽然 RPL 路由协议增加了一些 RAM 和 ROM 的需求，但目前大多数硬件都能够满足需要。对于能量受限的设备，一些标准化工作已使 IP 功耗足够低，可以运行在毫瓦级以下的链路，如 IEEE 802.15.4，使得在两节 AA 电池供电的情况下普通节点能够运行数年，这对多跳路由节点同样适用。

下一代 Internet 标准 IPv6 扩展 IP 地址到 128 bit，如此大规模的地址空间可以足够给地球上的每粒沙子一个 IP 地址。IPv6 的主要优势体现在："无限"的地址空间；提高了网络的整体吞吐量；大大改善了服务质量（Quality of Service，QoS）；增强了网络安全性；更加便捷和人性化。这些特性为物联网的发展奠定了基础。而面向低功耗应用的 RPL 路由协议，可以支持大规模的设备联网。在 IP 架构中，域名通过 DNS 实现，动态地址分配和网络初始化通过 DHCP 协议实现，网络管理通过 SNMP 实现，DNS、DHCP、SNMP 等协议不需要任何代价即可以直接应用到低功耗的智能设备上。由于物联网未来将比现有 Internet 连接更多的设备，因此可扩展性是首要考虑的因素之一。

伴随着全球 Internet 的成功，端到端结构的 IP 已经被证实是可扩展性好、稳定可靠、高效的架构。在将来的物联网领域，可扩展性、稳定性、高效性等方面比现有的 Internet 要求更加高，所以说 IP 是物联网应用的唯一选择[27]。

1.3.4 信息感知与处理技术

信息感知是指人或人造的系统所具有的对环境与目标信息的获取、探测、提取与识别、测量等技术的总称。在实现的过程中，通过特征提取、数据融合、智能信号处理等方法来提供信息感知效果。在当今物联网的应用中，信息感知技术的主体是指安装在电器设备中的传感器，它是获取设备物理信息的关键部件，是构成物联网的基础单位，是家居物联网的单个细胞。通过感知技术，由传感器采集物联网设备的相关数据，构成物联网的数据基础，建立物联网的物理基础。

由于在信息的传递过程中容易出现信息冗余和不准确性，使传输层的信息传送、存储和支撑层的信息处理产生信息整合问题，从而降低了物联网智能化的整体水平。信息感知技术存在以下问题：信息的性质和类型不同，其表现形式和内容会出现不一样的特征，难以统一；信息传输经过时空映射导致信息失真，从而使信息出现不一致性；信息采集和信息处理与量化时，感知设备对信息的处理可能产生误差，从而出现不准确性信息；物联网感知系统存在不稳定性导致信息不连续；传感器只能在有限的范围内获取信息，因此难以获得全面的信息；物联网传感网络系统具有动态性，难以保持信息的完整性。为了降低这些限制因素的影响，提高物联网信息感知技术，需要从数据的收集、压缩、清洗、聚集和融合 5 个方面着手解决问题。

（1）数据收集技术

提高数据收集的准确性是数据收集技术的核心，从汇聚感知信息点开始，再到集中节点，避免数据传输出现失真现象，然后依据物联网的应用，制定不同规定约束数据信息，这是数据收集的主要过程。可靠性、有效性、网络吞吐量和信息时延是数据收集目标约束的主要内容。数据收集的关键在于高可靠性，数据汇聚至节点，接受智能化设备的处理，完成信息交互，这一过程是利用多路径传输和数据重传的方式实现的。端到端原则是多路由数据传输必须遵循的原则，只有如此才能保证信息准确到达传输目的地。数据收集是物联网技术的基础，约束原则的多元化来源于多样化的物联网，任何约束原则都必须依据可靠性原则，唯有如此，才能保证数据收集方法的有效性和可靠性。数据收集的另一重点是控制能耗、平衡能量。多路径的传输方式会损耗大量能量，重传则是集中数据流量，汇至同一条路径之上，这种方式同样无法保证能量均衡。为了提高能量传输的有效性，研究者们提出了 TSMP 和 Wisden 数据传输方式，这两项技术都很好地解决了数据传输时能量消耗过大的问题，可广泛用于控制、调节网络路由等。

（2）数据压缩技术

复杂性和系统性是物联网感知信息的重要特征，当数据汇聚节点范围内出现更加庞大的信息量时，加大了信息传递的压力。物联网的节点及其数据空间是非常有限的，采用数据压缩可有效解决数据满溢以及影响数据传输效果和可靠性问题。数据压缩的主要作用是降低数据的传输负荷，其可以有效地提高物联网规模及智能化程度。

（3）数据清洗技术

复杂且充满变数的网络环境导致大量错误、异常的网络数据及噪声数据不断涌现。为了获取统一、全面、有效的感知数据，需要去粗取精、去伪存真，辨识有效信息，清洗数据错误及异常，这样才能保证信息数据收录工作的正常进行。数据清洗的主要方式是通过判断数据的离群值剔除无效信息和错误信息，获取准确的感知数据。数据清洗首先进行数据分析，定义错误类型；然后搜索和识别错误数据及其记录；最后编制程序或借助外部模式清理数据。

（4）数据聚集技术

数据收集和压缩可以以感知网络中收获的信息数据为基础，完成收集、压缩工作。由于使用条件和信息感知的目的不同，利用聚集函数处理提取有效感知数据，获取有效信息和数据。采用聚集函数可以在高效提取信息的同时，降低数据冗余，减少网络传输流量。数据聚焦的关键是针对不同的应用需求和数据特点设计适合的聚集函数。

（5）数据融合技术

数据融合技术是利用计算机实现对信息的时序观测的获取，基于一定的准则自动分析、综合、完成决策和评估任务所采用的信息处理技术。物联网数据融合的关键在于获取正确的数据信息，通过提纯数据，能够把部分有重要作用的数据汇合至相关的感知节点处，从而大大降低数据传输压力。目前，数据融合技术主要是数据层、特征层和决策层融合。

1.4　家居物联网的未来

2018 年是智能家居设备快速发展的一年，各种智能化电子设备让我们的家庭生活变得越来越简单，扫地机器人让我们从基础家务中摆脱出来；智能音箱可以帮我们自动下单购物。2019 年，更多的智能化技术将融入日常家庭生活中，智能化厨房会让做菜做饭更加轻松，智能监控会让家庭安全系统更加强大，智能办公桌、智能墙壁有望走进人们生活。目前，智能家居正从自动化阶段、智能单品阶段、系统化与场景化阶段向人工智能主导的智慧家居生态系统构建阶段发展。随着智能硬件终端、网络连接和数据处理 3 个方面实施成本的降低和智能家居技术层面上性能的极大提升，用户层面上的功能不断完善，智能家居的大发展势不可挡。虽然智能家居行业拥有比较大的潜力和空间，但是在良好的发展前景下，智能家居行业也面临诸多挑战和机遇。

第一是标准的统一问题，这也是智能家居物联网建设在现在和未来一直亟需解决的关键问题。智能家居控制系统需通过多个传感器把相互独立的各个家电连接起来，但是各家电厂商都专注于自己所生产的产品。工业标准的缺失，导致智能家居一直处于一个相对封闭的环境，这是智能家居最大的阻碍。打破各厂商自定标准、各自为战的混乱和孤岛状态，有利于促进智能家居市场的规范化。智能家居系统越向统一的标准化方向发展，就越有利于智能家居整体的发展，并带动整个智能家居市场的繁荣。统一的行业标准不仅可以使家居行业越来越规范，也可以避免厂商之间各种无谓的恶性竞争。所以一个开放的、包容的、兼容各类产品的统一标准是非常有必要的。

第二是智能家居带来的安全问题。智能家居虽然实现了智能化和网络化，但也会存在很多安全问题，如果安全问题得不到解决，将会对家庭和社会造成很大的影响。不法分子可以利用系统漏洞对用户的相关数据进行窃取，威胁用户的人身安全和财务安全，同时还可能利用网络对用户的智能家电进行远程控制，给用户的正常起居造成影响。智能家居系统一般涉及家庭隐私保护、访问保护、数据存储调用、路由安全等问题，所以随着智能家居的发展，数据信息安全性问题必须得到关注。

第三是低能耗问题。在全球范围内的资源与能源日益匮乏的今天，节能减排也已成为全社会的共识。同样，如何开发出低能耗的绿色智能家居产品也成了各大智能家居厂商需要思考的重要课题。一方面，需要在开发智能家居产品时利用各种新技术、新工艺减少各类资源的消耗，更多地使用绿色材料；另一方面，在智能家居投入使用之后，他们需要培养用户节能减排的环保意识，响应社会号召。例如，通过智能电器、智能插座或其他设备的使用来帮助人们养成“绿色生活”的生活习惯。

第四是提高智能家居产品用户体验。随着社会经济和信息技术的不断更新和变化，人们对生活质量的要求逐渐提高，开始注重家庭环境的安全隐私性和体验舒适性等。在设计产品过程中要重点分析家居生活的背景，分析有针对性用户的使用需求，要注重实用、体验、亲和、可靠、经济和扩展的原则，对于老人、儿童及特殊人群存在的生活能力差、行动受限等特殊问题要给予关注和解决。坚持“以人为本”，从用户的实际需求出发，产品要变得知性，尊重用户的使用习惯，提升用户的使用体验。

第五是充分发挥新技术和新概念给智能家居带来的潜能。人工智能的概念近年来发展正盛，在生活的方方面面都已经感觉到了它给我们带来的改变。随着人工智能和家居物联网产品的深入结合，智能家居在更加人性化的同时摆脱移动设备的束缚，通过自主学习、主动记忆、自主决策为用户提供舒适的生活。其次，大数据和云计算能力也会得到充分发挥，深度学习、计算机视觉等技术得以运用，最终实现智能家居对人的思维、意识进行学习和模拟。此外，随着万物互联时代的到来，将产生大量的实时数据，这会对云计算服务带来压力，边缘计算或雾计算的分布式计算基础设施就可以在本地处理实时数据并立即做出决策，降低网络传输数据的负担，同时也能提高数据的安全性。在不久的将来，边缘计算或雾计算将给智能家居物联网带来新的应用亮点。

参考文献

[1] 比尔·盖茨. 未来之路[M]. 辜正坤译, 北京: 北京大学出版社, 1996.

[2] 钟书华. 物联网演义(一)——物联网概念的起源和演进[J]. 物联网技术, 2012, 2(5): 87-89.

[3] 钟书华. 物联网演义(二)——《ITU 互联网报告 2005: 物联网》[J]. 物联网技术, 2012, 2(6): 87-89.

[4] 钟书华. 物联网演义(三)——IBM 的"智慧地球"[J]. 物联网技术, 2012, 2(7): 86-87.

[5] 钟书华. 物联网演义(四)——欧洲物联网行动计划[J]. 物联网技术, 2012, 2(8): 87-89.

[6] 刘云浩. 物联网导论(第 2 版)[M]. 北京: 科学出版社, 2013.

[7] 吴巍, 吴渭, 骆连合. 物联网与泛在网通信技术[M]. 北京: 电子工业出版社, 2012.

[8] 董健. 物联网与短距离无线通信技术（第 2 版）[M]. 北京: 电子工业出版社, 2016.

[9] 曾宪武, 包淑评. 物联网导论[M]. 北京: 电子工业出版社, 2016.

[10] IDC. Worldwide spending on the Internet of things[R]. (2020-06-18)[2020-08].

[11] 艾瑞咨询. 2020 年中国智能物联网（AIoT）白皮书[R]. (2020-01)[2020-08].

[12] 史治国, 潘骏, 陈积明. NB-IoT 实战指南[M]. 北京: 科学出版社, 2018.

[13] 吴思楠. 基于物联网的智能家居控制系统设计与实现[D]. 扬州: 扬州大学, 2016.

[14] 高磊. 基于物联网技术的智能家居控制系统研究与设计[D]. 长春: 吉林建筑大学, 2018.

[15] 艾瑞咨询. 中国智能家居行业研究报告[R]. (2018-08-15)[2020-08].

[16] 张晓林. 嵌入式系统技术[M]. 北京: 高等教育出版社, 2008.

[17] 何小庆. 嵌入式操作系统风云录[M]. 北京: 机械工业出版社, 2016.

[18] 何小庆. 物联网操作系统研究与思考[J]. 电子产品世界, 2018(1): 27-31.

[19] 苗勃, 叶志强, 刘晨鸣. 新一代无线通信技术 Wi-Fi6 跟踪[J]. 有线电视技术, 2019(3): 39-41.

[20] 师敬旭. 用于物联网通信的蓝牙网关设计[D]. 成都: 电子科技大学, 2018.

[21] 黄祥才. 基于 Thread 的智能家居无线传感网络系统设计[D]. 武汉: 华中科技大学, 2019.

[22] 罗军. 基于 Z-Wave 协议的家庭健康监测系统设计[D]. 秦皇岛: 燕山大学, 2017.

[23] 张丽萍. LiFi 技术发展综述[J]. 现代电信科技, 2017(2): 42-48, 55.

[24] 赵文妍. LoRa 物理层和 MAC 层技术综述[J]. 移动通信, 2017(17): 66-72.

[25] 田景文, 高美娟. 物联网设计与应用(基于 IPv6)[M]. 北京: 清华大学出版社, 2013.

[26] SHELBY Z, BORMANN C. 6LoWPAN: 无线嵌入式物联网[M]. 韩松, 魏逸鸿, 陈德基, 等, 译, 北京: 机械工业出版社, 2015.

[27] 陈君华, 罗玉梅, 刘珺, 等. 嵌入式物联网应用技术实践教程-基于 6LoWPAN[M]. 北京: 北京理工大学出版社, 2017.

第 2 章 IPv4 与 IPv6

本章主要介绍当前应用最广泛的 IPv4 和 IPv6 协议。首先讨论 IPv4 的地址空间和数据包格式的定义，并对 TCP 和 UDP 进行详细说明；接着重点阐述 IPv6 的相关知识、概念、定义和协议等，如报头格式、地址空间、邻居发现协议和无状态自动配置协议等；最后讨论 IPv4 存在的问题，给出 IPv4 向 IPv6 过渡的几种方案。

2.1 IPv4

IPv4 是 IP 的第四版，也是第一个被广泛使用、构成当今互联网技术基石的协议。IPv4 是 IETF（Internet Engineering Task Force，Internet 工程任务组）于 1981 年 9 月发布的 RFC 791 中提出的。1991 年 IETF 提出了通过划分子网构成三层结构地址来缓解 IPv4 地址数量紧张的问题。在 1993 年左右，无类别域间路由（Classless Inter-Domain Routing，CIDR）正式地取代了 IPv4 先前采用的分类网络，缓解了 B 类地址数量紧张的问题，同时更好地实现了路由聚合。1996 年，IPv4 网络实现了可以将内网地址（私有地址）转换成合法的公网 IP 地址，使内网地址可以访问公网的 NAT 技术。2011 年 2 月，互联网名称与数字地址分配组织（The Internet Corporation for Assigned Names and Numbers，ICANN ）宣布 IPv4 地址分配耗尽，2011 年 4 月，亚太互联网络信息中心（Asia-Pacific Network Information Center，APNIC）宣布其可分配的 IPv4 地址仅剩下最后一组。根据中国互联网络信息中心（China Internet Network Information Center，CNNIC）统计，截止到 2013 年年底，中国的网民规模达到了 6.18 亿人，人均 IPv4 地址数约 0.53 个，可以说，IPv4 地址在中国已存在严重不足的问题。

2.1.1 IPv4 的地址空间

IPv4 地址在 1981 年 9 月实现标准化。基本的 IP 地址是以 8 bit 为一个单元的 32 bit 二进制数。为了方便人们的使用，对机器友好的二进制地址转变为人们更熟悉的十进制地址。IP

地址中的每一个 8 bit 组用 0～255 的一个十进制数表示。这些数之间用点“.”隔开，因此，最小的 IPv4 地址值为 0.0.0.0，最大的地址值为 255.255.255.255，然而这两个值是保留的，没有分配给任何系统。

IP 地址分成 5 类：A 类地址、B 类地址、C 类地址、D 类地址和 E 类地址。每一个 IP 地址包括两部分：网络地址和主机地址，上面 5 类地址对所支持的网络数和主机数有不同的组合。

（1）A 类地址

一个 A 类 IP 地址仅使用第一个 8 bit 组表示网络地址，剩下的 3 个 8 bit 组表示主机地址。A 类地址的第一个比特总为 0，这一点在数学上限制了 A 类地址的范围小于 127，因此理论上仅有 127 个可能的 A 类网络，而 0.0.0.0 地址又没有分配，所以实际上只有 126 个 A 类网络。从技术上讲，127.0.0.0 也是一个 A 类地址，但是它已被保留作闭环（Look Back）测试之用，而不能分配给一个网络。A 类地址后面的 24 bit 表示可能的主机地址，A 类网络地址的范围为 1.0.0.0～126.0.0.0。每一个 A 类地址能支持 16 777 214 个不同的主机地址，这个数是由 $2^{24}-2$ 得到的。减 2 是必要的，因为 IP 用全 0 表示保留网络而全 1 表示网络内的广播地址。

（2）B 类地址

设计 B 类地址的目的是支持中到大型的网络。B 类网络地址范围为 128.1.0.0～191.254.0.0。B 类地址蕴含的数学逻辑是相当简单的。一个 B 类 IP 地址使用两个 8 bit 组表示网络号，另外两个 8 bit 组表示主机号。B 类地址的第一个 8 bit 组的前两位数为 1 0，剩下的 6 bit 既可以是 0 也可以是 1，这样就限制其范围小于或等于 191，这里的 191 由 128+32+16+8+4 +2+1 得到。最后的 16 bit（2 个 8 bit 组）标识可能的主机地址。每一个 B 类地址能支持 64 534 个唯一的主机地址，这个数由 $2^{16}-2$ 得到，B 类网络有 16 382 个。

（3）C 类地址

C 类地址用于支持大量的小型网络。这类地址可以认为与 A 类地址正好相反。A 类地址使用第一个 8 bit 组表示网络号，剩下的 3 个表示主机号；而 C 类地址使用 3 个 8 bit 组表示网络地址，仅用一个 8 bit 组表示主机号。

C 类地址的前 3 bit 为 110，前两位和为 192(128+64)，这形成了 C 类地址空间的下界。第三位等于十进制数 32，这一位为 0 限制了地址空间的上界。不能使用第三位限制了此 8 bit 组的最大值为 255−32=223。因此 C 类网络地址范围为 192.0.1.0～223.255.254.0。最后一个 8 bit 组用于主机寻址。每一个 C 类地址理论上可支持最大 256（0～255）个主机地址，但是仅有 254 个可用，因为 0 和 255 不是有效的主机地址，因此可以有 2 097 150 个不同的 C 类网络地址。在 IP 地址中，0 和 255 是保留的主机地址。IP 地址中所有的主机地址为 0 用于标识局域网，全为 1 表示在此网段中的广播地址。

（4）D 类地址

D 类地址用于在 IP 网络中的多播（Multicasting）。D 类多播地址机制仅有有限的用处。一个多播地址是一个唯一的网络地址，它能指导报文到达预定义的 IP 地址组。因此，一台机器可以把数据流同时发送到多个接收端，这比为每个接收端创建一个不同的流有效得多。多播长期以来被认为是 IP 网络最理想的特性，因为它有效地减小了网络流量。D 类地址空间和其他地址空间一样有其数学限制，D 类地址的前四位恒为 1110，预置前三位为 1 意味着 D 类地址开始于 128+64+32=224，第四位为 0 意味着 D 类地址的最大值为 128+64+32+8+4+2+1=239，因此 D 类地址空间的范围为 224.0.0.0～239.255.2 55.254。

（5）E 类地址

E 类地址被定义为保留研究之用，因此 Internet 上没有可用的 E 类地址。E 类地址的前四位为 1，因此有效的地址范围为 240.0.0.0～255.255.255.255。

（6）子网掩码

子网掩码是用来判断任意两台计算机的 IP 地址是否属于同一子网络的根据。最为简单的理解就是两台计算机各自的 IP 地址与子网掩码进行二进制“与”（AND）运算后，如果得出的结果是相同的，则说明这两台计算机是处于同一个子网络上的，可以进行直接的通信；反之则不可以进行直接的通信。

2.1.2 IPv4 数据报的格式

IPv4 数据报由首部和数据两部分组成。首部的前一部分是固定长度，共 20 B，是所有 IPv4 数据报必须具有的；在首部的固定部分后面是一些可选字段，其长度是可变的。IPv4 数据报的格式[1]如图 2-1 所示。

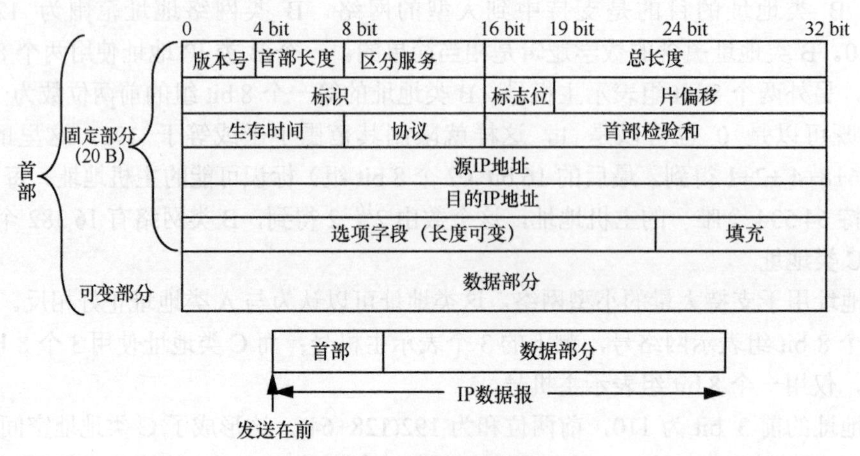

图 2-1 IPv4 数据报的格式

IPv4 数据报中的字段说明如下。

① 版本号：占 4 bit，规定了数据报的 IP 版本，通过查看版本号，路由器能够确定如何解释 IP 数据报的剩余部分，因为不同 IP 版本使用不同的数据报格式。

② 首部长度：占 4 bit，IPv4 数据报可能包含一些可变数量的选项，这些选项包含在数据报的首部，所以需要用这 4 bit 来确定 IP 数据报中数据部分实际从哪里开始。由于大多数 IPv4 数据报不包含这些选项，因此一般的 IPv4 数据报具有 20 B 的首部。

③ 区分服务：占 8 bit，用于区别不同类型的 IPv4 数据报，它们可能要求低时延、高吞吐量或高可靠性，以获得更好的服务。

④ 总长度：这是整个 IP 数据报的长度，即首部加数据，使用字节计算。该字段长为 16 bit，因此，IPv4 数据报的理论最大长度为 65 535 B。

⑤ 标识、标志位、片偏移：它们与 IP 分片有关，标识号用于确定哪些是数据报，占 16 bit，每产生一个数据包，计数器加 1，并将此值赋给标识字段。标志位占 3 bit，最后一个片的标志位 MF（More Fragment）被设为 0，而其他片的标志位 MF 被设为 1，表示还有分片，DF（Don't Fragment）为 1 表示不能分片，为 0 表示允许分片。片偏移占 13 bit，用于指定该片应该存放在数据报的哪个位置，以 8 B 为偏移单位。

⑥ 生存时间（Time To Live，TTL）：占 8 bit，用于确保数据报不会长时间在网络中循环，每当数据报由一台路由器处理时，该字段的值减 1，当 TTL 为 0 时，数据报将会被丢弃。

⑦ 协议：占 8 bit，该字段指出此数据报携带的数据是使用何种协议，以便使目的主机的 IP 层知道应将数据部分上交给哪个处理过程。

⑧ 首部校验和：占 16 bit，只检验数据报的首部，但不包括数据部分，用于帮助路由器检测收到的 IP 数据报中的比特错误，路由器一般会丢弃检测出错误的数据报。

⑨ 源 IP 地址和目的 IP 地址：分别占 32 bit，顾名思义，就是发出此数据报和接收此数据报的主机地址。

⑩ 选项字段：选项允许 IP 首部被扩展，但很少使用。选项使数据报首部长度可变，故无法预先确定数据字段从何开始；也使处理每个数据报的时间不定，从而增加了开销。

⑪ 数据部分：数据报的有效载荷，被用来交给上一层。

2.1.3 TCP

（1）TCP 简介

传输控制协议（Transmission Control Protocol，TCP）是一种面向连接（连接导向）的、可靠的、基于字节流的运输层（Transport Layer）通信协议[2]。在简化的计算机网络 OSI 模型中，它完成第四层即传输层所指定的功能。TCP 是面向连接的通信协议，通过 3 次握手建立连接，通信完成时要拆除连接，由于 TCP 是面向连接的，因此只能用于端到端的通信。

TCP 提供的是一种可靠的数据流服务，采用“带重传的肯定确认”技术来实现传输的可靠性。TCP 还采用一种被称为“滑动窗口”的方式进行流量控制，所谓“窗口”实际表示接收能力，用以限制发送方的发送速度。

TCP/IP 定义了电子设备如何连入互联网，以及数据如何在它们之间传输的标准。通俗而言：TCP 负责发现传输的问题，一有问题就发出信号，要求重新传输，直到所有数据安全正确地传输到目的地。而 IP 是给互联网的每一台联网设备规定一个地址。

（2）TCP 数据报头

TCP 报文段首部的前 20 B 是固定的，如图 2-2 所示，后面有 4*N* B 是根据需要而增加的选项（*N* 是整数）。报头首部固定部分各字段的意义如下。

① 源端口和目的端口：16 bit，标识出远端和本地的端口号。

② 序号：32 bit，表明了发送的数据报的顺序。

③ 确认号：32 bit，期望收到对方下一个报文段的第一个数据字节的序号。

④ 数据偏移：4 bit，表明 TCP 头中包含多少个 32 bit 字段，指 TCP 报文段的数据起始处距离 TCP 报文段的起始处有多远。

⑤ 保留：6 bit，未用，目前应置 0。

⑥ URG：当 URG=1 时，表明紧急指针字段有效，它告诉系统此报文段有紧急数据，应尽快传送，相当于高优先级的数据，而不是按原来的排队顺序来传送。

⑦ ACK：仅当 ACK=1 时表明确认号字段是合法的。如果 ACK=0，那么数据报不包含确认信息，确认字段被省略。

⑧ PSH：表示是带有 PUSH 标志的数据。接收方因此请求数据报一到便尽快地送往应用程序而不必等到缓冲区装满时才传送。

⑨ RST：用于复位由于主机崩溃或其他原因而出现的错误连接，还可以用于拒绝非法的数据报或拒绝连接请求。

⑩ SYN 和 FIN：用于建立连接和释放连接。

⑪ 窗口大小：16 bit，窗口大小字段表示在确认了字节之后还可以发送多少个字节，窗口值作为接收方让发送方设置其发送窗口的依据。

⑫ 校验和：16 bit，它是为了确保高可靠性而设置的，字段校验的范围包括首部和数据两部分。

⑬ 紧急指针：16 bit，该字段仅在 URG=1 时才有意义，它指出本报文段中紧急数据的字节数（紧急数据结束后就是普通数据）。

⑭ 选项字段：长度可变，最长可达 40 B，包括最大 TCP 载荷、窗口比例、TCP 数据报头选择重发数据报等选项。最大 TCP 载荷：允许每台主机设定其能够接受的最大 TCP 载荷能力。在建立连接期间，双方均声明其最大载荷能力，并选取其中较小的作为标准。如果一台主机未使用该选项，那么其载荷能力缺省设置为 536 B。窗口比例：允许发送方和接收方商定一个合适窗口比例因子，该因子使滑动窗口最大能够达到 232 B。TCP 数据报头选择重发数据报：允许接收方请求发送指定一个或多个数据报。

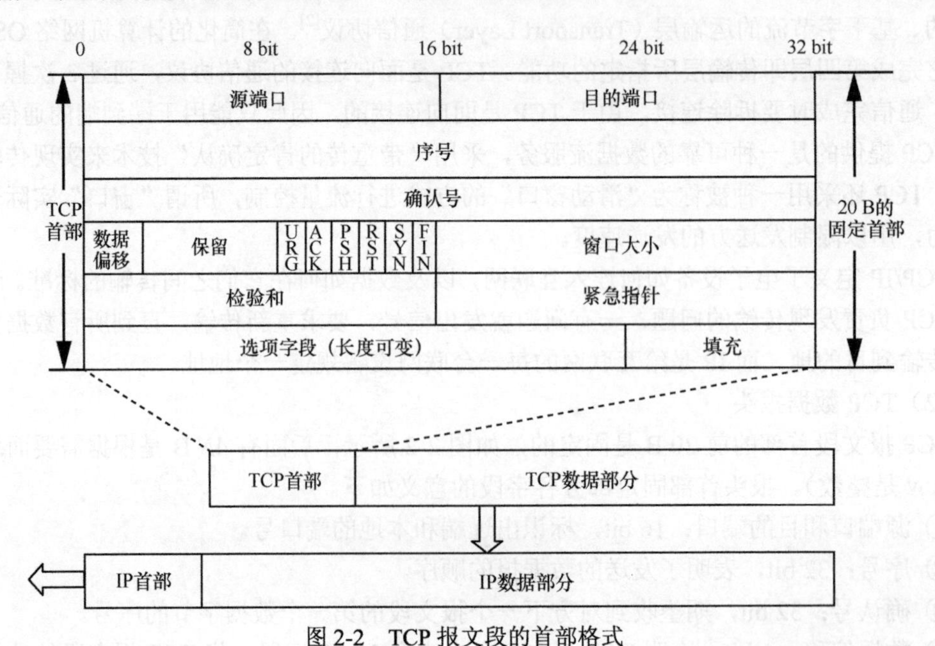

图 2-2　TCP 报文段的首部格式

（3）TCP 主要特点

当应用层向 TCP 层发送用于网间传输的、用 8 bit 表示的数据流时，TCP 把数据流分割成适当长度的报文段，最大传输段大小（Maximum Segment Size，MSS）通常受该计算机连接的网络的数据链路层的最大传输单元（Maximum Transmission Unit，MTU）的限制。之后 TCP 层便将它们向下传送到 IP 层，设备驱动程序和物理介质，最后通过网络将包传送给接收端实体的 TCP 层。

TCP 为了保证报文传输的可靠性，给每个包一个序号，同时序号也保证了传送到接收端实体的包的按序接收。然后接收端实体对已成功收到的字节发回一个相应的确认（ACK）；如果发送端实体在合理的往返时延（Round-Trip Time，RTT）内未收到确认，那么对应的数据（假设丢失）将会被重传。

① 在数据的正确性与合法性上，TCP 用一个校验和函数来检验数据是否有错误，在发送和接收时都要计算校验和，同时可以使用 MD5 认证对数据进行加密。

② 在保证可靠性上，采用超时重传和捎带确认机制。

③ 在流量控制上，采用“滑动窗口”协议，所谓窗口实际表示接收能力，用以限制发送方的发送速度。协议中规定对于窗口内未经确认的分组需要重传。

④ 在拥塞控制上，采用广受好评的 TCP 拥塞控制算法。该算法主要包括 3 个部分：加性增、乘性减和慢启动，对超时事件做出反应。

（4）TCP 连接的建立

TCP 是互联网中的传输层协议，使用 3 次握手协议建立连接。当主动方发出 SYN 连接请求后，等待对方回答 SYN、ACK。这种建立连接的方法可以防止产生错误的连接，TCP 使用的流量控制协议是可变大小的“滑动窗口”协议。

第一次握手：建立连接时，客户端发送 SYN 包（SEQ=x）到服务器，并进入 SYN_SEND 状态，等待服务器确认。

第二次握手：服务器收到 SYN 包，必须确认客户端的 SYN（ACK=x+1），同时自己也发送一个 SYN 包（SEQ=y），即 SYN+ACK 包，此时服务器进入 SYN_RECV 状态。

第三次握手：客户端收到服务器的 SYN+ACK 包，向服务器发送确认包 ACK（ACK=y+1），此包发送完毕，客户端和服务器进入 Established 状态，完成 3 次握手。

2.1.4 UDP

（1）UDP 简介

用户数据包协议（User Datagram Protocol，UDP）是 OSI 参考模型中的一种面向无连接的传输层通信协议，提供面向事务的简单不可靠信息传送服务[2]。UDP 在网络中与 TCP 一样用于处理数据包，位于 IP 协议的顶层，都属于传输层协议。但 UDP 具有不提供数据报分组、组装和不能对数据包排序的缺点，也就是说，当报文发送之后，UDP 是无法得知其是否安全完整到达的，属于不可靠的传输，可能会出现丢包现象，实际应用中要求程序员编程验证。

欺骗 UDP 数据包比欺骗 TCP 数据包更容易，因为 UDP 没有建立初始化连接（也可以称为握手）（因为在两个系统间没有虚电路），也就是说，与 UDP 相关的服务面临着更大的危险。UDP 通常由每次传输少量数据或有实时需要的程序使用。在这些情况下，UDP 的低开销比 TCP 更适合。

UDP 的主要作用是将网络数据流量压缩成数据报的形式。UDP 不被应用于那些使用虚电路的面向连接的服务，而主要用于那些面向查询-应答的服务，例如 NFS。相对于 FTP 或 Telnet，这些服务需要交换的信息量较小。使用 UDP 的服务包括 NTP（网络时间协议）和 DNS（DNS 也使用 TCP）。UDP 从问世至今已经被使用了很多年，虽然其最初的光彩已经被一些类似协议所掩盖，但是即使在当今，UDP 仍然不失为一项非常实用和可行的网络传输层协议。

（2）UDP 报头

UDP 报头由 4 个域 8 B 组成，其中每个域各占用 2 B，信息分别为源端口号、目标端口号、数据报长度、校验和。UDP 报头如图 2-3 所示。

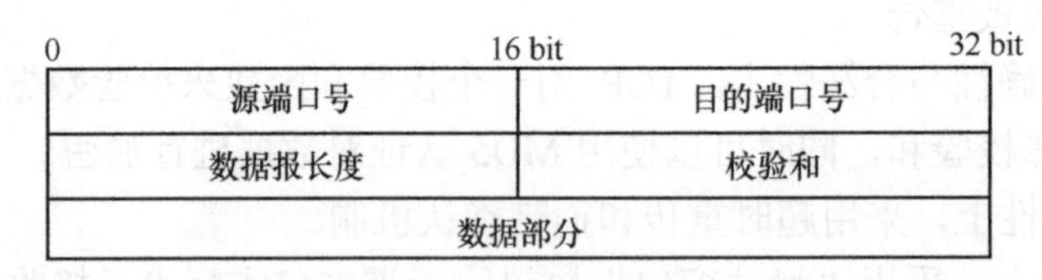

图 2-3　UDP 报头

① 源端口号：这 16 bit 字段包含发送数据报的过程的端口号。它是被用来指示接收过程向何处发送答复数据报的。源端口字段在需要对方回信时选用，所以不需要时常被设置为 0。

② 目标端口号：这 16 bit 字段包含接收数据报的过程的端口号。该字段必须被填写。

③ 数据报长度：包含报头和数据部分在内的总字节数。由于报头数据长度固定，该域常被用来计算可变长度的数据部分，也称数据负载。从理论上说，包含报头在内的数据报的最大长度为 65 535 B。

④ 校验和：它是一个 16 bit 的校验和数据，是对 12 B 的伪首部、8 B 的 UDP 首部和 UDP 数据部分进行一起校验所得，用于提供错误检测，有错就丢失，保障数据的安全。

（3）UDP 特点

UDP 只在 IP 的数据报服务之上增加了很少的功能，即复用和分用的功能以及差错检测的功能。UDP 主要特点如下。

① UDP 是一个无连接协议。传输数据之前源端和终端不建立连接，当它想传送时就简单地去抓取来自应用程序的数据，并尽快地把它扔到网络上，减少了开销和发送数据之前的时延。在发送端，UDP 传送数据的速度仅受应用程序生成数据的速度、计算机的能力和传输带宽的限制；在接收端，UDP 把每个消息段放在队列中，应用程序每次从队列中读取一个消息段。

② 由于传输数据不建立连接，因此也就不需要维护连接状态，包括收发状态等，因此一台服务机可同时向多个客户机传输相同的消息，可支持一对一、一对多、多对一和多对多的交互通信。

③ UDP 信息包的报头很短，只有 8 个 B，相对于 TCP 的 20 个 B 信息包其额外开销很小。

④ UDP 的吞吐量不受拥挤控制算法的调节，只受应用软件生成数据的速率、传输带宽、源端和终端主机性能的限制。因此网络出现的拥塞不会使源主机的发送速率降低。这对某些实时应用是很重要的。很多的实时应用（如 IP 电话、实时视频会议等）要求源主机以恒定的速率发送数据，并且允许在网络发生拥塞时丢失一些数据，但却不允许数据有太大的时延。UDP 正好适合这种要求。

⑤ UDP 尽最大努力交付，即不保证可靠交付，因此主机不需要维持复杂的链接状态表（这里面有许多参数）。

⑥ UDP 是面向报文的。发送方的 UDP 对应用程序交下来的报文，在添加首部后就向下交付给 IP 层，既不拆分也不合并，而是保留这些报文的边界。因此，应用程序需要选择合适的报文大小。

虽然 UDP 是一个不可靠的协议，但它是分发信息的一个理想协议，例如在屏幕上报告股票或期货市场、显示高速交通信息等，UDP 也用在路由信息协议（Routing Information Protocol，RIP）中修改路由表。在这些应用场合下，如果有一个消息丢失，在几秒之后另一个新的消息就会替换它。UDP 也广泛用于多媒体应用中。

（4）UDP 与 TCP 的区别

UDP 和 TCP 的主要区别是两者在实现信息的可靠传递方面不同。TCP 中包含了专门的传递保证机制，当数据接收方收到发送方传来的信息时，会自动向发送方发出确认消息；发送方只有在接收到该确认消息之后才继续传送其他信息，否则将一直等待，直到收到确认信息。

与 TCP 不同，UDP 并不提供数据传送的保证机制。如果在从发送方到接收方的传递过程中出现数据报的丢失，协议本身并不能做出任何检测或提示。因此，通常把 UDP 称为不可靠的传输协议，把 TCP 称为可靠的传输协议。UDP 和 TCP 传递数据的差异类似于电话和明信片之间的差异。TCP 就像电话，必须先验证目标是否可以访问后才开始通信；UDP 就像明信片，信息量很小而且每次传递成功的可能性很高，但是不能完全保证传递成功。它们的具体几点区别介绍如下。

① TCP 面向连接，UDP 面向非连接。

② TCP 传输速度慢，UDP 传输速度快。

③ TCP 有丢包重传机制，UDP 没有丢包重传机制。

④ TCP 保证数据的正确性，UDP 可能丢包。

2.2 IPv6

IPv6 的全称是“互联网协议第 6 版（Internet Protocol Version 6）”。IETF 于 1992 年开始开发 IPv6 协议，1995 年 12 月在 RFC 1883 中公布了建议标准，1996 年 7 月和 1997 年 11 月先后发布了版本 2 和 2.1 的草案标准，1998 年 12 月发布了标准 RFC 2460。目前，IPv6 的标准体系已经基本完善，这推动了 IPv6 从实验室走向实际网络的应用。在 IPv6 研究从理论层面转向应用的探索当中，也进一步促进了 IPv6 技术的发展[3]。

2.2.1 IPv6 的特征

相对于 IPv4，IPv6 有如下一些显著的优势[3-4]。

① 地址容量大大扩展，由原来的 32 bit 扩充到 128 bit，彻底解决 IPv4 地址不足的问题；支持分层地址结构，从而更易于寻址；扩展支持多播和任意播地址，这使数据包可以发送给任何一个或一组节点。

② 大容量的地址空间能够真正地实现无状态地址自动配置，使 IPv6 终端能够快速连接到网络上，不需要人工配置，实现了真正的即插即用。

③ 报头格式大大简化，从而有效减少路由器或交换机对报头的处理开销，这对设计硬件报头处理的路由器或交换机十分有利。

④ 加强了对扩展报头和选项部分的支持，这除了让转发更为有效外，还对将来网络加载新的应用提供了充分的支持。

⑤ 流标签的使用可以为数据包所属类型提供个性化的网络服务，并有效保障相关业务的服务质量。

⑥ IPv6 把 IPSec 作为必备协议，保证了网络层端到端通信的完整性和机密性。

⑦ IPv6 在移动网络和实时通信方面有很多改进。特别地，不像 IPv4，IPv6 具备强大的自动配置能力，从而简化了移动主机和局域网的系统管理。

2.2.2 IPv6 报头

与 IPv4 的报头相比，IPv6 报头的结构要简单些，删除了 IPv4 报头中许多不常用的域，引入了可选项和报头扩展；IPv6 中的可选项有更严格的定义。IPv6 报头在 RFC 2460 中给出了定义，一般由 IPv6 基本报头、扩展报头和上层协议数据单元构成。其结构如图 2-4 所示。

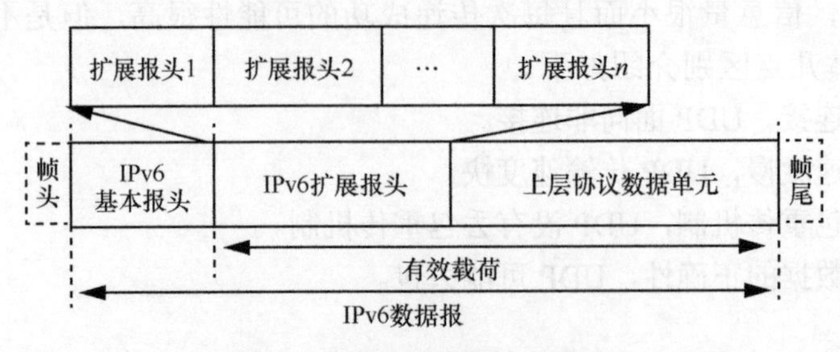

图 2-4 IPv6 数据报头的格式

每一个 IPv6 数据报都必须包括基本报头，其长度固定为 40 B。IPv6 扩展报头是跟在基本 IPv6 报头后面的可选报头。IPv6 数据报可以包含一个或多个扩展报头，也可以没有扩展报头，这些扩展报头可以有不同的长度。上层协议数据单元一般由上层协议报头和它的有效载荷构成，有效载荷可以是一个 ICMPv6 报文、一个 TCP 报文或一个 UDP 报文。

（1）基本报头

IPv6 基本报头主要是对 IPv4 报头格式的改变，IPv6 本身有许多新的改进和功能拓展。与 IPv4 报头相比，IPv6 虽然大大增加了地址部分，但其基本报头区具有相对较少的信息含量。这种简化的报头结构有助于弥补 IPv6 长地址所占用的带宽。IPv6 基本报头格式[1]如图 2-5 所示。

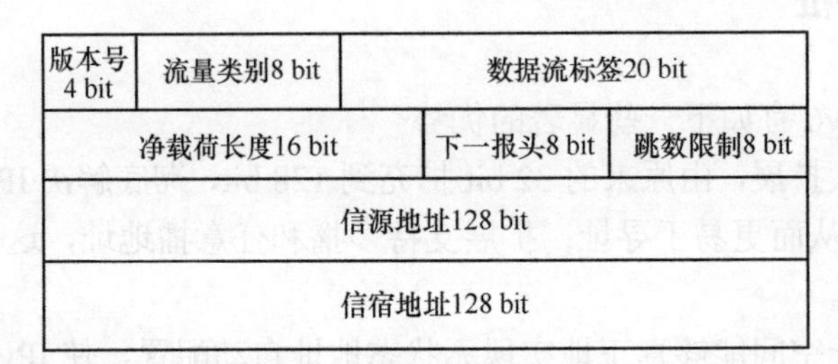

图 2-5 IPv6 基本报头格式

① 版本号：长度为 4 bit。此域标识了报头的基本格式，在所有 IPv6 报头中，该字段的值恒为 6。

② 流量类别：长度为 8 bit。主要作用于信源节点和转发路由器，由此可以标识和区分不同 IPv6 数据报的类别或优先级。

③ 数据流标签：20 bit。新增字段，用来标识这个数据包属于源节点和目标节点之间的一个特定数据包序列。

④ 净载荷长度：长度为 16 bit。该字段表示 IPv6 数据报的有效载荷长度，有效载荷是指紧跟 IPv6 报头的数据包的其他部分（集扩展报头和上层协议数据单元）。

⑤ 下一报头：长度为 8 bit。定义了紧跟在 IPv6 报头后面的第一个扩展报头的类型，或者上层协议数据单元中的协议类型。

⑥ 跳数限制：该字段是为了防止路由循环设置的。定义了 *m* 数据包所能经过的最大跳数，每经过一个路由器，该数值减去 1，当字段的值为 0 时，数据报将丢弃。

⑦ 信源地址：表示发送方的地址，长度为 128 bit。

⑧ 信宿地址：表示接收方的地址，长度为 128 bit。

（2）扩展报头

IPv6 扩展报头是跟在基本报头后面的可选报头，通过形成链式结构的扩展头支持，可以包括 0 个、1 个或多个扩展报头，由下一报头（Next Header）字段组成，按其出现的顺序被处理，如图 2-6 所示。其设计原因是 IPv4 报头中包含多个选项，每个中间路由器必须检查这些选项是否存在，若存在就必须处理它们。这种设计降低了路由器转发 IPv4 数据包的效率。为解决该问题，IPv6 将相关选项移到了扩展报头中，提高了路由器处理数据包的速度和转发性能。

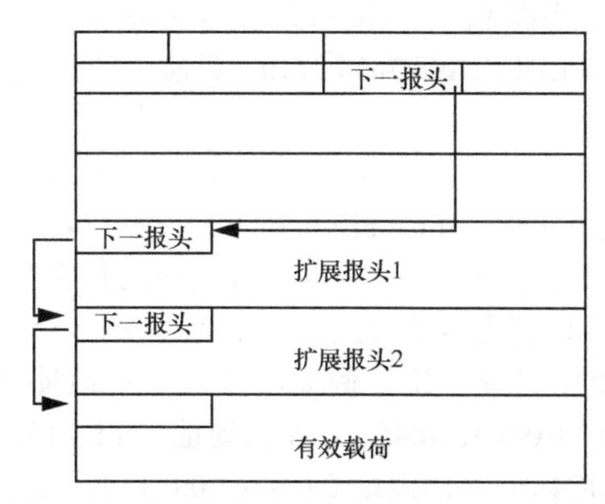

IPv6报头（下一报头=6）	TCP报头	数据

IPv6报头（下一报头=43）	路由报头（下一报头=6）	TCP报头	数据

IPv6报头（下一报头=43）	路由报头（下一报头=44）	分段报头（下一报头=6）	TCP报头	数据

图 2-6　IPv6 扩展报头格式

在典型的 IPv6 数据报中，并不是每一个数据包都包括所有的扩展报头。只有需要该扩展报头对应的功能，发送主机才会添加相应的扩展报头。主要的扩展报头顺序如下。

① 逐跳选项报头（Hop-by-Hop Options Header）。

② 目的站选项报头（Destination Options Header）。

③ 路由报头（Routing Header）。

④ 分段报头（Fragment Header）。

⑤ 认证报头（Authentication Header）。

⑥ 封装安全有效载荷报头（Encapsulating Security Payload Header）。

（3）上层协议数据单元

上层协议数据单元（Protocol Data Unit, PDU）由传输头及其负载（如 ICMPv6 消息或 UDP 消息等）组成。而 IPv6 包有效负载则包括 IPv6 扩展头和 PDU，通常所能允许的最大字节数为 65 535 B，大于该字节数的负载可通过使用扩展头中的 Jumbo Payload 选项进行发送。

2.2.3 IPv6 地址结构

IPv4 地址表示为点分十进制格式，32 bit 的地址分成 4 个 8 bit 分组，每个 8 bit 分组写成十进制，中间用点号分隔，如 192.168.155.123。而 IPv6 的 128 bit 地址则是以 16 bit 为一个分组，每个 16 bit 分组写成 4 个十六进制数，中间用冒号分隔，称为冒号分十六进制格式，如 21DA: 00D3:0000:2F3B: 02AA:00FF:FE28:9C5A 是一个完整的 IPv6 地址。

（1）IPv6 地址表示形式

IPv6 地址包括 128 bit，由使用由冒号分隔的 16 bit 的十六进制数表示。每 4 bit 表示一个十六进制，一共有 32 个十六进制数值（4×32=128）。十六进制中的字符型数字不区分大小写，如 FEDC:BA98:7654:3210:FEDC:BA98:7654:3210。目前，IPv6 地址的表示有 3 种常规形式，介绍如下。

① 冒号十六进制形式。这是主要形式，可以表示为 *n:n:n:n:n:n:n:n*，每个 *n* 都表示 8 个 16 bit 地址元素之一的十六进制值。例如 3FFE:FFFF:7654:FEDA:1245:BA98:3210:4562。

② 压缩形式。由于地址长度有要求，地址包含由 0 组成的长字符串的情况十分常见。为了简化对这些地址的写入，可以使用压缩形式，多个 0 块的单个连续序列由双冒号符号(::)表示，此符号只能在地址中出现一次。例如，多路广播地址 FFED:0:0:0:0:BA98:3210:4562 的压缩形式为 FFED::BA98:3210:4562，单播地址 3FFE:FFFF:0:0:8:800:20C4:0 的压缩形式为 3FFE:FFFF::8:800:20C4:0，环回地址 0:0:0:0:0:0:0:1 的压缩形式为::1，未指定的地址 0:0:0:0:0:0:0:0 的压缩形式为::。

③ 混合形式。在 IPv4 和 IPv6 混合环境中，有时更适合采用另一种表示形式：*n:n:n:n:n:n:d.d.d.d*，其中 *n* 是地址中 6 个高阶 16 bit 分组的十六进制值，*d* 是地址中 4 个低阶 8 bit 分组的十进制值（标准 IPv4 表示）。例如地址 0:0:0:0:0:0:13.1.68.3 和 0:0:0:0:0:FFFF:129.144.52.38 写成压缩形式为::13.1.68.3 和::FFFF.129.144.52.38。

（2）IPv6 地址前缀标记

在 IPv4 协议中，IPv4 地址的前缀或网络部分是通过点分十进制网络掩码（通常称为子网掩码）来标识的，如 255.255.255.0 表示该 IPv4 地址的网络部分或前缀长度是最左侧的 24 bit。

根据 RFC 4291 的定义，IPv6 地址前缀的表示格式为 IPv6-address/prefix-length，其中，IPv6-address 为十六进制表示的 128 bit 地址；prefix-length 为十进制表示的前缀长度，表示该地址最左侧连续比特的数量，相当于 IPv4 地址中的网络 ID。例如地址 2001:0DB8:AAAA:1111: 0000:0000:0000:0000/64，其前缀为 2001:0DB8:AAAA:1111。

128 bit 地址中减去前缀长度/64 之后剩余的 64 bit 称为 IPv6 地址的接口 ID 部分，相当于 IPv4 地址中的主机 ID。

（3）IPv6 地址类型

在地址类型中，IPv6 设置有单播地址、任播地址和多播地址，不再有 IPv4 中的广播地址。

① 单播地址。唯一地标识 IPv6 设备上的某一个接口，目的为单播地址的报文会被送到被标识的接口。IPv6 地址可以更精确地标识主机上的接口，而不是主机本身。一个接口可以拥有多个 IPv6 地址和一个 IPv4 地址。

所有格式前缀不是多播格式前缀（1111 1111）的 IPv6 地址都是 IPv6 单播格式（任播和 IPv6 单播格式相同）。IPv6 单播地址和 IPv4 单播地址一样可聚合。目前定义了多种 IPv6 单播地址格式，包括可聚合全球单播地址、唯一本地单播地址、链路本地地址和具有 IPv4 能力的主机地址，但广泛使用的是可聚合全球单播地址和链路本地地址。

② 任播地址。标识多个接口，目的为任播地址的报文会被送到最近的一个被标识接口，最近节点是由路由协议来定义的。任一广播地址取自单播地址空间，而且在语法上不能与其他地址区别开。IPv6 会对分配了任播地址的设备进行显式配置，以便能够识别任播地址。

③ 多播地址。标识多个接口，而且这些接口通常属于不同设备，目的为多播地址的报文会被送到被标识的所有接口，多播组的所有成员都会处理该数据包。因而多播地址与任播地址之间的区别就是，任播数据包仅发送给一台设备，而多播数据包会发送给多台设备。IPv6 中没有广播地址，取而代之的是全部节点多播地址。

2.2.4 IPv6 邻居发现

邻居发现协议（Neighbor Discovery Protocol，NDP）是 IPv6 协议的一个基本组成部分，它实现了在 IPv4 中的地址解析协议（Address Resolution Protocol，ARP）、网间控制报文协议（Internet Control Message Protocol，ICMP）中的路由器发现部分、ICMP 重定向协议的所有功能，并对它们进行了改进[4-5]。

邻居发现协议采用 5 种类型的 IPv6 控制信息报文（ICMPv6）来实现邻居发现协议的各种功能。这 5 种类型消息介绍如下。

① 路由器请求（Router Solicitation）：当接口工作时，主机发送路由器请求消息，要求路由器立即产生路由器通告消息，而不必等待下一个预定时间。

② 路由器通告（Router Advertisement）：路由器周期性地通告它的存在以及配置的链路和网络参数，或者对路由器请求消息做出响应。路由器通告消息包含在连接（on-link）确定、地址配置的前缀和跳数限制值等。

③ 邻居请求（Neighbor Solicitation）：节点发送邻居请求消息来请求邻居的链路层地址，以验证它先前所获得并保存在缓存中的邻居链路层地址的可达性，或者验证它自己的地址在本地链路上是否是唯一的。

④ 邻居通告（Neighbor Advertisement）：邻居请求消息的响应。节点也可以发送非请求邻居通告来指示链路层地址的变化。

⑤ 重定向（Redirect）：路由器通过重定向消息通知主机。对于特定的目的地址，如果不是最佳的路由，则通知主机到达目的地的最佳下一跳。

通过上述 5 种信息，邻居发现协议可实现路由器发现、前缀发现、参数发现、地址自助配置、地址解析、下一跳地址确定、邻居不可达检测、重复地址检测、重定向等功能，可选择实现链路层地址变化、输入负载均衡、泛播地址和代理通告等功能。

① 路由器发现：帮助主机来识别本地路由器。

② 前缀发现：节点使用此机制来确定指明链路本地地址的地址前缀以及必须发送给路由器转发的地址前缀。

③ 参数发现：帮助节点确定诸如本地链路 MTU 之类的信息。

④ 地址自动配置：用于 IPv6 节点自动配置。

⑤ 地址解析：替代了 ARP 和 RARP，帮助节点从目的 IP 地址中确定本地节点（即邻居）的链路层地址。

⑥ 下一跳地址确定：IPv6 邻居发现协议可用于确定包的下一个目的地，即可确定包的目的地是否在本地链路上。如果在本地链路，下一跳就是目的地；否则，包需要选路，下一跳就是路由器，邻居发现可用于确定应使用的路由器。

⑦ 邻居不可达检测：帮助节点确定邻居（目的节点或路由器）是否可达。

⑧ 重复地址检测：帮助节点确定它想使用的地址在本地链路上是否已被占用。

⑨ 重定向：有时节点选择的转发路由器对于待转发的包而言并非最佳。这种情况下，该转发路由器可以对节点进行重定向，使它将包发送给更佳的路由器。例如，节点将发往 Internet 的包发送给为节点所在的内部网服务的默认路由器，该内部网路由器可以对节点进行重定向，以使其将包发送给连接在同一本地链路上的 Internet 路由器。

IPv6 不再执行地址解析协议（ARP）或反向地址解析协议（RARP），而用邻居发现协议中的相应功能代替。IPv6 邻居发现协议与 IPv4 地址解析协议的主要区别为：IPv4 中地址解析协议 ARP 是独立的协议，负责 IP 地址到链路层地址的转换，对不同的链路层协议要定义不同的 ARP，IPv6 中邻居发现协议 NDP 包含了 ARP 的功能，且运行于互联网控制报文协议 ICMPv6 上，更具有一般性，包括更多的内容，而且适用于各种链路层协议；ARP 以及 ICMPv4 路由器发现和 ICMPv4 重定向报文基于广播，而 NDP 的邻居发现报文基于高效的多播和单播；可达性检测的目的是确认相应 IP 地址代表的主机或路由器是否还能收发报文，IPv4 没有统一的解决方案，NDP 中定义了可达性检测过程，保证 IP 报文不会发送给“黑洞”。

2.2.5 IPv6 地址无状态自动配置

IPv6 的网络地址除了手工分配以外，还有两种自动配置方式：有状态地址自动配置（Stateful Address Autoconfiguration）和无状态地址自动配置（Stateless Address Autoconfiguration）。

有状态地址自动配置是由 IPv4 下的动态主机配置协议（Dynamic Host Configuration Protocol，DHCP）转化而来的，IPv6 继承并改进了 IPv4 的这种自动配置服务，并将其称为有状态地址自动配置。DHCP 的问题在于，作为状态自动配置协议，它要求安装和管理 DHCP 服务器，并要求接受 DHCP 服务的每个新节点都必须在服务器上进行配置。也就是说，DHCP 服务器保存着它要为之提供配置信息的节点列表，如果节点不在列表中，该节点就无法获得 IP 地址。DHCP 服务器还保持着使用该服务器的节点的状态，因为该服务器必须了解每个 IP 地址使用的时间，以及何时 IP 地址可以进行重新分配。

对于大多数个人或者小型机构来说，与有状态地址自动配置机制相比，无状态地址自动配置机制更容易实现。因为，无状态地址自动配置主要靠主机监听路由器公告得到全局地址前缀，再加上自己的接口 ID 生成一个全局地址。使用无状态地址自动配置机制，节点至少可以自动实现本地连接，节点通过侦听路由器通告消息，或者向最近的路由器发送路由器请求消息，就可以自行确定自己的默认路由器，通过路由器向能实现无状态地址自动配置的节点发出的通告来获知网络和子网信息，这样，就构成了节点的有效链路地址。

RFC 2462 中描述了 IPv6 的无状态自动配置。无状态自动配置要求本地链路支持多播，而且网络接口能够发送和接收多播包。概括地说，节点的无状态自动配置过程的步骤如下。首先，进行自动配置的节点必须确定自己的本地链路地址；然后，验证该本地链路地址在链路上的唯一性；最后，节点必须确定需要配置的信息。该信息可能是节点的 IP 地址，也可能是其他配置信息，或者两者皆有。如果需要 IP 地址，节点可以根据情况来确定是使用无状态地址自动配置过程来获得，还是使用有状态地址自动配置过程来获得。

具体地说，在无状态自动配置过程中，主机首先通过将它的网卡 MAC 地址附加在链路本地地址前缀 1111111010 之后，产生一个本地链路单播地址（IEEE 已经将网卡 MAC 地址由 48 bit 改为 64 bit。如果主机采用的网卡的 MAC 地址依然是 48 bit，那么 IPv6 网卡驱动程序会根据 IEEE 的一个公式将 48 bit MAC 地址转换为 64 bit MAC 地址）。接着主机向该地址发出一个邻居发现请求，以验证地址的唯一性。如果请求没有得到响应，则表明主机自我配置的本地链路单播地址是唯一的。否则，主机将使用一个随机产生的接口 ID 组成一个新的链路本地单播地址。然后，以该地址为源地址，主机向本地链路中所有路由器多点传送一个路由器请求来请求配置信息，路由器以路由器通告作为响应，该路由器通告包括了一个可聚集全球单播地址前缀以及其他相关配置的信息。主机用它从路由器得到的全球地址前缀加上自己的接口 ID，自动配置全球地址，然后就可以与 Internet 中的其他主机通信了。

如果没有路由器为网络上的节点服务，即本地网络孤立于其他网络，则可以通过节点寻找配置服务器来完成其配置；节点也可以侦听路由器通告报文，这些报文周期性地发往所有主机的多播地址，以指明诸如网络地址和子网地址等配置信息。节点可以等待路由器的通告，也可以通过发送多播请求为所有路由器的多播地址来请求路由器发送通告。一旦收到路由器的响应，节点就可以使用响应的信息来完成自动配置。

使用无状态自动配置，不需要手动干预就能够改变网络中所有主机的 IP 地址。例如，当企业更换了联入 Internet 的 ISP 时，将从新 ISP 处得到一个新的可聚集全局地址前缀。ISP 把这个地址前缀从它的路由器上传送到企业路由器上。由于企业路由器将周期性地向本地链接中的所有主机多点广播路由器公告，因此企业网络中所有主机都将通过路由器公告收到新的地址前缀，此后，它们就会自动产生新的 IP 地址并覆盖旧的 IP 地址。

2.3 IPv4 的不足与向 IPv6 过渡的方案

2.3.1 IPv4 的不足

IPv4 协议是目前广泛部署的互联网协议，从 1981 年最初定义（RFC 791）到现在已将近 40 年。IPv4 协议简单、易于实现、互操作性好，IPv4 网络规模也从最初的单个网络扩展为全球范围的众多网络。然而，随着互联网的迅猛发展，IPv4 设计的不足也日益明显，主要有以下几点。

① 地址空间不足。IPv4 地址采用 32 bit 标识，理论上能够提供的地址数量是 43 亿个。但由于地址分配的原因，实际可使用的数量不到 43 亿个。另外，IPv4 地址的分配也很不均衡：美国占全球地址空间的一半左右，而欧洲相对匮乏，亚太地区则更加匮乏（有些国家分配的地址还不到 256 个）。随着互联网的发展，IPv4 地址空间不足问题日益严重。

② 骨干路由器维护的路由表表项数量过大。由于 IPv4 发展初期的分配规划问题，造成许多 IPv4 地址块分配不连续，不能有效聚合路由。针对这一问题，采用 CIDR 以及回收并再分配 IPv4 地址，有效抑制了全球 IPv4 BGP 路由表的线性增长。但目前全球 IPv4 BGP 路由表仍在不断增长，已经达到 17 万多条，经过 CIDR 聚合以后的 BGP 也将近 10 万条。日益庞大的路由表耗用内存较多，对设备成本和转发效率都有一定的影响，这一问题促使设备制造商不断升级其路由器产品，提高其路由寻址和转发的性能。

③ 不易进行自动配置和重新编址。由于 IPv4 地址只有 32 bit，地址分配也不均衡，经常在网络扩容或重新部署时，需要重新分配 IP 地址，因此需要能够进行自动配置和重新编址以减少维护工作量。

④ 不能解决日益突出的安全问题。随着互联网的发展，安全问题越来越突出。IPv4 协议制定时并没有仔细针对安全性进行设计，固有的框架结构并不能支持端到端安全。因此，安全问题也是促使新的 IP 出现的原因之一。

针对 IPv4 地址短缺问题，也出现了多种解决方案。比较有代表性的是 CIDR 和 NAT。CIDR 是无类域间路由的简称。IPv4 设计之初是层次化的结构，分为 A 类（掩码长度为 8 bit）、B 类（掩码长度为 16 bit）和 C 类地址（掩码长度为 24 bit），地址利用效率不高。CIDR 支持任意长度的地址掩码，使 ISP 能够按需分配地址空间，提高了地址空间利用率。CIDR 的出现大大缓解了地址紧张问题，但由于各种网络设备、主机的不断出现，对 IP 地址的需求也越来越多，CIDR 还是无法解决 IPv4 地址空间过小问题（32 bit）。NAT 也是针对 IPv4 地址短缺问题提出的一种解决方案。其基本原理是在网络内部使用私有地址，在 NAT 设备处完成私有地址和外部公有地址的翻译，达到减少公有地址使用的目的。但 NAT 破坏了 IP 的端到端模型、存在单点失效问题、不支持端到端的安全和网络扩容或重新部署困难。

IPv6 作为新的联网协议的标准，有很多 IPv4 不具备的优点，如超大地址空间、简化的数据包头、安全认证机制等。由于 IPv4 的发展及应用已有比较长的历史，现有的网络及其连接设备几乎都支持 IPv4，因此直接从 IPv4 转换到 IPv6 无法完成，短时间实现也是不切实际的。IPv4与IPv6会在一个环境中共存相当一段时间。IPv4到IPv6必须逐渐平稳地转换，并建立良好的转换机制，这样才能对现有的使用者影响最小。而且IPv6必须能够解决从IPv4转换后的遗留问题，尤其是用户的投资、使用习惯、管理难易等。所以从IPv4向IPv6的演进必须是平滑渐进的。IPv4 向IPv6 的过渡或迁移一定会需要相当长的时间才能实现。因此，两种协议必然会有共存期，两种协议也必须支持互操作性[6]。

随着IPv6协议的逐渐推广应用，互联网中基于IPv4的网络和基于IPv6的网络规模终将出现此消彼长的局面，正如前面所述，但二者必然会长期共存，只是不同阶段共存的方式会有所不同。

2.3.2 IPv6 over IPv4

现行的互联网依然将IPv4作为骨干网络的运行协议，虽然局部出现了小规模的试运行的IPv6网络，但是这些小规模的IPv6网络还是被运行着IPv4协议的主干网络隔离开来，从而变成了“IPv6孤岛”。为了让这些IPv6网络实现真正的互联互通，目前也只能通过IPv4骨干网络将它们连接起来，并借助于相应的转换机制和管理策略才能得以实现。

针对现阶段小规模IPv6网络的应用情况，要实现将这些IPv6网络相互联通，可以使用隧道技术。网络隧道技术就是采用运行于IPv4协议的互联网骨干网络将处于某个或某些局部的IPv6网络连接起来，最终实现IPv6网络与IPv4网络互通的技术，其中IPv4 网络的骨干网起到的作用就是“隧道”。从网络协议结构上来讲，隧道就是将其中一种协议的报头信息封装于另一种协议报头之中，这样就可以实现一种协议通过另一种协议的封装进行互联互通。如果将IPv4骨干网作为隧道，也就是说将发送端IPv6报头信息封装于IPv4报头之中，在数据转发过程中，实现了IPv6协议数据包穿越IPv4网络的情况，接收端通过解封装得到IPv6 报头信息并且转发至目的网络，完成IPv6 网络之间的通信。这一过程的实现可以采用两种建立隧道的机制：手工配置建立隧道和自动建立隧道。其工作原理如图2-7所示。

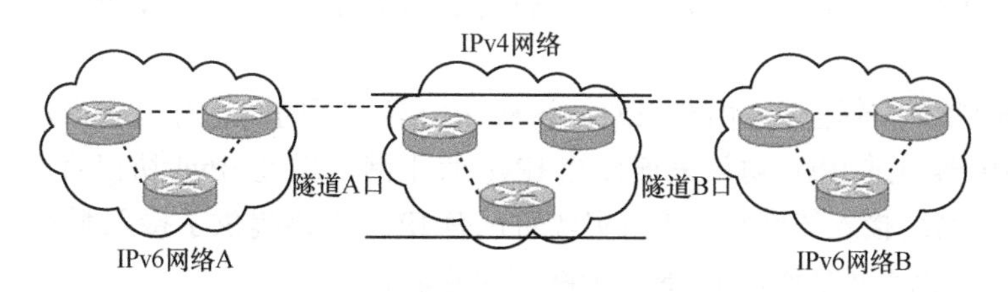

图2-7　IPv6 over IPv4 工作原理

2.3.3 IPv6 to IPv4

当IPv6网络的规模扩大到一定程度，可以通过在IPv6节点中嵌入IPv4协议栈的方式来实现IPv6节点与IPv4节点互相通信。这种兼有双协议栈的节点被称作“IPv4/IPv6节点”，这些节点既可以收发IPv4分组，也可以收发IPv6分组，不仅可以使用IPv4协议实现IPv4节点互通，也可以直接使用IPv6协议实现IPv6节点互通，但是要求该网络链路中至少有两台路由器同时支持双栈。

这种机制借助于中继路由器（Relay Router）完成通信，中继路由器有时也称为双栈路由器，通过在该双栈路由器上运行边界网关协议（Border Gateway Protocol version 4，BGP4）就可以实现两个端点之间非 IPv4 连接的通信。由于从正常 IPv4 链路中收发的数据流都是按照 IPv4 协议标准来处理的，同样从正常的 IPv6 网络收发的数据流也是按照 IPv6 协议标准来处理。在实现的过程中，可以采用附加的基于源地址的包过滤技术防止地址欺骗，主要通过检查被封装的 IPv6 报头地址与用于封装的 IPv4 地址一致性。为达到这种检查目的，需要在中继路由器中进行相应的配置。其工作原理如图 2-8 所示。

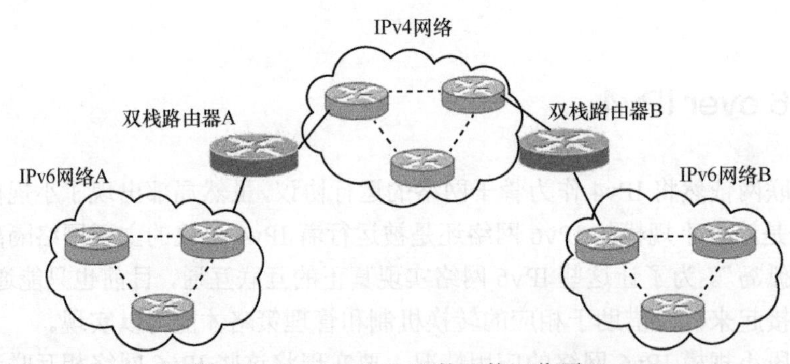

图 2-8　IPv6 to IPv4 双协议栈工作原理

2.3.4　IPv4 over IPv6

将来，随着 IPv6 技术的成熟，特别是物联网应用需求进一步加大了对 IPv6 的依赖，IPv6 网络将逐渐成为互联网的骨干网络。届时将有大量 IPv4 网络需要借助于 IPv6 骨干网来实现互通。在这种 IPv4/IPv6 互联网络拓扑结构中，那些仅运行 IPv6 网络协议栈的路由器组成了纯 IPv6 的骨干网。因为大量 IPv4 应用已经客观存在并在一定时期内将仍然被广泛使用，所以要求这种纯 IPv6 骨干网必须能为边界网络提供 IPv4 协议栈的接入，并为周边的 IPv4 网络服务实现互通。

对于 IPv6 网络中的边界路由器或双协议栈路由器需要同时运行 IPv4 和 IPv6 双协议栈。该双协议栈路由器通过 IPv6 协议来连接纯 IPv6 骨干网，通过 IPv4 协议将 IPv4 单协议栈路由器连接的边缘网络接入该网络，从而实现对已有 IPv4 网络提供了接入服务。这种机制采用 IPv6 隧道技术将 IPv4 网络通过 IPv6 主干网实现互联。

这种 IPv4 over IPv6 机制存在“控制”和“数据”两方面的问题。其中“控制”主要解决如何通过隧道端节点发现机制来构建隧道。因为在 IPv6 网上存在多个路由器，为了将封装 IPv4 的分组准确转发至某个出口路由器，网络中的入口路由器就需要能准确判别出口路由器。IPv6 骨干网发送端将封装了 IPv4 目的网络信息和隧道端节点信息的数据传输到 IPv6 骨干网的另一端并建立起无状态的隧道。在已建立的隧道基础上，“数据”主要关注数据的封装、分组转发和解封装等处理过程。因此其工作过程就是入口路由器按照“控制”机制确定了出口路由器后，也就建立了 IPv6 隧道，然后入口路由器采用特定的封装机制来封装原始 IPv4 分组并沿着隧道进行转发，出口路由器从 IPv6 隧道收到封装分组后，该出口路由器对收到的分组进行解封装，并转发至相应的 IPv4 目的网络。具体工作原理如图 2-9 所示。

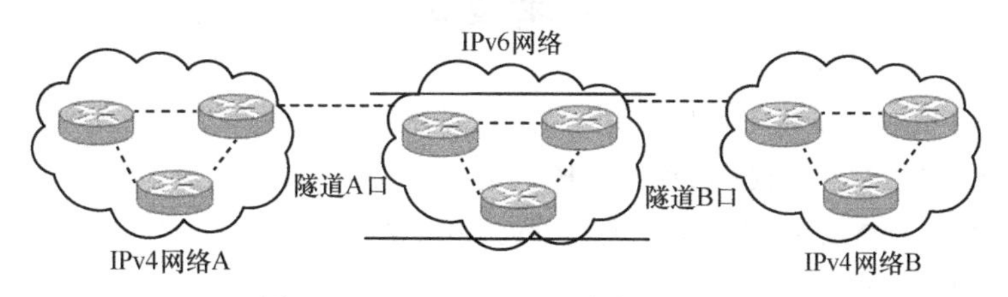

图 2-9 IPv4 over IPv6 隧道工作原理

2.3.5 IPv4 to IPv6

随着 IPv4 网络的萎缩及 IPv6 网络规模的扩大，同时 IPv4 网络还不能完全过渡到 IPv6 的情况下，仍然可以采用这种共存方式与互通策略。首先通过发送端网关利用地址转换机制将 IPv4 格式的数据包的地址转化成特殊的 IPv6 地址，然后转发至 IPv6 网络，由 IPv6 网络按照 IPv6 协议继续转发到目的端网关，由目的端网关进行解封装并完成转化为 IPv4 格式的数据包，继续转发至 IPv4 的目的网络。

在这种共存机制与互通方式中起关键转换作用的是网关，在网关中采用了与 IPv4 地址对应特殊的内嵌 IPv6 地址。这种特殊的 IPv6 地址分为两类，这两类的共同之处是高 80 bit 均为 0，低 32 bit 为 IPv4 地址。区别在于中间的 16 bit，当中间的 16 bit 为 1 时，称为“IPv6 映射地址”，表示的地址为 IPv4 地址映射而来的 IPv6 地址；当中间 16 bit 为 0 时，称为“IPv6 兼容地址”，表示的地址为 IPv4 兼容的 IPv6 地址。具体工作原理如图 2-10 所示。

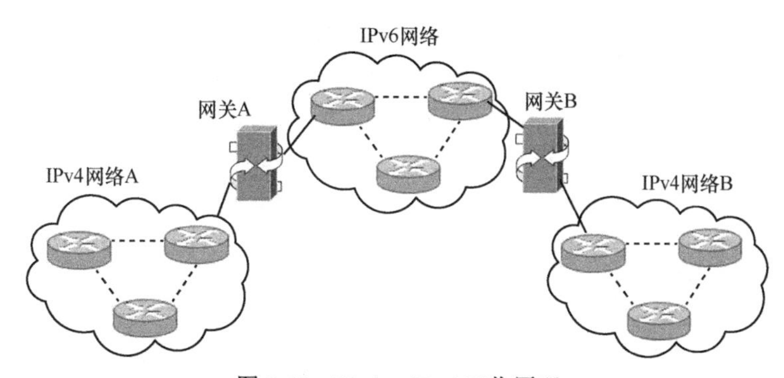

图 2-10 IPv4 to IPv6 工作原理

IPv4 可分配的地址已经用完，尽管通过一些办法和策略可以解决地址的不足，但是不能彻底解决 IPv4 地址本身的绝对量与需求不匹配的问题，新的网络应用不断涌现，特别是物联网应用需求在快速增长。由于 IPv4 的应用基础已经相当成熟，并且用户已经习惯了这种应用体验，现有 IPv4 网络平台庞大，设备配备、管理维护投入相当惊人。这使 IPv4 网络不可能立即直接切换到 IPv6 网络，二者必然经历一段时间的共存与过渡期，但 IPv6 代替 IPv4 成为 Internet 的骨干网协议将是必然趋势。

参考文献

[1] 谢希仁. 计算机网络(第七版)[M]. 北京：电子工业出版社, 2017.

[2] ADOLFO R, JOHN G. TCP/IP 权威教程[M]. 杨铁男，李增民，译, 北京：清华大学出版社, 2003.

[3] CIPRIAN P, ERIC LEVY-A, PATRICK G. 部署 IPv6 网络(修订版)[M]. 王玲芳，张斌，赵志强，等，译，北京：人民邮电出版社, 2013.

[4] DAVIES J. 深入解析 IPv6(第 3 版)[M]. 汪海霖，译，北京：人民邮电出版社, 2014.

[5] HAGEN S. IPv6 精髓(第 2 版)[M]. 夏俊杰，译，北京：人民邮电出版社, 2013.

[6] 葛敬国，弭伟，吴玉磊. IPv6 过渡机制：研究综述、评价指标与部署考虑[J]. 软件学报, 2014(4): 210-226.

第3章 IEEE 802.15.4

本章重点介绍了 IEEE 802.15.4 标准中的相关概念、定义等基本知识。首先对标准中设备及其工作原理、拓扑结构和地址等进行说明，然后从物理层和 MAC 层对该标准的协议栈和帧结构进行阐述，随后给出了标准安全服务的要求，最后介绍了建立在 IEEE 802.15.4 之上的 ZigBee 协议。

3.1 IEEE 802.15.4 概述

IEEE 802.15.4 是 IEEE 针对低速率无线个人区域网（Low-Rate Wireless Personal Area Network，LR-WPAN）制定的无线通信标准。该标准把低能量消耗、低速率传输、低成本作为重点目标，旨在为个人或者家庭内不同设备之间低速率无线互连提供统一的标准。目前，IEEE 802.15.4 已成为一种广泛流行的无线电标准，并已超出无线个人区域网术语所描述的应用范围。一些其他的标准或协议栈将 IEEE 802.15.4 作为它们的物理层和数据链路层，如 6LoWPAN、ISA100 和 ZigBee 协议。目前，该标准的最新版本是 IEEE 802.15.4-2006[1]。

IEEE 802.15.4 标准定义的网络主要有以下特点。

① 在不同的载波频率下实现 20 kbit/s、40 kbit/s、250 kbit/s 这 3 种不同的传输速率。

② 支持冲突避免的载波侦听多路访问/冲突避免（Carrier Sense Multiple Access with Collision Avoidance，CSMA/CA）。

③ 支持确认（ACK）机制，保证传输可靠性。

④ 具有 16 bit 和 64 bit 两种地址格式，其中 64 bit 地址是全球唯一的扩展地址。

⑤ 支持星形和点对点两种网络拓扑结构。

3.2 IEEE 802.15.4 设备与工作原理

IEEE 802.15.4 网络是由共享无线信道采用 IEEE 802.15.4 标准相互通信的一组设备的集合。在这个网络中，根据设备所具有的通信能力，可以分为全功能设备（Full Functional Device，FFD）和精简功能设备（Reduced Functional Device，RFD）。FFD 可以作为整个网络的网络协调器、协调器和端设备，RFD 仅能作为端设备。FFD 设备之间以及 FFD 设备与 RFD 设备之间都可以通信。RFD 设备之间不能直接通信，只能与 FFD 设备通信，或者通过一个 FFD 设备向外转发数据，这个与 RFD 相关联的 FFD 设备被称为该 RFD 的协调器。

网络协调器作为一种特殊的协调器，在整个 PAN 中唯一存在。网络协调器负责完成网络的建立与维护，除具备终端设备的功能以外还要具备成员身份管理、链路状态信息管理以及分组转发等功能。当一个节点作为网络协调器而启动后，该节点首先需要扫描周围环境，并选择一个最适合网络工作的信道和不与其他 PAN 冲突的 PAN ID。然后，在信标模式下，网络协调器通过周期性地发送信标帧来标识网络的存在，以便其他节点通过扫描可以发现这个网络；在非信标模式下，网络协调器在收到信标请求后响应一个信标帧来宣告网络的存在。网络协调器通过信标来控制 PAN，同时处理后续的网络参数更新，完成节点关联等维护性工作。

对于协调器，与网络协调器不同的是，该类节点不主动创建 PAN，而是通过信道扫描来选择已有的 PAN 来加入。加入信标模式下的网络后，协调器同样周期性地发送信标帧，该信标参数来源于网路中的合法信标帧，由此所有协调器的信标在网络中构成信标树。协调器同样完成网络参数更新，并为与它关联的终端设备提供同步、数据转发服务等。

对于端设备节点，通常由硬件配置更受限的节点充当，该类设备仅允许加入已有的网络中，同时该类设备不允许其他节点关联到其上，因此通常作为网络的叶节点存在。无论是协调器还是端设备，在扫描发现已有网络并且选择好目标网络后，都向特定的目标节点发起关联请求，目标节点作为协调器或者网络协调器具备控制节点加入网络的功能，目标节点根据策略，准许或者拒绝节点的关联请求。若关联成功，则该节点被网络认可，在此之后就可以参与网络内的通信。在信标模式下，上述两种设备在通信前均需要和网络实现同步。

根据实际情况，一个完整的 IEEE 802.15.4 网络可以划分成若干个 PAN 子网络。一个 PAN 由一个中心 PAN 节点和若干个传感器节点及其他类似的节点组成。FFD 设备节点在 PAN 里既可作为该 PAN 的协调器节点，同时也可作为另一个 PAN 的成员节点，如图 3-1 所示。

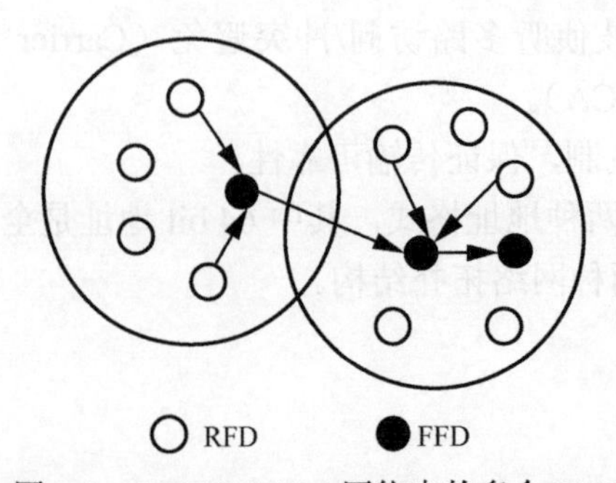

图 3-1　IEEE 802.15.4 网络中的多个 PAN

3.3　IEEE 802.15.4 拓扑结构

IEEE 802.15.4 标准根据应用需求定义了两种基本的网络拓扑结构[1]，星形拓扑和点对点拓扑（簇树拓扑可以被认为是点对点拓扑的特别情况），如图 3-2 所示。

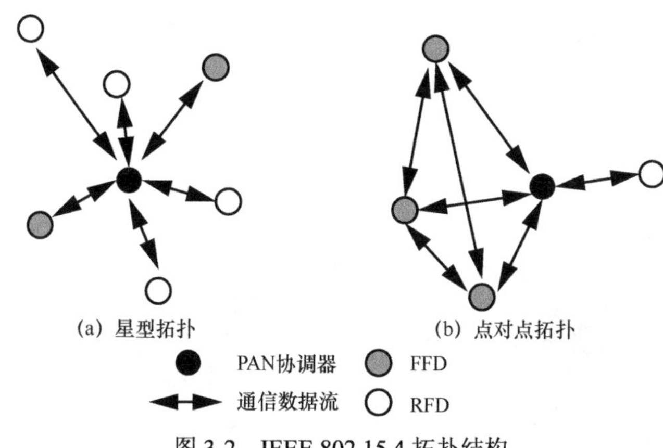

图 3-2　IEEE 802.15.4 拓扑结构

在星形拓扑结构下，所有的网络设备都与一个中央控制器进行通信，该中央控制器称为 PAN 协调器。如果星形网络中的两个设备需要互相通信，都需先把各自的数据包发送给网络协调器，然后由网络协调器转发给对方。网络协调器是整个 PAN 的主要控制者，收发数据量较大，消耗能量多，应尽可能使用稳定电源为其供电，而网络中的其他设备则可以是电池供电。星形拓扑主要用于家庭自动化、PC 外围设备、玩具以及游戏、健康护理等小范围内的应用场合。

在点对点拓扑网络中，设备是对等的，只要两个网络设备处于彼此的通信范围内，就可以直接通信，不需要经过网络协调器转发。但点对点拓扑中仍然需要一个网络协调器来管理链路状态信息、完成设备身份认证、管理关联设备、管理网络工作模式等。点对点拓扑模式可以支持 Ad Hoc 网络通过多跳路由的方式在网络中传输数据。不过一般认为自组织问题由网络层来解决，不在 IEEE 802.15.4 标准讨论范围之内。点对点拓扑可以构造更复杂的网络结构，适于设备分布范围广的应用，比如在工业检测与控制、货物库存跟踪和智能农业等方面有非常好的应用背景。

星形拓扑和点对点拓扑都可以扩展成更大区域和更加复杂的网络，其中星形拓扑可以扩展成簇树拓扑结构，将网络分为簇头（协调器）和相应的子网络。由于簇头之间的协调器并不是由 IEEE 802.15.4 协议栈直接支持的，因此这类功能应该在高层协议中实现，比如 ZigBee 协议。簇树拓扑结构如图 3-3 所示。

点对点拓扑可以扩展成 Mesh 网络拓扑，在 Mesh 网络中，数据可以在任意两个设备（FFD）之间路由，最终再传到远处的目标节点。与簇树拓扑网络一样，Mesh 也需要在高层协议中实现，比如 ZigBee 协议和 6LoWPAN 协议。Mesh 网络拓扑结构如图 3-4 所示。

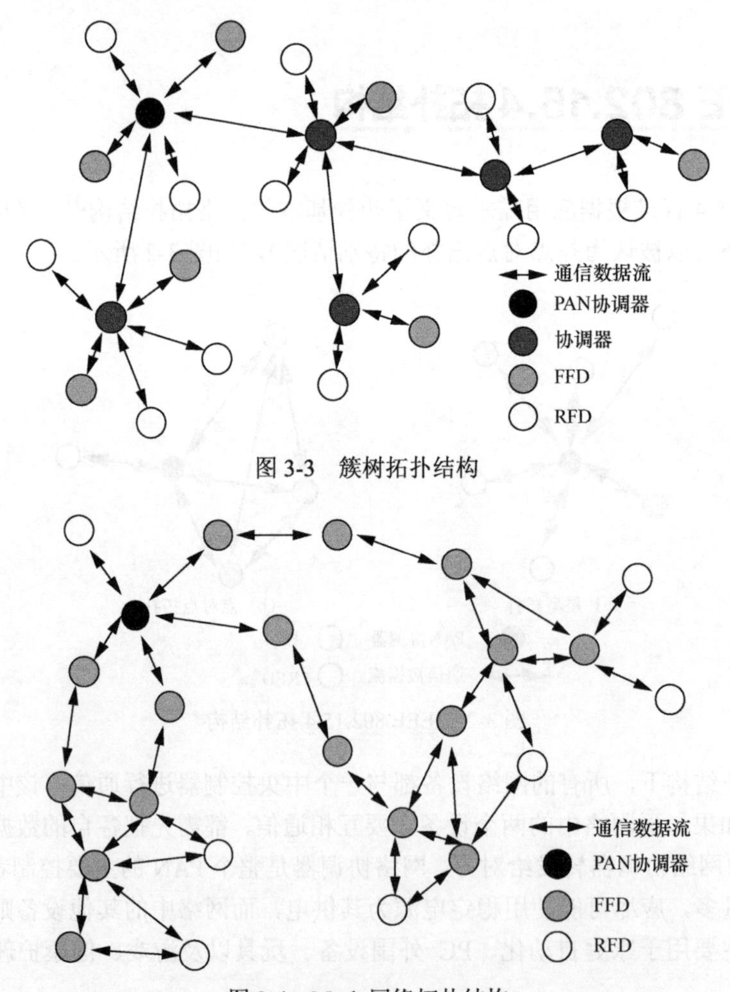

图 3-3　簇树拓扑结构

图 3-4　Mesh 网络拓扑结构

3.4　IEEE 802.15.4 地址

众所周知，节点无论在何种网络中，都必须具有能表明自己唯一性的一个地址。IEEE 802.15.4 网络也是如此，其网络中的节点都具有一个 64 bit 地址，但由于 IEEE 802.15.4 协议传输报文序列大小的限制，该 64 bit 地址通常是不推荐使用的，取而代之的是由协调节点分配的一种 16 bit 短地址，该地址通常只可以在节点所处个域网中有效地使用。节点可以根据需求，任意选择其中的一种地址格式来发送报文序列。

IEEE 802.15.4 设备在生产时就分配了一个 64 bit 长地址，长地址在全球是唯一的，例如 0c:25:86:ba:1d:68:e0:cf，且都以十六进制格式表示，每个字节之间用冒号分开。IEEE 802.15.4 标准签发组织唯一标识（Organizational Unique Identifier，OUI）给每个设备生产厂商，其设备地址的前 24 bit 即为每个生产厂商的唯一，其余的 40 bit 是由生产厂商决定的，从而使标识具有唯一性。

短地址为 16 bit，是网络在运行的过程中由内部的协调节点进行分配的。短地址只在其所处的局域网里使用，并且 PAN 协调节点分配本地 PAN 内唯一短地址的算法需要自己来设计。若使不同的 PAN 节点之间用短地址进行通信，则需要在每个报文序列上加上本地 PAN 的标识，该标识为 16 bit。

3.5　IEEE 802.15.4 协议栈

IEEE 802.15.4 的协议栈基于开放式系统互联参考模型（Open System Interconnection Reference Model，OSI/RM），栈内的每一层利用下一层提供的服务，向上一层协议提供增强的网络服务。

IEEE 802.15.4 协议包含物理（Physical，PHY）层和数据链路（Medium Access Control，MAC）层，如图 3-5 所示。物理层包括射频收发器和对收发器的底层管理控制模块。MAC 层向上层提供物理信道的访问服务，保证帧可靠传输。MAC 层以上的几个层次包括特定业务汇聚子层（Service Specific Convergence Sublayer，SSCS）、逻辑链路控制（Logical Link Control，LLC）等，只是 IEEE 802.15.4 标准可能的上层协议并不在 IEEE 802.15.4 标准的定义范围之内。SSCS 为 IEEE 802.15.4 的 MAC 层接入 IEEE 802.2 标准中定义的 LLC 子层提供聚合服务。LLC 子层可以使用 SSCS 的服务接口访问 IEEE 802.15.4 网络，为应用层提供链路层服务。

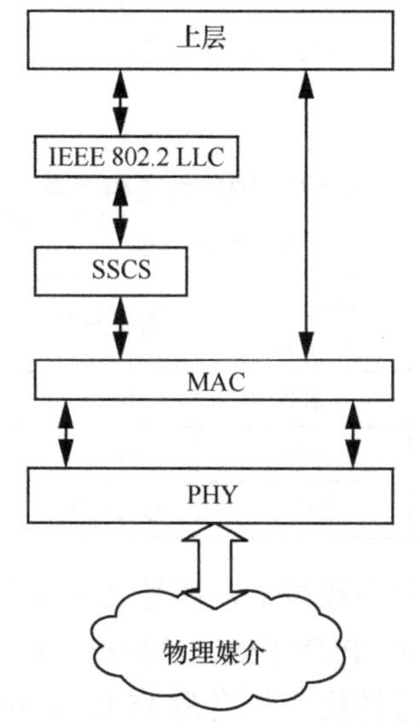

图 3-5　IEEE 802.15.4 协议栈结构

3.5.1　物理层

物理层主要是在数据传输的过程中提供传输的通路，并且对通路上的相关参数和性能（比如编码、发射的频段、最大传输速率、接口的物理特性等）都做出明确的规定。物理层定义了物理无线信道和 MAC 层之间的接口，提供物理层数据服务和物理层管理服务。物理层数据服务从无线物理信道上收发数据，物理层管理服务维护一个由物理层相关数据组成的数据库。物理层数据服务包括以下 6 个方面的功能。

① 收发状态控制。

② 信道能量检测。

③ 检测接收数据包的链路质量指示（Link Quality Indication，LQI）。

④ 空闲信道评估（Clear Channel Assessment，CCA）。

⑤ 帧传输和接收。

⑥ 信道选择。

信道能量检测为网络层提供信道选择依据，它主要测量目标信道中接收信号的功率强度，由于这个检测本身不进行解码操作，因此检测结果是有效信号功率和噪声信号功率之和。链路质量指示为网络层或应用层提供接收数据帧时无线信号的强度和质量信息，与信道能量检测不同的是，它要对信号进行解码，生成一个信噪比指标，这个信噪比指标和物理层数据单元一起提交给上层处理。空闲信道评估判断信道是否空闲。IEEE 802.15.4 定义了 3 种空闲信道评估模式：第一种是简单判断信道的信号能量，当信号能量低于某一门限值就认为信道空闲；第二种是通过判断无线信号的特征，这个特征主要包括两方面，即扩频信号特征和载波频率，给出信道空闲判断；第三种是前两种的综合，同时检测信号能量和信号特征，给出信道空闲判断。

PHY 层定义了 3 个载波频段用于收发数据，这 3 个频段在发送数据使用的速率、信号处理过程以及调制方式等方面存在一些差异，如表 3-1 所示。3 个频段总共提供了 27 个信道：868 MHz 频段 1 个 20 kbit/s 的信道，915 MHz 频段 10 个 40 kbit/s 的信道，2 450 MHz 频段 16 个 250 kbit/s 信道。

表 3-1　频段带宽和速率

PHY 层/MHz	频段带宽/MHz	信道数/个	序列扩展参数		数据参数		
			码片速率/(kchip·s^{-1})	调制方式	比特速率/(kbit·s^{-1})	符号速率/(ksymbol s^{-1})	符号
868	868～868.6	1	300	BPSK	20	20	二进制
915	902～928	10	600	BPSK	40	40	二进制
2 450	2 400～2 483.5	16	2 000	Q-QPSK	250	62.5	十六进制

在 868 MHz 和 915 MHz 这两个频段上，信号处理过程相同，只是数据速率不同。处理过程是首先将物理层协议数据单元（PHY Protocol Data Unit，PPDU）的二进制数据差分编码，然后再将差分编码后的每一个比特转换为长度为 15 的片序列，最后使用 BIT/SK 调制方式调制到载波上。

差分编码是将数据的每一个原始比特与前一个差分编码生成的比特进行异或运算：$E_n=R_n \oplus E_{n-1}$，其中 E_n 是差分编码的结果，R_n 是要编码的原始比特，E_{n-1} 是上一次差分编码的结果。对于每个发送的数据包，R_1 是第一个原始比特，计算 E_1 时假定 $E_0=0$。差分解码过程与编码过程类似：$R_n=E_n \oplus E_{n-1}$，对于每个接收到的数据包，E_1 是第一个需要解码的比特，计算 R_1 时假定 $E_0=0$。差分编码以后就是直接序列扩频。每一个比特被转换为长度为 15 的片序列，扩频后的序列使用 BIT/SK 调制方式调制到载波上。

在 2 450 MHz 频段的信号处理过程中，首先将 PPDU 的二进制数据中每 4 位转换为一个符号，然后将每个符号转换成长度为 32 的片序列。在将符号转换成片序列时，把符号放在 16 个近似正交的伪随机噪声序列的映射表，这是一个直接序列扩频的过程。扩频后，信号通过 O-QPSK 调制方式调制到载波上。

3.5.2　MAC 层

在 IEEE 802 系列标准中，OSI 参考模型的数据链路层进一步划分为 MAC 和 LLC 两个子层。MAC 层使用物理层提供的服务实现设备之间的数据帧传输，而 LLC 在 MAC 层的基础上，在设备之间提供面向连接和非连接的服务。

MAC 子层通过两个服务访问点提供两种服务，即通过 MAC 公共部分子层服务访问点提供的 MAC 数据服务和通过 MAC 层管理模块服务访问点提供的 MAC 管理服务。MAC 数据服务通过使用物理层数据服务来实现 MAC 协议数据单元的收发。同样，MAC 层的管理服务功能维护一个存储 MAC 层协议状态相关信息的数据库。

MAC 层的主要功能包括以下 6 个方面。

① 协调器产生并发送信标帧，普通设备根据协调器的信标帧与协议器同步。

② 支持 PAN 的关联和取消关联操作。

③ 支持无线信道通信安全。

④ 使用 CSMA/CA 机制访问信道。

⑤ 支持保障时隙（Guaranteed Time Slot，GTS）机制。

⑥ 支持不同设备的 MAC 层间可靠传输。

关联操作是指一个设备在加入一个特定网络时，向协调器注册以及身份认证的过程。LR-WPAN 中的设备有可能从一个网络切换到另一个网络，这时就需要进行关联和取消关联操作。时槽保障机制和时分多址接入（Time Division Multiple Access，TDMA）机制相似，但它可以动态地为有收发请求的设备分配时槽。使用时槽保障机制需要设备间的时间同步，IEEE 802.15.4 中的时间同步通过下面介绍的“超帧”机制实现。

信道访问机制 IEEE 802.15.4 网络可以使用两种信道访问机制：基于竞争的方式和基于非竞争的方式。基于竞争的方式允许设备以分布的方式，使用 CSMA/CA 协议访问信道。非竞争访问完全由 PAN 协调器以 GTS 方式管理。

（1）超帧

在 IEEE 802.15.4 中，人们可以选用以超帧为周期组织 LR-WPAN 内设备间的通信。每个超帧都以网络协调器发出信标帧为开始，在这个信标帧中包含了超帧即将持续的时间以及对这段时间的分配等信息。网络中普通设备接收到超帧开始时的信标帧后，就可以根据其中的内容安排自己的任务，例如进入休眠状态直到这个超帧结束。

超帧将通信时间划分为活跃和不活跃两个部分，它的首尾边界由它所发出的信标帧界定。在不活跃期间，PAN 中的设备不会相互通信，从而可以进入休眠状态以节省能量。超帧在活跃期间可划分为 3 个阶段：信标帧发送时段、竞争访问时段（Contention Access Period，CAP）和非竞争访问时段（Contention-Free Period，CEP）。超帧的活跃部分被划分为 16 个等长的时槽，每个时槽的长度、竞争访问时段包含的时槽数等参数，都由协调器设定，并通过超帧开始时发出的信标帧广播到整个网络。图 3-6 所示为一个 IEEE802.15.4 超帧结构。

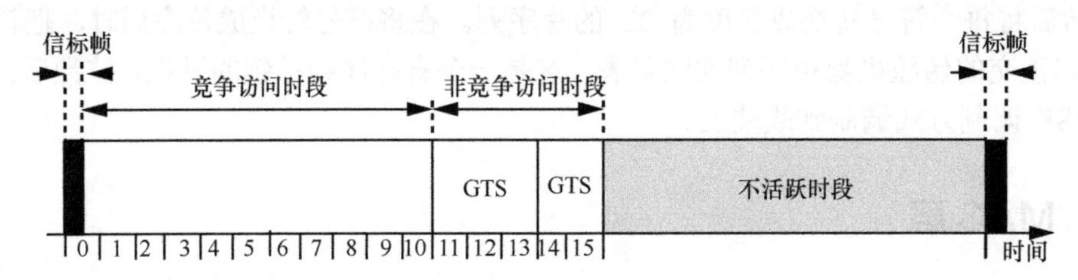

图 3-6　IEEE 802.15.4 超帧结构

在超帧的竞争访问时段，IEEE 802.15.4 网络设备使用带时隙的 CSMA/CA 访问机制，并且任何通信都必须在竞争访问时段结束前完成。在非竞争时段，协调器根据上一个超帧期间 PAN 中设备申请 GTS 的情况，将非竞争时段划分成若干个 GTS。每个 GTS 由若干个时隙组成，时隙数目在设备申请 GTS 时指定。如果申请成功，申请设备就拥有了它指定的时隙数目。如图 3-6 所示，第一个 GTS 由 11～13 这 3 个时隙构成，第二个 GTS 由 14 和 15 这两个时隙构成。每个 GTS 中的时槽都指定分配给了时槽申请设备，因而不需要竞争信道。IEEE 802.15.4 标准要求任何通信都必须在自己分配的 GTS 内完成。

超帧中规定非竞争时段必须跟在竞争时段后面。竞争时段的功能包括网络设备可以自由收发数据、域内设备向协调器申请 GTS 时段、新设备加入当前 PAN 等。非竞争阶段由协调器指定的设备发送或者接收数据包。如果某个设备在非竞争时段一直处在接收状态，那么拥有 GTS 使用权的设备就可以在 GTS 阶段直接向该设备发送信息。

（2）数据传输模型

LR-WPAN 中存在着 3 种数据传输方式：设备发送数据给协调器、协调器发送数据给设备、对等设备之间的数据传输。星形拓扑网络中只存在前两种数据传输方式，因为数据只在协调器和设备之间交换；在点对点拓扑网络中，3 种数据传输方式都存在。

LR-WPAN 中有两种通信模式可供选择：信标使能通信和非信标使能通信。在信标使能的通信网络中，PAN 协调器定时广播信标帧，信标帧表示超帧的开始。设备之间通信使用基于时隙的 CSMA/CA 信道访问机制，PAN 中的设备都通过协调器发送的信标帧进行同步。在时隙 CSMA/CA 信道访问机制下，每当设备需要发送数据帧或命令帧时，它首先定位下一个时隙的边界，然后等待随机数目个时隙。等待完毕后，设备开始检测信道状态：如果信道忙，设备需要重新等待随机数目个时隙，再检查信道状态，重复这个过程直到有空闲信道出现；如果信道空闲，设备就在下一个时隙边界开始时发送数据包。在这种机制下，确认帧的发送不需要使用 CSMA/CA 机制，而是紧跟在接收帧的后面发回源设备。

在非信标使能的通信网络中，PAN 协调器不发送信标帧，各个设备使用非分时隙的 CSMA/CA 机制访问信道，该机制的通信过程如下。每当设备需要发送数据或者 MAC 命令时，它首先等候一段随机长的时间，然后检测信道状态：如果信道空闲，设备立即开始发送数据；如果信道忙，设备需要重复上面的等待一段随机时间和检测信道状态的过程，直到能够发送数据。在设备接收到数据帧或命令帧而需要回应确认帧时，确认帧应紧跟着接收帧发送，而不使用 CSMA/CA 机制竞争信道。

3.6 IEEE 802.15.4 帧结构

数据包的结构由协议所规定，并且所有的节点都被告知数据包的固定结构。一个完整的数据包报文格式有 3 个组成部分，报头、数据和报尾，功能如下。

① 报头：主要包括数据控制信息，例如地址、标志位、序列号。

② 数据：通常其结构由上层协议来规定。

③ 报尾：包括在报文传输过程中进行计算的校验和加密信息，发送顺序在最后。

IEEE 802.15.4 规定物理层和 MAC 层的所有公共报文序列格式[1]，物理层添加了同步头部，MAC 层添加了头部和尾部，如图 3-7 所示。

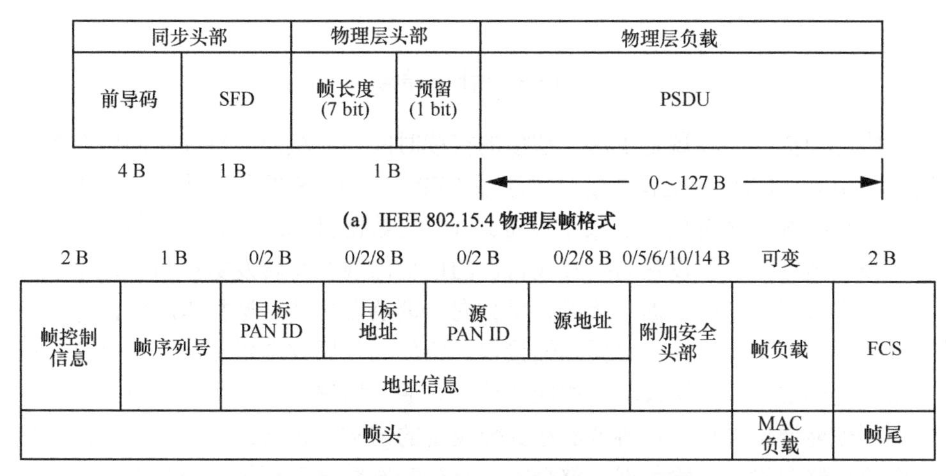

(a) IEEE 802.15.4 物理层帧格式

(b) IEEE 802.15.4 MAC 层通用帧格式

图 3-7　IEEE 802.15.4 物理层和 MAC 层头部

3.6.1 物理层帧结构

物理帧第一个字段是 4 B 的前导码，收发器在接收前导码期间，会根据前导码序列的特征完成片同步和符号同步。帧起始分隔符（Start of Delimiter，SFD）字段长度为 1 B，其值固定为 0xA7，标识一个物理帧的开始。收发器接收完前导码后只能做到数据的位同步，通过搜索 SFD 字段的值 0xA7 才能同步到字节上。帧长度由一个字节的低 7 bit 表示，其值就是物理帧负载的长度，因此物理帧负载的长度不会超过 127 B。物理帧的负载长度可变，称之为物理服务数据单元（PHY Service Data Unit，PSDU），一般用来承载 MAC 帧，如图 3-7(a)所示。

3.6.2 MAC 层帧结构

MAC 层帧结构的设计目标是用最低复杂度实现在多噪声无线信道环境下的可靠数据传

输。每个 MAC 层的帧都由帧头、负载和帧尾 3 个部分组成。帧头由帧控制信息、帧序列号和地址信息组成。MAC 层负载具有可变长度，具体内容由帧类型决定。帧尾是帧头和负载数据的 16 bit 帧校验序列（Frame Check Sequence, FCS）。

IEEE 802.15.4 网络共定义了 4 种类型的帧：信标帧、数据帧、确认帧和 MAC 命令帧。

（1）信标帧

信标帧的负载数据单元由 4 个部分组成：超帧描述、GTS 分配释放信息、待转发数据目标地址信息和信标帧负载数据。信标帧结构如图 3-8 所示。

2 B	1 B	4/10 B	0/5/6/10/14 B	2 B	可变	可变	可变	2 B
帧控制信息	帧序列号	地址信息	附加安全头部	超帧描述	GTS分配释放信息	待转发数据目标地址信息	信标帧负载	FCS
帧头				MAC负载				帧尾

图 3-8　信标帧结构

信标帧中超帧描述字段规定了这个超帧的持续时间、活跃部分持续时间以及竞争访问时段持续时间等信息。GTS 分配释放信息描述了 CFP 时段 GTS 的分配情况，可划分为若干个 GTS，并把每个 GTS 具体分配给了某个设备。待转发数据目标地址列出了与协调器保存的数据相对应的设备地址。一个设备如果发现自己的地址出现在待转发数据目标地址字段里，则意味着协调器存有属于它的数据，所以它就会向协调器发出传送数据 MAC 命令帧的请求。信标帧负载数据为上层协议提供数据传输接口。例如在使用安全机制时，这个负载域将根据被通信设备设定的安全通信协议填入相应的信息。通常情况下，这个字段可以忽略。

在非信标使能通信网络里，协调器在其他设备的请求下也会发送信标帧。此时信标帧的功能是辅助协调器向设备传输数据，整个帧只有待转发数据目标地址信息有意义。

（2）数据帧

数据帧用来传输上层发送到 MAC 层的数据，它的负载字段包含了上层需要传送的数据，如图 3-9 所示。数据帧负载传送至 MAC 层时，被称为 MAC 服务数据单元。它的首尾被分别附加了帧头和帧尾信息后，就构成了 MAC 帧。MAC 帧传送至物理层后，就成为物理帧的负载 PSDU。PSDU 在物理层被“包装”，其首部增加了同步信息 SHR 和帧长度 PHR 字段。同步信息 SHR 包括用于同步的前导码和 SFD 字段，它们都是固定值。帧长度 PHR 标识了 MAC 帧的长度，为 1 B 且只有其中的低 7 bit 有效位，所以 MAC 帧的长度不会超过 127 个字节。

2 B	1 B	4/20 B	0/5/6/10/14 B	可变	2 B
帧控制信息	帧序列号	地址信息	附加安全头部	数据帧负载	FCS
帧头				MAC负载	帧尾

图 3-9　数据帧结构

（3）确认帧

如果设备收到目的地址为其自身的数据帧或 MAC 命令帧，并且帧的控制信息字段的确认请求位被置 1，设备需要回应一个确认帧。确认帧的序列号应该与被确认帧的序列号相同，并且负载长度应该为 0。确认帧紧接着被确认帧发送，不需要使用 CSMA/CA 机制竞争信道。确认帧结构如图 3-10 所示。

2 B	1 B	2 B
帧控制信息	帧序列号	FCS
帧头		帧尾

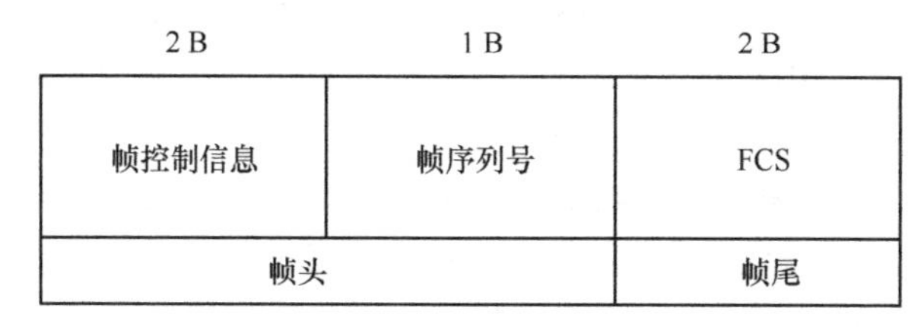

图 3-10　确认帧结构

（4）命令帧

MAC 命令帧用于组建 PAN、传输同步数据等。目前定义好的命令帧有 9 种类型，主要完成 3 个方面的功能：把设备关联到 PAN，与协调器交换数据，分配 GTS。命令帧在格式上和其他类型的帧没有太多的区别，只是帧控制字段的帧类型位有所不同。帧头的帧控制字段的帧类型为 011B（B 表示二进制数据），表示这是一个命令帧。命令帧的具体功能由帧的负载数据表示。负载数据是一个变长结构，所有命令帧负载的第一个字节是命令类型字节，后面的数据针对不同的命令类型有不同的含义。命令帧结构如图 3-11 所示。

2 B	1 B	4/20 B	0/5/6/10/14 B	1 B	可变	2 B
帧控制信息	帧序列号	地址域	附加安全头部	命令帧 ID	命令帧负载	FCS
帧头				MAC 负载		帧尾

图 3-11　命令帧结构

3.7　IEEE 802.15.4 的安全服务

IEEE 802.15.4 提供的安全服务是在应用层已经提供密钥的情况下的对称密钥服务。密钥的管理和分配都由上层协议负责。这种机制提供的安全服务基于这样一个假定：密钥的产生、分配和存储都在安全方式下进行。在 IEEE 802.15.4 中，以 MAC 帧为单位提供了 4 种帧安全服务，为了适用各种不同的应用，设备可以在 3 种安全模式中进行选择[2]。

3.7.1　帧安全

MAC 层可以为输入/输出的 MAC 帧提供安全服务。提供的安全服务主要包括 4 种：访问控制、数据加密、帧完整性检查和顺序更新。

访问控制提供的安全服务是确保一个设备只和它愿意通信的设备通信。在这种方式下，设备需要维护一个列表，记录它希望与之通信的设备。

数据加密服务使用对称密钥来保护数据，防止第三方直接读取数据帧信息。在 LR-WPAN 中，信标帧、命令帧和数据帧的负载均可使用加密服务。

帧完整性检查通过一个不可逆的单向算法对整个 MAC 帧进行运算，生成一个消息完整性代码，并将其附加在数据包的后面发送。接收方式用同样的过程对 MAC 帧进行运算，对比运算结果和发送端给出的结果是否一致，以此判断数据帧是否被第三方修改。信标帧、数据帧和命令帧均可使用帧完整性检查保护。

顺序更新使用一个有序编号避免帧重发攻击。接收到一个数据帧后，新编号要与最后一个编号比较。如果新编号比最后一个编号新，则校验通过，编号更新为最新的；反之，校验失败。这项服务可以保证收到的数据是最新的，但不提供严格的与上一帧数据之间的时间间隔信息。

3.7.2 安全模式

在 LR-WPAN 中，设备可以根据自身需要选择不同的安全模式：无安全模式，访问控制列表（Access Control List，ACL）模式和安全模式。

无安全模式是 MAC 层默认的安全模式，处于这种模式下的设备不对接收到的帧进行任何安全检查。当某个设备接收到一个帧时，只检查帧的目的地址。如果目的地址是本设备地址或广播地址，这个帧就会转发给上层，否则丢弃。在设备被设置为混杂模式的情况下，它会向上层转发所有接收到的帧。

访问控制列表模式为通信提供了访问控制服务。上层可以通过设置 MAC 层的条目指示 MAC 层根据源地址过滤接收到的帧。因此在这种方式下，MAC 层没有提供加密保护，上层有必要采取其他机制来保证通信的安全。

安全模式对接收或发送的帧提供全部的 4 种安全服务：访问控制、数据加密、帧完整性检查和顺序更新。

3.8 基于 IEEE 802.15.4 的 ZigBee 技术

“ZigBee”是什么？从字面上看是一种蜜蜂。因为“ZigBee”这个词由“Zig”和“Bee”两部分组成，“Zig”取自英文单词“zigzag”，意思是走“之”字形，“Bee”是蜜蜂的意思，所以“ZigBee”就是跳着“之”字形舞的蜜蜂。不过，ZigBee 并非是一种蜜蜂，事实上，它与蓝牙类似，是一种短距离无线通信技术，国内也有人将其翻译成“紫蜂”。

根据国际标准规定，ZigBee 技术是一种短距离、低功耗的无线通信技术，它建立在 IEEE 802.15.4 标准之上，确定了可以在不同制造商之间共享的应用纲要，具有近距离、低复杂度、自组织、低功耗、低数据速率等特点。

3.8.1　ZigBee 发展概述

ZigBee 联盟由英国 Invensys 公司、日本三菱电气公司、美国摩托罗拉公司和荷兰飞利浦半导体公司在 2002 年共同组成，以研发名为 ZigBee 的新一代无线通信标准。到目前为止，除了上述国际知名的大公司外，该联盟大约有 25 家企业成员，并迅速发展壮大，其中涵盖了半导体生产商、IP 服务提供商、消费类电子厂商及初始设备制造商（Original Equipment Manufacture，OEM）等，也包括 Honeywell 和 Eaton 等工业控制和家用自动化公司。

IEEE 802.15.4 小组与 ZigBee 联盟共同制定了 ZigBee 规范。IEEE 802.15.4 小组负责制定 PHY 层和 MAC 层规范。ZigBee 联盟是一个全球企业联盟，旨在合作实现基于全球开放标准，可靠、低成本，低功耗的无线联网监控产品，它主要负责制定网络层、安全管理及应用界面规范，并于 2004 年 12 月通过了 1.0 版规范，它是 ZigBee 的第一个规范。后来，ZigBee 联盟又陆续通过了 ZigBee 2006、ZigBee PRO、ZigBee RF4CE 等规范。ZigBee 3.0 于 2015 年年底获批，ZigBee 3.0 使用于家庭自动化、连接照明和节能等领域的设备具备通信和互操作性，因此产品开发商和服务提供商可以打造出更加多样化、完全可互操作的解决方案。开发商可以用新标准来定义目前基于 ZigBee PRO 标准的所有设备类型、命令和功能。同时，ZigBee 3.0 版规范加入 ZigBee RF4CE 和 ZigBee GreenPower 技术，分别强化低时延性和低功耗。特别是加入支持 IPv6 的能力，让用户以 IP 网络方式进行远程操控，即 ZigBee 设备可以与 Wi-Fi 设备类似，通过路由器或网关等连接到网络，可用手机或平板等远程控制通过 ZigBee 连接智能家居设备。

3.8.2　ZigBee 协议栈

ZigBee 协议栈从下到上分别为 PHY 层、MAC 层、网络层和应用层等，如图 3-12 所示，其中 PHY 层和 MAC 层遵循 IEEE 802.15.4 标准的规定，而网络层及以上的协议由 ZigBee 联盟负责[3]。

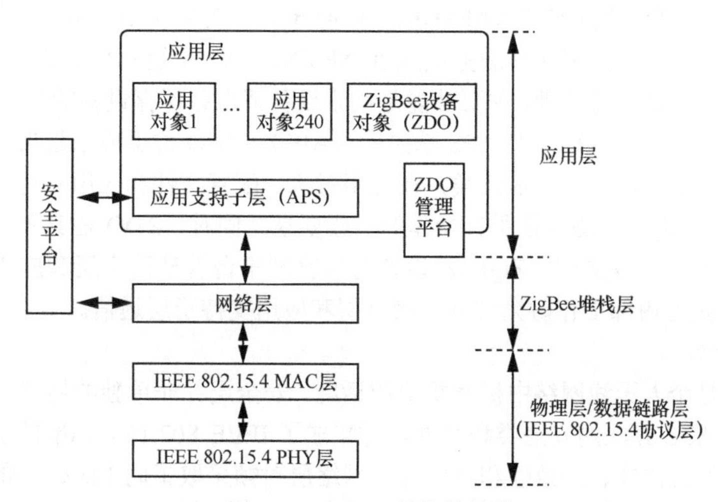

图 3-12　ZigBee 协议栈结构

（1）网络层

网络层为 ZigBee 协议栈的核心部分，实现节点接入或离开网络时路由查找及传送数据等功能，其功能是 ZigBee 的重要特点，这是与其他无线局域网标准的不同之处。在网络层方面，ZigBee 的主要工作在于负责网络机制的建立与管理，并具有自我组态与自我修复功能。在网络层中，ZigBee 定义了 3 种角色：第 1 个是网络协调器，负责网络的建立和网络位置的分配；第 2 个是路由器，主要负责找寻、建立，以及修复信息包的路由路径，并负责转发信息包；第 3 个是末端装置，只能选择加入他人已经形成的网络，可以收发信息，但不能转发信息，不具备路由功能。通常网络协调器和路由器由全功能装置（FFD）实现，而末端装置由简化功能装置（RFD）实现。

在组网方式上，ZigBee 可采用如图 3-2 所示的星形拓扑结构、图 3-3 所示的簇树拓扑结构和图 3-4 所示的 Mesh 网络拓扑结构。具有主从结构的星形网络需要一个能负责管理、维护网络的网络协调器和不超过 65 535 个从属装置。簇树网络可以是扩展的单个星形网络或互连的多个星形网络，而在 Mesh 网络中，每个 FFD 同时可作为路由器，根据 Ad Hoc 网络路由协议来优化最短和最可靠的路径。采用的路由算法共有 3 种：以 AODV 算法建立随意网络的拓扑架构；以摩托罗拉 Cluster-tree 算法建立的星形网络拓扑架构；利用广播的方式传递信息。

（2）应用层

ZigBee 应用层包括应用支持子层（Application Support Sub-Layer，APS）、ZigBee 设备对象（ZigBee Device Object，ZDO）和制造商定义的应用对象。应用支持子层负责维护绑定表，根据服务和需求在两个绑定实体间传递信息。所谓绑定就是基于两台设备的服务和需求将它们匹配地连接起来。ZDO 负责定义设备节点在网络中的角色，并负责网络设备的发现，决定提供何种应用服务，还负责初始化或绑定相应请求及建立网络设备间的安全关系。ZigBee 应用层除了提供一些必要函数以及为网络层提供合适的服务接口外，一个重要的功能是应用者可在这层定义自己的应用对象。

ZigBee 应用支持子层在网络层和应用层之间设置一组 ZigBee 设备对象，这些对象与厂商定义的应用对象相匹配，并提供网络层到应用层之间的通信服务接口。应用支持子层分为两个部分，分别是 APS 数据实体（APSDE）和 APS 管理实体（APSME）。在一个子网中的两个或多个设备可以通过数据实体服务接入点 APSDE-SAP 来进行数据通信；APSME 对这个接入点提供服务机制进行管理，主要功能是接收设备请求并保存设备的状态，这样 APSME 就包含了一个管理对象的数据库即 APS 信息库（AIB）。ZDO 位于应用框架和应用支持子层之间，它描述了一个基本的功能函数类，在应用对象、配置文件和应用支持子层之间提供了一个接口，满足了 ZigBee 协议栈所有操作的一般要求。同时，ZDO 还具备初始化应用支持子层、网络层、安全服务文档。ZigBee 设备对象管理平台管理网络层和应用支持子层，在 ZigBee 设备对象执行内部工作时允许其与网络层和应用支持子层通信。

（3）安全平台

安全性一直是个人无线网络中极其重要的话题。安全层并非单独的协议，ZigBee 为其提供了一套 128 位 AES 算法的安全类和软件，并集成了 IEEE 802.15.4 标准的安全元素，用来保证 MAC 层帧的机密性、一致性和真实性，网络层对帧采取了同 MAC 层的保护机制，而应用层安全则是通过 APS 子层提供的，根据不同的应用需求采用不同的密钥。

3.8.3 ZigBee 数据帧结构

在 ZigBee 技术中，每一个协议层都增加了各自的帧头和帧尾。数据包格式[3]如图 3-13 所示。

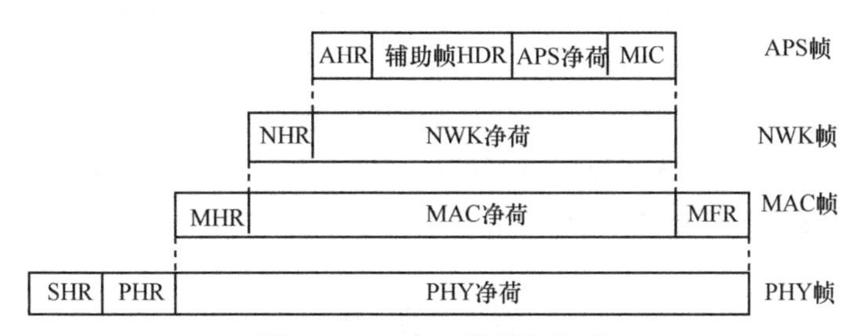

图 3-13 ZigBee 数据包格式

PHY 帧主要包含 3 个组成部分：同步头（SHR），用于接收端时钟同步；物理层头（PHR），包含数据帧的长度信息；物理层净荷（PHY 净荷），包含上层所有数据和命令。MAC 帧主要由 MAC 头（MHR）、MAC 净荷和 MAC 尾（MFR）组成，MAC 头包括地址信息和安全信息，MAC 净荷长度可变，MAC 尾包括数据校验信息，常称为 FCS。NWK 帧由 NWK 头（NHR）和 NWK 净荷组成，前者为网络级地址信息和控制信息，后者为 APS 帧。APS 帧主要包含 4 个部分，APS 头（AHR）为应用层级别地址信息和控制信息，辅助帧 HDR 用于向数据帧中添加安全信息和安全密钥等，子层净荷（APS 净荷）为应用程序命令和数据，信息完整性码（MIC）用于安全特性支持，检验消息是否经过认证。

在 PAN 结构中定义了 4 种帧结构：信标帧，主协调器用来发送信标的帧；数据帧，用于所有数据传输的帧；确认帧/应答帧，用于确认成功接收的帧；MAC 命令帧，用于处理所有 MAC 层对等实体间的控制传输。

信标帧由主协调器的 MAC 层生成，并向网络中的所有从设备发送，以保证各从设备与主协调器同步，使网络运行的成本最低，即采用信标网络通信，可减少从设备的功耗，保证正常的通信。数据帧由应用层发起，在 ZigBee 设备之间进行数据传输时，传输的数据由应用层生成，经过逐层数据处理后发送给 MAC 层，形成 MAC 层服务数据单元 MSDU。通过添加 MHR 和 MFR，形成完整的 MAC 数据帧 MPDU。MAC 的数据帧作为物理层载荷 PSDU 发送到物理层。在 PSDU 前面，加上 SHR 和 PHR。同信标帧一样，前同步码序列和数据 SFD 能够使接收设备与发送设备达到符号同步。SHR、PHR、PSDU 共同构成了 PPDU。在通信接收设备中，为保证通信的可靠性，通常要求接收设备在接收到正确的帧信息后，向发送设备返回一个确认信息，表示已经正确地接收到相应的信息。接收设备将接收到的信息经 PHY 层和 MAC 层后，由 MAC 层经纠错解码后，恢复发送端的数据，如没有检查数据的错误，则由 MAC 层生成一个确认帧，发送回发送端。MAC 命令帧由 MAC 层发起。在 ZigBee 网络中，为了对设备的工作状态进行控制，同网络中的其他设备进行通信，控制命令由应用层产生，在 MAC 层根据命令的类型，生成 MAC 层的命令帧。

3.8.4 ZigBee 的应用

在 ZigBee 网络中，传输的数据通常可分为 3 类，即周期性数据、间断性数据和反复性的低反应时间的数据，因此凡是只需传递少量信息的场合都是 ZigBee 技术的应用领域[4]。ZigBee 联盟预测的主要应用领域包括工业控制、传感器的无线数据采集和监控、物流管理、消费性电子装置、汽车自动化、家庭和楼宇自动化、遥测遥控、农业自动化、医用装置控制、电脑外设、玩具和游戏机等[5]。为此，ZigBee 作为一种为低速通信而设计的规范，最高通信速度只有 250 kbit/s，目前对一些大数据量通信的场合并不合适。但随着 ZigBee 联盟的推动，更多的技术规范被制定，尤其是和 IPv6 的结合，ZigBee 将会服务于更多高速通信的场景。

参考文献

[1] IEEE standard part 15.4: wireless medium access control (MAC) and physical layer (PHY) specifications for low rate wireless personal area networks (WPANs)[S]. DOI: 10.1109/IEEE P802.15.4-REVd/D01, 2006.

[2] CHIARA B, MACRO M, ROBERTO V, 等. IEEE 802.15.4 系统无线传感器(影印版)[M]. 北京:科学出版社, 2012.

[3] JOSE A G. 低速无线个域网: 实现基于 IEEE 802.15.4 的无线传感器网络[M]. 王泉, 陈德基, 魏逸鸿, 等, 译, 北京: 机械工业出版社, 2015.

[4] 孙利民, 李建中, 陈渝, 等. 无线传感器网络[M]. 北京: 清华大学出版社, 2005.

[5] 刘传清, 刘化君. 无线传感器网技术[M]. 北京: 电子工业出版社, 2015.

第 4 章 6LoWPAN 技术

本章重点介绍 6LoWPAN 技术的相关概念、定义等基本知识与工作原理。首先回顾 6LoWPAN 技术的发展历程，其次对网络结构、协议栈和数据帧定义等进行详细说明，接着阐述了数据帧的头部压缩、分片与重组、地址自动配置，之后针对路由和转发、邻居发现协议等进行分析，最后给出了一个网络示例，并与 ZigBee 协议进行了对比。

4.1 6LoWPAN 概述

6LoWPAN 是 IPv6 over Low-power Wireless Personal Area Network 的简写，即低功耗无线个人区域网上的 IPv6。

IETF 组织于 2004 年 11 月正式成立 6LoWPAN 工作组，着手制定基于 IPv6 的低速无线个域网标准，旨在将 IPv6 引入以 IEEE 802.15.4 为底层标准的无线个域网。该工作组的研究重点为适配层、路由、包头压缩、分片、IPv6、网络接入和网络管理等技术，先后完成了十多个 RFC 标准的制定。

6LoWPAN 技术是一种在 IEEE 802.15.4 标准的基础上传输 IPv6 数据包的网络体系，可用于构建无线传感器网络。6LoWPAN 规定其物理层和 MAC 层采用 IEEE 802.15.4 标准，上层采用 TCP/IPv6 协议栈，旨在将 LoWPAN 中的微小设备用 IPv6 技术连接起来，形成一个比互联网覆盖范围更广的物联网世界[1]。

4.2 6LoWPAN 的发展历程

由于 IP 对内存和带宽要求较高，将 IP 引入无线通信网络一直被认为是不现实的（无线通信网络只能采用专用协议），尤其不适合低功耗、资源受限的无线传感器网络。在实际应用中，ZigBee 在接入互联网时需要复杂的应用层网关，不能实现端到端的数据传输和控制。

与此同时，与 ZigBee 类似的标准还有 Z-wave、ANT、EnOcean 等，它们相互之间不兼容，不利于产业化的发展。

互联网标准化组织 IETF 和许多研究者意识到上述问题的存在，尤其是 Cisco 的工程师基于开源的 uIP 实现了轻量级的 IPv6 协议，证明了 IPv6 不仅可以运行在低功耗资源受限的设备上，而且比 ZigBee 更加简单，从而改变了 IP 不能在无线传感器网络中应用的偏见。同时，IETF 看到了无线传感器网络的广泛应用前景，着手制定了相应的标准。

为实现互联网与无线传感器网络的互联，IETF 工作组在 2004 年提出并制定了 6LoWPAN 相关技术标准，通过在 IEEE 802.15.4 链路层和 IP 网络层之间添加 IP 头部的压缩与解压、数据的分片与重组等功能，实现了 IPv6 网络与无线低功耗网络之间的协议适配，该工作组先后完成了 10 个 RFC 文档的协议草案。标准《IPv6 应用于低功耗无线个人局域网（6LoWPAN）：概述、设想、问题陈述和目标》[2]（RFC 4919：2007-08）通过 IEEE 802.15.4 进行 IP 传输作为实现目标，同时对可能出现的问题进行了假设，主要描述 6LoWPAN 的目标需求，论证了实现 6LoWPAN 的可行性。标准《基于 IEEE 802.15.4 的 IPv6 报文传送》[3]（RFC 4944：2007-09）详细地分析了 6LoWPAN 中的核心问题——IPv6 报文如何在 IEEE 802.15.4 链路上传送，定义了 6LoWPAN 帧格式、本地 IPv6 地址的形成方式，适用于 IEEE 802.15.4 网络的无状态地址自动分配机制，描述了一种适用于本地链路地址的报头压缩方式 HC1。标准《基于 IEEE 802.15.4 网络的 IPv6 报文压缩格式》[4]（RFC 6282：2011-09）对 RFC 4944 进行修正，对多播地址下的报头压缩技术进行研究，针对 UDP 头部压缩进行规范。上述 3 份标准基本完成了 6LoWPAN 技术的构成。针对 IPv6 网络层协议在无线传感器网络中的适用环境差异等问题，6LoWPAN 工作组于 2012 年陆续推出 3 个相关标准：《设计和应用空间——基于 IPv6 的低功耗无线个人局域网（6LoWPAN）》[5]（RFC 6568：2012-04）、《关于 6LoWPAN 路由的问题陈述和需求》[6]（RFC 6606：2012-05）和《6LoWPAN 中的邻居发现协议最优化》[7]（RFC 6775：2012-11）。RFC 6568 对 6LoWPAN 在设计与应用层面进行阐述。RFC 6606 在考虑到低功率性和设备和器件的特殊性后，对 6LoWPAN 路由需求进行阐述。RFC 6775 描述了 6LoWPAN 中对于 IPv6 邻居发现的简单优化、寻址机制、6LoWPAN 下的重复地址检测机制。2014 年制定了标准 RFC 7388[8]和 RFC 7400[9]，其中 RFC 7388 对 6LoWPAN 的管理实体进行了描述，RFC 7400 则提出了一种新的 6LoWPAN 报头压缩技术，该方案针对普适性的报头及负载具有类报头特性。这些技术标准针对异构网络适配过程产生的问题进行规范，主要包括分片重组、地址分配、报头压缩、路由等技术分析，它们为 IPv6 数据在 IEEE 802.15.4 中的有效传输提供了技术支撑和保障。2016 年制定了标准 RFC 8025[10]，该规范更新了 RFC 4944 以引入新的上下文切换机制。2017 年制定了规范 RFC 8138[11]，该规范介绍了一种新的基于低功耗无线的 6LoWPAN 调度类型，用于 6LoWPAN 基于拓扑的路由，同时定义了压缩 RPL 选项（RFC 6553）信息的方法和路由头类型 3（RFC 6554），一个有效的 IP-in-IP 技术，可扩展到更多应用程序。2018 年制定了规范 RFC 8505[12]，该规范更新了 RFC 6775 邻居发现规范，作为一个注册技术理清了协议的作用，简化了 6LoWPAN 路由器的注册操作，针对不同的网络拓扑结构提供了注册功能和移动性检测的增强，包括在低功率网络中为主机路由和/或代理邻居发现执行路由的路由登记。

在解决了 IEEE 802.15.4 上承载 IPv6 协议问题之后，IETF 在 2008 年创建了 ROLL 工作组，目标是为低功耗有损网络（Low Power and Lossy Network，LLN）制定路由方案，ROLL 工作组首先制定了 LLN 独特的路由需求，在判断现有的 IETF 路由协议不能满足这些需求之后，设计了新的 RPL 路由协议。

IETF 组织成立了 IPSO 联盟，推动该标准的应用，并发布了一系列白皮书。6LoWPAN 已经成为许多其他标准的核心，包括智能电网 ZigBee SEP2.0、工业控制标准 ISA100.11a、有源 RFID ISO1800-7.4（DASH）等。6LoWPAN 可以运行在多种介质上，如低功耗无线、电力线载波、Wi-Fi 和以太网，有利于实现统一通信；IPv6 可以实现端到端的通信，不需要网关，能降低成本；6LoWPAN 中采用 RPL 路由协议，路由器可以休眠，也可以采用电池供电，应用范围广，而 ZigBee 技术路由器不能休眠，应用领域受到限制。6LoWPAN 标准已经得到大量开源软件实现，最著名的是 Contiki 和 TinyOS 系统，已经实现了完整的协议栈，全部开源，完全免费，在许多产品中得到了应用。

随着 IPv4 地址的耗尽，IPv6 将是大势所趋。物联网技术的发展将进一步推动 IPv6 的部署与应用。

4.3　6LoWPAN 的结构

6LoWPAN 是由若干个拥有很多无线嵌入式设备的设备域相连接而构成的网络。在这个网络里，IP 报文可以在网络内发送和接收，但是，该网络不可与其他网络进行报文信息的交换，即 6LoWPAN 是一个末端网络。实质上，这样的一个末端网络由若干个低功耗的 WLAN 构成。图 4-1 是一个 6LoWPAN 的结构[1]。该结构图给出了几个典型的 6LoWPAN，分别为简单的 6LoWPAN、扩展的 6LoWPAN 以及多跳 Ad Hoc 结构的 6LoWPAN。从图 4-1 中可以看出，简单的 6LoWPAN 通过 6LoWPAN 边缘路由器与网络连接，且回程线路为点到点的形式；扩展的 6LoWPAN 则通过主干线路与网络连接，主干线路与若干个边缘路由器相连，从而实现通信，以太网就是一个典型的例子；多跳 Ad Hoc 结构的 6LoWPAN 则是独立的。无论哪一种结构，都是由若干 6LoWPAN 节点构成的。图 4-1 中，R 表示路由节点，H 表示主机节点，它们共用一个 IPv6 地址前缀。

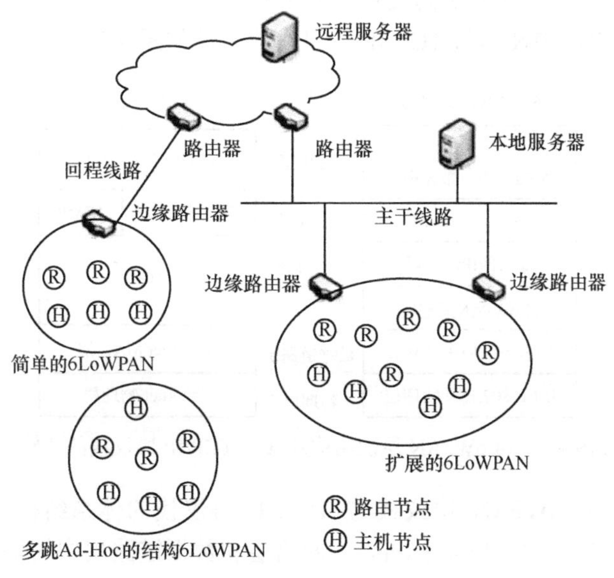

图 4-1　6LoWPAN 的结构

从图 4-1 中可以看到，在一个无线个域网内有若干个主机和路由节点，以及至少一个边缘路由器，其中，节点可以只存在于一个个域网中，也可以同时存在于多个个域网中，并且可以自由地移动。在 6LoWPAN 与 IP 网络连接的过程中，边缘路由器起到了很重要的作用。它在整个网络中具有路由、6LoWPAN 头部压缩以及邻居发现的多重作用。路由节点和边缘路由器共同分配网络中节点的 IPv6 前缀，边缘路由器的邻居发现功能还要完成节点注册、容错处理等工作。

在简单的 6LoWPAN 里的每个节点，都唯一对应一个 IPv6 地址，该地址既可以作为报文序列的发送地址，也可以作为接收地址。节点还可以进行 ICMPv6 传输，例如互联网分组探索器（Packet Internet Groper，PING）就可以使用 UDP 传输。由于 6LoWPAN 节点处理能力相对有限，因此，UDP 负载中的应用层协议通常是以二进制形式存在的。

对于扩展的 6LoWPAN 来说，IPv6 地址相对于简单的 6LoWPAN 更稳定，这使 6LoWPAN 内节点的操作更加简单，网络中的主要线路被多个边缘路由器所共享，根据前缀是否相同来分配各个节点的工作，并且节点可以便捷地在图 4-1 中的边缘路由器之间移动。

对于多跳 Ad-Hoc 结构的 6LoWPAN，由于没有边缘路由器，因此它的路由器在配置时必须要具备简单边缘路由器的功能，即生成唯一本地单播地址（Unique Local Unicast Address，ULA）和 6LoWPAN 邻居发现注册。如果单纯从节点的角度来看，它与简单的 6LoWPAN 在结构上类似，但是它没有边缘路由器。此外，节点的 IPv6 前缀由于都是本地的，其不能路由到其他的个域网。

4.4 6LoWPAN 协议栈

为促进无线传感器网络与 IPv6 网络的异构融合，在 IEEE 802.15.4 标准上实现完整的 IPv6 协议，同时提高 MAC 层报文空间的使用效率，6LoWPAN 工作组在 MAC 层和 IPv6 网络层之间引入了适配层。适配层是 IPv6 网络和 IEEE 802.15.4MAC 层间的一个中间层，其向上提供 IPv6 对 IEEE 802.15.4 的媒介访问支持，向下则控制 6LoWPAN 的构建、拓扑及 MAC 层路由。6LoWPAN 层次结构及其与 TCP/IP 协议栈的比较如图 4-2 所示。

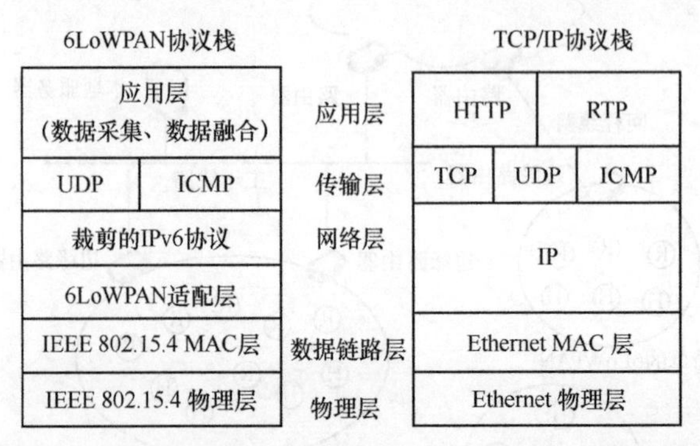

图 4-2 6LoWPAN 层次结构及其与 TCP/IP 协议栈的比较

由图 4-2 可知，6LoWPAN 协议栈与 TCP/IP 协议栈的体系结构大致相似，区别在于 6LoWPAN 底层使用 IEEE 802.15.4 标准，在网络层和数据链路层中间增加了一个 6LoWPAN 适配层。协议栈传输层与 TCP/IP 传输层的不同之处在于没有使用 TCP（主要是因为

6LoWPAN 的功耗、效率、复杂性等特性不适合 TCP），而是使用性能简单、效率高和复杂性低，并且被 6LoWPAN 格式压缩的 UDP。此外，6LoWPAN 只支持 IPv6 协议 ICMPv6，用于控制消息，如 ICMP 回应、ICMP 目的地不可达和邻居发现消息。应用层协议都是二进制格式，并且是针对特定应用的。转发分层的体系结构能使系统的功能实现透明化，各层不需了解其他层的具体工作，只需根据层间接口所提供的服务独立完成自己的功能。这种体系能使系统具有很强的灵活性和扩展性。

6LoWPAN 的出现以全 IP 的方式真正解决了无线传感器网络与 IPv6 网络的互联互通。基于 6LoWPAN 的无线传感器网络内部所有节点都部署支持 IP 的 6LoWPAN 协议栈，通过 6LoWPAN 中一个或者多个边界路由器，其数据可以直接通过 Internet 中的路由器和节点传送至 IPv6 用户，如图 4-1 所示。边界路由器具有路由、数据转发等功能，必要时还要完成 IPv6 数据报的头部压缩和邻居发现注册等任务。边界路由器的协议栈结构如图 4-3 所示。

<table>
<tr><td colspan="2">IPv6网络层</td></tr>
<tr><td rowspan="2">以太网MAC层</td><td>6LoWPAN适配层</td></tr>
<tr><td>IEEE 802.15.4 MAC层</td></tr>
<tr><td>以太网物理层</td><td>IEEE 802.15.4 物理层</td></tr>
</table>

图 4-3　边界路由器的协议栈结构

为实现 6LoWPAN 的正常通信，6LoWPAN 技术需要解决如下 6 个问题。

（1）链路层的分片和重组

由于 IPv6 数据报支持的 MTU 至少为 1 280 B，对于不支持该 MTU 的链路层，协议要求必须提供对 IPv6 透明的链路层的分片和重组。而 IEEE 802.15. 4 标准定义的物理层有效载荷最大为 127 B，除去 MAC 层的控制字段及采用 AES-CCM-128 加密算法的 MAC 安全字段，余下空间仅为 81 B 用于 IPv6 数据负载。如果再考虑 IPv6 的报头（40 B）大小以及传输层头部（UDP 为 8 B，TCP 为 20 B）大小，IEEE 802.15.4 数据报文可有效使用的空间更有限。因此，6LoWPAN 适配层需要通过对 IP 报文进行分片和重组来传输超过 IEEE 802.15.4 的 MAC 层最大帧长的报文。

（2）报头压缩

在不使用安全功能的前提下，IEEE 802.15.4 的 MAC 层的最大载荷为 102 B，而 IPv6 报文头部为 40 B，再减去适配层和传输层（如 UDP）头部所占用空间，将只有 50 B 左右的应用数据空间。为了满足 IPv6 在 IEEE 802.15.4 传输的 MTU，一方面可以通过分片和重组来传输大于 102 B 的 IPv6 报文，另一方面也需要对 IPv6 报文进行压缩来提高传输效率和节省节点能量。为了实现压缩，需要在适配层头部后面增加一个头部压缩编码字段，该字段将指出 IPv6 头部哪些可压缩字段将被压缩；除了 IPv6 头部以外，还可以对上层协议（UDP、TCP 及 ICMPv6）头部进行进一步压缩。

（3）多播支持

多播在 IPv6 中有非常重要的作用，IPv6 特别是邻居发现和地址自动配置等机制中都需要支持多播，允许一个数据报有多个目的地址。而 WSN 使用的 IEEE 802.15.4 不提供多播方式，MAC 只支持广播功能。因此需要制定从 IPv6 层多播地址到 MAC 地址的映射机制，如适配层利用可控广播共泛的方式在整个 WSN 中传播 IP 多播报文。

（4）网络拓扑管理

IEEE 802.15.4 支持星形拓扑和点对点拓扑结构，两种拓扑均通过协调器对网络进行控制，受能耗限制同时可靠性有待加强。而 6LoWPAN 处于 MAC 上层，它可以对网络拓扑构建和变换进行控制，减轻下层网络的压力。该项功能的加入减轻了 IEEE 802.15.4 在拓扑建立和维护上的负担，有利于网络的不断发展与改进。

（5）路由机制

IPv6 网络使用的路由协议主要是基于距离矢量的路由协议和基于链路状态的路由协议，它由网络层提供，目的是使下层协议能够专注于完成链路层传输的功能。这两类协议都需要周期性地交换信息来维护网络正确的路由表或网络拓扑图。而在资源受限的无线传感器网络中，若采用传统的 IPv6 路由协议，由于节点从休眠到激活状态的切换会造成拓扑变化比较频繁，将导致控制信息占用大量的无线信道资源，增加了节点的能耗，从而缩短网络的生存周期。因此，需要对 IPv6 路由机制进行优化改进，使其能够在能量、存储和带宽等资源受限的条件下，尽可能地延长网络的生存周期，重点研究网络拓扑控制技术、数据融合技术、多路径技术、能量节省机制和服务质量保证机制，如多跳网状网络路由协议，来支持节点间的多跳通信。

（6）地址分配

IEEE 802.15.4 标准对物理层和 MAC 层进行了详尽的描述，其中 MAC 层提供了功能丰富的各种原语，包括信道扫描、网络维护等。但 MAC 层并不负责调用这些原语来形成网络拓扑和对拓扑进行维护，因此调用原语进行拓扑维护的工作将由适配层来完成。IPv6 的无状态地址自动配置机制在主机端不需要配置，在路由器端仅需少量配置，非常适合于采用低功耗处理器且广泛分布在无人看管区域的 IEEE 802.15.4 设备。另外，6LoWPAN 中每个节点都使用 EUI-64 地址标识符，但是一般的 6LoWPAN 节点能力非常有限，而且通常会有大量的部署节点，若采用 64 bit 的地址，将占用大量的存储空间并增加报文长度，因此，更适合的方案是在 PAN 内部采用 16 bit 的短地址来标识一个节点，这就需要在适配层实现动态的 16 bit 短地址分配机制。通过这两类地址，IEEE 802.15.4 设备即可生成自己的全球单播地址。

适配层是整个 6LoWPAN 的基础框架，6LoWPAN 的其他一些功能也是基于该框架实现的。6LoWPAN 整个适配层的功能模块如图 4-4 所示。

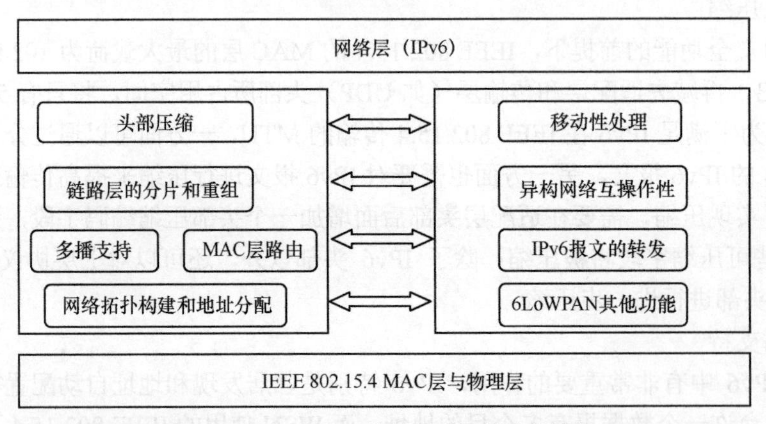

图 4-4　6LoWPAN 整个适配层的功能模块

4.5　6LoWPAN 数据帧结构

适配层为 IPv6 数据包添加适配层封装头部。适配层的封装头部由报头类型字段和报头域构成。适配层支持以下 3 种报头类型：IPv6 寻址头、分片头、网状寻址头。IPv6 寻址头的作用主要是表示 IPv6 数据报头的压缩格式，压缩之后的 IPv6 报头在适配头之后；分片头的作用是将过长的 IPv6 报文进行分片和重组，如果不需要分片的话就不需要分片头；网状寻址头的作用是确保适配层报文在网络中顺利地转发路由。上述类型报头都是可选的，但是若同时存在，它们的顺序不能够改变。6LoWPAN 中适配层的报文结构如图 4-5 所示。

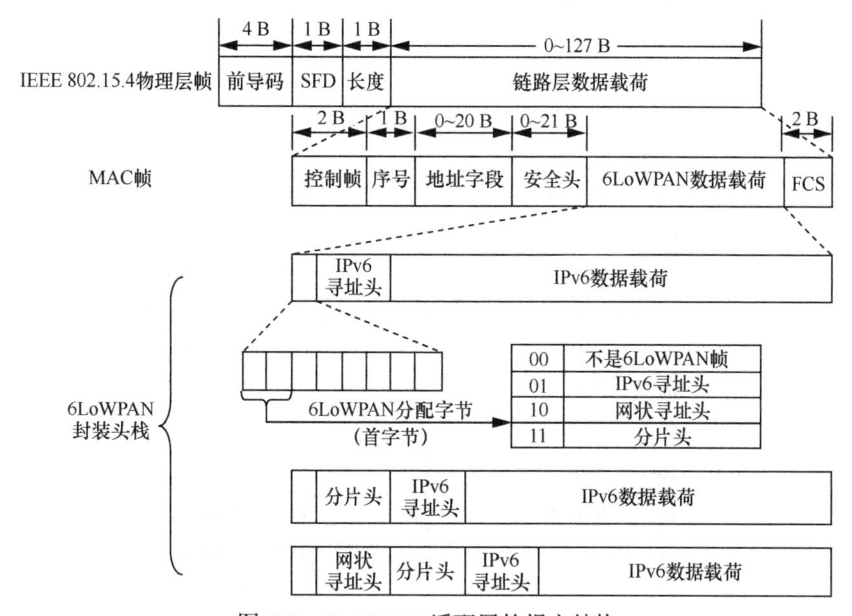

图 4-5　6LoWPAN 适配层的报文结构

图 4-5 中，封装头部的首字节用于标识下一个头部。例如，若前 2 bit 为 11，则下一个头部为分片头；若前 2 bit 为 00，说明这不是一个 6LoWPAN 数据帧；若前 2 bit 为 01，说明下一个头就是一个 IPv6 头；若前 2 bit 为 10，就说明这是一个网状寻址头。若前 8 bit 为 01000001，则后面紧跟的为未压缩的 IPv6 数据报；若前 8 bit 为 01000010，则为使用 HC1 方式压缩的报头。

6LoWPAN 封装头栈中的网状寻址头又叫全连接地址头，用来实现 IEEE 802.15.4 链路层下的多跳路由和数据转发。网状寻址头中的源地址和最终地址与 IP 数据报中的源地址和目的地址类似，在数据多跳转发过程中，IEEE 802.15.4 帧头的源地址和目的地址对应正在通信的邻居节点的地址，而网状寻址头中的源地址和最终地址不会改变，其具体格式如图 4-6 所示。

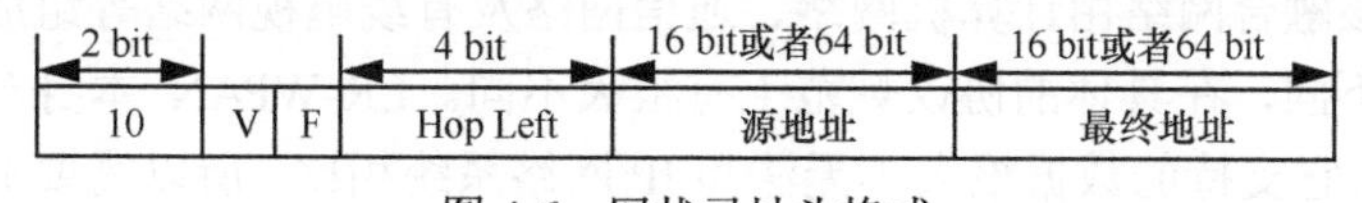

图 4-6　网状寻址头格式

图 4-6 中，V：若为 1，则源地址为 EUI-64 地址；若为 0，则源地址为 16 bit 短地址。F：若为

1，则目的地址为 EUI-64 地址；若为 0，则目的地址为 16 bit 短地址。Hop Left：标识跳数，每经过一次转发，该值减 1，若为 0，则丢弃相应数据包。源地址：源节点的 Link 地址。最终地址：最终目的节点的 Link 地址。表 4-1 给出了 6LoWPAN 数据头部分派字节的具体数值及其意义。

表 4-1　6LoWPAN 数据头部分派字节的具体数值及其意义

分派字节		头部类型
00	xxxxxx	NALP 不是 6LoWPAN 的帧
01	000000	保留，以备扩展
01	000001	IPv6 没有经过压缩的 IPv6 头
01	000010	经过 6LoWPAN_HCL 压缩的 IPv6 头
01	000011	保留，以备扩展
……………		保留，以备扩展
01	001111	保留，以备扩展
01	100000	6LoWPAN_BCO 广播
……………		保留，以备扩展
01	011111	保留，以备扩展
01	010000	保留，以备扩展
01	010001	用于 6LoWPAN_IPHC
……………		用于 6LoWPAN_IPHC
01	111110	用于 6LoWPAN_IPHC
01	111111	ESC-额外增加一个 8 bit 的分派字节
10	xxxxxx	Mesh 头部
10	000xxx	FRAGI-第一个分片头部
11	001000	保留，以备扩展
……………		保留，以备扩展
11	011111	保留，以备扩展
11	100xxx	FR 保留，以备扩展
11	101000	AGN-后续分片头部
……………		保留，以备扩展
11	111111	保留，以备扩展

4.6　6LoWPAN 头部压缩

IEEE 802.15.4 协议标准适用于 LR-WPAN，而 IPv6 网络协议标准适用于目前发展较成熟的融合网络，该融合网络由计算机网络、通信网络及有线电视网络等组成。两种技术标准因为使用的场景不同，在具体的协议规范上有很大不同。LR-WPAN 本身对能量速率等指标具有特殊的要求，它支持的数据报大小无法和 IP 网络系统相比，所以需要通过 6LoWPAN 适配技术对上述问题进行处理。

图 4-7 对两种协议规范的数据格式进行对比。由图 4-7 可知，网络层的数据格式包括报

头和有效负载两部分，网络层数据最小为 1 280 B。而 IEEE 802.15.4 协议规范中的 MAC 层帧的 MTU 仅为 127 B，其中还包括帧控制字段、序列号字段、寻址域字段、FCS 字段等固定开销，即 MAC 帧负载不足 127 B。若 MAC 帧 MTU 为 127 B，且各个固定开销字段共占用 25 B，那么该 MAC 帧负载即为 102 B。若继续考虑来自网络层 21 B 或者 9 B 的加密开销，那么实际可用的 MAC 帧负载分别为 81 B 或者 93 B。显然，81 B 与 93 B 都远小于网络层数据要求的最小 1 280 B。所以，要想将网络层 1 280 B 的数据在 LR-WPAN 的 MAC 层传输，就必须将 IPv6 数据包进行分片；同时要想将 LR-WPAN 的 MAC 层数据放到网络层中传输，就必须进行数据包重组。虽然 6LoWPAN 对数据包进行分片和重组貌似解决了网络间通信的障碍，但是分片重组又引进了新的问题。经分析，扣除 IPv6 中 40 B 的固定头部开销后，MAC 层有效负载已经降至 41 B 或 53 B，若不进行适当改进，整个通信链路将耗费近一半能量及带宽对 IPv6 的固定头进行传输，导致较大的系统开销和通信时延，以及极低的通信效率等问题。6LoWPAN 报头压缩就是一项旨在将 IPv6 固定报头进行压缩的技术，解决了两种异构网络之间数据报融合过程中因分片重组引发的数据冗余问题，可以减少系统开销、缩短通信时延、提高通信系统效率。

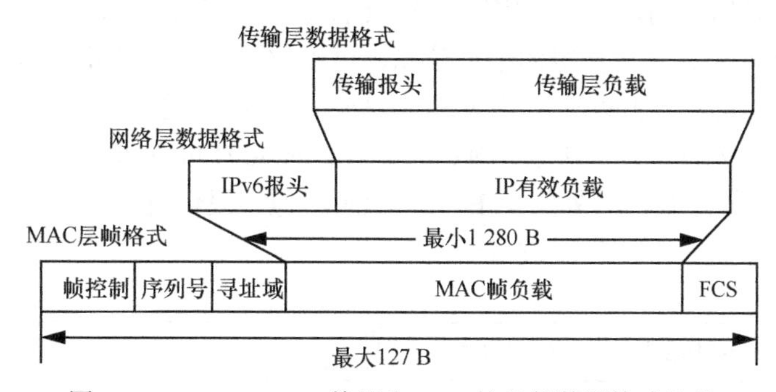

图 4-7　IEEE 802.15.4 协议和 IPv6 协议的数据格式比较

为提高 IEEE 802.15.4 MAC 层报文空间的使用效率，实现对网络层数据帧头部进行有效压缩，6LoWPAN 工作组发布了 RFC 4944 和 RFC 6282 两个标准，提出了无状态头部压缩技术（6LoWPAN_HC1 和 6LoWPAN_HC2），以及基于上下文的头部压缩技术（6LoWPAN_IPHC 和 6LoWPAN_NHC）。无状态头部压缩技术仅能对本地链路地址进行有效压缩，而基于上下文的头部压缩技术可实现对全球单播、任播和多播地址的有效压缩。

4.6.1　无状态头部压缩技术

应对网络层的固定头部开销以及 LR-WPAN 内约 90 B 的有效 MAC 负载，6LoWPAN 适配层首先要做的就是将网络层固定头部的开销降到最小，即降低固定报头开销在有效 MAC 负载中的比重。6LoWPAN 报头压缩技术旨在解决上述问题，提高系统有效性。6LoWPAN 格式规范（RFC 4944）定义了两种可以一起工作的报头压缩技术，6LoWPAN_HC1 完成对 MAC 层传输的 IPv6 固定报头的压缩，实现了 IPv6 数据报文在 IEEE 802.15.4 网络内的有效传输，6LoWPAN_HC2 用于压缩 UDP 报头。通过使用分派字节 6LoWPAN_HC1（01000010）选择 HC1，并用下一个字节选择不同选项。HC1 的最后一位如果被设置，表示 HC2 也被采用，并使用另一个选项字节来表示。

HC1/HC2 的目的是使报头压缩以一种完全无状态的方式进行。也就是说，交换压缩数据报的两个节点不需要在之前达成一致，所以 HC1/HC2 本质上只利用数据报的内部冗余，或者用更少的位数对数据报的变化进行编码。

IPv6 报头格式如图 2-4 所示，可见 IPv6 报头由 40 B 的固定头部和扩展头部两部分组成，其中扩展头部大小不固定，最大为 64 KB。由于 6LoWPAN 将适用于未来物联网，IP 版本必然为 IPv6，故版本号使用的字段一致，是可以被省略的；流标签字段是为了对不同数据采取不同的转发策略而增加的，当通信类型字段与流标签字段为全 0 时，表示使用默认路由，通过 1 bit 对其是否使用默认路由进行区分；有效负载长度字段可从 MAC 的帧长度中获得，如果继续传输会造成信息冗余及资源浪费，所以该字段是不可以被省略的；下一头部字段多使用传输层头部，常用如 UDP 头部、ICMP 头部、TCP 头部，所以可通过 2 bit 对其进行压缩表示；跳数限制字段与 IPv4 的生存周期具有相似的作用，它代表着一个数据包的生命周期，可以决定何时丢弃无法抵达目标地址的数据包，在传输过程中每经历一次数据包转接，该值都需要自减 1，直至数据包到达目的终端或者该字段数值自减至 0，可见，该字段一直处于更新状态，是不可以压缩的，所以该字段的 8 bit 会被保留下来；128 bit 的地址信息字段，特别是针对无状态地址配置方案获得的地址信息，可以被拆分为全球路由信息前缀和媒体接入层 IID 的地址信息，同时上述两部分字段信息根据不同的网络通信模式是可以被压缩控制的，地址字段信息可以由 2 bit 表示。所以，固定头部信息的 40 B 可以通过 2 B 进行表示，其中 1 B 用来记录 8 bit 的跳数限制，另外的 1 B 负责记录其他字段信息，图 4-8 为 6LoWPAN_HC1 压缩字段格式，其中跳数限制字段被省略了。

0 ~ 2 bit	2 bit ~ 4 bit	4 bit ~ 5 bit	5 bit ~ 7 bit	7 bit ~ 8 bit
IPv6源地址	IPv6目的地址	传输类型和流标签	下一个头部	HC2编码

图 4-8　6LoWPAN_HC1 压缩字段格式

由图 4-8 可知，6LoWPAN_HC1 除跳数限制字段外共包含 5 个压缩字段，分别对源地址、目的地址、传输类型和流标签、下一个头部及 HC2 编码进行控制。因为每个字段占用的控制位数不同，所代表的状态数也是不同的。表 4-2 对 6LoWPAN_HC1 压缩字段的含义进行阐述。

表 4-2　6LoWPAN_HC1 压缩字段的含义

6LoWPAN_HC1 压缩字段	字段取值	字段含义
IPv6 源地址/目的地址	00	网络前缀不压缩+IID 不压缩
	01	网络前缀不压缩+ID 不压缩
	10	网络前缀压缩+IID 不压缩
	11	网络前缀压缩+IID 压缩
传输类型和流标签	0	不压缩
	1	全零，表示默认路由，压缩
下一个头部	00	NH 不压缩
	01	NH 是 UDP 报头
	10	NH 是 ICMP 报头
	11	NH 是 TCP 报头
HC2 编码	0	下一个头部不压缩
	1	下一个头部为 UDP 且压缩

可见，在 6LoWPAN_HC1 报头压缩方案中，通过 2 bit 控制了无状态地址的 4 种可能性。在无状态地址方案中，IPv6 地址由 64 bit 的全球路由前缀、64 bit 接口标识 IID 组成。若源地址和目的地址使用本地链路地址，那么其 64 bit 前缀信息均为 FE80::/64，此时前缀信息冗余，再将其在 MAC 帧中进行传输是没必要的，此时网络前缀可以省略。同时，根据地址间的映射关系，尤其是 LR-WPAN 短地址在映射为 EUI_64 地址时加入了相同的填充位，存在信息冗余问题，故也是可以进行压缩处理的，即可以将 IID 压缩，再通过 MAC 层数据报头获取完整地址。

是否采用 HC2 报头由 HC1 报头的最后 1 bit 决定。若为 0，表示头部压缩编码结束；若为 1，表示其后的数据为 6LoWPAN_HC2 编码，但只有当 NH 位（01）表示下一个报头是 17（UDP）时才被完全定义。UDP 数据报文采用 6LoWPAN_HC2 头部压缩编码，可以将 UDP 报文头部长度由 8 B 压缩至 4 B。

6LoWPAN_HC2 编码格式主要用于对 UDP 报头进行压缩，UDP 报头的格式如图 2-3 所示，其中 16 bit 的端口号可以由 0xF0B0+short_port（4 bit 短端口号）计算得到，长度字段为 UDP 报头和数据负载的总长度，其中 UDP 报头长度固定为 8 B，可以依据 IPv6 数据报中的长度信息计算 UDP 报文长度，UDP 中的长度字段即可省略，唯一不能被压缩的是校验和字段。所以，6LoWPAN_HC2 头部压缩编码格式如图 4-9 所示。

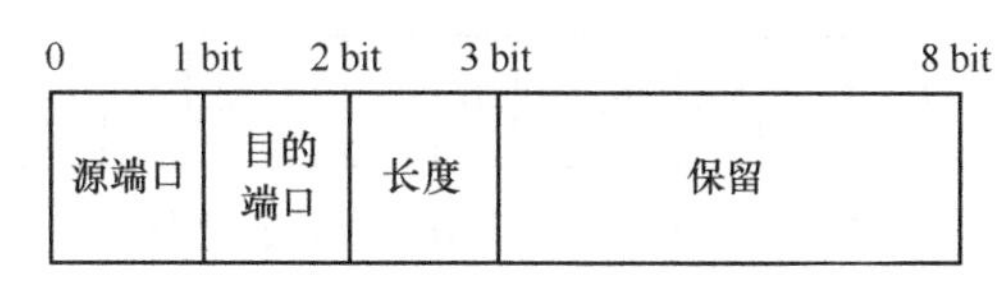

图 4-9 6LoWPAN_HC2 头部压缩编码格式

HC2 报头用前 3 bit 来表示源端口、目的端口和长度的压缩，后 5 bit 保留，定义如下。

源端口：用于指示源端口是否压缩。若为 0，表示源端口号不压缩，即端口号的长度为 16 bit；若为 1，源端口号的长度为 4 bit（#），实际的端口号为 0xF0B0+#。

目的端口：用于指示目的端口是否压缩。若为 0，表示目的端口号不压缩，即端口号的长度为 16 bit；若为 1，目的端口号的长度为 4 bit（#），实际的端口号为 0xF0B0+#。

长度：用于指示 UDP 数据包的长度是否压缩。若为 0，表示 UDP 长度字段不压缩；若为 1，表示 UDP 长度字段可全部压缩，通过 IPv6 头部的长度字段减去 IPv6 与 UDP 之间的字段长度计算获得。

4.6.2 基于上下文的头部压缩技术

6LoWPAN_HC1 是一种针对无状态地址机制的报头压缩技术，它在本地链路通信中十分有效，可以将 40 B 的固定报头开销压缩至 2 B，但 6LoWPAN_HC1 方案在使用中存在很多不足。首先，因为方案适用于本地通信，导致该技术只针对单播通信，无法适应面向大规模物联网的 6LoWPAN 中多播通信的情景；其次，面对 IPv6 的邻居发现、DHCPv6 或路由、底层信息间传输交互及应用层数据流的通信需求时，需要通过路由器进行转接，此时需要使用可路由的地址信息，即说明源地址和目的地址使用了不同的全球路由前缀，若使用上述的 6LoWPAN_HC1 进行压缩，需要将路由前缀信息原封不动地进行传输，同时因为短地址只在自己组织的网络内有效，也无法再通过 MAC 帧进行提取，即此时的 EUI_64 地址也需要被原封不动地封装传输，此时该方案的处理效率很低；最后，大规模物联网中不仅包含 LR-WPAN，同时还存在其他类型的终端网络，在使用有状态地址机制时无法进行有效压缩处理。

基于上下文的头部压缩技术使用 6LoWPAN_IPHC 编码对 IPv6 报文进行压缩，它弥补了 6LoWPAN_HC1 在上述场景中的不足。该压缩技术充分利用节点间传送的报文信息，以获取相关的上下文信息，用来对数据报头部进行压缩。6LoWPAN_IPHC 头部压缩编码是对 6LoWPAN_HC1 头部压缩编码的优化，一种适用于本地唯一地址、全球地址、多播 IPv6 地址等场景的有效 IPv6 报头压缩方案，可实现对全球可路由的地址压缩。

从 IPv6 的报文格式进行分析，6LoWPAN_IPHC 压缩方式与 6LoWPAN_HC1 方案的不同之处在于：考虑到使用场景的复杂化及通信类型和流标签选项对转发的选择，6LoWPAN_IPHC 通过 2 bit 对 4 种转发状态进行标识；针对限制跳数字段，因为常规通信中经常使用 4 种限制跳数值，方案中通过 2 bit 对常用限制跳数进行压缩；通过 1 bit 控制地址类型，区分终端地址是有状态的还是无状态的；通过 2 bit 控制前缀信息和 IID 压缩类型。

经过上述分析可知，6LoWPAN_IPHC 压缩方案使用 9 个控制字段对固定报头信息进行压缩控制，共占用 13 bit，在处理过程中以字节为单位，通过在适配层头部加入 011 来表示这是一种 6LoWPAN_IPHC 方式。6LoWPAN_IPHC 的压缩字段格式如图 4-10 所示。

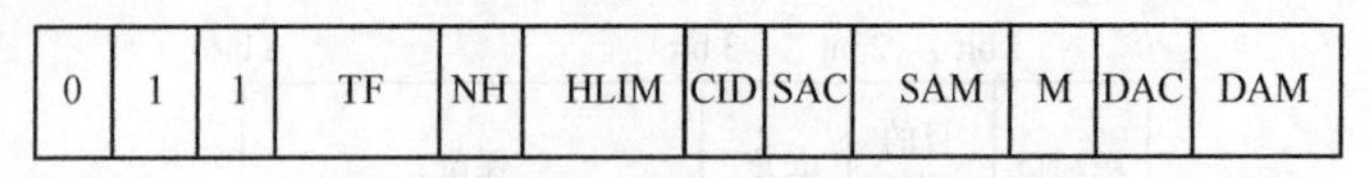

图 4-10　6LoWPAN_IPHC 压缩字段格式

6LoWPAN_IPHC 方案使用 13 bit 对 40 B 进行控制，且每个控制字段所占位数不同，代表的状态数也不同，下面对每个控制字段进行详述。

TF 字段全称为 Traffic Flow，使用 2 bit 控制通信类型和流标签的 4 种类型，具体含义如表 4-3 所示。

表 4-3　TF 字段取值及含义

字段取值	代表类型	大小
00	2 bit 拥塞控制通告+6 bit 区分服务码+4 bit 填充+20 bit 流标签	4 B
01	2 bit 拥塞控制通告+0 区分服务码+2 bit 填充+20 bit 流标签	3 B
10	2 bit 拥塞控制通告+6 bit 区分服务码+0 填充+0 流标签	1 B
11	0 拥塞控制通告+0 区分服务码+0 填充+0 流标签	0 B

NH 字段全称为 Next Head，使用 1 bit 控制下一个头部的 2 种处理方法，具体含义如表 4-4 所示。

表 4-4　NH 字段取值及含义

字段取值	含义	字段大小
0	下一个头部不进行压缩处理	1 B
1	下一个头部使用压缩处理	待定

HLIM 全称为 Hop Limit，使用 2 bit 表示常用的 4 个限制跳数，具体含义如表 4-5 所示。

表 4-5　HLIM 字段取值及含义

字段取值	字段含义
00	不进行压缩，保留全部 8 bit
01	进行压缩并设定限制跳值为 1
10	进行压缩并设定限制跳值为 64
11	进行压缩并设定限制跳值为 255

CID 全称为 Context Identifier Extension，使用 1 bit 来控制上下文标识，具体含义如表 4-6 所示。该标识字符是 6LoWPAN_IPHC 新增的一个标识位，可以对上下文标识进行控制。

表 4-6　CID 字段取值及含义

字段取值	字段含义
0	不使用 CID 字段
1	使用 CID 字段，该字段紧跟在压缩的目的地之后

SAC 全称为 Source Address Compression，使用 1 bit 来控制源地址的压缩情况，具体含义如表 4-7 所示。

表 4-7　SAC 字段取值及含义

字段取值	字段含义
0	源地址进行无状态压缩方法
1	源地址进行基于上下层的有状态压缩方法

SAM 全称为 Source Address Mode，使用 2 bit 来控制源地址的 4 种模式，具体含义如表 4-8 所示。

表 4-8　SAM 字段取值及含义

SAC	SAM	字段含义
0	00	源地址未进行压缩，128 bit
	01	前 64 bit 地址（FE80::/64）省略，使用 64 bit 地址通信
	10	省略前 112 bit 地址（64 bit+0000: 00ff: fe00），使用 16 bit 地址进行通信
	11	地址全部省略
1	00	未定义
	01	64 bit 地址，地址可通过层间信息获得
	10	16 bit 地址
	11	地址省略，地址可完全通过上下层间信息获得

M 全称为 Multicast，使用 1 bit 对目的地址进行控制，具体含义如表 4-9 所示。

表 4-9　M 字段取值及含义

字段取值	字段含义
0	目的地址是多播地址
1	目的地址不是多播地址

DAC 全称为 Destination Address Compression，使用 1 bit 对目的地址压缩位进行控制，

其中 0 代表目的地址进行无状态压缩，1 代表使用上下层之间的有状态压缩。DAM 全称为 Destination Address Mode，使用 2 bit 控制目的地址的 4 种模式，具体含义如表 4-10 所示。

表 4-10　DAM 字段取值及含义

<table>
<tr><th>M</th><th>DAC</th><th>DAM</th><th>字段含义</th></tr>
<tr><td rowspan="8">0</td><td rowspan="4">0</td><td>00</td><td>目的地址未进行压缩，128 bit</td></tr>
<tr><td>01</td><td>前 64 bit 地址（FE80::/64）省略，使用 64 bit 地址通信</td></tr>
<tr><td>10</td><td>省略前 112 bit 地址（64 bit+0000: 00ff: fe00），使用 16 bit 地址进行通信</td></tr>
<tr><td>11</td><td>地址全部省略</td></tr>
<tr><td rowspan="4">1</td><td>00</td><td>未定义</td></tr>
<tr><td>01</td><td>64 bit 地址，地址可通过层间信息获得</td></tr>
<tr><td>10</td><td>16 bit 地址</td></tr>
<tr><td>11</td><td>地址省略，地址可完全通过上下层间信息获得</td></tr>
<tr><td rowspan="8">1</td><td rowspan="4">0</td><td>00</td><td>目的地址未进行压缩，128bit</td></tr>
<tr><td>01</td><td>目的地址 48 bit，地址为 FFXX::00XX:XXXX:XXXX 中的 X 部分</td></tr>
<tr><td>10</td><td>目的地址 32 bit，地址为 FFXX::00XX:XXXX 中的 X 部分</td></tr>
<tr><td>11</td><td>目的地址 32 bit，地址由 FF02::00XX 中的 X 部分组成</td></tr>
<tr><td rowspan="4">1</td><td>00</td><td>48 bit 地址</td></tr>
<tr><td>01</td><td>未使用</td></tr>
<tr><td>10</td><td>未使用</td></tr>
<tr><td>11</td><td>未使用</td></tr>
</table>

通过对各个控制字段的分析可知，在非本地链路通信中使用多跳 IP 路由，在最好的情况下，6LoWPAN_IPHC 可以将 40 B 头部压缩至 7 B，其中包括 2 B 标识字段与 6LoWPAN_IPHC 压缩字段信息、1 B 限制跳字段、2 B 源地址、2 B 目的地址。

如果 6LoWPAN_IPHC 中的 NH 位没有被设置，则压缩的 IPv6 报头包含一个串联的下一个报头字段，其后紧接着 IPv6 有效载荷字段。如果 N 位被设置，则其后跟随一个 6LoWPAN_NHC。在基于上下文的头部压缩技术中，使用 6LoWPAN_NHC 压缩编码对 UDP 数据报头部进行压缩，6LoWPAN_NHC 是对 6LoWPAN_HC2 压缩编码的优化。图 4-11 为 UDP 压缩编码对应的 NHC 字节，UDP 的 6LoWPAN_NHC 基本报头值中各字段的各位含义介绍如下。

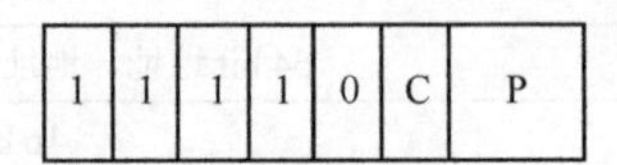

图 4-11　6LoWPAN_NHC 中 UDP 头部压缩编码格式

NHC_ID=11110，代表对 UDP 数据报进行压缩。

C：标识 UDP 数据报中检验和字段的压缩方式（1 bit），若 C=0，则校验和字段不压缩；若 C=1，则校验和字段省略。

P：标识源、目的端口号压缩编码方式（2 bit）。若 P=00，则源、目的端口号均不压缩；若 P=0l，则仅压缩目的端口号前 8 bit（dst=0xF0XX）；若 P=10，则仅压缩源端口号前 8 bit（src=0xF0XX）；若 P=11，则压缩源、目的端口号前 12 bit（src=0xF0BX，dst=0xF0BY）。

4.7　6LoWPAN 分片与重组

当 IPv6 数据负载超过 IEEE 802.15.4 链路的最大载荷时，6LoWPAN 适配层需要对 IPv6 数据负载分片。每个分片的 6LoWPAN 分配字节前 5 bit 对分片类型进行标识，如果前 5 bit 等于 11000，则说明该分片是第一个分片，如果前 5 bit 等于 11100，则说明是后续的分片。6LoWPAN 分配字节后 3 bit 和下一个字节一起构成分片的“数据报大小”字段。对于第一个分片不存在偏移，数据报位移字段默认值为 0，可以省略。6LoWPAN 的分片头如图 4-12 所示。

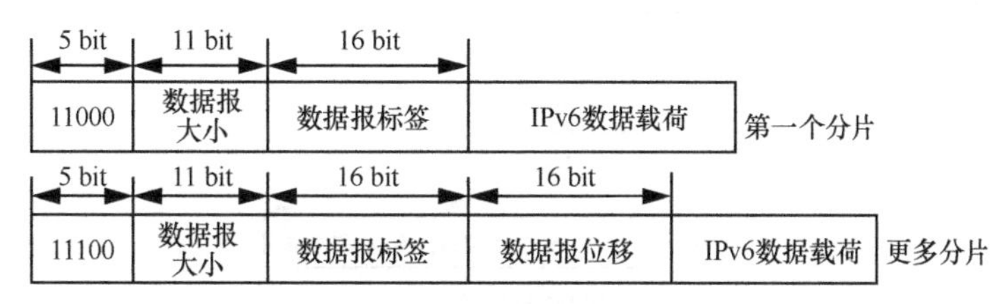

图 4-12　6LoWPAN 分片头

分片字段的描述如下。

数据报大小：这个 11 bit 的字段用来标识分片之前的原始数据报大小，分片大小以 8 B 为单位，可以表示 8 192 B，能够满足 IPv6 要求的链路层 MTU。该字段的值在所有的分片中都相同，可以只在第一个分片进行标识，提高数据传输效率。不过在多跳网状网络中，后面的分片可能比第一个分片先到达数据报的接收方，这种情况下，接收方将无法为整个帧分配确定的内存。

数据报标签：这个字段不可省略，它与数据报的源地址、目的地址以及分片数据报大小结合在一起唯一地标识数据报的每个分片，并且同一个数据报的所有分片中该字段的值相同。在实际应用中数据报标签字段的值一般会随着对 IPv6 数据报的分片而递增，源节点每发送一个完整的 IPv6 数据帧，该字段值会加 1，当增至 65 535 时，该字段将会重置为 0。

数据报位移：该字段在数据报的第一个分片中默认为 0，在之后的其他所有分片中用来标识该分片相对于原始数据报首部的偏移量，以 8 B 为单位，数据报接收方通过该字段完成数据报的正确有序组装。

数据报接收方在收到第一个分片后，启动重组定时器，记录分片中的源地址及目的地址、数据报大小和数据报标签，通过这 3 个部分唯一确认分片所属的数据报。同一数据报的其他分片到达之后，接收方按照数据报位移从小到大的顺序重组数据报。重组定时器的最大值设为 60 s，若在规定时间内，接收节点没有成功接收到所有 IPv6 数据帧分片，则丢弃已接收的所有分片。

4.8　6LoWPAN 地址自动配置

在 Internet 中，由于主机用途的多样性，主机地址希望能够实现自动获取。目前 IPv6 有两种地址自动配置技术：有状态的地址自动配置与无状态的地址自动配置。前者一般需要专门的地址配置服务器，这在低功耗的无线传感器网络中非常不现实，所以在传感器网络中一般采用无状态的地址自动配置技术。

IPv6 地址由地址前缀和接口标识符组成。在 IPv6 中，地址前缀通过手动配置加入邻居发现协议的路由通告报文中。当节点启动接收到路由通告报文时，可以直接从路由通告的前缀列表中获取地址前缀。接口标识符经常采用 EUI-64 地址。在 IEEE 802.15.4 协议中，设备地址分为 64 bit 长地址和 16 bit 短地址。每个设备都分配了 EUI-64 长地址，协议规定也可以采用 16 bit 短地址。如果采用 16 bit 短地址，则 64 bit 接口标识符的产生方法为：首先用 16 bit 0、16 bit PAN-ID、16 bit 短地址构成 48 bit 地址，如图 4-13 所示。再按照 IPv6 协议在以太网上接口标识符的产生方式来产生接口标识符。

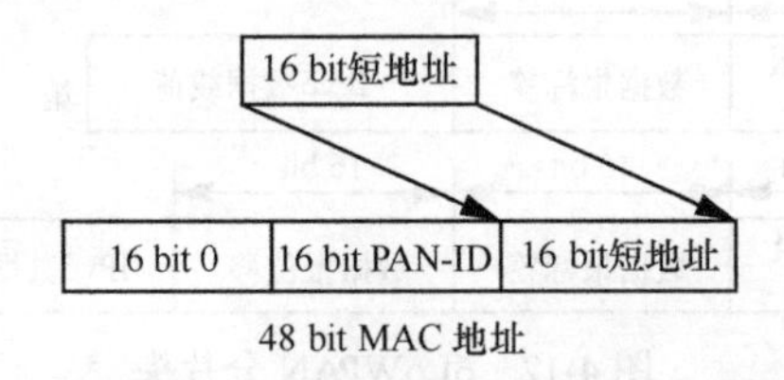

图 4-13　16 bit 短地址产生 48 bit MAC 地址

IPv6 协议在以太网上的接口标识符产生的方式为：取 48 bit MAC 地址的前 24 bit 为接口标识符的前 24 bit，后面跟着 16 bit 的十六进制数 0xFF、0xFE，最后取 48 bit MAC 地址的后 24 bit 为接口标识符的最后 24 bit。接口标识符产生方式如图 4-14 所示。

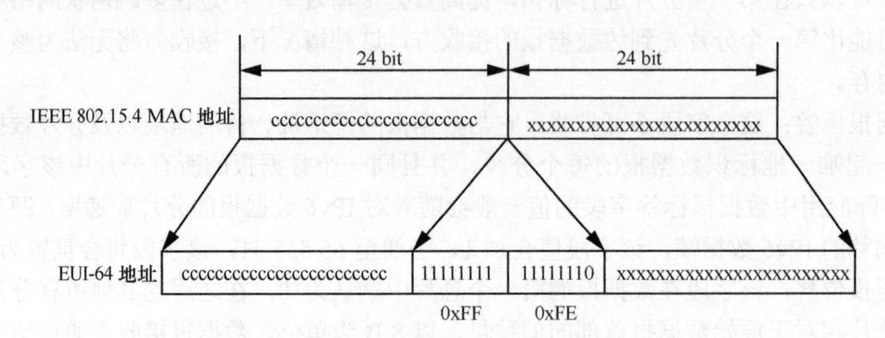

图 4-14　48 bit MAC 地址产生 64 bit 接口标识符

无状态地址自动配置通过邻居发现协议来实现。在无状态地址自动配置中，节点通过接收链路上的路由器发出路由器通告信息获取地址前缀，结合上面生成的 64 bit 接口的标识符，从而生成一个 IPv6 全球单播地址或者链路本地地址。

4.9　6LoWPAN 路由与转发

在传统的基于 IEEE 802.15.4 标准的无线传感器网络中，从源节点向目的节点发送数据包时，往往不止一跳，这就需要经过一个或者多个无线传感器节点。在基于 6LoWPAN 的无线传感器网络中也是这样，数据包的传输需要经过多个 6LoWPAN 中间节点的中转，最终传送到目的节点。数据包由源节点发往目的节点需要两个重要的过程，一个是转发，另一个是路由。

RFC 4919 中指出 6LoWPAN 技术的路由协议应当满足如下几点路由需求：对数据包的低开销，对路由过程的低开销，较小的内存占用和处理能力需求，支持休眠机制以减少能量消耗。根据路由协议所在协议栈中位置的不同，可以将其分为两类：一类是路由协议在 6LoWPAN 的适配层中进行，利用 Mesh 报头进行简单的二层转发，统称为 Mesh Under 路由转发。另一类是路由协议在网络层中进行，数据包利用 IP 报头在三层进行转发，统称为 Route Over 路由转发。两者的区别类似于桥接网络与以太网上的 IP 网络之间的区别。

网络中有两种路由器，6LoWPAN 边界路由器（6LBR）和 6LoWPAN 路由器（6LR）。6LBR 位于 6LoWPAN 边缘，6LR 位于网络内部，并运行路由协议。主机和 6LR 或 6BLR 之间会发生邻居发现操作，6LR 节点可以发送和接收路由器通告、路由器请求，以及转发、路由 IPv6 报文。这里的包转发是在路由层完成的，而且 6LR 只出现在网络层路由的网络拓扑中。链路层路由网络中所有节点都在同样的链路上，这些链路由 6LoWPAN 边界路由器提供，因此在 IP 上只有一跳。在这个拓扑中没有 6LR，因为转发是由链路层网状路由协议完成的。

4.9.1 Mesh Under 路由转发

Mesh Under 路由转发过程发生在数据链路层之上的适配层中，数据包的路由和转发过程都基于链路层地址，可以使用 64 bit 的 IEEE 802.15.4 地址，也可以使用 16 bit 的网内短地址，依靠 Mesh 头在适配层进行路由转发工作。图 4-15 展示了 Mesh Under 路由转发机制的模型。

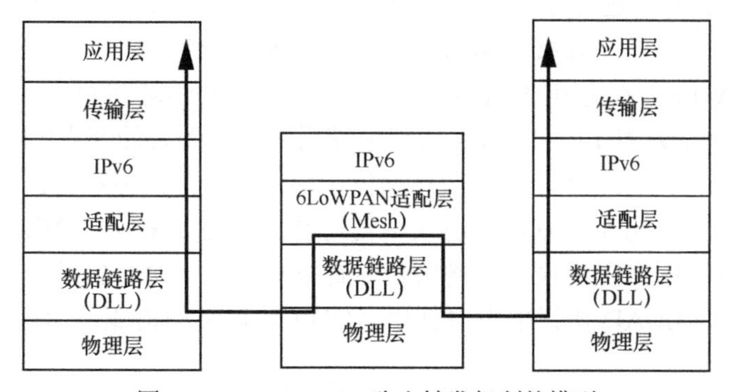

图 4-15　Mesh Under 路由转发机制的模型

Mesh Under 路由转发方式对于 6LoWPAN 适配层是不可见的。如果需要让链路层路由转发对适配层可见，链路层数据报头部必须包含源地址和目的地址。因为要发到目的地，所以要知道目的地址，当数据进行重组时还需要知道源地址。当数据转发时，目的地址会改写为下一跳节点的地址，而源地址也会更改为转发节点的地址。

在 6LoWPAN 中，Mesh Under 路由对应的网络结构案例如图 4-16 所示。节点 A 发送封包至节点 C 需要经过节点 B 转发。首先，节点 A 的适配层对 IP 数据报进行压缩、分片，然后交给数据链路层（Data Link Layer，DLL）/Mesh 层，经过查询路由转发信息库，找到对应的下一跳节点的数据链路层的地址，并最终以 MAC 帧的形式依次发送出去。在 MAC 帧经过节点 B 时，节点 B 的 Mesh Under 路由协议进行独立路由决策并转发。在 MAC 帧最终传送至节点 C 时，节点 C 在 6LoWPAN 适配层对接收的 MAC 帧进行数据报的重装、解压缩，并依次向上层传送数据。从 IP 层来看，上述过程中的节点 A 和节点 C 在 6LoWPAN 内部属于邻居节点关系。

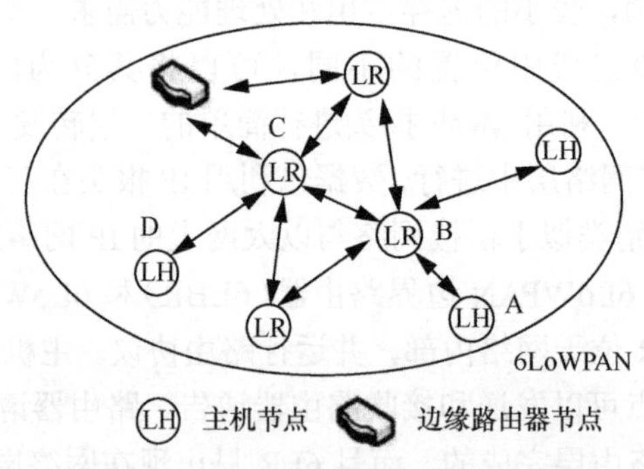

图 4-16 Mesh Under 路由网络结构案例

在整个 Mesh Under 路由过程中，中间节点 B 不需要对数据包进行解压缩、重组、压缩和分片这一复杂过程，提高了 6LoWPAN 内部的路由效率。但是，当 6LoWPAN 规模较大时，数据封包需经过多跳路由至目的节点。由于各 MAC 帧传输的路由决策是由主机节点独立进行的，若其中一个分片在传输过程中出现错误，则只有所有分片均到达目的节点后才能发现错误。当网络规模较大、跳数较多时，数据包传输的时延和错误率会急剧增长。

现有的 Mesh Under 路由协议主要有按需距离矢量路由协议 LOAD、按需动态 MANET 路由协议 DYMO 和层次路由协议 HiLow 等。LOAD 是一种基于 AODV 的简化按需路由协议，采用适配层的 Mesh 头来进行路由，网络的拓扑创建过程和路由过程对 IPv6 不透明。IPv6 把 6LoWPAN 视为一种单一连接的网络，通常其功能只能实现在全功能节点上。LOAD 协议不再使用 AODV 协议中使用的目的序列号。为了避免路由环问题，LOAD 协议中只有路由的目的节点才能回复 RREP。LOAD 协议中使用源节点到目的节点的 LQI 值和跳数来衡量路由路径的好坏。LOAD 设置一个 LQI 阈值门限，当链路的最小 LQI 大于该门限时，则选择跳数最少的路径。此外，AODV 协议中使用前驱路由表来发送 RERR 路由错误信息，当数据包在传输过程中出现错误，或路由表中查找不到下一跳路由时，AODV 协议将进行 RERR 信息通告，而 LOAD 协议中不再使用 AODV 协议中的前驱路由表，以减小路由表的存储开销。

DYMO 是一种基于 AODV 并且能够高效和简单实现的路由协议。类似于 AODV，DYMO 协议使用 RREQ、RREP 和 RERR 共 3 种路由消息来实现路由机制。在路由发现过程中，每个中间节点都要对 RREQ 和 RREP 数据包进行处理，完成链路信息的累积。DYMO 协议虽然仍使用 Hello 包来保持链路的联通性，但是它不再使用本地链路修复机制。DYMO 协议定位在 IP 层之上，使用 UDP 作为传输层协议。然而，由于它增加了内存占用和能量消耗，并不能直接应用于 6LoWPAN 路由协议。DYMO-LOW 协议的引入使 DYMO 协议能够应用于 6LoWPAN 中。DYMO-LOW 协议不使用 IP 层进行路由，所有的路由操作都在适配层利用 6LoWPAN 定义的 Mesh 头完成。所有的 6LoWPAN 节点设备都处于同一 IPv6 链路上，因此它们共用相同的前缀。DYMO-LOW 协议使用 16 bit 短地址或者 64 bit IEEE 802.15.4 扩展地址。LOAD 协议特性都在 DYMO-LOW 协议中进行应用，此外，DYMO-LOW 中使用 16 bit 的序列号来避免路由环的问题。除此之外，AODV 中本地链路修复和开销累积策略在 DYMO 中不再使用。但在大规模的应用中，Mesh Under 路由机制较高的错误率依然不能得到较好解决。

4.9.2 Route Over 路由转发

Route Over 路由是指路由的选路及决策在网络层中完成的路由，中间节点对接收到数据包进行 IPv6 报头处理，可以充分利用 IPv6 优势保证数据包的安全性和服务质量，并且路由过程中使用 IPv6 地址，依靠 IPv6 头在网络层进行路由转发工作。通过设计合理的地址编制方法可以使 IPv6 地址具有很好的逻辑性，因此路由协议的可扩展性很好，并且在处理路由的过程中可以引入一些现有 IP 网络中存在的方法，同时 Route Over 路由使现有的网络诊断工具在低功耗有损网络中的应用成为可能，提高了网络的可靠性和可管理性。

Route Over 路由转发是真正适合 6LoWPAN 无线传感器网络的转发方式。这种转发方式对适配层的数据格式没有任何特殊要求，网络层收到数据报时，适配层已经完成了数据报的解包工作。并且在每一跳的转发过程中，传感器节点要完成数据报报文的分片和重组的功能，图 4-17 给出了 Route Over 路由转发过程。

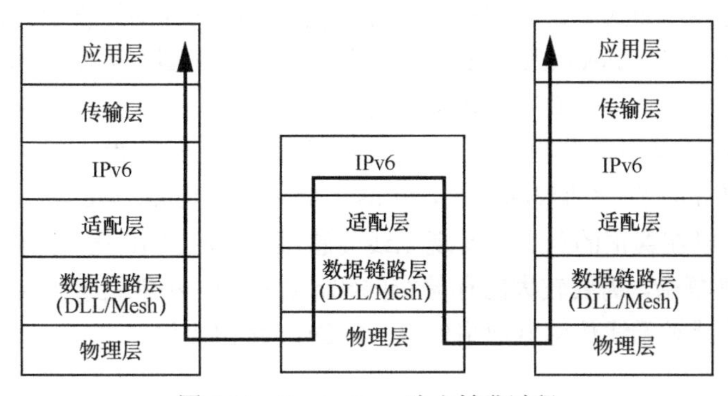

图 4-17 Route Over 路由转发过程

6LoWPAN 中，Route Over 路由对应的网络结构如图 4-18 所示。每一个主机节点均和路由器节点相连。路由器节点组成网络数据传输路径。若节点 A 向节点 D 传送信息，节点 A 查询路由表项信息，将网络数据报文分片后的每一帧传送给与其相连的路由器节点 B。节点 B 为了重建原始的数据报文，它的适配层对接收到的每一帧数据进行判断，若属于同一个原始报文的所有数据帧均接收完毕，则进行重组和解压缩，完成后，报文会递交给网络层。网络层判断报文是否发给自身，若是就把信息递交给传输层；若不是，则会对报文压缩、分片，查找路由表，把网络数据报文的每一帧传送给路由器节点 C，并最终传输到目的主机节点 D。从网络层来看，网络中的每一个节点都是一个相对独立的 IPv6 节点。在此数据报文的传输过程中，路由器节点 B、C 的适配层均对网络数据报文进行重组、解压缩、压缩和分片等处理。与 Mesh Under 路由机制相比，Route Over 传输方式显然增加了路由器的负担，但可以及早发现数据传输中的丢包现象，较早启动数据的重传。

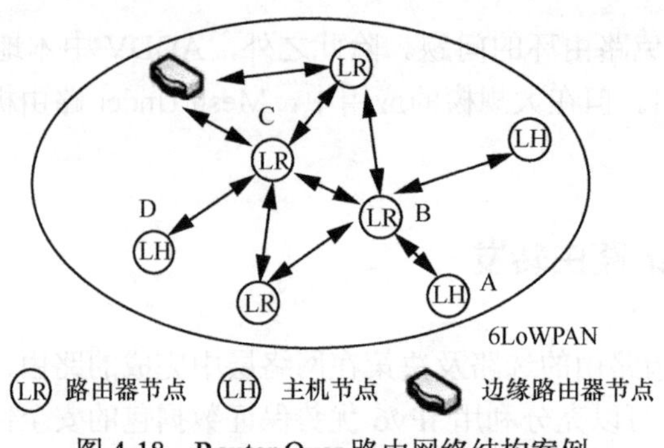

图 4-18　Router Over 路由网络结构案例

通过上文的分析不难发现，现有的 Mesh Under 路由协议都是以 AODV 协议为基础的，使用 IEEE 802.15.4 的 16 bit 短地址或者 64 bit 扩展地址进行路由选择。LOAD、DYMO 都是动态路由协议，节点的移动性支持较好，HiLow 是静态路由协议，不支持节点移动，同时 HiLow 也不支持路由修复机制，因此 HiLow 协议的可靠性较差。但是在对网络规模的支持上，HiLow 协议优于其他两个协议，同时计算的复杂度也高于其他两个协议。

Mesh Under 路由协议具有简单、快速、低开销等优点的同时，其缺陷也是十分明显的。首先，Mesh 路由在适配层进行，因此传感器网络将不具有任何 IP 化的特征。其次，Mesh 路由为传感器网络的管理和故障诊断带来了困难。现有互联网的网络管理和诊断工具都是基于 IP 的，并且工作在三层，Mesh Under 路由将无法使用这些工具。要实现这些功能，需要为无线传感器网络开发专用工具。最后，Mesh Under 路由不支持超大规模组网。无线传感器网络的 IEEE 802.15.4 地址是不具有任何相关性的，因此 Mesh Under 路由的可扩展性面临严峻的考验。针对 Mesh Under 路由协议的不足，6LoWPAN 提出 Route Over 路由思想，路由协议在三层进行，因此可以在真正的意义上实现无线传感器网络的全 IP 化，然而传统互联网 Route Over 路由协议处理复杂，需要较大的存储空间和计算能力，不能直接应用在无线传感器网络中。因此需要设计针对无线传感器网络的 Route Over 路由协议。

4.10　6LoWPAN 邻居发现协议

与传统网络不同，6LoWPAN 具有高丢包、低功耗等特点，单个数据帧可以传输的载荷长度远远小于传统 IPv6 网络所允许的 MTU，并且在链路层不支持多播，需要通过广播或单播复制来模拟多播，而一些节点为了省电常处于休眠状态。这些都使 IPv6 邻居发现协议不适合 6LoWPAN，需要一个符合 6LoWPAN 特性的邻居发现协议[7]。

4.10.1　IPv6 邻居发现协议的不足

对于一个基于以太网的 IPv6 网络，在网络初始化时，节点首先加入接口的多播地址，然后完成重复地址检测（Duplicate Address Detection，DAD），以获取链路本地地址，最后以多播包的形式发送路由器解析消息，如果收到“A”标识位置 1 的路由器通告（Router Advertisement，RA）消息，则根据 RA 消息中的前缀信息自动配置 IPv6 地址。此外，IPv6

路由器通常周期性地在所有节点的多播地址发送 RA，节点通过发送邻居请求（Neighbor Solicitation，NS）/邻居通告（Neighbor Advertisement，NA）信息来解析链路对端的 IPv6 地址，而用于地址解析的邻居请求消息是多播包。地址冲突检测过程和周期路由器通告消息都假设节点是处于开机状态且大多数时候是可达的。

在邻居发现过程中，路由器通过发送多播的邻居请求消息来寻找主机和链路层地址。同样，使用多播的地址冲突检测过程假设所有从相同前缀自动配置 IPv6 地址的主机能够接收本地链路多播消息。虽然主机可以把前缀消息选项的“L（on-Link）”位置 0，从而主机不使用多播的 NS 消息来进行地址解析，但是路由器仍然需要通过使用多播的 NS 消息寻找主机。

从以上分析可知，在 IPv6 邻居发现过程中，需要网络支持组锚机制，而且需要网络中的节点（包括路由器和主机）在大多数时候都是可达的，而这关键的两点却是低功耗无线网络难以满足的。此外，6LoWPAN 有损的网络特性，使网络中的 IPv6 结构会随着外部物理因素的变化而变化，链路常常是不稳定的，节点位置也会随着物理位置的变化而移动。

考虑到 6LoWPAN 上面的这些特性，为了在 6LoWPAN 上部署 IPv6，需要对传统的 IPv6 邻居发现机制进行优化和扩展，因此以 IPv6 邻居发现协议（ IETF RFC 4861）为核心，通过增加新的机制、消息和选项，使 IPv6 邻居发现能够适应 6LoWPAN 的需要。

4.10.2　邻居发现协议的优化

IETF 6LoWPAN 工作组针对无线网络的低功耗特性，对 IPv6 邻居发现机制进行了优化，主要的优化工作介绍如下。

① 在主机初始化交互过程中考虑休眠主机。

② 取消主机基于多播的地址解析。

③ 取消重定向。

④ 使用单播的 NS 和 NA 消息完成主机地址注册。

⑤ 定义新的邻居发现选项用于分发 6LoWPAN 头压缩信息给各主机。

⑥ 定义可选的用于携带前缀和 6LoWPAN 头压缩信息的多跳分发机制。

⑦ 定义可选的多跳地址冲突检测。

6LoWPAN 定义了 3 个新的 ICMPv6 消息选项：必要的地址注册选项、可选的 6LoWPAN 上下文选项以及可选的权威边界路由器选项。

由此，对 IPv6 邻居发现协议进行了优化和扩展，具体体现在以下几个方面。

① 由主机发起路由器通告信息的更新。这改变了路由器向主机周期性地主动发送路由器通告。

② 如果使用 EUI- 64 标识生成的 IPv6 地址，则不需要地址冲突检测。

③ 如果使用 DHCPv6 分配地址，则 DAD 为可选的。

④ 引入新的地址注册机制，在主机到路由器之间使用新的地址注册选项，从而使路由器不再需要使用多播 NS 去寻找主机，也支持了休眠主机。这也使同样的 IPv6 地址前缀可以跨越网络层路由的 6LoWPAN 使用。它提供了主机到路由器的接口，可用于地址冲突检测。

⑤ 新的可选路由器通告选项，用于在 6LoWPAN 头压缩时携带上下文关联信息。

⑥ 新的可选机制，通过使用地址注册选项完成网络层路由的 6LoWPAN 内地址冲突检测。

⑦ 新的可选机制，完成在网络层路由网络中分发前缀和上下文关系信息。此网络使用新的权威边界路由器选项来控制配置变化产生的洪泛。

⑧ 一些新的协议参数和已有的邻居发现协议参数用于 6LoWPAN。

4.10.3 新的邻居发现选项

（1）地址注册选项

路由器需要知道那些直接可达的主机 IP 地址以及对应的链路层地址，这些状态将随着无线链路可达性的变化而更新维护，因此引入了地址注册选项（Address Registration Option，ARO）。ARO 包含在主机发送的单播 NS 消息中，可用于进行邻居不可达检测（Neighbor Unreachability Detection，NUD），而收到 ARO 的路由器也可以用于维护自己的邻居缓存表。同样的选项也包含在对应的 NA 消息中，用于指示注册是否成功。这个选项通常是由主机发起的。

ARO 也在 6LR 与 6LBR 之间的多跳 DAD 中使用，这种情况下消息的长度会变化，将在 NS 消息中包含一个或多个 ARO 选项。ARO 选项为保证可靠性和节约电量提供了可能，其中包含的生命周期字段为主机注册地址提供了灵活性，使主机可以在生命周期时间内进行休眠。地址注册选项格式如图 4-19 所示。

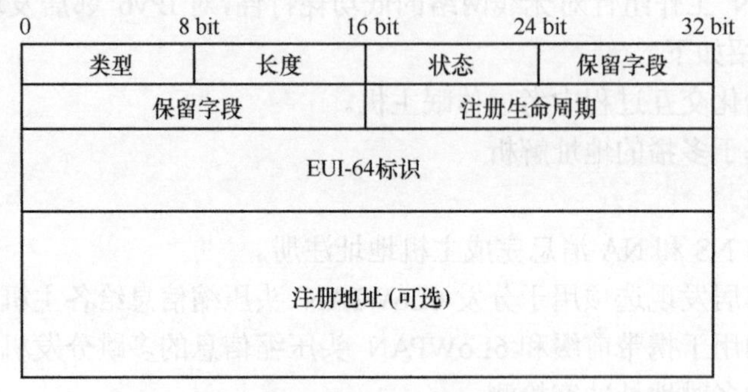

图 4-19　地址注册选项格式

类型（Type）：8 bit。

长度（Length）：8 bit，不携带注册地址时为 2，携带时为 4。

状态（Status）：8 bit，在 NA 回复中标识注册的状态，在初始的 NS 消息中必须置 0。

保留字段（Reserved）：目前未使用，发送端必须全部置 0。

注册生命周期（Registration Lifetime）：16 bit，以 10 s 为一个单位，在其所表示的时间内，路由器将在邻居缓存表中保留此 NS 消息的发送者。

EUI-64 标识：用于唯一标识注册地址的接口。

注册地址（可选）（Registered Address）：128 bit，不应该包含在主机发送的消息中，只有在路由器代表主机进行注册时使用，所携带的地址是最初主机发送包含 ARO 选项的 NS 消息报文的 IPv6 源地址。

（2）6LoWPAN 上下文选项

可选的 6LoWPAN 上下文选项为 LoWPAN 头压缩携带了前缀信息，这与 IPv6 邻居发现协议中定义的前缀信息选项（Prefix Information Option，PIO）类似，但此前缀对 6LoWPAN 来说可以是远端的也可以是本地的，因为头压缩可能为所有的 IPv6 地址应用。上下文可能是一个任意长度的网络前缀或者一个 128 bit 地址。在一个 RA 消息中最多可以携带 16 个 6LoWPAN 上下文选项。6LoWPAN 上下文选项格式如图 4-20 所示。

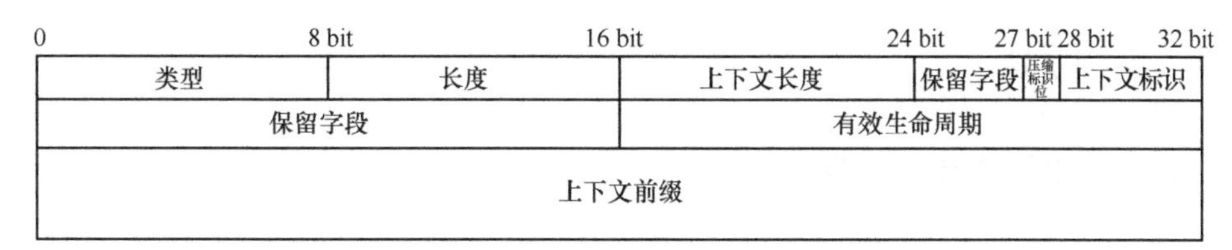

图 4-20　6LoWPAN 上下文选项格式

类型（Type）：8 bit。

长度（Length）：8 bit，根据上下文前缀，字段的长度可能是 2 或 3。

上下文长度（Context Length）：8 bit，从上下文前缀字段的第 1 bit 算起的有效比特位数量。

保留字段（Reserved）：目前未使用，发送端必须全部置 0。

压缩标识位（C）：1 bit，用于标识上下文是否可用于压缩。

上下文标识（CID）：用于在头压缩情况下标识前缀信息顺序。

有效生命周期（Valid Life time）：16 bit 整数，以 60 s 为一个单位，标识在头压缩和解压缩时，前后关系在多长时间内是有效的，全 1 表示始终有效，全 0 表示前后关系马上失效。

上下文前缀（Context Prifix）：标识对应 CID 域的 IPv6 前缀或地址，此域的有效长度包含在上下文长度域中，为保证是 8 B 的整数倍，其他比特位全 0 填充。

（3）权威边界路由器选项

权威边界路由器选项（Authoritative Border Router Option，ABRO）主要在 RA 消息通过路由层面分发前缀和前后关系信息时使用。此时，6LR 从其他 6LR 接收前缀信息选项。这意味着 6LR 不能仅仅让附近的路由器收到 RA，为了能够可靠地从 6LoWPAN 中增减前缀，需要从权威的 6LBR 处获取信息。6LBR 设定版本号，并像发布前缀和上下文信息一样，6LBR 通过 AERO 发布版本号。当有多个 6LBR 时，则需要划分版本号空间，因此，此选项需要携带 6LBR 地址。

当路由器通告用来在路由器之间发布信息时，ABRO 选项必须包含在所有的 RA 消息中。权威边界路由器选项格式如图 4-21 所示。

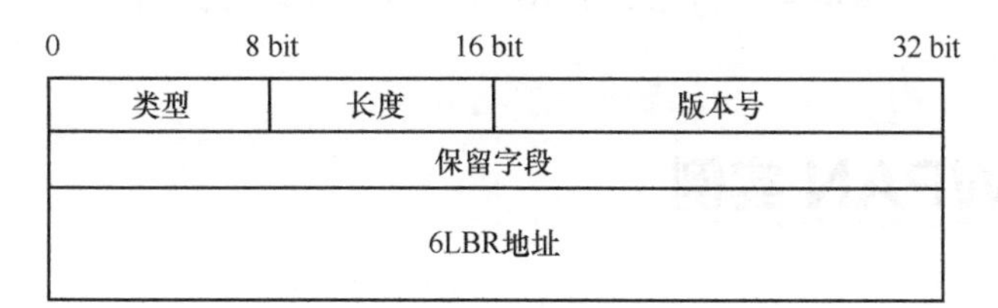

图 4-21　权威边界路由器选项格式

类型（Type）：8 bit。

长度（Length）：8 bit，通常为 3。

版本号（Version Low，Version High）：32 bit，版本号对应 RA 消息包含的一组信息，产生前缀的 6LBR 在每次前缀和前后关系信息变化时，增加版本号。

保留字段（Reserved）：目前未使用，发送端必须全部置 0。

6LBR 地址（6LBR Address）：生成版本号的 6LBR 的 IPv6 地址。

4.10.4 流程示例

（1）基本路由器请求/路由器通告

节点与路由器之间的基本路由器请求/通告流程如图 4-22 所示。

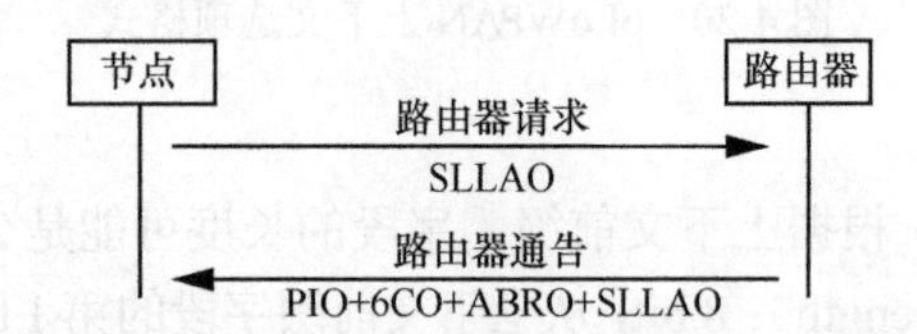

图 4-22 节点与路由器之间的基本路由器请求/通告流程

（2）邻居发现地址注册

基本邻居发现地址注册流程和带有多跳 DAD 的邻居发现地址注册流程分别如图 4-23 和图 4-24 所示。

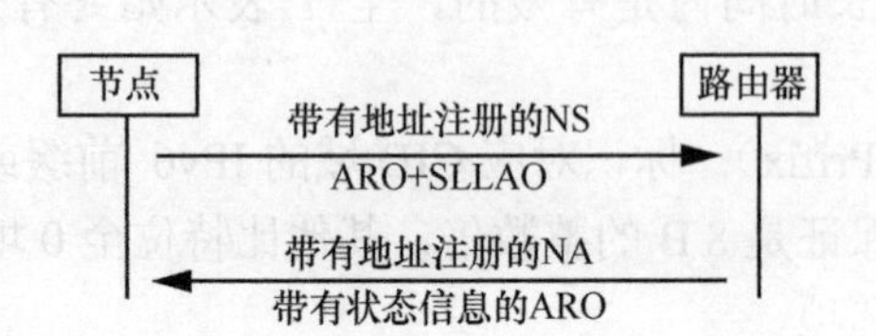

图 4-23 基本邻居发现地址注册流程

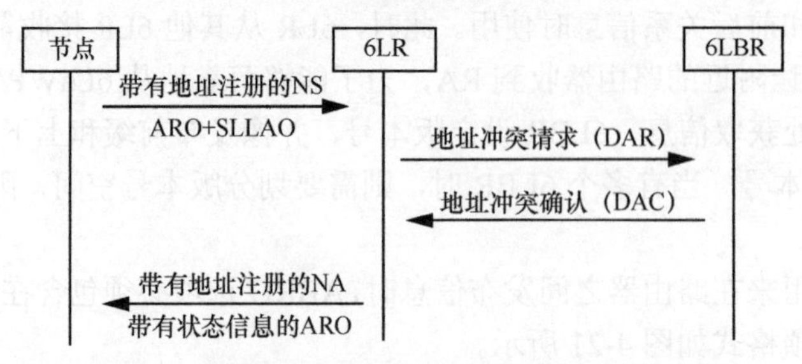

图 4-24 带有多跳 DAD 的邻居发现地址注册流程

4.11 6LoWPAN 实例

图 4-25 是一个简单的 6LoWPAN 实例[1]，它基于 IEEE 802.15.4，使用 IP 路由。其中 R

表示路由器节点，H 表示主机节点。在该 6LoWPAN 中，有 3 个路由器节点、3 个主机节点和一个边缘路由器，网络通过 P2P 线路与 IPv6 网络相连。

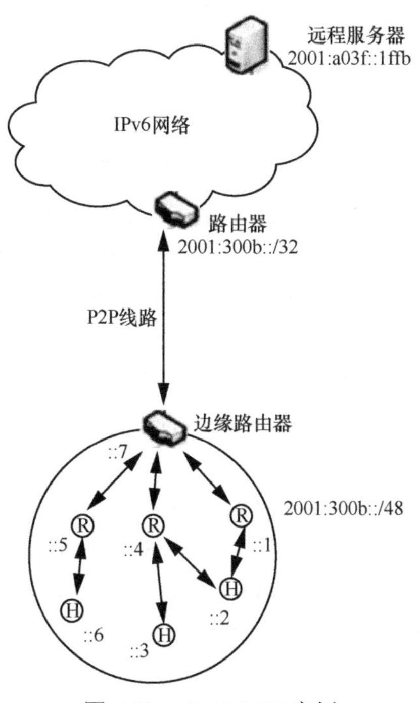

图 4-25 6LoWPAN 实例

图 4-25 是一个简单的无线个域网，回程线路与 6LoWPAN 不在同一子网，个域网内的无线设备都已经设置默认频道以及安全认证。边缘路由器自动配置了 2001:300b::/32 地址作为 IPv6 前缀，并且把该前缀给 IEEE 802.15.4 无线接口。然后，个域网中的 3 个路由器接到该前缀通告后执行 SAA，并且通过邻居发现协议，在边缘路由器上注册无状态配置的地址，从而使无线个域网中每个节点都有两个地址，一个是接口 ID 的 IPv6 地址，为 64 bit；另一个则是 SAA 注册到边缘路由器上得到的接口 ID 的 IPv6 地址，为 16 bit。接下来，这 3 个路由器在边缘路由器上注册，并且通告 3 个主机相同的前缀。在此要说明的是，6LoWPAN 内节点布局的变化对 IPv6 地址是没有影响的。

邻居发现既可以在路由通告以及注册中使用，也可以作为路由算法将路由器初始化。当 6LoWPAN 内部的节点之间相互通信时，可以将 IPv6 源地址和目的地址都省略，也就是说，如果图 4-25 中的::3 发送数据报文给::4，由于此时 MAC 层头部已经包含了 IEEE 802.15.4 的源地址和目的地址，因此就不再需要链路内的 IPv6 地址。若要多跳转发，比如将图 4-25 中的::6 发送给::1，数据报文中存放的地址只要是 16 bit 的源地址和目的地址即可。但是，如果要发送到 WPAN 以外，则数据报文中要包含目的网络的 IPv6 完整的地址信息，或已经在该 WPAN 内通告的压缩地址。如 WPAN 内主机 2001::300b:1::2 需要发送数据包到地址为 2001::a03f::1ffa 的远程服务器，那么边缘路由器会把压缩过的 6LoWPAN 和 IPv6 头部扩展成一个完整的 128 bit 的 IPv6 地址。边缘路由器也会处理收到的数据包，它的 IPv6 和 UDP 头将被尽可能地压缩。

4.12 6LoWPAN 与 ZigBee

如第 3 章和第 4 章所述，6LoWPAN 和 ZigBee 是当今两大低功耗无线局域网标准。ZigBee 联盟早在 2001 年就已成立，相对来说更成熟，而 6LoWPAN 由于基于互联网 IPv6，能和当今流行的互联网很好地融合，显示出了无限的活力和空间。由于两者都工作在 IEEE 802.15.4 之上，自 6LoWPAN 出现后，其便被视为 ZigBee 的竞争者和替代者。

6LoWPAN 与 ZigBee 之间有相同点，也有很多不同点。相同点是它们都建立在 IEEE 802.15.4 之上，都使用 AES128 技术加密（AES128 是 IEEE 802.15.4 技术标准的一部分），都有广泛的应用前景，都得到了大量厂商和用户的支持。不同点表现如下。

① ZigBee 是一个完整的协议栈（从应用层到物理层都有自己的定义）；6LoWPAN 是一个适配层协议，是 IP 层（网络层）与 MAC 层之间的适配层，主要用途是在 IEEE 802.15.4 MAC 层之上适配 IP 网络的数据报。

② 在互操作性方面存在差异。从技术术语上看，互操作意味着应用不需要了解传输数据包的物理链路。ZigBee 定义了通信之间的 IEEE 802.15.4 节点，对应 IP 技术的第二层，然后定义上层应用通信技术。这意味着 ZigBee 设备可以和其他 ZigBee 设备互通，前提是假设这些设备应用相同的配置文件。而应用一个简单的桥接设备，6LoWPAN 就可支持与其他 IEEE 802.15.4 设备的互通，同时也支持和其他 IP 网络的互通，如以太网和 Wi-Fi。ZigBee 网络和非 ZigBee 网络之间的桥接需要非常复杂的应用层网关。

③ 堆栈大小/封包负载不同。IPv6 在网络最大传输单元必须至少有 1 280 B 的数据包，而 ZigBee 基于 IEEE 802.15.4 标准的数据包的大小是 127 B。经过 6LoWPAN 链路的路由选址不需要额外的 6LoWPAN 头信息，这削减了头信息，允许更多的负载数据空间。ZigBee 典型的 full-feature 栈是 90 KB，而 6LoWPAN 仅需要 30 KB。

④ 6LoWPAN 除了支持 IEEE 802.15.4 的物理层外，还支持其他类型的物理层，比如蓝牙低功耗和近场通信等。6LoWPAN 已被蓝牙 4.2 版本采用，移动平台 iOS 在早期就支持了蓝牙低功耗，Android 在蓝牙 4.3 版本之后才开始支持 6LoWPAN，这些手机可以直接与 6LoWPAN over 蓝牙低功耗进行通信，手机也可以视为一个 6LoWPAN 节点或者 6LoWPAN 边缘路由器。

参考文献

[1] SHELBY Z, BORMANN C. 6LoWPAN: 无线嵌入式物联网[M]. 韩松, 魏逸鸿, 陈德基, 等, 译. 北京: 机械工业出版社, 2015.

[2] KUSHALNAGAR N, MONTENEGRO G, SCHUMACHER C. IPv6 over low-power wireless personal area networks (6LoWPANs): overview, assumptions, problem statement, and goals[R]. (2007-08)[2020-01].

[3] MONTENEGRO G, KUSHALNAGAR N, HUI J, et al. Transmission of IPv6 packets over IEEE 802.15.4 networks[R]. (2007-09)[2020-01].

[4] HUI J, THUBERT P. Compression format for IPv6 datagrams over IEEE 802.15.4-based networks[R].

(2011-09)[2020-01].

[5] KIM E, KASPAR D, VASSEUR J P. Design and application spaces for IPv6 over low-power wireless personal area networks (6LoWPANs) [R]. (2012-04)[2020-01].

[6] KIM E, KASPAR D, GOMEZ C, et al. Problem statement and requirements for IPv6 over low-power wireless personal area networks (6LoWPAN) routing[R]. (2012-05)[2020-01].

[7] SHELBY Z, CHAKRABARTI S, NORDMARK E, et al. Neighbor discovery optimization for IPv6 over low-power wireless personal area networks (6LoWPANs) [R]. (2012-11)[2020-01].

[8] SCHOENWAELDER J, SEHGAL A, TSOU T, et al. Definition of managed objects for IPv6 over low-power wireless personal area networks (6LoWPANs) [R]. (2014-10)[2020-01].

[9] BORMANN C. 6LoWPAN-GHC: generic header compression for IPv6 over low-power wireless personal area networks (6LoWPANs) [R]. (2014-11)[2020-01].

[10] THUBERT P, CRAGIE R. IPv6 over low-power wireless personal area networks (6LoWPAN) paging dispatch[R]. (2016-11)[2020-01].

[11] THUBERT P, BORMANN C, TOUTAIN L, et al. IPv6 over low-power wireless personal area networks (6LoWPAN) routing header[R]. (2017-04)[2020-01].

[12] THUBERT, P, NORDMARK E, CHAKRABARTI S, et al. Registration extensions for IPv6 over low-power wireless personal area networks (6LoWPAN) neighbor discovery[R]. (2018-11)[2020-01].

第 5 章

Contiki 操作系统基础

Contiki 操作系统是一个开源的嵌入式操作系统，主要适用于处理器资源受限的 MCU 上。一般情况下，大约只需要 40 KB 的 Flash 和 2 KB 的 RAM，Contiki 的系统内核就可以流畅运行。为了便于理解系统内核的运行原理和过程，本章首先介绍了进程和事件的数据结构；其次从实用的角度出发，给出了一个最简应用实例，并分析解释 Protothread 进程的工作原理；接着结合 etimer，给出一个双进程协调通信的实例，通过代码说明和调试分析说明通信原理和过程；最后针对内核中的一些关键代码进行解释说明，如进程的启动维护、事件的调度管理等。依据从背景数据结构到内核关键代码、从简到深的原则，完整呈现操作系统内核的特点。

5.1 Contiki 系统简介

Contiki 是由瑞典计算机科学研究所技术专家亚当・丹克尔（Adam Dunkels）领导的物联网团队开发的一个网络嵌入式设备开源操作系统，它为物联网感知层通信和网络技术的研究提供了极大的支持。Contiki 的名字来源于托尔・海尔达尔（Thor Heyerdahl）的康提基号（Kon-Tiki），首艘横跨太平洋的木筏。Contiki 以此为名意指其操作系统能以有限的资源完成同样复杂的功能，包括多任务、网络、文件系统等。

当前比较主流的嵌入式操作系统包括 FreeRTOS、Contiki、RT-Thread[1]。其中，Contiki 在产业应用和研究领域都是比较活跃的；RT-Thread 在最近几年则在应用生态上表现比较突出，已经成功移植应用到 Cortex-M、ARM920T、MIPS32、RISC-V 等多种 CPU 架构上。由于本书主要关注于低功耗、资源受限制的高性价比 WSN 应用，故主要描述 Contiki。对于目前几种主流的 WSN 操作系统的综述分析，可参考文献[2-4]。

Contiki 操作系统是全部用 C 语言开发的多任务操作系统，完全开源并且具有较高的移植性，已经可以完全移植到 ARM、AVR 以及简单的 8051 单片机中。Contiki 操作系统的设计者在研发之前就已经参与了众多互联网标准的制定，这使 Contiki 内部集成了众多 IETF 已经发布的标准。Contiki 系统通过使用 Protothread 库函数，实现了基于事件驱动的多任务多线程运行环境，利用 uIP 和 uIPv6 协议栈分别完成了 TCP/IP 在 IPv4 与 IPv6 的应用，并且完成了 Rime 协议栈，Rime 协议栈是一套轻量级的无线传感器网络协议栈。Contiki 操作系统还包括文件系统、定时器等多项内容。Contiki 系统具有以下特点。

（1）完全采用 C 语言进行编程

Contiki 系统采用纯 C 语言编写，包括源代码的开发，具有高度的可移植性，最可贵的是其代码量非常小，在众多 8 位控制器上均可移植。在编程应用时也全部利用 C 语言，简单、易学、开发周期短。采用 C 编译器，如 GCC 和 IAR 等，开发调试简单。

（2）免费开源

Contiki 操作系统是在开源授权协议下发布的，这代表着用户可以随意把代码用在科学研究、教育和商业中，并且可以随意修改代码，发布属于自己的 Contiki 代码。更重要的是，Contiki 系统的设计者参与互联网标准的制定，除了 Contiki 操作系统之外还设计了 uIP、Protothread 等完全开源的软件。

（3）方便移植

Contiki 系统在设计时没有采用任何的硬件功能，这使其支持更多的开发平台。到目前为止，官方上支持的微处理芯片有 Atmel AVR 系列、LPC2103 系列、TI MSP430 系列和 TI CC24xx 等。

（4）功耗较低

Contiki 操作系统在设计之初就充分考虑了网络节点的低功耗特性，在不需要额外硬件的前提下就能监测每个节点的功耗，并进行能量分析，用来评价传感网的路由协议是否高效。

（5）网络交互

Contiki 系统支持多种平台的客户端，网络可以用 Web 和命令行进行接口的控制和相关数据信息的存储。在命令行下，交互界面通过 Shell，进入 Shell 的界面就像 Linux 命令行一样简单易用。

（6）具有基于 Flash 的文件系统

Coffee File System（CFS）是在处理器硬件资源有限条件下采集网络数据而设计的。CFS 在系统优化方面有着重要作用，也提供了掉电保护功能、大规模数据存储功能。Contiki 系统提供了函数方法用来使用 CFS，简单易用。

（7）具有仿真系统

在科学研究、优化网络和验证算法方面，仿真是必不可少的。Contiki 系统包含了 MSPsim 和 Cooja 两种高效的仿真工具，有利于在应用开发前进一步减少成本。其中 Cooja 可以在电脑上对协议仿真，然后通过观察仿真效果再下载到板子上进行测试，从而可以降低测试成本。MSPsim 则主要针对 MSP430 微处理器，可以对该系列的处理器进行指令级的模拟和仿真。

（8）通过事件驱动多任务

Contiki 操作系统采用事件驱动方式，不同于 uCOS 和 FreeRTOS 中每个任务都独享一个栈空间。事件驱动方式可以让多个任务使用同一个栈空间，在一定程度上大大节约了 RAM，非常适合在处理器资源非常有限的无线传感网络中使用。

（9）完全实现低功耗协议栈

Contiki 操作系统通过运用 uIP 和 uIPv6 协议，使网络支持 IPv4 和 IPv6 两种不同的协议，同时在 IPv6 中还实现了 6LoWPAN 帧头压缩、ROLL 工作组制定的 RPL 无线路由协议、CoRE 实现的应用层协议 CoAP。Contiki 在实现网络层协议的同时也实现了路由层与 MAC 协议，路由层由 AODV、RP 等协议组成。

另外，Contiki 是一个高度可移植的操作系统，其设计目的是获得良好的可移植性，因此源代码很有特点。打开 Contiki 源文件目录，可以看到如 core、cpu、platform 和 apps 等目录模块，其功能如表 5-1 所示。

表 5-1 Contiki 源文件目录说明

目录名称	内容说明
core	Contiki 的内核代码，包括 net（网络）、文件系统（cfs）、外部设备（dev）、链接库（lib）等，并且包含了时钟、I/O、elf 装载器、网络驱动等的抽象
cpu	Contiki 支持的微处理器，例如 arm、avr、msp430 等。如果需要支持新的微处理器，可以在这里添加相应的源代码
platform	Contiki 支持的硬件平台，例如 Cc2538dk、nrf52dk、sky 等。与硬件平台相关的移植代码主要在这个目录下
apps	Contiki 所添加的一些常用应用程序，如 ftp、shell、webserver 等。在项目开发中可以直接使用，只需在 makefile 中定义 apps=[应用程序名称]即可
exarn	Contiki 针对不同平台的应用示例
doc	Contiki 的帮助文档目录
tools	Contiki 开发过程中常用到的一些工具，例如，cfs 相关的 makefsdata、网络相关的 tunslip、模拟器 Cooja 和 mspsim 等

为了保证描述的准确性和一致性，本书中所采用的操作系统数据结构、系统模型、代码等内容都直接来源于系统官网。本书通过对代码的分析，给出了自己的理解，通过图表的形式进行呈现，希望能帮助新学者快速理解，如有错漏希望指正。

本章描述的内容相对比较底层，也相对稳定保守，是目前 WSN 系统应用的主流方式，也是 IoT 研究的重要基础。通过本章的学习，可以进一步获取一些相对比较前沿的内容。例如，参考文献[5]对 WSN 中节点的共享计算和存储协调进行优化；参考文献[6]对可再生能源驱动的物联网应用提出了任务调度的优化策略；参考文献[7]对异构系统的 WSN 应用提出了 RLNC 编码和解码的网络通信策略，以便于优化能耗，提高网络通信的性能。

5.2 Contiki 操作系统的数据结构

5.2.1 进程的数据结构

与其他嵌入式操作系统类似，Contiki 操作系统也需要一个结构变量来存储进程的属性，这个变量就是进程控制块。从功能上来看，这个结构变量类似于操作系统为每个进程定制的一个“身份证”。在进程的声明定义、参与调度等待执行、运行、阻塞切换和完成的各个阶段，利用这个进程身份证，记录存储进程的属性信息和状态。同时，系统内核根据身份证中记录的状态参数来决定下一步的运行动作。进程的数据结构源代码如代码 5-1 所示，由此可知进程控制块的结构体定义。

代码 5-1 进程的数据结构源代码

```
//  进程调度模块 \core\sys\process.h
1    struct process
2    {    struct process *next;    //进程列表中指向下一个进程控制块
3         #if PROCESS_CONF_NO_PROCESS_NAMES
4         #define PROCESS_NAME_STRING(process) ""
5         #else
6             const char *name;    //进程名
7         #define PROCESS_NAME_STRING(process)  (process)->name
8         #endif
9         PT_THREAD((* thread)(struct pt *, process_event_t, process_data_t));
10        struct pt pt;
11        unsigned char state, needspoll;
12   };
```

下面，对进程的结构体变量进行解析。

（1）进程的名称

根据代码 5-1 的第 3～4 行可知，如果配置了宏 PROCESS_CONF_NO_PROCESS_NAMES，则定义进程名为空字符；否则，可以通过宏调用 PROCESS_NAME_STRING(process)，获得进程的名称 name。

（2）PT_THREAD 宏

为了分析代码 5-1 的第 9 行语句，在代码 5-2 中，例举了该行代码（代码 5-2 第 1 行语句）和对应的宏定义（代码 5-2 的第 5 行）。根据宏定义展开宏，获得代码 5-1 第 9 行所示的等效语句。观察该行语句可知，该行语句定义一个函数指针（* thread)，指向的函数含有 3 个参数，返回值为 char 类型。实际上该函数为进程的逻辑执行函数。

代码 5-2 PT_THREAD 宏源代码

```
//进程调度模块中 \core\sys\process.h
1  PT_THREAD((* thread)(struct pt *, process_event_t,process_data_t));
2  //等效:
3  char (* thread)(struct pt *,process_event_t, process_data_t);
4  //依据宏定义:
5  #define PT_THREAD(name_args) char name_args
```

（3）pt 结构体

代码 5-3 为程序断点地址 pt 结构体源代码。进程控制块中的子变量 pt 实际是一个双字节（16 bit 的数据宽度）的数据结构。在进程切换时，即当进程在规定的执行时间片段即将结束时，需要保存当前被中断的程序断点。这个程序地址保存在变量 pt→lc 中，当进程再次获得 CPU 的使用权时，需要从等待队列进入执行状态，首先需要从进程控制块中取出 lc 的值，跳转到上次进程运行的位置。

代码 5-3 程序断点地址 pt 结构体源代码

```
// pt.h→lc-switch.h
1  struct pt {
2    lc_t lc;
3  };
4  typedef unsigned short lc_t;
5  struct pt {unsigned short lc; }; //struct pt 为一个 16 bit 的双字节的数据结构
```

（4）进程状态 state

在 Contiki 系统中，进程有代码 5-4 所示的 3 种状态。

代码 5-4 进程的状态描述

```
//进程调度模块 \core\sys\process.c
1  #define PROCESS_STATE_NONE          0  //进程结束
2  #define PROCESS_STATE_RUNNING       1  //进程正在运行队列，就绪状态
3  #define PROCESS_STATE_CALLED        2  //进程即将被调用，执行逻辑代码
```

在进程存在周期（生成、调用和结束）的任意时刻，进程只能处于一个状态。

① PROCESS_STATE_NONE，表明进程结束。例如，新创建进程时（还未投入运行）以及进程退出时（还没从进程链表删除），进程状态 state=PROCESS_STATE_NONE=0。

② PROCESS_STATE_RUNNING，表明进程处于就绪状态。通过进程启动函数 process_start()创建新的进程，处于该状态时，state=PROCESS_STATE_RUNNING=1，进程处于运行队列，状态就绪，等待被调用，但并没有执行进程逻辑代码。

③ PROCESS_STATE_CALLED，表明进程处于调用执行状态。进程完成了进程指针、信号标识和传递数据的赋值，处于 PROCESS_STATE_RUNNING 状态。如果此时获得执行逻辑代码的权力，即将执行进程逻辑代码，则发生状态切换：state=PROCESS_STATE _CALLED =2。并在执行进程逻辑代码的整个过程中保持这种状态。

说明：投入运行队列的进程（未必有进程逻辑代码的执行权），真正获得执行权的进程状态为 PROCESS_STATE_CALLED；处在运行队列的进程和调用状态的进程，可以调用 exit_process()退出，返回进程结束状态。

（5）needspoll

变量 needspoll 为优先级标志，needspoll=1 的进程有更高的优先级。具体表现为，当系统调用 process_run()函数时，把所有 needspoll=1 的进程投入运行，而后才从事件队列取出下一个事件传递给相应的监听进程。

与 needspoll 相关的另一个变量 poll_requested，用于标识系统是否存在高优先级进程，即标记系统是否有进程的 needspoll=1。进程的优先级状态标志如代码 5-5 所示。

代码 5-5 进程的优先级状态标志

```
//\Contiki_cc2530\core\sys\process.c
1  static volatile unsigned char poll_requested;
```

（6）进程变量指针 next

next 指向进程列表中的下一个进程控制块变量，便于形成链表，管理所有进程。

Contiki 操作系统的进程管理是通过对进程变量的管理来实现的，因此，在进程运行的整个生命周期内，进程变量都会驻留内存，占用存储空间。作为一个占用存储资源较

少的嵌入式操作系统，为了减少内存占用空间，Contiki 几乎做到了极致。从进程变量的数据结构来看，名称 name 和执行函数入口指针 thread 是所有操作系统的进程结构都必不可少的；从功能来说，状态参数 state 和 needspoll 用于描述进程在系统运行时的状态和参数，也是必须保留的。其次，为了恢复进程切换后的程序位置，存储了变量 pt。最后，为了便于系统进程的管理和内核调度，进程链表是操作系统进程管理的常用工具。为了生成进程链表，Contiki 的进程结构只占用了一个 16 bit 的指针变量空间。总的来说，该数据结构精简到了极致，一个进程变量只占用 10 B 的存储空间。甚至可通过配置宏 PROCESS_CONF_NO_PROCESS_NAMES=1，将进程的名称设置为空字符，从而减少进程数据结构 2 B 的存储空间。

图 5-1 是一个进程在 IAR 开发环境下的调试实例。

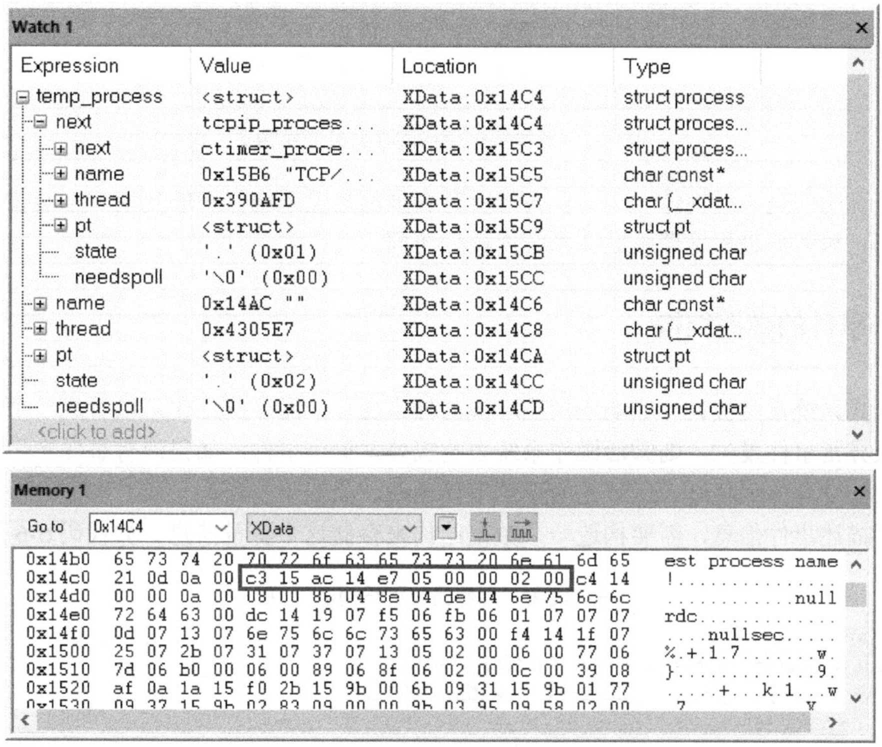

Watch 1

Expression	Value	Location	Type
⊟ temp_process	<struct>	XData:0x14C4	struct process
⊟ next	tcpip_proces...	XData:0x14C4	struct proces...
⊞ next	ctimer_proce...	XData:0x15C3	struct proces...
⊞ name	0x15B6 "TCP/...	XData:0x15C5	char const*
⊞ thread	0x390AFD	XData:0x15C7	char (__xdat...
⊞ pt	<struct>	XData:0x15C9	struct pt
state	'.' (0x01)	XData:0x15CB	unsigned char
needspoll	'\0' (0x00)	XData:0x15CC	unsigned char
⊞ name	0x14AC ""	XData:0x14C6	char const*
⊞ thread	0x4305E7	XData:0x14C8	char (__xdat...
⊞ pt	<struct>	XData:0x14CA	struct pt
state	'.' (0x02)	XData:0x14CC	unsigned char
needspoll	'\0' (0x00)	XData:0x14CD	unsigned char
<click to add>			

Memory 1

Go to 0x14C4 XData

```
0x14b0  65 73 74 20 70 72 6f 63 65 73 73 20 6e 61 6d 65   est process name
0x14c0  21 0d 0a 00 c3 15 ac 14 e7 05 00 00 02 00 c4 14   !...............
0x14d0  00 00 0a 00 08 00 86 04 8e 04 de 04 6e 75 6c 6c   ............null
0x14e0  72 64 63 00 dc 14 19 07 f5 06 fb 06 01 07 07 07   rdc.............
0x14f0  0d 07 13 07 6e 75 6c 6c 73 65 63 00 f4 14 1f 07   ....nullsec.....
0x1500  25 07 2b 07 31 07 37 07 13 05 02 00 06 00 77 06   %.+.1.7.......w.
0x1510  7d 06 b0 00 06 00 89 06 8f 06 02 00 0c 00 39 08   }.............9.
0x1520  af 0a 1a 15 f0 2b 15 9b 00 6b 09 31 15 9b 01 77   .....+...k.1...w
```

图 5-1 进程数据结构的存储分布实例 1

通过图 5-1 所示的变量查询和存储查询工具可知，进程变量 temp_process 的存储首地址为 0x14C4，存储终地址为 0x14CD，只占用 10 B 的存储空间。其中，存储地址范围 0x14C8～14C9 内存储执行函数的入口指针 thread，占用 2 B。低位地址存储函数地址数据 0xE7，高位地址存储函数地址数据 0x05。

如果配置宏 PROCESS_CONF_NO_PROCESS_NAMES=0，则占用 8 B 的存储空间，如图 5-2 所示。

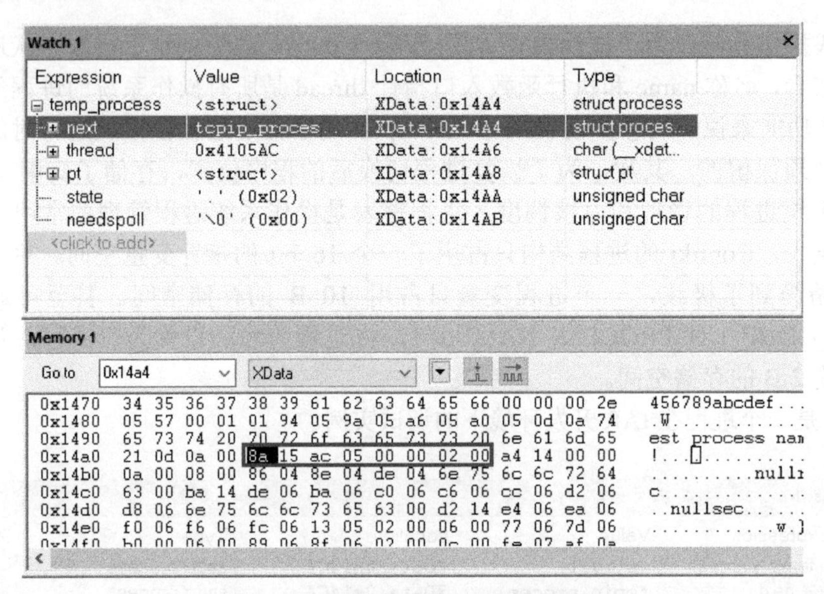

图 5-2　进程数据结构的存储分布实例 2

值得说明的是：结构体 process 内的所有变量都是受系统保护的变量，不能被用户从应用层访问，只能被进程管理函数在系统内核处访问。

5.2.2　事件的数据结构

嵌入式系统常常被设计成响应周围环境的异常变化，而这些变化可以看成一个个响应事件。如果异常事件发生，则激活操作系统去响应处理这个事件；如果没有事件产生，系统就可以进入低功耗休眠状态，这就是所谓的事件驱动，类似于中断。

为了描述事件信息，需要构造一个数据结构来存储这个变量信息，如代码 5-6 所示。

代码 5-6　事件的数据结构源代码

```
//\Core\sys\process.c
1    struct process *process_list = NULL;
2    struct process *process_current = NULL;
3    #define PROCESS_LIST() process_list
4     struct event_data
5    {     process_event_t ev; //无符号字符 ev
6          process_data_t data; //无符号 data
7          struct process *p;
8    };
9    typedef unsigned char process_event_t;
10   typedef void * process_data_t;
```

事件结构的成员变量含义如下。

（1）事件标识 ev

Contiki 操作系统中的事件可以分为 3 类：系统内部事件、外部事件和定时器事件（timer event），也可以叫作异步事件、同步事件和时钟（或定时器）事件。其中，etimer 是一种特殊的定时器事件。异步事件和同步事件的区别主要来源于事件和进程的响应机制不同：异步事件先发布到事件队列然后再传递给进程，而同步事件发布后直接传递给指定进程。

由代码 5-6 中第 5 行和第 9 行语句可知，事件标识是一个无符号字符类型的数据变量。根据系统定义，这是一个单字节的变量。

所有的系统内部事件（共 10 个）都有明确的标识码，源代码和注释如代码 5-7 所示。

代码 5-7 系统内部事件标识码

```
// \Core\sys\process.h
1    //dhcpc_request→handle_dhcp(PROCESS_EVENT_NONE,0)
2    #define PROCESS_EVENT_NONE  0x80
3    #define PROCESS_EVENT_INIT  0x81//启动进程 process_start(p,PROCESS_EVENT_INIT,d)
4    #define PROCESS_EVENT_POLL  0x82//PROCESS_THREAD(etimer_process,ev,d)轮询进程
5    #define PROCESS_EVENT_EXIT  0x83 //进程退出，传递该事件给进程主体函数 thread
6    //PROCESS_PAUSE 宏用到，该事件被内核发送到一个执行了 PROCESS_YIELD () 而正在等待的进程
7    #define PROCESS_EVENT_SERVICE_REMOVED 0x84
8    #define PROCESS_EVENT_CONTINUE    0x85
9    //该事件被发送到一个已经接收到通信消息的进程，一般被用于 IP 栈去通知进程有消息到来了
10   #define PROCESS_EVENT_MSG    0x86
11   #define PROCESS_EVENT_EXITED 0x87 //进程退出，传递该事件给其他进程
12   #define PROCESS_EVENT_TIMER  0x88 //etimer 到期时，传递该事件
13   #define PROCESS_EVENT_COM    0x89
14   #define PROCESS_EVENT_MAX    0x8a//进程初始化时，让 lastevent=PROCESS_EVENT_MAX，即新产
15   生的事件从 0x8b 开始，函数 process_alloc_event 用于分配一个新的事件
16   #define PROCESS_BROADCAST NULL  //广播
```

由代码 5-7 所示的标识数据可知，总共有 10 个系统内部事件，对应的事件标识数据分别为 0x80～0x89。其中，第 5 行的事件 PROCESS_EVENT_EXIT 与第 11 行的事件 PROCESS_EVENT_EXITED 都是退出进程，但有如下区别。

①事件 PROCESS_EVENT_EXIT 用于传递给进程的主体执行函数 thread，如在 exit_process 函数中的 p→thread(&p→pt, PROCESS_EVENT_EXIT, NULL)。

②事件 PROCESS_EVENT_EXITED 用于传递给进程变量，退出进程，退出进程链表，释放进程变量，如 call_process(q, PROCESS_EVENT_EXITED, (process_data_t) p)。

值得说明的是：EXITED 是完成式，发给进程，让整个进程结束；而一般式 EXIT，发给进程主体 thread，只是使其退出函数 thread 的执行，并没有释放进程变量。

代码 5-7 的第 14～15 行代码为特征参数——系统内部事件参数最大值 0x8a，并不是事件标识。当新建立一个用户定义的外部事件时，则需要获得该参数，新建一个大于 0x8a 事件标志，从而避免与内核系统的事件标志相同。代码 5-7 的第 16 行代码是一个特殊的事件——广播事件。如果事件结构体 event_data 的成员变量 p 指向 PROCESS_BROADCAST，则该事件是一个广播事件。响应广播事件的进程为全体进程，此时事件标识为 null，即 0 值。

（2）事件关联数据 data

从操作系统的设计角度出发，进程间的通信不能采用开放的全局变量。因为所有进程都能访问全部变量，不利于进程的数据安全。正确的操作是通过系统的内核消息来传递数据，这样便于保护进程间的通信数据。只有约定的两个进程才可以通过内核传递数据，不允许其他进程改写该数据。Contiki 操作系统中的事件机制实际上类似于其他操作系统的消息机制，可以通过事件在进程间传递变量数值。由代码 5-6 的第 6 行和第 10 行代码可知，data 实质是一个数据指针，指向存储数据的地址。为便于理解进程间的数据传递，详细内容可参考 5.3 节的实例。

（3）监听事件的相关进程 p

操作系统的运行，依赖于进程响应发生的事件。当有事件传递给进程时，就新建一个事件加入事件队列，并绑定该进程，所以一个进程可以对应于多个事件（即事件队列有多个事件与同一个进程绑定）；而一个事件也可以广播给所有进程，即该事件成员变量 p 指向空 null。当调用 do_event 函数时，将进程链表所有进程投入运行。

事件是 Contiki 操作系统的核心机制，作用是为了减少存储空间。事件变量的结构体只有最基础的 3 个变量，分别是标识、传递数据和关联进程指针。与其他操作系统相比，这大大减少了存储空间。同时，很好地响应进程间的通信，实现传递进程间数据的功能。内核构建了一个事件数组用于管理整个系统的事件。进程的事件变量数组如代码 5-8 所示。

代码 5-8　进程的事件变量数组

```
//  \Core\sys\process.h
1  static struct event_data events[PROCESS_CONF_NUMEVENTS];
```

为了更好地理解事件和进程间的关系，理解进程间传递数据的过程，可以参考 5.3 节的实例分析。

5.2.3　timer 的数据结构

Contiki 系统包含 5 个定时器模型，分别是 timer、stimer、etimer、ctimer 和 rtimer，其中 etimer 是应用的重点。事件 etimer 是 Contiki 中一种特殊的定时器事件，当一个 etimer 到期时即启动相应的进程。

（1）timer 和 stimer

timer 和 stimer 的数据结构和操作函数如代码 5-9 所示。

代码 5-9　timer 和 stimer 的数据结构和操作函数

```
// timer，stimer
1    // \core\sys\timer.h
2    struct timer
3    { clock_time_t start;    //起始时刻
4      clock_time_t interval;}; //间隔时间
5      typedef uint32_t clock_time_t;
6    void timer_set(struct timer *t,  clock_time_t interval)
7    {  t→interval = interval;
8      t→start = clock_time();}
9    int timer_expired(struct timer *t) //expired 返回非 0 值;否则为 0
10   { clock_time_t diff = (clock_time() - t→start) + 1;
11     return t→interval < diff;}
12   void timer_restart(struct timer *t)
13   {  t→start = clock_time();}
14   // \core\sys\stimer.h
15   struct stimer
16   { unsigned long start;       //起始时刻
17     unsigned long interval;};  //间隔时间
18   void stimer_set(struct stimer *t,  unsigned long interval)
19   {  t→interval = interval;
20     t→start = clock_seconds();}
```

```
21   int stimer_expired(struct stimer *t)
22   {  return SCLOCK_GEQ(clock_seconds(), t→start + t→interval);}
23   // \cpu\cc253x\dev\clock.c
24   CCIF clock_time_t clock_time(void)   {   return count;}
25   CCIF unsigned long clock_seconds(void){  return seconds;}
26   //\cpu\cc2538\clock.c
27   CCIF clock_time_t clock_time(void)
28   {  return rt_ticks_startup / RTIMER_CLOCK_TICK_RATIO;}
29   void clock_set_seconds(unsigned long sec)
30   {  rt_ticks_epoch = (uint64_t)sec * RTIMER_SECOND;}
```

根据代码 5-9 可知，timer 和 stimer 都是定时器的数据类型，可以定义一个定时器的起始时间和间隔时间。但是计时的增量单位不同，timer 采用 systick 为增量单位，而 stimer 则以秒为增量单位。在代码 5-9 所示源码第 24～25 行语句中，对于 CC253X 系列芯片，函数 clock_time 返回当前的 systick 计数值，而函数 clock_seconds 返回当前的秒单位计数值。

（2）etimer

etimer 具有如代码 5-10 所示的数据结构。

代码 5-10　etimer 的数据结构

```
// \Contiki_cc2530\core\sys\etimer.h
1   struct etimer
2   { struct timer timer;
3     struct etimer *next;
4     struct process *p;
5   };
```

由代码 5-10 源码可知，etimer 包含定时器变量（如代码第 2 行的 timer），可以存储起始时刻及时间间隔。将起始时刻与时间间隔相加可以获得到期时间，与当前时钟对比，便可知道定时任务是否到期，实现定时功能。另外，etimer 中最重要的变量是进程指针变量（参考代码第 4 行的 process *p），表示 etimer 这种定时结构是与进程相关的，当定时任务到期则激活指向的进程指针 p。特例是*p=null，表示该定时器与所有进程相关。

为了便于操作系统管理 etimer 变量，etimer 还增加了一个结构变量（如代码 5-10 第 3 行的 etimer *next），这样系统创建的所有 etimer 就可以构成一个链表 timerlist，如图 5-3 所示。

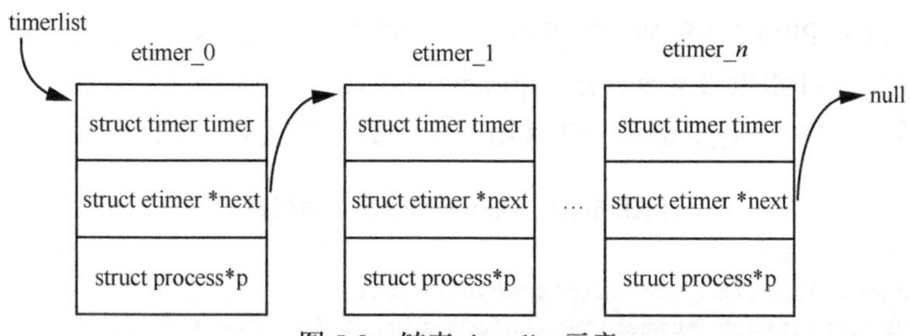

图 5-3　链表 timerlist 示意

timerlist 是一个全局静态变量，指向系统第一个 etimer，通过*next 指针将系统的所有 etimer 变量串联起来，构成一个定时链表。

为了方便配置定时器参数和读写状态数据，etimer 提供了如代码 5-11 所示的操作函数。

代码 5-11　etimer 操作函数

```
1  void etimer_set(struct etimer *et, clock_time_t interval);
2  void etimer_reset(struct etimer *et);
3  etimer_reset_with_new_interval(struct etimer *et,clock_time_t interval);
4  void etimer_restart(struct etimer *et);
5  void etimer_adjust(struct etimer *et, int td);
6  clock_time_t etimer_expiration_time(struct etimer *et);
7  clock_time_t etimer_start_time(struct etimer *et);
8  int etimer_expired(struct etimer *et);
9  void etimer_stop(struct etimer *et);
```

etimer 的应用一般包括如下步骤。

步骤 1　定义一个结构体变量，用于存储 etimer 结构信息。

例如：static struct etimer adc_timer;

说明：定义一个 etimer 结构变量，并为变量分配静态存储空间，但变量没有配置，内部参数基本为 0。

步骤 2　调用库函数配置参数。

例如：etimer_set(&adc_timer,CLOCK_SECOND*2);

说明：配置 etimer 结构变量的子变量 timer。参考代码 5-11 操作函数分析，步骤 2 示例代码配置了 adc_timer 的子变量 timer 两个参数：2 s 的超时时间间隔和启动时间。启动时间为系统当前时间，加上超时参数可获得超时时间。该函数激活了 timer 的计时功能，系统可通过当前时间和超时时间的比较，判断是否发出超时事件。

步骤 3　处理 etimer 事件。

当 etimer 发生超时的时候，进程会收到一个定时器超时事件 PROCESS_EVENT_TIMER。

例如：
```
if(ev == PROCESS_EVENT_TIMER)
{   etimer_reset(&adc_timer);
}
```

说明：定时器超时复位可以调用复位的函数，也可以重新配置一遍参数。但该应用只适用于一个 etimer 定时器的情况。如果应用中定义了多个 etimer 定时器，则需要检查事件列表。除了检查事件标志为 PROCESS_EVENT_TIMER（实际数值为 0x88 参考 5.1.2 节的事件标识）外，还需要检查是否是 etimer 关联的进程发出的事件标志。此时，可采用如下两种方式：PROCESS_WAIT_EVENT_UNTIL(etimer_expired(&eimer))或 if(ev == PROCESS_EVENT_TIMER && etimer_expired(&timer))。

在 etimer 的应用中，需要调用一些常用的库函数，如代码 5-12 所示。

代码 5-12　etimer 操作函数源代码

```
//etimer function logic
1   //D:\cc2530code\Contiki_cc2530\core\sys\etimer.c
2   void etimer_set(struct etimer *et, clock_time_t interval)
3   {   timer_set(&et→timer,  interval);
4       add_timer(et);  }
5   void etimer_reset(struct etimer *et)
6   { timer_reset(&et→timer);
7     add_timer(et);  }
8   void etimer_restart(struct etimer *et)
9   {  timer_restart(&et→timer);
```

```
10     add_timer(et); }
11   void etimer_adjust(struct etimer *et,int timediff)
12   {  et→timer.start += timediff;
13     update_time () ; }
14   int etimer_expired(struct etimer *et)
15   {  return et→p == PROCESS_NONE;   }
16   //D:\cc2530code\Contiki_cc2530\core\sys\timer.c
17   void timer_set(struct timer *t, clock_time_t interval)
18   {  t→interval = interval;
19     t→start = clock_time () ;}
20   void timer_reset(struct timer *t)
21   {  t→start += t→interval;}
22   void timer_restart(struct timer *t)
23   {  t→start = clock_time () ;}
```

基于代码 5-12 的源代码解析如下。

第 3 行和 17～19 行代码，不仅配置 etimer 的时间间隔参数，还配置起始时间为代码运行时的当前系统时间。

第 14～15 行代码，如果定时器超时，关联进程结束。进程状态为 PROCESS_NONE，即 0 值。函数 etimer_expired 返回值 1，否则为 0。

第 2、5、8 行代码分别定义了 3 个函数，用于创建一个 etimer 定时器，但有差别：etimer_set 定义了初始时刻和时间间隔；etimer_reset 只改变初始时刻，将原值增加时间间隔；etimer_restart 也只改变初始时刻，但初始时刻为当前值。

（3）ctimer 和 rtimer

① ctimer 提供和 etimer 类似的功能，只是 ctimer 是在一段时间后调用回调函数，没有和特定进程相关联。与 etimer 类似，ctimer 采用一个链表来存储整个系统的 ctimer 定时器参数，用一个系统进程 ctimer_process 来管理整个系统的 ctimer 定时器的调度。ctimer 结构和操作函数如代码 5-13 所示。

代码 5-13　ctimer 结构和操作函数

```
//ctimer
1   // \Contiki_3.0\core\sys\ctimer.h
2   struct ctimer
3   { struct ctimer *next;
4     struct etimer etimer;
5     struct process *p;
6     void  (*f)(void *);//回调函数
7     void *ptr;     //返回参数
8   };
9   // \Contiki_3.0\core\sys\ctimer.c
10  void ctimer_init(void);
11  void ctimer_set(struct ctimer *c,  clock_time_t t,  void (*f)(void *),  void *ptr);
12  int ctimer_expired(struct ctimer *c);
```

代码 5-13 的第 10～12 行为关联的 API 函数。

② rtimer 库主要用来调度实时任务，可以用到任何运行的 Contiki 进程中，用时钟调度的方式去让实时任务运行。rtimer 可用在对时间要求极其严格的场合，比如 X-MAC 的实现，无线电模块需要被定时开启或者关闭而不能有任何时延。Vtimer 的数据结构和操作函数如代

码 5-14 所示。

代码 5-14　rtimer 的数据结构和操作函数

```
//rtimer
1  // \Contiki_3.0\core\sys\rtimer.h
2  struct rtimer {
3    rtimer_clock_t time;
4    rtimer_callback_t func;
5    void *ptr;
6  }
7  // \Contiki_3.0\core\sys\rtimer.c
8  void rtimer_init(void) {  rtimer_arch_init();}
9  int rtimer_set(struct rtimer *rtimer, rtimer_clock_t time,
10        rtimer_clock_t duration,rtimer_callback_t func, void *ptr);
11 // \Contiki_3.0\cpu\cc253x\rtimer-arch.c
12 void rtimer_arch_init(void);
13 { T1CTL = (T1CTL_DIV1 | T1CTL_MODE0);
14   T1STAT = 0;
15   T1CCTL1 = T1CCTL_MODE | T1CCTL_IM;
16   OVFIM = 0;
17   T1IE = 1;
18 }
19 void rtimer_arch_schedule(rtimer_clock_t t)
20 { RT_MODE_CAPTURE();
21   T1CC1L = (unsigned char)t;
22   T1CC1H = (unsigned char)(t >> 8);
23   RT_MODE_COMPARE();
24   T1STAT = 0;
25   T1CCTL1 |= T1CCTL_IM;
26 }
27 HAL_ISR_FUNCTION(rtimer_isr,  T1_VECTOR)
28 { T1IE = 0; /* Ignore Timer 1 Interrupts */
29   ENERGEST_ON(ENERGEST_TYPE_IRQ);
30   T1STAT &= ~T1STAT_CH1IF;  T1CCTL1 &= ~T1CCTL_IM;
31   rtimer_run_next();
32   ENERGEST_OFF(ENERGEST_TYPE_IRQ);
33   T1IE = 1; //应答应时器/中断
34 }
```

由于强调实时性，rtimer 更多的代码是直接读写硬件底层寄存器，以获得最佳的实时特性。

5.3　最简应用实例

5.3.1　进程开发规范

从代码实现来看，Contiki 操作系统的进程编码需要满足一定的格式和规范。一个单独的 Protothread 进程，其代码实现包括定义进程、加载进程、实现进程 3 个步骤。具体细节可参考代码 5-15 中的实例分析。

代码 5-15 最简实例 hello world

```
// hello_world.c 定义并实现一个进程 hello_process
1   #include "Contiki.h"
2   #include <stdio.h>
3   PROCESS(hello_process, "hello world code"); //定义一个进程
4   AUTOSTART_PROCESSES(&hello_process);    //进程的加载
5   PROCESS_THREAD(hello_process, ev, data)  //进程的实现
6   {
7    PROCESS_BEGIN();
8    printf("\r\nhello world!\r\n");
9    PROCESS_END();
10  }
```

（1）定义进程

进程的定义需要明确两个参数：进程名和进程变量（如代码 5-15 中第 3 行）。

（2）加载进程

进程的加载则需要明确相应的进程变量（如代码 5-15 中第 4 行）。当有多个进程时，采用如下格式。

AUTOSTART_PROCESSES(&hello_world_process, &blink_process);

（3）实现进程

进程的函数实现则要求在宏 PROCESS_BEGIN()和 PROCESS_END()之间描述。本例程的函数逻辑实现，可参考代码 5-15 中第 8 行。

如何实现进程函数的具体代码？可以根据应用特点，选择如下逻辑结构。

① 顺序逻辑结构

```
1  PROCESS_BEGIN();
2  (*...*)  //逻辑代码
3  PROCESS_WAIT_UNTIL(cond1); //阻塞进程，直到条件表达式 cond1 为真
4  (*...*)
5  PROCESS_END();
```

② 循环逻辑结构

```
6   PROCESS_BEGIN();
7   (*...*)
8   while (cond1)
9   PROCESS_WAIT_UNTIL(cond1 or cond2); //阻塞进程
10  (*...*)
11  PROCESS_END();
```

③ 选择逻辑结构

```
12  PROCESS_BEGIN();
13  (*...*)
14  if (condtion)
15  PROCESS_WAIT_UNTIL(cond2a); //阻塞进程
16  else
17  PROCESS_WAIT_UNTIL(cond2b); //阻塞进程
18  (*...*)
19  PROCESS_END();
```

在上述结构逻辑中，第 3、9、15、17 行的阻塞进程语句只是示例，还可以选择如代码 5-16 所示宏定义的阻塞语句。

代码 5-16　阻塞进程语句

```
//进程阻塞语句
1  PROCESS_WAIT_EVENT(); //等待，直到接收到任意事件
2  PROCESS_YIELD() ;  //阻塞当前正在运行的进程
3  PROCESS_WAIT_EVENT_UNTIL(c) ;//当条件 c 为 true 时，才执行宏后面的代码
4  PROCESS_YIELD_UNTIL(c);//阻塞任务，并等待条件成立重新执行
5  PROCESS_WAIT_UNTIL(c) ;//当条件为 c 真时(即某个事件发生)，执行宏后面的内容
6  PROCESS_WAIT_WHILE(c) ;//当条件为假时，执行宏后面的内容(即当条件 c 为真时，阻塞该进程)
7  PROCESS_PT_SPAWN(pt, thread) ; //新建一个子任务，并等待其执行完退出
8  PROCESS_PAUSE() ;
9  PROCESS_EXIT();
10 PT_WAIT_UNTIL();
```

5.3.2　进程框架分析

由代码 5-15 所示的程序案例可以看到， Contiki 操作系统的进程结构比较清晰，但与传统的代码结构不太相似，不便于直接理解其工作原理。为了更好地理解进程，有必要分析一下进程框架程序的本质。

（1）进程变量的定义

对于进程变量的定义，传统的操作系统是定义一个进程变量，而在 Contiki 中是通过一个宏调用来实验，如代码 5-17 所示。

代码 5-17　进程变量的定义

```
//进程调度模块中 \core\sys\process.h
1   #define PROCESS(name,strname)    \
2     PROCESS_THREAD(name,ev,  data);  \
3     struct process name = { NULL,  strname, process_thread_##name }
4   //用户进程定义，宏定义展开
5   PROCESS(hello_process, "hello world code");
6   //宏展开后等效为:
7   PROCESS_THREAD(hello_process, ev,data);
8   Struct process hello_process={NULL,"Hello world code",process_thread_hello_proc}
9   #define PROCESS_THREAD(name,ev,data)
10  static PT_THREAD(process_thread_##name(struct pt *process_pt, \
11                        process_event_t ev, \
12                        process_data_t data))
13  //第 7 行的宏调用，展开等效为:
14  static PT_THREAD(process_thread_hello_process(struct pt *process_pt,
15  \process_event_t ev,process_data_t data));
16  #define PT_THREAD(name_args) char name_args
17  static char process_thread_hello_proc(struct pt *process_pt,
18  \process_event_t ev,process_data_t data);
```

基于代码 5-17 的源代码解析如下。

从源码中可看到，宏展开后有很多符号。例如，“\”是宏定义的行连接符，符号连接的前后部分是一行。而“##”是字符连接符，实现字符连接功能。

示例：宏定义：Define f(a,b) a##b，因此，宏调用 f(work1,ready)等效为 work1ready。

由代码 5-17 第 1～3 行的宏定义可知，进程的定义（第 5 行）宏展开后，实际上是两条代码（第 7～8 行），其中第 8 行代码定义了一个进程变量 hello_process，并为该变量赋初值，

定义了进程名和执行函数名。

由第 9～12 行的宏定义和第 7 行的宏调用可得第 14～15 行的代码。进一步参考第 16 行的宏定义，最终可得第 17～18 行的函数声明。这个函数实际上是进程的逻辑实现函数。

根据上述分析可知，进程的定义只需要声明两个量：进程变量和进程名。这是用户接口，简单清晰。而通过展开多层的宏调用，实际完成了如下功能。

① 为进程变量赋值：进程名和实现函数指针变量，建立进程变量与进程逻辑实现函数的关联。

② 声明定义长字符的进程逻辑实现函数。

③ 一条宏调用等效两条长代码，简化了代码实现。

（2）进程的加载

进程的加载调用了宏：AUTOSTART_PROCESSES(&hello_proc)，如代码 5-18 所示。

代码 5-18　进程的加载

//进程调度模块中 \core\sys\autostart.h

```
1    #define debugT(…) printf(__VA_ARGS__)
2    //例如： debugT("Y = %d\n",y);
3    //被等效替换成     printf("Y = %d\n",y);
4    #define AUTOSTART_PROCESSES(...)             \
5    struct process * const autostart_processes[] = {__VA_ARGS__, NULL}
6    //实例：   AUTOSTART_PROCESSES(&hello_world_process);
7    //宏展开
8     struct process * const autostart_processes[] = {&hello_world_process, NULL}
9    //实例：AUTOSTART_PROCESSES(&temp_process,&print_process);
10   //宏展开
11   struct process *const autostart_processes[]={&temp_process,&print_process,NULL};
```

基于代码 5-18 进程加载源代码解析如下。

① 第 1 行的宏定义使用了 C99 支持的可变参数宏的特性，缺省号…代表一个可以变化的参数表，当宏展开时，在__VA_ARGS__位置替换为可变化的参数表。通过这种方式，就可以自启动多个不同名称的进程。第 2～3 行代码给出了一个可变参数宏的应用示例。

② 第 4～5 行是宏定义，展开第 6 行的宏调用，可获得第 8 行的宏展开结果，即定义一个进程指针数组。其中，&hello_world_process 表示一个进程变量的指针地址。同理，调用第 10 行的宏应用，实际上是实现第 11 行的结果，即可以一次加载多个进程。将多个待加载的进程变量指针填充到指针数组 autostart_processes 中，调试第 10 行的代码，并利用 IAR 软件的调试工具，可获得如图 5-4 所示的结果。

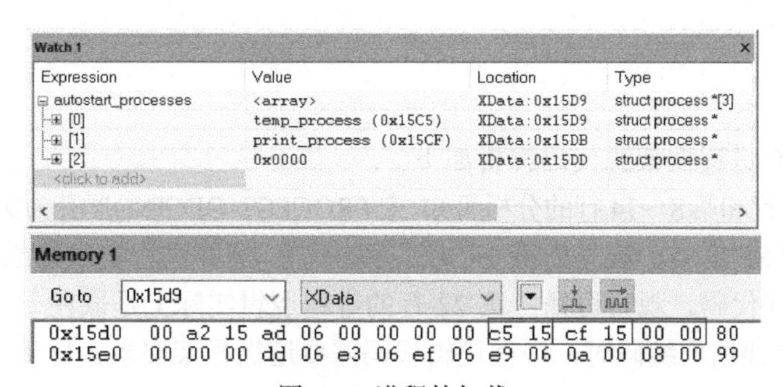

图 5-4　进程的加载

由图 5-4 可知，运行代码的结果如下。为进程指针数组 autostart_processes 赋值，该指针数组的存储地址为 0x15d9。查询存储区的对应地址，可观察到对应存储区存储的数据有 3 个：0x15C5，0x15CF，0x0000。前两个数据分别是两个进程变量的地址指针，后一个数据是尾部标识数据（NULL）。

综上所述，进程的加载是由宏 autostart_processes 来驱动的。其加载过程的含义是将待加载的进程变量指针添加到进程指针数组 autostart_processes 中。

（3）进程的逻辑实现

在 Contiki 操作系统中，进程是任务管理和分配的基础单元。所有的软件行为或代码实现，都按照进程为基本单元来组织。在每个进程的代码实现上，要求遵循一定的格式和要求。由代码 5-18 所示实例中第 9～11 行可知，函数逻辑要求位于两个宏 PROCESS_BEGIN()和 PROCESS_END()之间。进程框架源代码实现如代码 5-19 所示。

代码 5-19　进程框架源代码

//进程调度模块中 \core\sys\pt.h， lc-switch.h

```
1   #define PROCESS_BEGIN()  PT_BEGIN(process_pt)
2   #define PT_BEGIN(pt) { char PT_YIELD_FLAG = 1;  \
3               if (PT_YIELD_FLAG) {;} LC_RESUME((pt)→lc)
4   #define LC_RESUME(s) switch(s) { case 0:
5   //应用程序代码
6       printf("\r\nHello World!\r\n");
7   //应用程序代码
8   #define PROCESS_END()  PT_END(process_pt)
9   #define PT_END(pt)    LC_END((pt)→lc);  \
10          PT_YIELD_FLAG = 0; PT_INIT(pt); return PT_ENDED; }
11  #define LC_END(s) }
12  #define PT_INIT(pt)    LC_INIT((pt)→lc)
13  #define LC_INIT(s) s = 0;
14  #define PT_ENDED   3
15  //PROCESS_BEGIN()和 PROCESS_END()展开
16  char process_thread_hello_proc(   \
17  struct pt *process_pt, process_event_t ev, process_data_t data)
18  {
19      {   char PT_YIELD_FLAG = 1;
20          switch(process_pt→lc)
21          { case 0:
22              printf("\r\nHello World!\r\n");
23          }
24      }
25      PT_YIELD_FLAG = 0;
26      process_pt→lc=0;
27      return 3;
28  }
```

基于代码 5-19 进程框架源代码解析如下。

① 由第 1～4 行和第 8～14 行的分析可知，宏 PROCESS_BEGIN()展开为第 18～24 行的代码。

② 宏 PROCESS_END()展开为第 25～28 行的代码。展开进程实现的原函数，获得第 16～28 所示的进程实现代码。观察可知，第 22 行的进程逻辑实际上是嵌在一个 switch 结构中。因此，依照进程框架结构编码时，进程逻辑代码需要遵循框架要求，位于两个宏 PROCESS_

BEGIN()和 PROCESS_END()之间。同时，绝对不允许使用 C 语言的 switch 语句。否则将导致程序语法错误，无法编译，嵌套的 switch 结构无法通过编译。

另外，不同于其他标准的操作系统，如 Linux 等，每个进程内部都具有独立的进程栈 stack。而在 Contiki 系统中，为了精简内存开销，只有多个进程共享唯一一个进程栈 stack。进程中定义的局部变量都是存放在 stack 中，如果进程被切换，由于 Contiki 系统不保存寄存器和 stack 中的变量数据，数据将被覆盖，stack 中的值也被改变。当进程再次执行时，已经无法还原之前的局部变量值。因此，进程中的所有变量，如果要求进程被切换后数据不被覆盖，必须使用 static 修饰符进行定义，这些变量将被存放在全局的 data 段，在整个进程的运行周期，数据都不会被覆盖。因此，这些静态存储变量将会增大 RAM 的占用空间；但从总体来看，比其他操作系统占用更少的 RAM 空间。

最后，进程切换时，不是恢复 CPU 的寄存器环境，而是指向 process_pt→lc。这种进程的运行模式，类似于多个任务在一个进程栈中协调运行。因此，有的翻译解释这种 Protothread 类型的进程为协程。

5.3.3　进程的启动、调用和退出过程

在系统初始化时，需要调用 process_init 函数初始化一些系统变量，然后调用 process_start() 函数启动一些系统进程，之后再调用函数 autostart_start(autostart_processes)，启动用户层的应用逻辑进程。其启动过程如图 5-5 所示。

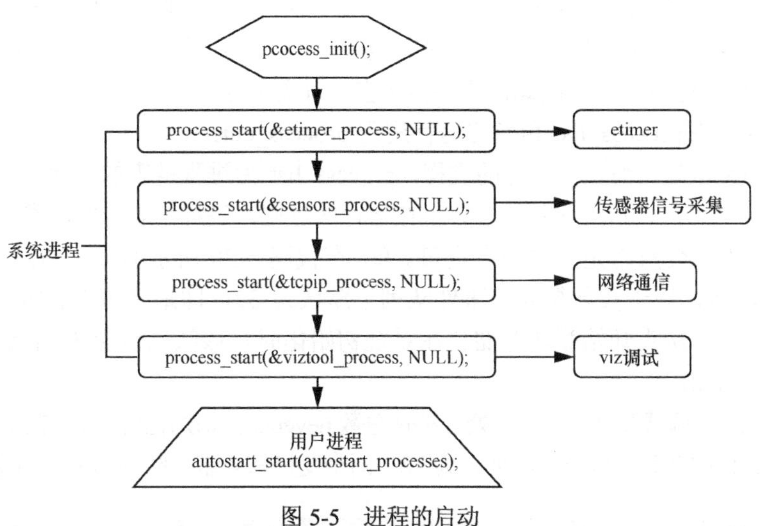

图 5-5　进程的启动

由图 5-5 可知，针对物联网系统信号采集和网络通信的应用特点，系统的主函数 main() 中内置了传感器信号采集和网络通信进程：sensors_process 和 tcpip_process。由于进程逻辑中大量使用 etimer 定时器，因此需要先启动一个进程 etimer_process。其次，为了方便调试网络通信，可添加系统进程 viztool_process。

（1）系统参数的初始化

系统进程环境的初始化如代码 5-20 所示。

代码 5-20 系统进程环境的初始化

```
1   static process_event_t lastevent; //事件变量
2   #define PROCESS_EVENT_MAX    0x8a //系统事件标识参数，分割系统事件和用户事件
3   static process_num_events_t nevents, fevent;
4   typedef unsigned char process_num_events_t;
5   void process_init(void)
6   {  lastevent = PROCESS_EVENT_MAX;
7      nevents = fevent = 0;
8      #if PROCESS_CONF_STATS
9        process_maxevents = 0;
10     #endif /* PROCESS_CONF_STATS */
11    process_current = process_list = NULL;
12  }
13  static struct event_data events[PROCESS_CONF_NUMEVENTS];
14  #define PROCESS_CONF_NUMEVENTS 32
15  fevent = (fevent + 1) % PROCESS_CONF_NUMEVENTS;
```

观察代码 5-20 所示的进程参数初始化函数 process_init()，主要初始化如下系统参数。

① 事件变量 lastevent，用于定义事件标识的最大值。

在系统初始化时，设为 0x8a。之后新建用户事件时，事件标识都大于该值，以避免标识重复，参考代码第 1、2、6 行。

② 待处理事件总数 nevents 和队列头指针 fevent。

事件总数 nevents 用于存储待处理的事件总数，也就是待处理事件队列的大小。而 fevent 是当前需要处理的事件在数组中的偏移，这里 fevent 相当于队列头指针 head，指向当前要处理的事件。在系统初始化时，两个变量都为 0，表示没有待处理的事件，参考第 3、4、7 行代码。这两个参数的数值最大只能为 32，参考第 14～15 行代码。当队列头指针 fevent=32 时，指针被重新排到了起始位置。因此，事件队列是一个循环队列。

③ 进程链表头 process_list 和当前运行进程 process_current。

process_current 为当前正在运行的进程，process_list 为进程链表的首地址。在系统初始化时，两个变量都为 0，表示当前系统没有正在运行的进程，进程链表为空，参考第 11 行代码。

注意：① 上述变量都是全局静态变量。② 在代码 5-20 所示的第 13 行代码，定义了一个事件数组 events，用于实现循环的事件队列，默认为 32，即最多可以存放 32 个事件。当超过 32 个事件后，从头开始循环存储。在系统初始化时，该队列包含 32 个事件变量，但变量值为 0 或指向 null。

参考图 5-6 所示调试数据可知，待处理事件总数 nevents 在初始化时为 0，在系统运行时变化。而事件数组 events 的队列长度一直不变，为 32。两个变量都与事件队列相关，但是功能不同。

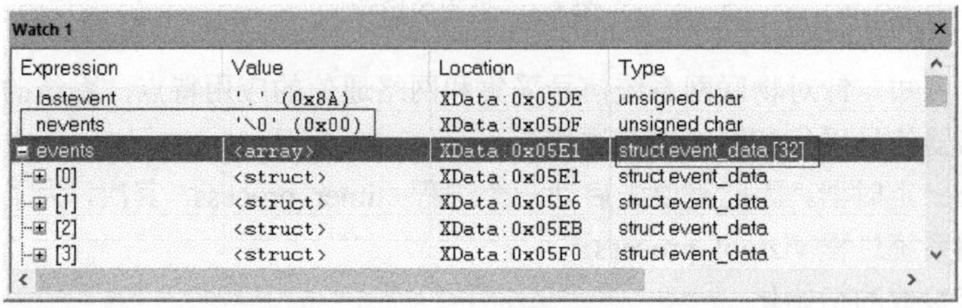

Watch 1

Expression	Value	Location	Type
lastevent	'.' (0x8A)	XData:0x05DE	unsigned char
nevents	'\0' (0x00)	XData:0x05DF	unsigned char
⊟ events	<array>	XData:0x05E1	struct event_data [32]
⊞ [0]	<struct>	XData:0x05E1	struct event_data
⊞ [1]	<struct>	XData:0x05E6	struct event_data
⊞ [2]	<struct>	XData:0x05EB	struct event_data
⊞ [3]	<struct>	XData:0x05F0	struct event_data

图 5-6 进程事件调试

（2）系统进程的启动

启动进程函数如代码 5-21 所示。

代码 5-21　启动进程函数

```
// \Contiki_cc2530\core\sys\process.c
1   void process_start(struct process *p,  process_data_t data)
2   {   struct process *q;
3       for(q = process_list; q != p && q != NULL; q = q→next);
4       if(q == p) {    return;  }
5       p→next = process_list;
6       process_list = p;
7       p→state = PROCESS_STATE_RUNNING;
8       PT_INIT(&p→pt);
9       PRINTF("process: starting '%s'\n", PROCESS_NAME_STRING(p));
10      process_post_synch(p,  PROCESS_EVENT_INIT, data);
11  }
12  process_start(&etimer_process, NULL);
```

参考代码 5-21 所示的代码，第 1 行是进程启动函数原型，有两个自变量：待启动的进程变量指针和可传递的进程数据。第 12 行为启动应用，启动一个 etimer 定时器管理进程。

① 参考代码 5-21 所示代码的第 2～4 行。先遍历整个 process 链，看要启动的这个 process A 是否已经存在于该链表中，若存在，则直接返回。

② 若 process A 并不存在于整个 process 链中，则将该 process A 添加到这个链表中。添加方式是将 process A 添加到原来的 process 链表的头部，并且将 process A 的地址作为整个 process 链表的新地址。

③ 将 process A 置为运行态 running，并初始化 A 的 lc 值为 0。这个 lc 值很重要，在 process 切换时，需要用到该数值。

④ 执行 process_post_synch(p,PROCESS_EVENT_INIT,(process_data_t)arg)，把初始化事件同步到 process 中去。

通过调试可以更好地理解进程的启动代码，如图 5-7 所示。

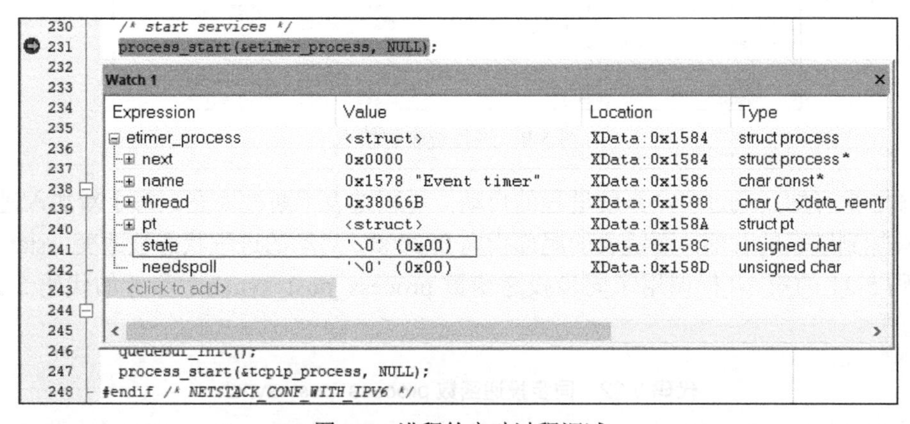

图 5-7　进程的启动过程调试

由图 5-7 可知，在运行启动代码前，观察进程变量的子变量，state=0 表示进程没有启动。进程启动后的同步如图 5-8 所示。

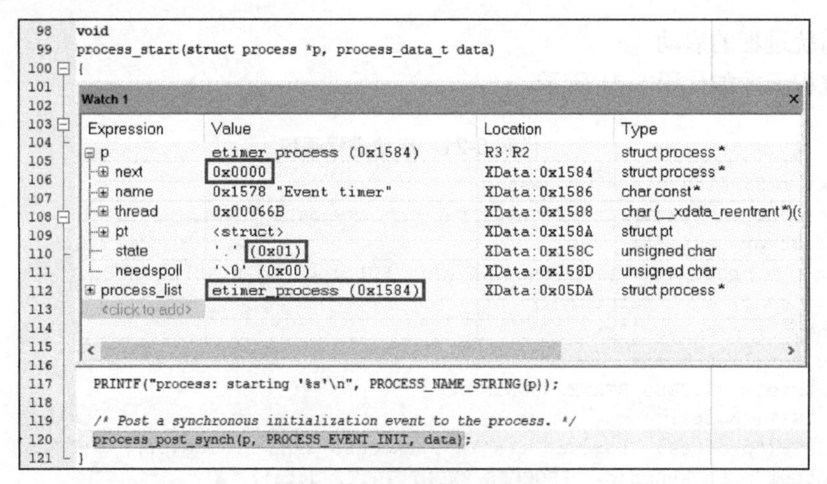

图 5-8　进程启动后的同步

执行进程启动函数后，进程链表头非空。process_list=etimer_process=0x1584，将进程 etimer_process 加入进程链表中。进程链表的下一级指针 next=0x0000，表示链表只有一个进程。该进程的状态为 state=0x01，表示进程正在运行。继续运行代码时，有 process_start(&tcpip_process, NULL)。

调试工具显示如图 5-9 所示。

Watch 1

Expression	Value	Location	Type
process_list	tcpip_process (0x16D8)	XData:0x05DA	struct process *
next	ctimer_process (0x155D)	XData:0x16D8	struct process *
next	etimer_process (0x1584)	XData:0x155D	struct process *
next	0x0000	XData:0x1584	struct process *
name	0x1578 "Event timer"	XData:0x1586	char const *
thread	0x59066B	XData:0x1588	char (__xdata_reentrant
pt	<struct>	XData:0x158A	struct pt
state	'.' (0x01)	XData:0x158C	unsigned char
needspoll	'\0' (0x00)	XData:0x158D	unsigned char
name	0x154C "Ctimer process"	XData:0x155F	char const *
thread	0x4A0635	XData:0x1561	char (__xdata_reentrant
pt	<struct>	XData:0x1563	struct pt
state	'.' (0x01)	XData:0x1565	unsigned char
needspoll	'\0' (0x00)	XData:0x1566	unsigned char
name	0x16CB "TCP/IP stack"	XData:0x16DA	char const *
thread	0x000C0B	XData:0x16DC	char (__xdata_reentrant
pt	<struct>	XData:0x16DE	struct pt
state	'.' (0x01)	XData:0x16E0	unsigned char
needspoll	'\0' (0x00)	XData:0x16E1	unsigned char

图 5-9　进程链表的填充

由图 5-9 可知，通过多个系统进程的启动，进程链表不断被填充。每个新加入进程的地址指针被加到链表的首部，而链表的尾部指向 0x0000。启动的进程状态被改变，state=0x01。

代码 5-21 的第 10 行调用了同步投递函数 process_post_synch，参考如代码 5-22 所示的源码。

代码 5-22　同步投递函数 process_post_synch

```
1   void process_post_synch(struct process *p,process_event_t ev,process_data_t data)
2   { struct process *caller = process_current;
3     call_process(p,ev,data);
4     process_current = caller;
5   }
```

通过调试可知，在调用函数时，给进程 etimer_process 传递了两个变量：一个是事件标识（0x0081），另一个是变量 data（0x0000）。参考如图 5-10 所示的调试。

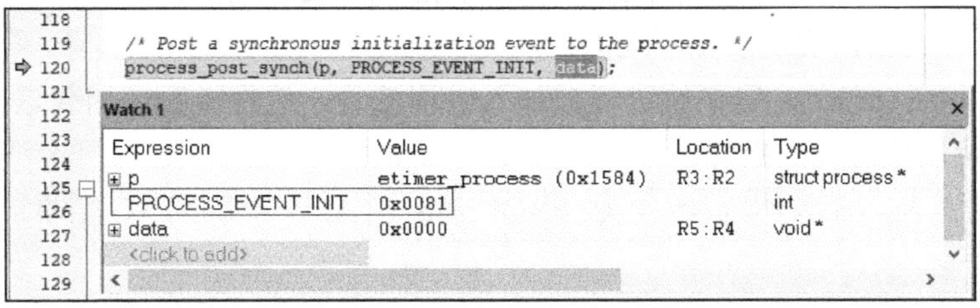

```
118
119      /* Post a synchronous initialization event to the process. */
120      process_post_synch(p, PROCESS_EVENT_INIT, data);
121
```

Watch 1

Expression	Value	Location	Type
⊞ p	etimer_process (0x1584)	R3:R2	struct process *
PROCESS_EVENT_INIT	0x0081		int
⊞ data	0x0000	R5:R4	void *
<click to add>			

图 5-10　调试同步投递函数 process_post_synch

在 IAR 开发环境下，调试 process_post_synch 内的代码，如图 5-11 所示。

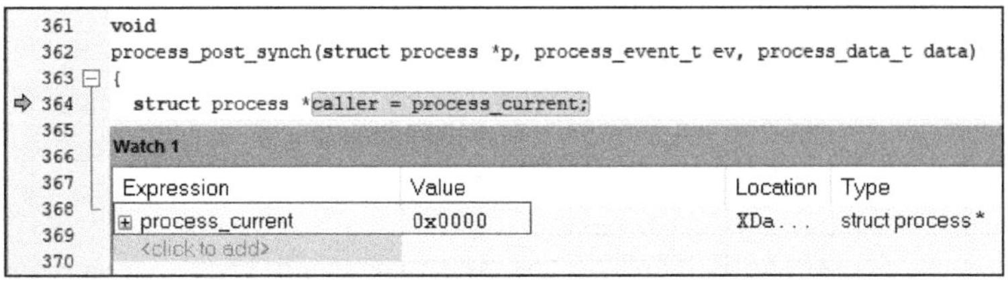

```
361  void
362  process_post_synch(struct process *p, process_event_t ev, process_data_t data)
363  {
364    struct process *caller = process_current;
```

Watch 1

Expression	Value	Location	Type
⊞ process_current	0x0000	XDa...	struct process *
<click to add>			

图 5-11　调试同步投递函数 process_post_synch

由图 5-11 可知，当前系统没有运行的进程，即 process_current=0x0000。继续单步调试代码，如图 5-12 所示。

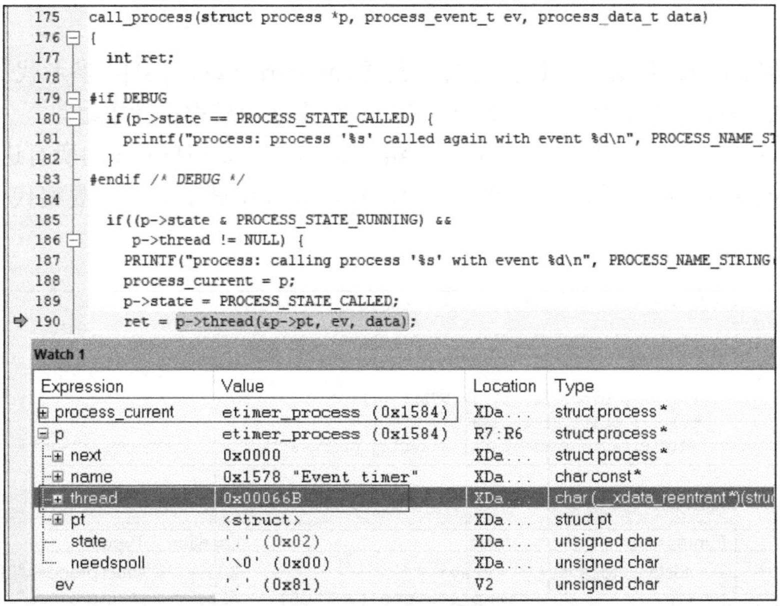

```
175  call_process(struct process *p, process_event_t ev, process_data_t data)
176  {
177    int ret;
178
179  #if DEBUG
180    if(p->state == PROCESS_STATE_CALLED) {
181      printf("process: process '%s' called again with event %d\n", PROCESS_NAME_ST
182    }
183  #endif /* DEBUG */
184
185    if((p->state & PROCESS_STATE_RUNNING) &&
186       p->thread != NULL) {
187      PRINTF("process: calling process '%s' with event %d\n", PROCESS_NAME_STRING(
188      process_current = p;
189      p->state = PROCESS_STATE_CALLED;
190      ret = p->thread(&p->pt, ev, data);
```

Watch 1

Expression	Value	Location	Type
⊞ process_current	etimer_process (0x1584)	XDa...	struct process *
⊟ p	etimer_process (0x1584)	R7:R6	struct process *
⊞ next	0x0000	XDa...	struct process *
⊞ name	0x1578 "Event timer"	XDa...	char const *
⊞ thread	0x00066B	XDa...	char (__xdata_reentrant *)(stru
⊞ pt	<struct>	XDa...	struct pt
state	'.' (0x02)	XDa...	unsigned char
needspoll	'\0' (0x00)	XDa...	unsigned char
ev	'.' (0x81)	V2	unsigned char

图 5-12　调试进程间事件和数据的传递

由图 5-12 可知，此时变量 process_current=0x1584，即将进程 etimer_process 的地址指针传递给当前运行进程。对比代码 5-20 第 11 行的定义（初始化进程链表 process_list 和当前运行进程 process_current），而同步投递函数 process_post_synch 则将待启动进程的指针传给系统变量，即 process_current=&etimer_process。同时，执行进程的逻辑函数，参考图 5-12 的第 190 行代码。此时，正在运行的进程的状态为 etimer_process→state=0x02。

函数 process_start，实现了如下功能。

① 进程 etimer_process 等系统进程被加入进程链表，进程链表被加载进程。process_list 从空地址变为待加载进程的指针。

② 进程状态从未启动状态转变为 PROCESS_STATE_RUNNING，即正在运行状态。state=1。

③ 初始化程序断点 pt=0。

④ 传递同步事件 PROCSS_EVENT_INIT 给进程，为全局变量 process_current 赋值，即被启动的进程指针。

（3）用户进程的启动

用户进程的启动如代码 5-23 所示。

代码 5-23　用户进程的启动

```
//用户进程的启动
1  autostart_start(autostart_processes);
2  CLIF extern struct process * const autostart_processes[];
3  void autostart_start(struct process * const processes[])
4  {  int i;
5    for(i = 0; processes[i]!= NULL; ++i)
6    {  process_start(processes[i], NULL);
7       PRINTF("autostart_start: starting process '%s'\n",processes[i]→name);
8    }
9  }
```

在系统初始化时，启动用户进程会引用变量 autostart_processes[]，参考代码第 1～2 行。结合 5.3.2 节的进程框架分析可知，该变量是用户自定义的进程指针数组。

autostart_start 函数的功能是将存储在数组 autostart_process[]里面的所有进程指针取出，依次调用 process_start()函数，启动这些用户进程。通过调试工具，可观察代码执行过程如图 5-13 所示。

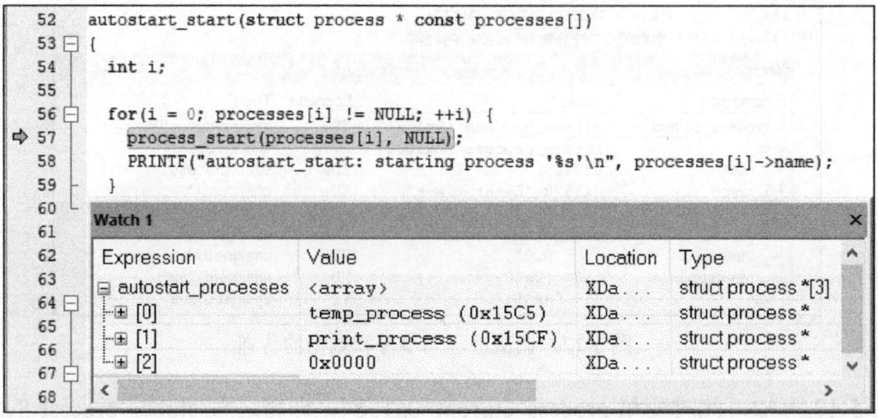

```
52  autostart_start(struct process * const processes[])
53  {
54    int i;
55
56    for(i = 0; processes[i] != NULL; ++i) {
57      process_start(processes[i], NULL);
58      PRINTF("autostart_start: starting process '%s'\n", processes[i]->name);
59    }
```

Watch 1

Expression	Value	Location	Type
autostart_processes	<array>	XDa...	struct process *[3]
[0]	temp_process (0x15C5)	XDa...	struct process *
[1]	print_process (0x15CF)	XDa...	struct process *
[2]	0x0000	XDa...	struct process *

图 5-13　autostart_start 函数

（4）调用进程

调用进程，就是调用进程的逻辑函数，执行逻辑过程。参考代码 5-24 所示的源码。

代码 5-24　调用进程函数

```
1   //D:\code\Contiki_cc2530\core\sys\process.c
2   static void call_process(struct process*p,process_event_t ev,process_data_t data)
3   {  int ret;
4   #if DEBUG
5     if(p→state == PROCESS_STATE_CALLED)
6   {printf("process: process'%s'called again with event %d\n",PROCESS_NAME_STRING(p),ev);}
7   #endif /* DEBUG */
8   if((p→state & PROCESS_STATE_RUNNING)     &&  p→thread != NULL)
9   { PRINTF("process: calling process'%s' with event %d\n",PROCESS_NAME_STRING(p),ev);
10    process_current = p;
11    p→state = PROCESS_STATE_CALLED;
12    ret = p→thread(&p→pt, ev,data);
13    if(ret == PT_EXITED || ret == PT_ENDED || ev == PROCESS_EVENT_EXIT)
14    {  exit_process(p,p);}
15    else {       p→state = PROCESS_STATE_RUNNING;     }
16    }
17  }
```

参考代码 5-24 第 2 行，函数包括 3 个变量：进程指针、事件变量和传递数据 data。调试进程调用函数如图 5-14 所示。

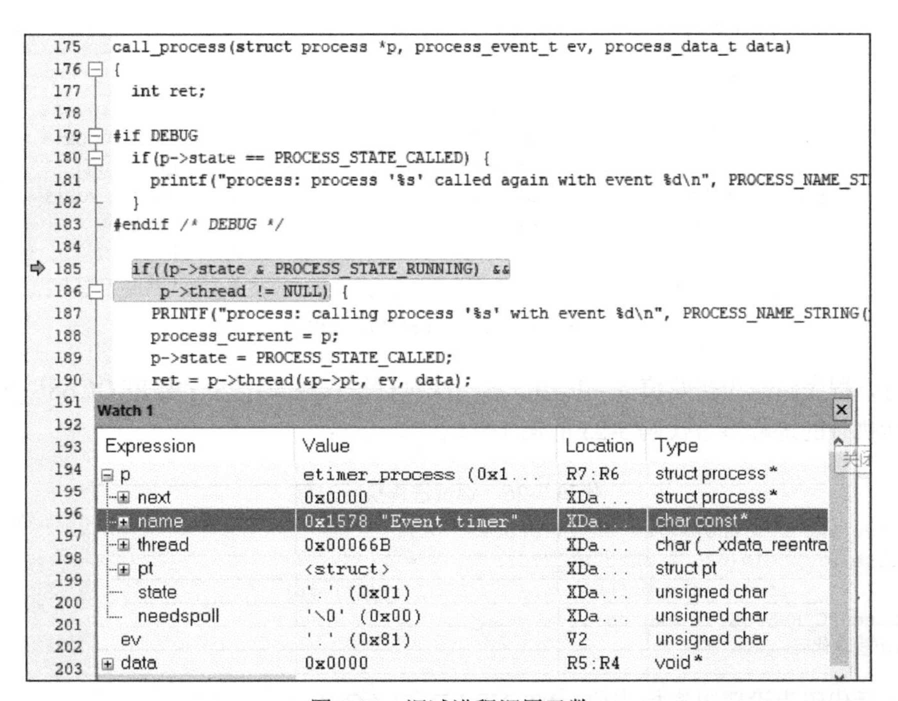

图 5-14　调试进程调用函数

由图 5-14 可知，代码第 185～189 行，进程在进入调用函数前，需要确认进程状态为就绪状态：state=PROCESS_STATE_RUNNING=1，进程逻辑函数非空（p→thread != NULL）。若满足条件，则将进程设为当前全局进程（process_current = process）。同时，改变进程状态为 PROCESS_STATE_CALLED 状态。代码第 190 行为调用进程的逻辑函数，执行进程逻辑。

单步调试，进入图 5-15 的第 190 行，调试进程调用过程如图 5-16 所示。

```
175   call_process(struct process *p, process_event_t ev, process_data_t data)
176   {
177     int ret;
178
179   #if DEBUG
180     if(p->state == PROCESS_STATE_CALLED) {
181       printf("process: process '%s' called again with event %d\n", PROCESS_NAME_ST
182     }
183   #endif /* DEBUG */
184
185     if((p->state & PROCESS_STATE_RUNNING) &&
186        p->thread != NULL) {
187       PRINTF("process: calling process '%s' with event %d\n", PROCESS_NAME_STRING(
188       process_current = p;
189       p->state = PROCESS_STATE_CALLED;
190       ret = p->thread(&p->pt, ev, data);
191       if(ret == PT_EXITED ||
192          ret == PT_ENDED ||
193          ev == PROCESS_EVENT_EXIT) {
```

图 5-15　调试进程调用函数过程

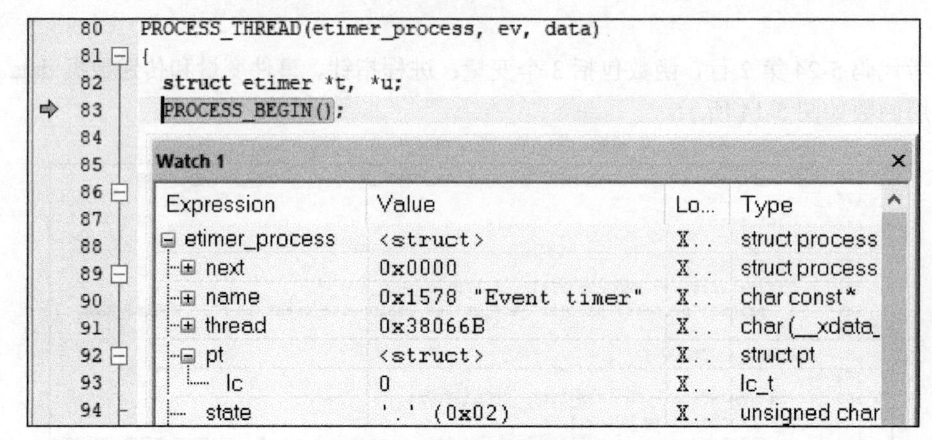

图 5-16　调试进程调用过程

此时，程序断点为初始值 pt→lc=0。第一次执行进程逻辑，运行宏 PROCESS_BEGIN()，此时实际执行的进程参考代码 5-25 的第 1～4 行。

代码 5-25　调试进程执行过程

```
1    #define PROCESS_BEGIN()PT_BEGIN(process_pt)
2    #define PT_BEGIN(pt) { char PT_YIELD_FLAG = 1;   \
3                 if (PT_YIELD_FLAG) {;} LC_RESUME((pt)→lc)
4    #define LC_RESUME(s) switch(s) { case 0:
5    //应用程序代码
```

第 2 行代码为设置阻塞标志位，PT_YIELD_FLAG=1。

第 4 行代码为 s=pt→lc=0，最终执行 switch(0) { case 0。

继续单步调试，面临阻塞逻辑函数 PROCESS_YIELD()，发现参数 pt→lc=87，程序断点从 0 变为 87。参考图 5-17 的调试显示，87 为源代码中阻塞逻辑函数的行号。

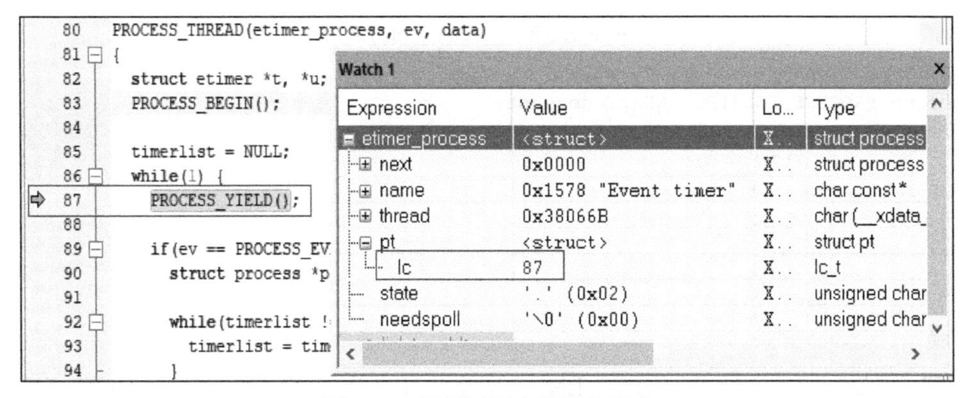

图 5-17　调用过程中的阻塞调试

代码 5-26 为函数 PROCESS_YIELD()的源码。

代码 5-26　函数 PROCESS_YIELD()的源码

```
1  #define PROCESS_YIELD() PT_YIELD(process_pt)
2  #define PT_YIELD(pt)    \
3    do { PT_YIELD_FLAG = 0;    LC_SET((pt)->lc);        \
4      if(PT_YIELD_FLAG ==0) { return PT_YIELDED;    }         \
5    } while(0)
6  #define LC_SET(s)   s = __LINE__; case __LINE__:
```

观察代码 5-26 第 3 行语句，当第一次执行阻塞语句 PROCESS_YIELD()时，PT_YIELD_FLAG=0，执行 LC_SET(s)函数，获得阻塞函数所在源码的行号标签，将该值作为程序再次执行的定位点：pt→lc=87。参考代码 5-26 第 6 行的代码描述，然后退出进程逻辑，返回进程的阻塞状态参数 PT_YIELDED=1。此时，阻塞状态参数表示进程被阻塞，不能继续执行进程逻辑。

当再次执行进程逻辑时，从 pt→lc=87 的定位点开始执行代码。进程框架宏分析如代码 5-27 所示。

代码 5-27　进程框架宏分析

```
PROCESS_BEGIN () ;//          等效 PT_YIELD_FLAG=1; switch(s=87) { case 0: ...
PROCESS_YIELD () ; //         等效  s =87; case 87:...
```

根据代码 5-27 两个宏的分析可知，代码构成了一个完整的 switch 结构，实现多重跳转。

进程逻辑的调用和执行过程中，大量调用阻塞结构。这是非抢占式操作系统的特点，只有进程逻辑自己释放 CPU 的控制权，内核以及其他进程才有机会获得执行的机会。而进程再次获得 CPU 执行权时，依赖于程序断点来继续上次的执行过程。而程序断点的值实际是阻塞代码的位置行号。

（5）进程的退出

进程运行完成或者收到退出的事件都会导致进程退出。

① 进程完成

根据 5.3.2 节的程序框架分析可知，进程逻辑函数的最后一条语句是 PROCESS_END()，如代码 5-28 所示。

代码 5-28　进程的退出分析

```
//PROCESS_END 分析
1   #define PROCESS_END()PT_END(process_pt)
2   #define PT_END(pt)    LC_END((pt)→lc);
3        PT_YIELD_FLAG = 0;
4     PT_INIT(pt); //process_pt→lc=0;
5       return PT_ENDED; //return 3;
6   #define LC_END(s)
7   #define PT_INIT(pt)    LC_INIT((pt)→lc)
8   #define LC_INIT(s) s = 0;
9   #define return 3
```

由代码 5-28 可知，宏 PROCESS_END()等效语句的最后一句为进程 return PT_ENDED。当进程运行到代码 5-28 的第 9 行时，表示运行完成，此时进程状态变为 state=0，进程执行函数可返回阻塞状态变量为 PT_ENDED=3。

② 执行阻塞逻辑

当进程逻辑运行阻塞函数为 PROCESS_EXIT()时，将返回阻塞状态，如代码 5-29 所示。

代码 5-29　阻塞函数 PROCESS_EXIT( )

```
1  #define PROCESS_EXIT()PT_EXIT(process_pt)
2  #define PT_EXIT(pt)          \
3   do { PT_INIT(pt);    return PT_EXITED;  } while(0)
```

参考代码 5-29 第 3 行，PT_EXITED=2，触发进程执行逻辑的退出。

③ 系统收到退出事件

如果系统给进程传递退出事件 PROCESS_EVENT_EXIT，也会导致进程退出。进程退出依赖系统调用函数 exit_process()，参考代码 5-30 的第 14～16 行。

代码 5-30　函数 exit_process( )

```
1   static void exit_process(struct process *p, struct process *fromprocess)
2   { register struct process *q;
3     struct process *old_current = process_current;//先保存当前进程变量
4     PRINTF("process: exit_process '%s'\n",  PROCESS_NAME_STRING(p));
5     for(q = process_list; q != p && q != NULL; q = q→next);
6     if(q == NULL) {  return;  }//遍历链表，确定要退出的进程在进程链表中，否则返回
7     if(process_is_running(p))
8     { p→state = PROCESS_STATE_NONE;
9       for(q = process_list; q != NULL; q = q→next)
10      { if(p != q)
11        { call_process(q, PROCESS_EVENT_EXITED, (process_data_t)p);   }
12      } //通知进程链表中的所有其他进程（除了p）,p 进程即将退出
13      if(p→thread != NULL && p != fromprocess)
14      { process_current = p;
15        p→thread(&p→pt, PROCESS_EVENT_EXIT, NULL);
16      }
17    }//将进程 p 从进程链表中删除
18    if(p == process_list) {    process_list = process_list→next;  }
19    else
20    { for(q = process_list; q != NULL; q = q→next)
21      { if(q→next == p) {    q→next = p→next;  break;   }    }
22    }
23    process_current = old_current;
24  }
```

代码 5-30 的第 1 行，源函数定义有两种应用情况。

① exit_process(p,p)：两个自变量指向同一个进程指针。

② exit_process(p,m)：两个自变量指向两个不同的进程指针。

代码 5-30 的第 7 行，调用了函数 process_is_running()，如代码 5-31 所示。

代码 5-31　函数 process_is_running( )

```
1  int process_is_running(struct process *p)
2  {  return p→state != PROCESS_STATE_NONE;}
```

由代码 5-31 代码可知，只有当进程状态 p→state!=0 时，才执行代码 5-30 的第 8～16 行。将进程状态改为 p→state!=PROCESS_STATE_NONE=0，同时给系统传递事件 PROCESS_EVENT_EXITED 或 PROCESS_EVENT_EXIT。第 11 行代码表示通知进程链表中除 p 进程外的其他所有进程，p 进程即将退出，然后执行函数 call_process。

第 13～15 行表示如果函数 exit_process 的自变量是两个不同进程指针，需要调用进程逻辑，执行相关内存回收逻辑；如果自变量是两个相同的进程指针，则在调用 exit_process 之前，应该已经调用过进程逻辑，这种情况可参考代码 5-30 的第 14 行。

（6）进程逻辑的退出状态

在执行进程逻辑函数时，可能会嵌套有阻塞逻辑。例如，PROCESS_WAIT_WHILE()会阻塞进程，并返回阻塞状态 ret=PT_WAITING=0，表示暂时退出，直到相应事件发生如代码 5-32 所示。

代码 5-32　函数 PROCESS_WAIT_WHILE( )

```
1  #define PROCESS_WAIT_WHILE(c) PT_WAIT_WHILE(process_pt,c)
2  #define PT_WAIT_WHILE(pt,cond)  PT_WAIT_UNTIL((pt),!(cond))
3  #define PT_WAIT_UNTIL(pt,condition)       \
4    do {LC_SET((pt)→lc);  if(!(condition)) {return PT_WAITING; }} while(0)
```

当进程嵌入阻塞逻辑 PROCESS_YIELD()时，表示旋转阻塞当前正在运行的进程。原理可参考代码 5-33。

代码 5-33　函数 PROCESS_YIELD( )

```
1  #define PROCESS_YIELD()PT_YIELD(process_pt)
2  #define PT_YIELD(pt)          \
3    do { PT_YIELD_FLAG = 0;          LC_SET((pt)→lc);          \
4      if(PT_YIELD_FLAG == 0) { return PT_YIELDED;    }          \
5    } while(0)
6  #define LC_SET(s)  s = __LINE__; case __LINE__:
```

观察代码 5-33 第 1 行语句，当第一次执行阻塞应用语句 PROCESS_YIELD()时，无条件退出进程，返回进程的阻塞状态参数 PT_YIELDED=1。当第二次执行进程逻辑时，pt→lc=__LINE__，代码直接跳转到标签__LINE__（行号）处，执行行号之后的代码。PROCESS_YIELD()阻塞函数的工作原理类似于一个旋转门切换开关，每运行一次，触发一次切换，开关状态实现开到关或关到开的切换。具体实现细节可参考图 5-17 的分析。

另外，当运行阻塞宏逻辑 PT_EXIT()时，会执行退出进程逻辑函数的情况，如代码 5-34 所示。

代码 5-34　函数 PT_EXIT( )

```
1  #define PT_EXIT(pt)     do { PT_INIT(pt);  return PT_EXITED; } while(0)
2  #define PT_INIT(pt)    LC_INIT((pt)→lc)
3  #define LC_INIT(lc)    (lc) = NULL
```

参考代码 5-34 第 1 行，有的阻塞函数 PT_EXIT()会导致进程逻辑函数退出，并获得返回值。ret=PT_EXITED=2，该返回值表示退出。

总的来说，进程逻辑的退出状态如代码 5-35 所示。

代码 5-35　进程的阻塞状态

```
// p→thread 的返回值
1  #define PT_WAITING 0    //阻塞进程，先退出进程逻辑，等待约束条件成立，继续运行
2  #define PT_YIELDED 1    //旋转阻塞进程，每一次运行，阻塞功能切换。
3  #define PT_EXITED  2    //退出进程 pt→lc=0;
4  #define PT_ENDED   3    //结束进程
```

在进程的整个生命周期，即启动、调用逻辑和退出过程中，有两个状态参数，具体介绍如下。

①进程状态 state

进程状态是进程的关键属性，保存在进程变量的子变量中：(process *)p→state。整个进程的生命周期表现为如图 5-18 所示的切换机制。

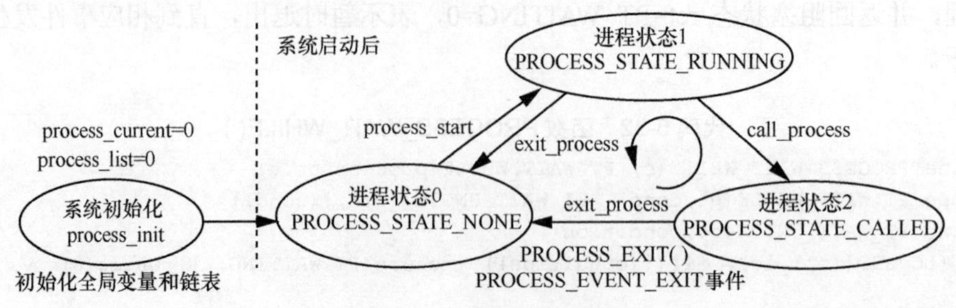

图 5-18　进程状态切换

观察图 5-18 可知，一旦系统完成初始化，就启动进程。进程总是不断在 3 个状态间切换。除了少数顺序结构的进程只执行一次进程逻辑外，大多数进程都是采用循环逻辑结构，进程状态在 3 个状态间循环切换。

② 进程逻辑的退出状态

进程执行函数的退出状态代表了进程逻辑的阻塞方式。Contiki 操作系统的进程依赖于具有单一共享栈的协程（Protothread）机制和事件机制，系统内核可以协调多个进程的协作执行。但是对于进程逻辑内部的执行控制却不够灵活，因此，系统模型增加了阻塞函数，大大加强了进程逻辑内部的执行控制，需要暂停就阻塞，需要继续执行就增加执行的约束条件。

总的来说，进程状态和进程逻辑的退出状态都是系统的关键变量，它们相关但是代表不同的含义。进程状态描述的是进程在内核调度下的系统变化属性，而进程逻辑的退出状态表现的是进程逻辑的内部控制属性或阻塞特征。

5.4　系统的调度

5.4.1　进程和事件的调度

（1）进程的调度

进程启动后，内核如何调度进程才能实现进程的切换？准确地说，这是通过传递事件消息实现的，具体如代码 5-36 所示。

代码 5-36　进程的调度

```
1    uint8_t r;                    //main()
2    do {r = process_run();   } //main()
3        while(r > 0);             //main()
4    // \Contiki_cc2530\core\sys\process.c
5    static volatile unsigned char poll_requested;//标识系统是否有优先级高的进程
6    static process_num_events_t nevents, fevent;  //待处理事件总数
7    int process_run(void)
8    {    if(poll_requested)
9         {     do_poll();   }  //将进程链表中，进程参数 needspoll 标记为 1 的进程投入运行
10        do_event();  //处理事件队列的一个待处理事件
11        return nevents+ poll_requested;
12   }
```

参考代码 5-36 的第 2～3 行代码[main()]中，进程的内核调度是通过执行函数 process_run() 实现的。参考代码 5-36 第 5 行，系统定义了一个全局变量 poll_requested，如果有待运行进程 p，则提高进程的优先级，令进程参数 p→needspoll=1，poll_requested=1。代码 5-36 第 6 行，系统定义了一个全局变量 nevents，标识待处理事件总数。因此，只要返回值 r>0，就表明有待执行的进程或待处理的事件。从而执行以下两个动作。

① do_poll()：将进程链表中进程参数 needspoll 标记为 1 的进程投入运行。

② do_event()：处理事件队列的一个事件。

对于进程是否被调用的仲裁逻辑，参考代码 5-37。

代码 5-37　函数 do_poll( )

```
1    static void do_poll(void)  //进程处理
2    { struct process *p;
3      poll_requested = 0;   //恢复标志
4      for(p=process_list; p!=NULL; p=p→next) //遍历进程链表，调用所有需要 poll 的进程
5      {     if(p→needspoll)
6            {   p→state = PROCESS_STATE_RUNNING;
7                p→needspoll = 0;  //恢复标志
8                call_process(p,PROCESS_EVENT_POLL, NULL);
9            }
10     }
11   }
```

参考代码 5-37 第 5 行，遍历整个进程链表，检查是否有进程的优先级 p→needspoll=1。

有就执行进程的调用函数 call_process()，最终调用进程逻辑函数，参考 5.3.3 节的调用进程。

（2）事件的调度

为了便于事件调度处理，系统定义了 3 个全局变量，如代码 5-38 所示。

代码 5-38　事件调度

```
1  static process_num_events_t nevents; //事件队列的总事件数
2  static process_num_events_t fevent; //指向下一个要传递的事件的位置
3  static struct event_data events[PROCESS_CONF_NUMEVENTS];//事件数组，环形队列
4  typedef unsigned char process_num_events_t;
```

Contiki 的事件模型如图 5-19 所示。

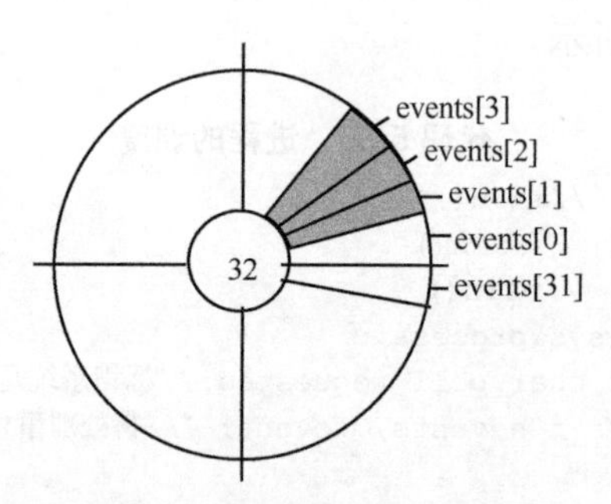

图 5-19　Contiki 的事件模型

由图 5-19 可知，系统定义了一个事件数组 events[32]。数组中存储着事件变量，在系统初始化时，事件数组赋 0。当系统运行一段时间后，假如新建了 3 个新建事件，分别存储为 events[1…3]，如图 5-19 中有色覆盖的区域，待处理事件的总数为 3。首先需要处理的事件 events[1]在事件数组中的偏移量 fevent=1，也可描述为待处理事件的首地址；此时，运行代码 5-39。

代码 5-39　函数 do_event

```
1   static void do_event(void)
2   { static process_event_t ev;
3     static process_data_t data;
4     static struct process *receiver,*p;
5     if(nevents > 0)
6     { ev = events[fevent].ev;     data = events[fevent].data;
7       receiver = events[fevent].p;
8       fevent = (fevent + 1) % PROCESS_CONF_NUMEVENTS; //32
9       --nevents;
10      if(receiver == PROCESS_BROADCAST)
11      {   for(p = process_list; p != NULL; p = p→next)
12          {   if(poll_requested) {  do_poll();    }
13              call_process(p,ev,data);
14          }
15      } else
16      { if(ev==PROCESS_EVENT_INIT){receiver→state=PROCESS_STATE_RUNNING;}
17        call_process(receiver,ev,data);
18      }
19    }
20  }
```

参考代码 5-39 第 5～7 行，由于有待处理事件 nevents=3，先将事件数组中首地址 fevent=1

的事件变量（包括事件标识、数据和相关进程）取出，赋给临时变量。然后运行第 8 行代码，将首地址偏移，fevent=2。运行第 9 行代码，待处理事件 nevents=2，从而修改了事件的系统参数。之后的第 10～17 行代码为处理事件，最终实质是调用进程逻辑，参考第 13 行和第 17 行代码。

注意：事件数组是一个循环数组，参考代码 5-39 的第 8 行代码，如果待处理事件首地址 fevent=31 时，运行 fevent=(fevent + 1) % 32=0，即待处理事件首地址 fevent 偏移为 0。另外，在系统初始化时，参数 fevent 和 nevents 都为 0，表示没有需要处理的事件，这两个参数的数值最大只能为 32。

（3）新事件加入事件队列

函数 process_post 如代码 5-40 所示。

代码 5-40　函数 process_post

```
1   int process_post(struct process *p,  process_event_t ev,  process_data_t data)
2   {   static process_num_events_t snum;
3       if(PROCESS_CURRENT() == NULL) {  PRINTF(....省略.....);
4       } else {        PRINTF(...省略...);    }
5         if(nevents == PROCESS_CONF_NUMEVENTS) {
6   #if DEBUG
7       if(p == PROCESS_BROADCAST){PRINTF(.省略.)(); } else {printf(.省略.); }
8   #endif /* DEBUG */
9       return PROCESS_ERR_FULL;
10    }
11    snum = (process_num_events_t)(fevent + nevents) % PROCESS_CONF_NUMEVENTS;
12    events[snum].ev = ev;
13    events[snum].data = data;
14    events[snum].p = p;
15    ++nevents;
16  #if PROCESS_CONF_STATS
17    if(nevents > process_maxevents) {    process_maxevents = nevents;  }
18  #endif /* PROCESS_CONF_STATS */
19      return PROCESS_ERR_OK;
20  }
```

参考代码 5-40 第 1 行代码，函数 process_post()的功能是将新产生的事件标志 ev、相关数据 data 和关联进程 p 添加到事件数组中。参考代码 5-40 第 11 行代码，snum 为新添加事件在事件列表中的位置。第 15 行代码为 nevents=nevents+1，举例说明如下。

添加新事件前	添加新事件后
系统初始化后： fevent=0，nevents=0	snum=0；新添加事件存储在 events[0]位置， 待处理事件数 nevents=1
系统运行后某时刻： fevent=1，nevents=3	snum=4；新添加事件存储在 events[4]位置， 待处理事件数 nevents=4
系统运行后某时刻： fevent=30，nevents=2	snum=0；新添加事件存储在 events[0]位置， 待处理事件数 nevents=3

通过示例可知，新添加的事件总是位于待处理事件的尾部。如果最后一个待处理事件位于，events[31]，新添加的事件将存储在 events[0]位置，即事件数组是一个循环数组。

（4）推举事件进入调度

在进程的执行过程中，进程需要推动进程再次加入调度，执行进程逻辑。此时可以调用函数 process_poll()，如代码 5-41 所示。

代码 5-41　函数 process_poll( )

```
1  void process_poll(struct process *p)  //推举进程
2  {    if(p != NULL)
3       {    if(p→state==PROCESS_STATE_RUNNING||
4                 p→state==PROCESS_STATE_CALLED)
5            {    p→needspoll = 1;    poll_requested = 1;     }
6       }
7  }
```

参考代码 5-41 第 5 行，提升进程优先级 p→needspoll=1，同时更改全局进程请求标志量 poll_requested=1。当系统再次调度进程，即执行 process_run()时，将会调用进程 p。因为 process_run()会处理系统中所有 needspoll 标记为 1 的进程。

5.4.2　etimer 的分析

5.4.1 节进程的调度说明系统进程的调度依赖于全局进程请求标志量 poll_requested=1。该值在系统初始时为 0，那么在何时改变？

etimer_process 是一个非常核心的系统进程，在很多应用开发中也是第一个被创建的进程。所以，下面以该进程为例，讲述系统调度的过程。

首先，在 main()中创建系统进程，如代码 5-42 所示。

代码 5-42　创建系统进程 etimer_process

```
1  // \Contiki_cc2530\platform\wsn2530\Contiki-main.c
2  int main(void)
3  { //...省略...
4  process_start(&etimer_process,NULL);}
```

根据新建进程的分析，函数 process_start()最终导致调用进程的逻辑函数，如代码 5-43 所示。

代码 5-43　运行系统进程 etimer_process

```
1   PROCESS_THREAD(etimer_process, ev,data)
2   {    struct etimer *t, *u;
3        PROCESS_BEGIN();
4            timerlist = NULL;   //...省略...
5            while(1) {}
6       PROCESS_END();
7   }
```

系统进程 etimer_process 的功能是管理 Contiki 操作系统下所有的 etimer 定时器。为了方便管理，设置了一个全局静态变量 timerlist = NULL。第一次运行这个进程，执行代码 5-43 第 4 行代码，初始化 etimer 链表，然后退出进程，之后运行系统进程 process_start(&tcpip_process，NULL); //添加系统定时器。最后进入用户框架应用程序。假设用户程序如代码 5-44 所示。

代码 5-44　etimer 应用实例代码

```
1     #include "Contiki.h"
2     #include <stdio.h> /* For printf() */
3     PROCESS(etimer_test_process, "etimer system process test");
4     AUTOSTART_PROCESSES(&etimer_test_process);
5     PROCESS_THREAD(etimer_test_process, ev, data)
6     { static struct etimer ex_timer;
7       static int count = 0;
8       PROCESS_BEGIN();
9             etimer_set(&ex_timer, CLOCK_SECOND*3);
10            while (1)
11            {   PROCESS_WAIT_EVENT();
12                if(ev == PROCESS_EVENT_TIMER)
13                {   printf("etimer test n=#%d\r\n", count);
14                    count ++;
15                    etimer_reset(&ex_timer);        }
16            }
17      PROCESS_END();
18    }
```

代码 5-44 解释如下。

第 8 行：定义了一个 etimer 定时器变量，即 ex_timer。

第 11 行：配置定时器参数，并启动定时器。

第 13 行：触发阻塞逻辑，退出进程逻辑函数。

第 14 行：等待事件发生，并且是定时器超时事件。

第 17 行：重新配置定时器启动参数，并启动定时器。

单步调试用户逻辑，通过调试工具，可获得如图 5-20 所示结果。

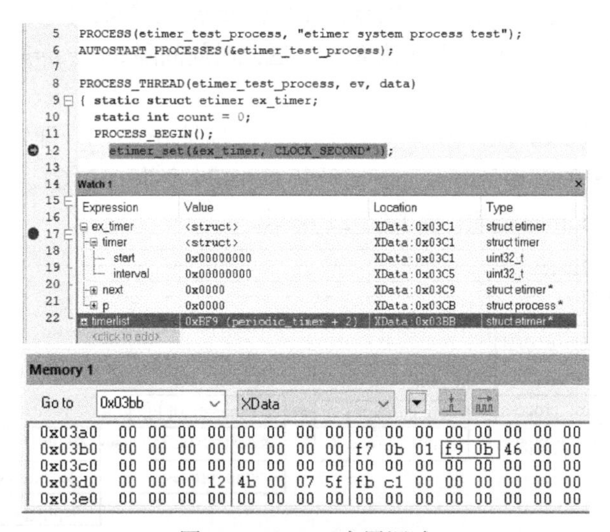

图 5-20　etimer 应用调试

当程序运行到图 5-20 的第 12 行代码时，变量 ex_timer 为空值。此时，定时器链表非空，timerlist=0xBF9，即在 0x03BB 地址位置存储着一个地址 0x0BF9 和一个 etimer 定时器变量地址。单步运行该行代码，结果如图 5-21 所示。

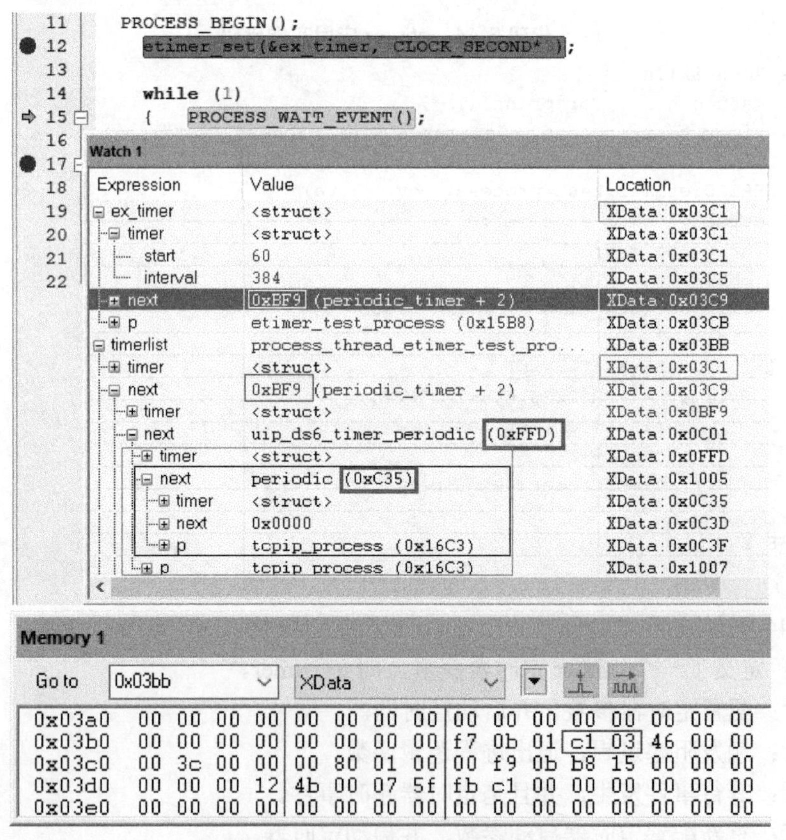

图 5-21　etimer 用户应用进程代码

由调试工具可知，变量 ex_timer 已经被赋初值：interval=384。由于该数值是以 tick 计数为单位的，而在本系统中一个 tick 的时延为 8 ms。因此时间间隔 interval=384×8=3 072 ms≈3 s，符合设置要求。

同时，在存储区的 0x03BB 地址区，存储着一个地址 0x03C1，即定时器 ex_timer 的变量地址。因此 etimer 链表的首地址 timerlist 已经从 0x0BF9 变为 0x03C1。根据 next 指针的指向，可以发现一个完整的 etimer 链表，如图 5-22 所示。

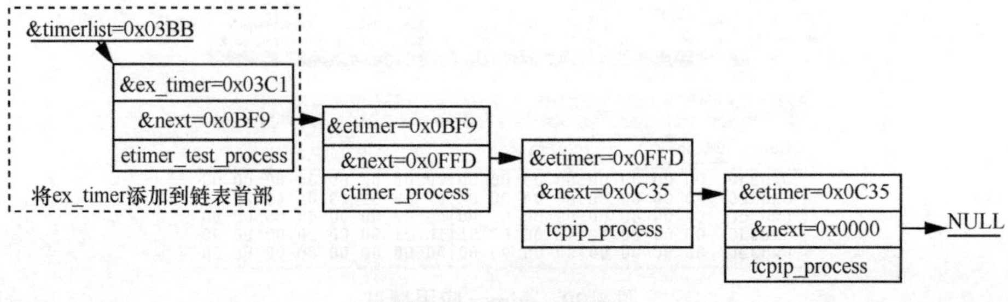

图 5-22　etimer 链表

继续调试图 5-21 所示用户代码的第 15 行，执行阻塞逻辑，退出用户进程逻辑。当系统调度再次执行 etimer_process 进程逻辑时，将执行 etimer 的超时响应。参考代码 5-45 所示源代码。

代码 5-45　etimer_process 进程逻辑

```
1   PROCESS_THREAD(etimer_process, ev,data)
2   {   struct etimer *t, *u;
3       PROCESS_BEGIN();
4       timerlist = NULL;  //处理所有到期的 etimer
5       while(1)
6       {   PROCESS_YIELD();
7           if(ev == PROCESS_EVENT_EXITED)
8           {   struct process *p = data;
9     while(timerlist!=NULL&&timerlist→p== p){timerlist=timerlist→next;}        if(timerl
    ist != NULL)
10              {   t = timerlist;
11                  while(t→next != NULL)
12                  {   if(t→next→p == p) {t→next=t→next→next; }
13                      else        t = t→next;                 }
14              }
15              continue;//删除完毕，继续返回循环，等待事件
16          } else if(ev != PROCESS_EVENT_POLL) {    continue;    }
17          again: u = NULL;
18              for(t = timerlist; t != NULL; t = t→next)
19              {   if(timer_expired(&t→timer))
20                  {   if(process_post(t→p,PROCESS_EVENT_TIMER,t)==PROCESS_ERR_OK)
21                      {   t→p = PROCESS_NONE;//这个 etimer 已经被处理过
22                          if(u != NULL) {u→next = t→next;     }
23                          else {      timerlist = t→next;  }
24                        t→next=NULL;
25                       update_time();//求下一个到期时间 next_expiration
26                          goto again;  //=====继续回到 again，进行 expired 检查，处理
27                      } else {       etimer_request_poll();     }
28                  }u = t;
29              }
30      }
31    PROCESS_END();
32  }
```

代码 5-45 解释如下。

① 第 7～15 行：当再次执行 etimer_process 进程逻辑时，直接跳转到上次阻塞的语句位置，即第 6 行之后的代码。如果有别的进程 p 要退出，则需要把与进程 p 相关的 etimer 从 timerlist 中删除。

② 第 17 行：PROCESS_EVENT_POLL 为进程轮询事件标识，表示有 etimer 到期了，需要进行处理。如果接收的事件不是 PROCESS_EVENT_POLL，则 continue，跳出单次循环，继续执行 while(1)循环；否则，就是有超时事件，则执行第 18 行后的超时处理。

③ 第 19～20 行：此时 timerlist 非空，进程将检查整个 etimer 链表，看是否有超时状态。

④ 第 21 行：如果有进程 p 超时，则运行新建事件处理函数 process_post()，将事件标识 PROCESS_EVENT_TIMER 添加到待处理事件数组。

⑤ 第 22 行：表示这个 etimer 已经被处理过，对应的进程为空。

⑥ 第 26 行：更新时间，即求下一个到期时间 next_expiration（全局静态变量）；或描述

还有时间 next_expiration，就有 timer 到期超时。

⑦ 第 28 行：如果第 21 行的超时事件发送成功，则执行第 22～27 行的代码；如果失败，则执行第 28 行代码 etimer_request_poll()，表示还有待处理的进程没有处理。

函数 etimer_request_poll 如代码 5-46 所示。

代码 5-46 函数 etimer_request_poll

```
1  void etimer_request_poll(void)
2  {    process_poll(&etimer_process); }
3  void process_poll(struct process *p)
4  {    if(p != NULL)
5       {    if(p→state == PROCESS_STATE_RUNNING ||  \
6                 p→state == PROCESS_STATE_CALLED)
7            {    p→needspoll = 1;          poll_requested = 1;     }
8       }
9  }
```

参考代码 5-46 第 7 行，如果进程链表中的某一个进程 etimer_process 有待处理的超时事件，则提高待处理的超时进程优先级，并标识 poll_requested = 1，即有待处理的进程。至此，就回答了本节第一段的问题，即有未处理事件的进程时，需要标识 poll_requested = 1。

为了完整地理解调度过程，继续调试图 5-23 所示用户应用代码。

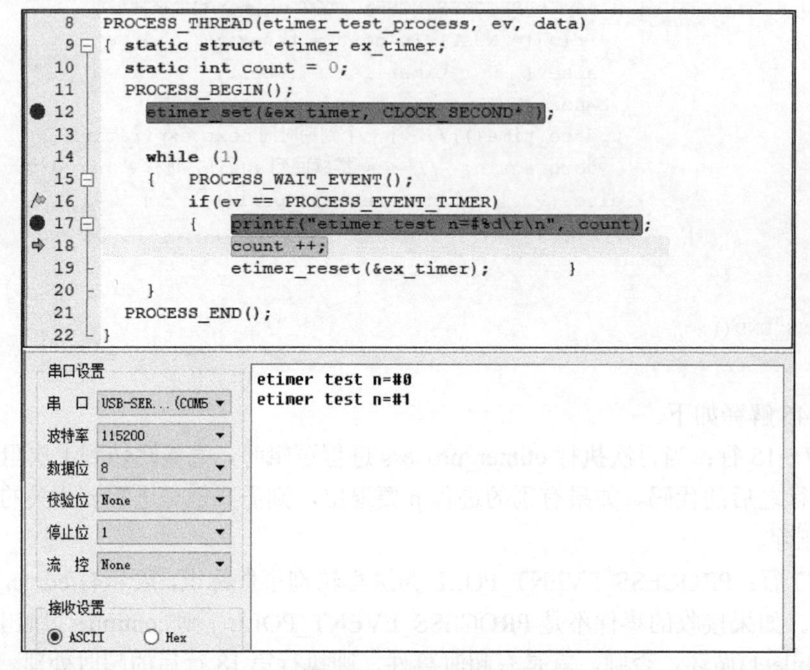

图 5-23 etimer 调试

通过调试观察可以看到，①用户进程逻辑是一个包含阻塞逻辑的 while(1)的循环结构，除了第一次运行外，大多数执行过程都在运行 while()循环结构中的代码。②当执行到阻塞逻辑时，退出进程逻辑。当内核执行系统进程 etimer_process 的逻辑时，触发超时事件，或标识有待处理事件。两者都会导致调用用户进程逻辑。图 5-23 显示，通过串口调试工具，可以观察用户逻辑出现 etimer 定时器超时的动作。

总的来说，系统的调度是通过 process_run()来启动的，根据全局标志量 poll_requested 和 nevents 来判断，进一步驱动进程调度 do_poll()和事件调度 do_event()，最终调用进程逻辑 thread(pt,ev,data)。为了方便管理整个系统的事件和 etimer 定时器，构造了环形事件数组结构和定时器链表结构。这些结构便于记录系统的状态，并通过全局静态参数表示，为系统调度提供参数的支持。图 5-24 根据本节的函数分析，描述了系统调度过程中的函数关系。其中箭头表示上层函数指向包含的子函数，或执行函数指向被调用函数。

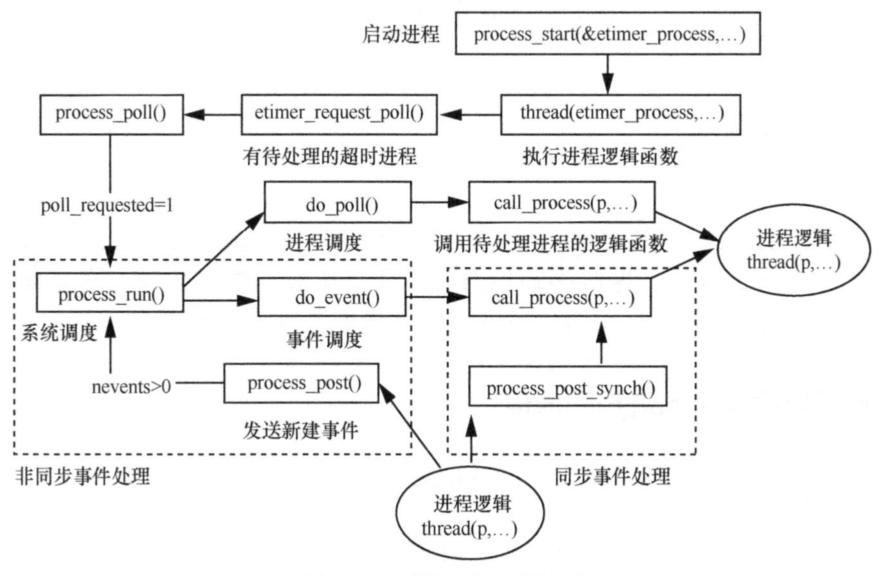

图 5-24　系统调度函数关系

在事件与进程的通信实现上，根据响应的实时性，可把事件处理方式分为同步事件处理和非同步事件处理。

例如，进程间的通信需要依靠消息数组来间接传递，就是非同步事件处理。此时，发送进程通过函数 process_post()先将事件存储在事件队列中，然后事件处理函数 do_event()再把事件传递给接收事件的进程。图 5-25 为非同步事件处理的简化模型。

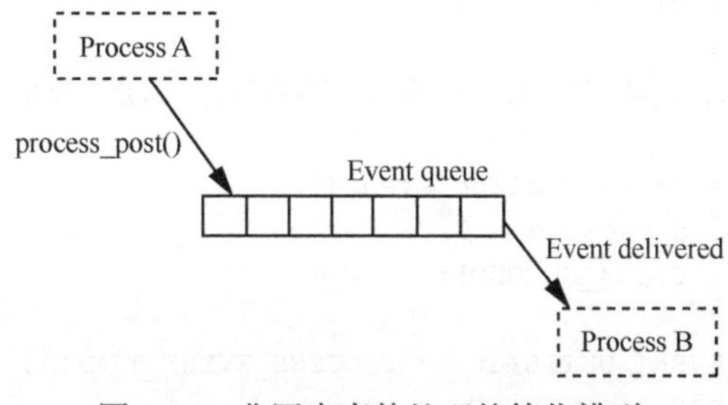

图 5-25　非同步事件处理的简化模型

在同步事件处理中，直接通过函数 process_post_synch()将事件传递给特定的进程。图 5-26 为同步事件处理的简化模型。

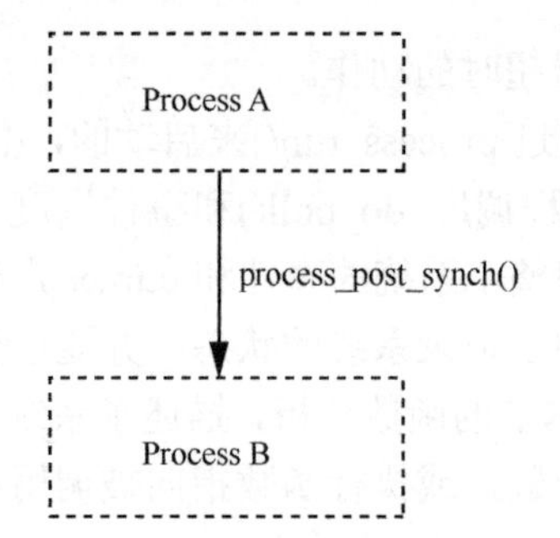

图 5-26　同步事件处理的简化模型

5.5　进程间通信

进程是应用逻辑的基本单元，且往往不是孤立地执行的，需要与其他进程协作。对于孤立单进程的应用，更适用于非操作系统的结构。对于操作系统的应用，多任务是典型的特点。多任务需要进程间的通信协作，这就需要通过传递数据协调逻辑执行顺序。

5.5.1　基于用户事件的进程间通信

为了说明基于用户事件的通信，可参考代码 5-47。

代码 5-47　基于用户事件的进程间通信实例代码

```
1  #include "Contiki.h"
2  #include "dev/leds.h"
3  #include <stdio.h>
4  static process_event_t event_data_ready;
5  PROCESS(temp_process, "Temperature process");//声明两个进程
6  PROCESS(print_process, "Print process");
7  AUTOSTART_PROCESSES(&temp_process, &print_process);//自动启动进程
8  PROCESS_THREAD(temp_process,ev,data)// temp_process 的实现
9  {   static struct etimer timer;
10     static int count = 0;
11     static int average, valid_measure;
12     int measure; // 临时变量，不需要在进程切换后保存数据，故定义为非全局静态变量
13     PROCESS_BEGIN();
14     event_data_ready = process_alloc_event();
15     average = 0;   valid_measure = 0;
16     etimer_set(&timer, CLOCK_SECOND);
17     while (1)
18     {   PROCESS_WAIT_EVENT_UNTIL(ev == PROCESS_EVENT_TIMER);
19         leds_toggle(LEDS_ALL);
20         measure = valid_measure + count<<2;
21         if(measure > 0x1F00) {measure = 0; average += measure; count ++;}
22         if (count == 4)
23         {   valid_measure = average >> 2;  average = 0;  count = 0;
24             process_post(&print_process,event_data_ready,&valid_measure);}
```

```
25          etimer_reset(&timer);
26      }
27      PROCESS_END();
28 }
29 // print_process 的实现
30 PROCESS_THREAD(print_process,ev,data)
31 {    PROCESS_BEGIN();
32      while (1)
33      {   PROCESS_WAIT_EVENT_UNTIL(ev == event_data_ready);
34          printf("T= %u.%u\n", (*(int*)data)>>8,(*(int*)data)&0x00FF);
35      }
36      PROCESS_END();
37 }
```

代码 5-47 的功能是应用程序声明了两个进程。其中进程 temp_process 每秒产生一个 etimer 超时事件，触发一次温度数据采集，当采集 4 次后计算出平均值，并通过发送一个 event_data_ready 事件给进程 print_process。而进程 print_process 接收到事件后，将事件结构中对应的存储数据取出，完成打印显示功能。

代码 5-47 是一个非常典型的进程间通信的例子。在操作系统的应用中，许多同时运行的进程面临着数据通信的需要。在其他操作系统中，基于进程安全稳定的考虑，都不采用应用层的全局变量来存储共享数据，而是通过消息、邮箱等内核通信机制来实现。在 Contiki 操作系统中，也有相似的机制，就是通过共享事件的方式来传递数据和唤醒阻塞进程。其流程包括如下几步。

① 在代码 5-47 的第 4 行，声明静态事件变量 event_data_ready。

② 在代码 5-47 的第 14 行，在进程执行代码中调用应用函数 process_alloc_event()对事件变量初始化，完成事件变量数据结构的存储分配。

进程与事件的关联如代码 5-48 所示。

代码 5-48 进程与事件的关联

```
1  process_event_t process_alloc_event(void)
2  {  return lastevent++;  }
3  typedef unsigned char process_event_t;
4  unsigned char process_alloc_event(void);
5  static process_event_t lastevent;
6  void process_init(void)
7  {  lastevent = process_event_max;
8  }
9  #define process_event_max     0x8A
```

代码 5-48 第 2 行的 lastevent 用来记录最后一个分配出去的事件标识。第 6～9 行为在系统初始化 process_init 时，对事件变量 lastevent 赋初值 0x8A。该值为系统内部事件的边界点，系统内部事件的标识（0x80～0x89）都小于该值，而用户外部事件的标识都大于该值，从而避免新生成的用户标识与系统标识相同。因此，调用函数 process_alloc_event（代码 5-48 第 1 行），将获得新的用户标识值 0x8B。通过调试，可观察到新标识生成的过程如图 5-27 所示。

```
41      /* allocate the required event */
42      event_data_ready = process_alloc_event();
43        unsigned char event_data_ready = '.' (0x8B)
44      average = 0;
```

图 5-27　调试用户事件数据传递

新建立的用户事件标志的相关细节可参考 5.2.2 节。

③ 在代码 5-47 所示实例代码的第 24 行（等效图 5-28 所示调试界面的 55 行），调用函数 process_post 对目标进程发送事件，本例中的目标进程为 print_process。发送的数据内容包括事件标识 event_data_ready 和相关数据（传感器采集数据）。

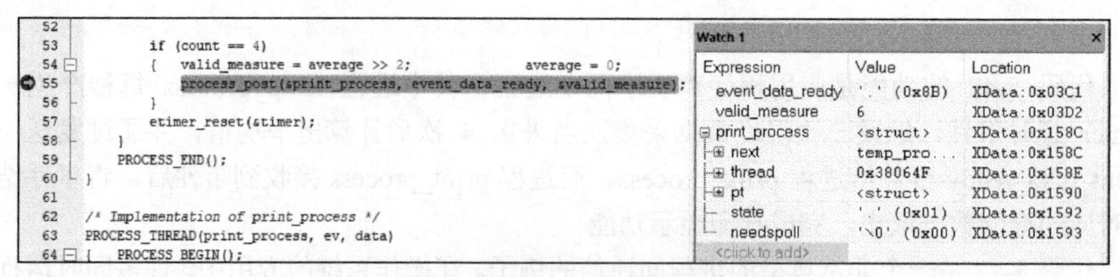

图 5-28　调试基于事件的进程间数据传递

④ 在代码 5-47 所示实例代码的第 33 行，阻塞的进程接收到事件，然后激活事件，同时可取出事件结构体中的数据。参考图 5-29 所示调试结果。

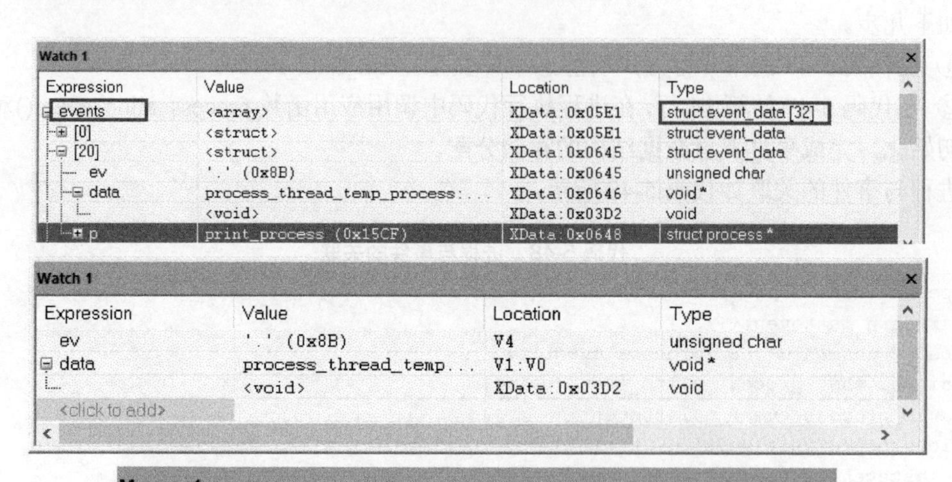

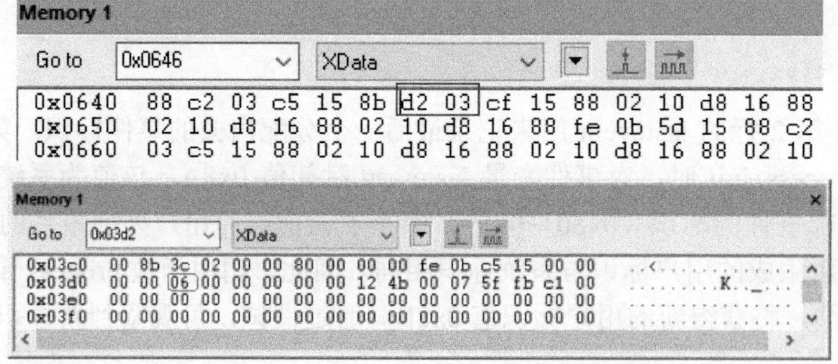

图 5-29　调试数据传递与存储的关系

图 5-29 显示，在事件数组中，events[20]为新建用户事件变量，包含的子变量为事件标识 ev=0x8B、接收事件的目标进程 p=print_process、进程间传递的数据 data。该变量地址的存储地址为 0x0646，观察存储查询工具可知，在存储地址 0x0646 存储着数据 data 的地址 0x03d2，进一步查询地址 0x03d2 可知，data 的值为 6。

代码调试过程的串口终端显示如图 5-30 所示。通过串口调试助手，也可查询到进程间传递数据的计算值。

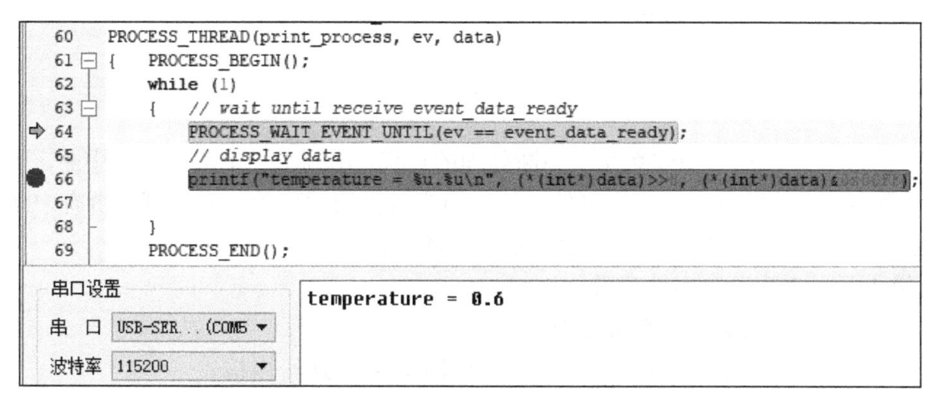

图 5-30　代码调试过程的串口终端显示

① 在 Contiki 操作系统中，多进程的通信协作主要是通过事件来实现的。Contiki 内核定义了一系列的系统事件，用户也可以自定义事件，但是不能和系统事件冲突。

② 进程执行函数 PROCESS_THREAD(pt, ev, data)的宏定义中，pt 为进程标记结构体，ev 为事件，data 为 void *类型，对应于传递的数据。

5.5.2　进程间通信与中断的关系

从本质上来看，所有嵌入式系统上的操作系统都是建立在硬件中断之上的。一般而言，操作系统上的用户应用程序，其实时性弱于操作系统的内核调度管理程序。为了确保操作系统的稳定性和系统安全性，操作系统的内核大多都对用户应用进程的中断响应函数进行约束。因为中断函数会和操作系统的调度内核竞争 CPU 的使用权，即哪一段代码被 CPU 优先执行。所以，为了协调竞争，操作系统应用往往压缩中断的运行时间，让大多数代码在系统内核的管理下运行。而 Contiki 操作系统的调度内核实质是一个以优先级最高的定时器为时间基准，定时轮询的系统。参考代码 5-49 所示中断实例。

代码 5-49　中断实例

```
//中断实例
1    static process_event_t keyev;
2    void key_Init(void)
3    {  GPIO_Init(KEY_PORT, KEY_PIN, GPIO_Mode_In_FL_IT);
4       EXTI_SetPinSensitivity(EXTI_Pin_2, EXTI_Trigger_Rising);
5    }
6    INTERRUPT_HANDLER(EXTI2_IRQHandler,10)
7    {   EXTI_ClearITPendingBit(EXTI_IT_Pin2);
8       keyev = process_alloc_event();
```

```
9       process_post(&demo_process,keyev,null);
10   }
11   PROCESS_THREAD(demo_process,ev, data)
12   {
13       PROCESS_BEGIN();
14       while (1)
15         {
16             PROCESS_YIELD();
17             if (PROCESS_EVENT_POLL == keyev){Ledon();   }
18             else    {         ASSERT(!"irq_process(): Bad event!.\r\n"); }
19         }
20       PROCESS_END();
21   }
```

代码 5-49 设计了一个操作系统下中断处理的过程，用到了一个输入按键中断。通过在中断响应函数中给系统发出一个用户事件，并在用户进程的循环轮询中检测是否有中断事件，从而建立中断与用户进程的通信与协作。代码 5-49 解释如下。

① 第 1 行：声明一个事件变量。

② 第 2～5 行：初始化一个按键中断。

③ 第 6～9 行：为按键事件分配不重复的标识，并发送给内核。

④ 第 17 行：通过进程轮询，知道是否发生按键中断。如果某时刻轮询事件为 keyev，就执行相应的中断关联动作 ledon()。

Contiki 中进程与中断的基本关系如图 5-31 所示。

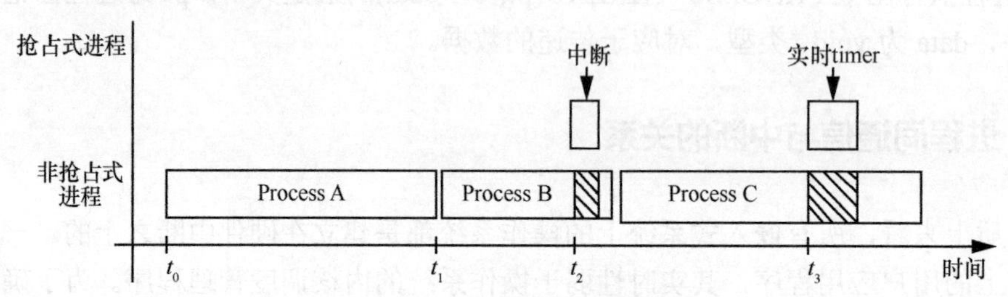

图 5-31　Contiki 中进程与中断的基本关系

由图 5-31 所示，所有的 Contiki 应用程序都以进程的形式封装起来，进程是 Contiki 系统中被常规执行的一个基本代码单元。当系统启动加载进程后，进程就开始不断重复地循环执行进程逻辑（循环模式是大多数进程的基本形式，运行一次就退出的进程是少数情况）。大多数进程在系统的调度周期内都不会被打扰，在调度周期结束后由系统内核来仲裁，决定优先级最高的就绪进程将在下一个调度周期运行。除了进程的自我阻塞，Contiki 系统中的大多数进程都是按照这种系统节拍 tick 的方式调度执行，如果没有就绪进程，系统则处于空闲状态。总的来说，Contiki 系统并不是一个实时操作系统，其实时性比较弱。如果有一些事件发生（比如一个定时器到期了，或者有一个外部中断事件产生），进程将会响应中断。这种中断的响应方式远远滞后于一些实时操作系统，并不支持中断嵌套等机制，所以该系统并不适用于实时应用。

在 Contiki 中，进程如何响应中断？根据响应机制的不同，可采用两种方式：合作式和抢占式。

① 合作式代码按顺序运行。合作式代码一旦运行就要运行到完成，然后其他合作式代码才能被调度运行。

② 抢占式代码可以在任何时刻暂停合作式代码。当抢占式代码暂停合作式代码后，合作式代码必须等到抢占式代码运行结束后才能再次恢复运行。

参考图 5-31 所示 Contiki 中进程与中断的基本关系，有如下分析。

t_1 时刻：ProcessA 在操作系统的节拍 tick 控制下，实现进程任务切换，退出 Process A 执行 Process B。此时的进程切换是由优先级最高的定时中断 tick 触发，系统内核调度实现的，属于合作式中断实现。

t_2 时刻：发生硬件中断，例如按键被按下，或 ADC 采样完成的硬件中断，这些中断的优先级一般都低于系统节拍 tick。此时，系统将会退出进程去执行中断响应程序。但中断程序一般不执行复杂的逻辑，大多是将数据或事件消息传递给内核，如代码 5-49 的第 8～9 行，再由内核通过事件传递消息或数据给对应的进程，而中断程序运行完成后，一般会返回到中断前的进程。这种类型的中断代码为强占式中断。此时，如果有多个中断发生，且不存在中断的嵌套，只有完成了一个中断的响应函数后，才会跳转到另一个中断的响应函数。

t_3 时刻：发生硬件中断，此时一般是一个 rtimer 定时器的定时中断，也属于强占式中断。这种情况比较特殊，主要是应用于一些实时性比较强的外部硬件中断。因为应用于实时需求，所以这部分中断代码一般不会太长，而且大多直接读写底层的硬件寄存器。执行完中断逻辑后，就返回 Process C。这种中断一般不会与用户进程有紧密的联系，没有进程间的消息和数据传递。因为，从本质上来说，Contiki 操作系统的进程调度没有太好的实时表现。

中断是硬件响应的基本形式，无论是有或无操作系统都需要面临中断。而操作系统的基本特性是内核调度，这是一个软件机制。理解中断与操作系统的关系，将有助于理解软硬件间的协调运作；同时，不同操作系统与中断间的协作方式也决定了操作系统的实时特性。

参考文献

[1] 彭连银. 基于 Contiki 的 WSN 节点重编程技术研究与设计[D]. 济南：山东大学, 2016.

[2] SABRI C, KRIAA L, AZZOUZ S L. Comparison of IoT constrained devices operating systems: a survey[C]//IEEE/ACS International Conference on Computer Systems & Applications. Piscataway: IEEE Press, 2017: 369-375.

[3] MUSADDIQ A, ZIKRIA Y B, HAHM O, et al. A survey on resource management in IoT operating systems[J]. IEEE Access, 2018, 6: 8459-8482.

[4] SILVA M, CERDEIRA D, PINTO S, et al. Operating systems for Internet of things low-end devices: analysis and benchmarking[J]. IEEE Internet of Things Journal, 2019, 6(6): 10375-10383.

[5] YANG Y, KUNLUN W, GUOWEI Z, et al. MEETS: maximal energy efficient task scheduling in homogeneous fog networks[J]. IEEE Internet of Things Journal, 2018, 5(5): 4076-4087.

[6] LEITHON J, LUIS A S, ANIS M M, et al. Task scheduling strategies for utility maximization in a renewable-powered IoT node[J]. IEEE Transactions on Green Communications and Networking, 2020, 4(2): 542-555.

[7] WUNDERLICH S, CABRERA J A, FITZEK F H P, et al. Network coding in heterogeneous multicore IoT nodes with DAG scheduling of parallel matrix block operations[J]. IEEE Internet of Things Journal, 2017, 4(4): 917-933.

第6章

Contiki 协议栈

6.1 Contiki 的网络协议栈

6.1.1 Contiki 网络协议栈的系统结构

（1）系统结构

在 Contiki 操作系统中，集成了两种类型的无线传感器网络协议栈：uIPv6 和 Rime，其结构如图 6-1 所示。由图 6-1 可知，Contiki 支持多种物理层接口，除了传统的有线 Ethernet、Wi-Fi、蓝牙通信外，最重要的应用接口是支持低功耗的 IEEE 802.15.4 协议通信。而在物理层之上的应用程序可以使用其中任一个或者同时使用两个协议，另外，uIPv6 协议可以在 Rime 上运行，反之一样。Rime 相对处于底层，而 uIPv6 协议处于高层。Contiki 网络协议栈的更多细节可参考官网。

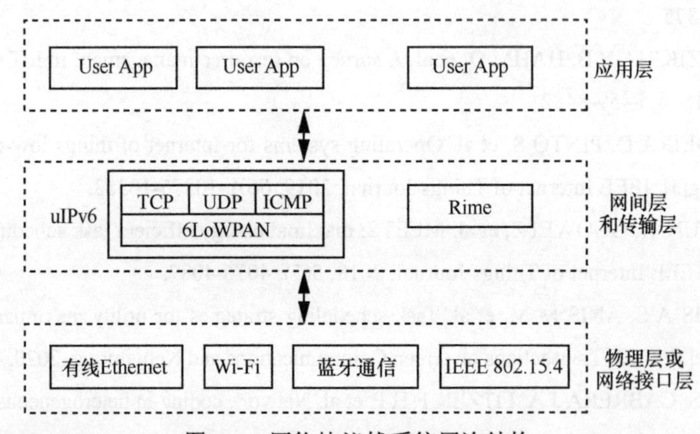

图 6-1 网络协议栈系统层次结构

Rime 是一个为低功耗无线传感器网络设计的轻量级协议栈。该协议栈的最大特点就是轻量、功能丰富、结构灵活。从功能上来看，该协议栈提供了大量的通信原语，能够实现从简单的一跳广播通信，到复杂的可靠多跳数据传输等通信功能，适用于多种网络应用。而且 Rime 支持路由功能，通过 mesh 路由协议可实现路由配置。因此，可以明确地说，Rime 栈功能丰富并且全面。从结构上来看，Rime 基于模块化的设计思想，设计了接口清晰的精简模块。每个模块的代码都很小，但可以通过 API 灵活地组织构建通信结构。不同的应用（例如从单播到多跳广播），可以采用不同的模块和结构。甚至同一种应用（例如多跳），也可以采用不同的模块和结构。因此，Rime 具有结构灵活的特点。但为了实现代码精简和功能丰富的特点，该协议栈牺牲了对相应标准规范的支持。具体表现就是，Rime 主要应用于专有的个域网内部通信，不能直接和 Internet 通信。另外，该协议栈主要应用于资源受限的平台，因此网络实现并不是完全遵循标准的 7 层 OSI 网络模型，具有清晰明确的层次结构。例如，Rime 中的模块就实现了链路层、网络层到传输层的功能，甚至还包含了路由的功能。准确地说，Rime 就是一个简单实用的私有协议栈。

uIP 是一个小型的符合 RFC 规范的 TCP/IP 协议栈，因此，配置 uIP 的 Contiki 可以直接和 Internet 通信。uIP 包含了 IPv4 和 IPv6 这两种协议栈版本，支持 TCP、UDP、ICMP 等协议，但是编译时只能二选一（IPv4 或 IPv6），不可以同时使用。对于 IPv6，Contiki 支持 6LoWPAN、RPL、Coap 协议，可以使用无线自组网，符合 IETF 相应的标准规范，并且由 IPSO 组织负责物联网应用推广工作。uIP 本身只可以实现单播路由，如果要实现多跳路由，需要通过 RPL 协议。

（2）系统的代码结构

在 Contiki 操作系统中，系统的主函数简化代码如代码 6-1 所示。

代码 6-1　Contiki 系统的主函数简化代码

```
// \Contiki_cc2530\platform\wsn2530\Contiki-main.c
1    static CC_AT_DATA uint16_t len; //全局静态变量
2    void hardware_init()//系统硬件初始化
3    {   clock_init();
4        soc_init();   //ea=1
5        stack_poison();
6        rtimer_init();
7        ctimer_init();
8    }
9    void NETSTACK_Receive(void)
10   {   len = NETSTACK_RADIO.pending_packet();
11       if(len)
12       {   packetbuf_clear();
13           len = NETSTACK_RADIO.read(packetbuf_dataptr(), PACKETBUF_SIZE);
14           if(len > 0)
15           {   packetbuf_set_datalen(len);
16               NETSTACK_RDC.input();
17           }
18       }
19   }
20   int main (void)
21   {   uint8_t r;
22       hardware_init();  //系统硬件初始化
```

```
23        device_init();  //应用程序硬件初始化
24        process_init();
25        process_start(&etimer_process,NULL);
26        //初始化网络栈
27        netstack_init();
28        set_rf_params();
29        #if NETSTACK_CONF_WITH_IPv6
30        memcpy(&uIP_lladdr.addr,&linkaddr_node_addr,sizeof(uIP_lladdr.addr));
31        queuebuf_init();
32        process_start(&tcpip_process,  NULL);
33        #endif /* NETSTACK_CONF_WITH_IPv6 */
34        autostart_start(autostart_processes);
35        while(1)
36        {    do {r = process_run();  } while(r > 0);
37            NETSTACK_Receive();
38        }
```

代码 6-1 所示代码只是为了说明系统运行的原理，是简化后的代码。其包含了基本的框架，而且主要针对物联网节点应用的主流芯片 CC2530。为了便于理解该部分代码，可参考如图 6-2 所示的软件流程。

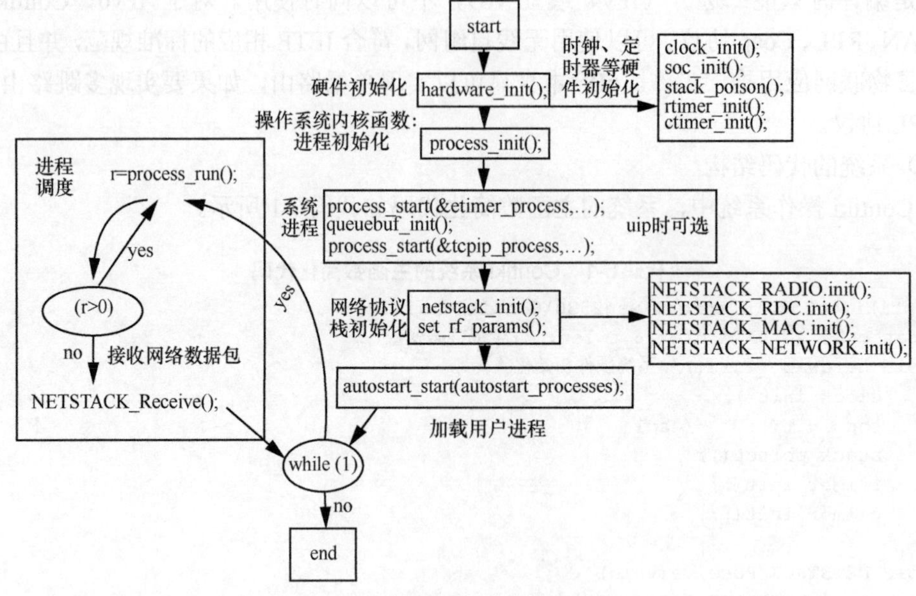

图 6-2　主线程代码结构和流程

由图 6-2 可知，系统的主函数代码包括如下几个部分。

① 系统硬件初始化：hardware_init()，参考代码 6-1 的第 22 行。函数的逻辑代码参考代码 6-1 的第 2～8 行，这部分代码实质上是 CPU 正常启动必须配置的系统硬件初始化代码，如堆栈、系统实钟、专有定时器的初始化配置等。且这部分代码要求最先完成，而且针对不同硬件平台会有微小差异，主要涉及硬件平台支持的时钟、定时器和通信模块的不同，并不包括硬件平台的通用外设初始化。一般而言，应用层的通用外设，如传感器采集模块、执行部件驱动模块等，主要与应用有关，而与 Contiki 操作系统的正常运行和网络通信关系不紧密，这部分代码一般在代码 6-1 的第 23 行实现。

② 操作系统的进程初始化：process_init()。这是 Contiki 操作系统启动的第一步，负责初始化配置进程链表、事件队列等参数。

③ 启动运行系统进程。Contiki 操作系统的很多进程都调用了 etimer 定时器，因此需要一个系统进程 etimer_process 来管理整个系统的 etimer 定时器。对于 uIPv6 的应用，还需要启动系统进程 tcpip_process。参考代码 6-1 的第 25 行和第 32 行。

④ 网络协议栈初始化：netstack_init()。Contiki 操作系统的网络协议栈已经被封装好了，无论是在系统配置文件中选择 Rime 栈还是 uIP 栈，都需要通过接口函数 netstack_init()来实现协议栈底层的初始化配置。该函数源码如代码 6-2 所示。

代码 6-2　网络协议栈初始化 netstack_init

```
//\core\net\netstack.c
1    void netstack_init(void)
2    {    NETSTACK_RADIO.init();
3         NETSTACK_RDC.init();
4         NETSTACK_MAC.init();
5         NETSTACK_NETWORK.init();
6    }
```

上述接口函数主要完成了如图 6-3 所示的网络协议栈功能。

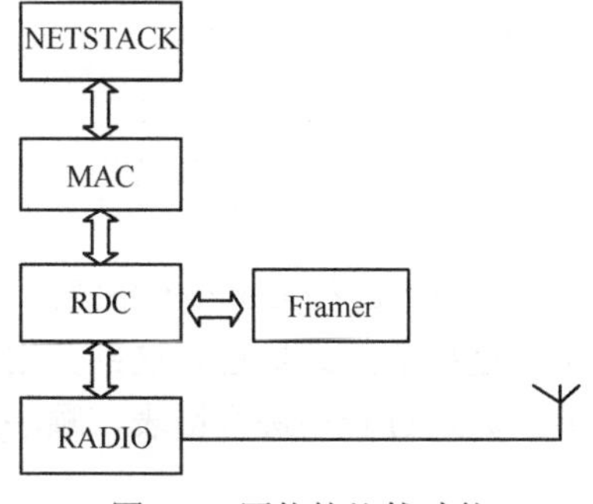

图 6-3　网络协议栈功能

各模块功能介绍如下。

NETSTACK：网络协议栈顶层接口函数。

MAC：数据链路层初始配置。

RDC（Radio Duty Cycling）：周期性访问 Radio 射频单元。射频收发模块工作时，功耗较大。为了减少功耗，有必要周期性地关闭射频收发模块。在大多数时间里，模块处于休眠状态。只有在收发工作时，才唤醒。对于大多数低功耗物联网节点，都采用 RDC 模式。

Framer：完成对数据帧的打包和解析。

RADIO：主要完成物理层无线数据的收发通信和控制。这是无线通信的最底层，接收和发送的数据包都是暂存在数据包缓冲区的。

上述物理层、链路层等驱动的实际指向需要在系统配置文件 Contiki-conf.h 中配置，如代码 6-3 所示。

代码 6-3　系统的网络接口配置

```
//\platform\Contiki-conf.h
1    #define NETSTACK_CONF_MAC       csma_driver
2    #define NETSTACK_CONF_RDC       nullrdc_driver
3    #define NETSTACK_CONF_RADIO     cc2530_rf_driver
4    #define NETSTACK_CONF_FRAMER    framer_802154
```

从功能实现来看，协议栈接口函数 netstack_init()实现了网络通信中物理层和 MAC 层的部分功能。对于硬件平台的开发来说，需要结合具体的 CPU 通信模块，编写硬件驱动程序。如果是采用 CC2530，需要关注该芯片的射频模块，配置射频驱动寄存器。如果是作为路由器选择有线网卡，同理需要关注该网卡的收发 FIFO 地址。因此，这部分的代码是与硬件紧密相关的。但对于大多数应用开发人员来说，因为芯片厂商都会提供这部分驱动代码，所以应用开发的工作主要是配置代码，将协议栈的初始化接口函数通过宏定义或简单调用指向底层的驱动函数，实现网络协议栈上层逻辑与底层硬件的正常通信。对于 CC2530 的物理层接口，参考代码 6-3 的第 3 行，指向数据结构 cc2530_rf_driver，该静态变量执行实际的物理层硬件驱动函数，可参考代码 6-4。其中，init、send、read 等子变量都是驱动子函数的入口地址。

代码 6-4　CC2530 的射频驱动接口

```
//cc2530 的射频驱动接口
1    const struct radio_driver CC2530_rf_driver = {
2      init, prepare,transmit,send,read,
3      channel_clear,receiving_packet,pending_packet,
4      on,off,get_value,set_value,get_object,set_object
5    };
```

⑤ 用户进程的加载：autostart_start()。在 Contiki 系统的 Protosocket 进程应用中，大多数用户逻辑和网络通信任务都是以进程的形式描述，这部分用户进程在系统上电复位后，都是通过该函数来加载启动的。该函数通过查询进程链表，顺序加载进程。细节可参考操作系统基础的相关内容。

⑥ 系统主线程的死循环中包括两个函数：进程调度 process_run()和网络数据包的接收操作函数 NETSTACK_Receive()。参考代码 6-5，接收射频数据包是从最底层开始接收的。

代码 6-5　接收射频数据包

```
1    void NETSTACK_Receive(void)
2    {    len = NETSTACK_RADIO.pending_packet();
3         if(len)
4         { packetbuf_clear();
5             len = NETSTACK_RADIO.read(packetbuf_dataptr(),PACKETBUF_SIZE);
6             if(len > 0)
7             { packetbuf_set_datalen(len);
8                 NETSTACK_RDC.input();
9             }
10        }
11   }
```

代码 6-5 解释如下。

① 第 2 行：检查要接收的数据包长度 len，该行代码实际上是运行物理层驱动接口 cc2530_rf_driver 的子函数 pending_packet()，查询是否有新数据到达。

② 第 4 行：清空数据包缓冲区。

③ 第 5 行：根据数据长度 len 读取数据，并将数据放入数据包缓冲区 packetbuf 中。

④ 第 8 行：将收到的数据包传递给协议栈的上层结构，Radio 层的上层即 RDC 层。

6.1.2 基本数据结构

（1）NETSTACK_NETWORK

在 Contiki 操作系统中，网络通信首先需要配置选择哪一种网络协议栈。这是通过结构数据 NETSTACK_NETWORK 来配置的，如代码 6-6 所示。

代码 6-6　数据结构 network_driver

```
1    struct network_driver
2    {   char *name;
3        void (* init)(void);//初始化 network_driver 的函数指针
4        void (* input)(void);};//回调函数指针 Callback for incoming packet
5    extern const struct network_driver NETSTACK_NETWORK;
6    extern const struct network_driver sicsLoWPAN_driver, Rime_driver;
7    const struct network_driver sicsLoWPAN_driver=//uIP(IPv6)
8    { "sicsLoWPAN",    sicsLoWPAN_init,    input };
9    conststruct network_driver Rime_driver ={ "Rime",    init,    input};
10   #define NETSTACK_NETWORK Rime_driver
```

代码 6-6 解释如下。

① 第 1～4 行：定义了网络协议栈的数据结构 network_driver。

② 第 5 行：定义了网络协议栈的数据实例对象 NETSTACK_NETWORK。

③ 第 6 行：分别为两个网络协议栈（uIPv6 和 Rime）定义两个的数据对象。

④ 第 7～9 行：分别为两个网络协议栈（uIPv6 和 Rime）的数据对象赋值。

⑤ 第 10 行：在系统配置文件（Contiki-conf.h）中，定义系统选择哪一个协议栈。

（2）节点地址标识

无论哪个协议栈，都得解决一个根本问题：如何标识不同的设备，即编址。例如，在计算机网络中，用端口号标识同一台主机不同的进程，用 IP 地址标识不同的主机，用 MAC 唯一标识网卡。同样，网络协议栈也需对不同节点进行标识，其用联合体 union linkaddr_t 进行描述，如代码 6-7 所示。

代码 6-7　节点地址

```
//文件路径\Contiki-3.0\core\net\linkaddr.c
1     typedef union
2     {   unsigned char u8[LINKADDR_SIZE];
3     #if LINKADDR_SIZE == 2
4         uint16_t u16;
5     #endif /* LINKADDR_SIZE == 2 */
6     } linkaddr_t;// 16 bit 短地址 linkaddr_t 的定义
7     typedef union
8     {   uint8_t u8[8];
9         uint16_t u16[4];
10    } linkaddr_extended_t; //64 bit 扩展地址定义
11    linkaddr_t  linkaddr_node_addr;  //表示本节点的 Rime 地址
```

```
12   #if LINKADDR_SIZE == 2
13       const linkaddr_t linkaddr_null = { { 0,0 } };//一个空地址
14   #else /*LINKADDR_SIZE == 2*/
15       #if LINKADDR_SIZE == 8
16           const linkaddr_t linkaddr_null = {{0,0,0,0,0,0,0,0}};
17       #endif /*LINKADDR_SIZE == 8*/
18   #endif /*LINKADDR_SIZE == 2*/
```

代码 6-7 解释如下。

① 第 6 行和第 10 行：在 Contiki 中，网络节点的地址有两种定义，linkaddr_t 和 linkaddr_extended_t。之所以有两种地址定义，是为了兼容更多的 MAC 层协议，比如在 IEEE 802.15.4 协议中，就规定了 16 bit 短地址模式和 64 bit 扩展地址模式。其中，Rime 栈中使用 16 bit 的短地址，而在 uIPv6 中使用 64 bit 的长地址。

② 第 11 行：linkaddr_node_addr 表示本节点的 Rime 地址。需要注意的是，不要直接对该地址进行修改，而要通过函数 linkaddr_set_node_addr()修改。

③ 第 13 行和第 16 行：linkaddr_null 表示一个空地址。空地址主要用于路由表，以确定表的入口是否被占用。如果一个节点没有配置地址，那么它的地址就是空地址。如果节点的地址为空，那么它就无法与其他节点通信。默认情况下，每个运行 Contiki 的设备都会被 Contiki 自动设置一个节点地址。

参考代码 6-8，在应用 uIPv6 协议栈时，多用 64 bit 的长地址；而采用 Rime 协议栈时，则使用 16 bit 的短地址。

代码 6-8　地址定义

```
1    #ifdef LINKADDR_CONF_SIZE
2        #define LINKADDR_SIZE LINKADDR_CONF_SIZE
3    #else /* LINKADDR_SIZE */
4        #define LINKADDR_SIZE 2
5    #endif /* LINKADDR_SIZE */
6    #if NETSTACK_CONF_WITH_IPv6
7        #define LINKADDR_CONF_SIZE   8
8        #define uIP_CONF_ICMP6       1
9        #define uIP_CONF_UDP         1
10       #define uIP_CONF_TCP         1
11       #define NETSTACK_CONF_NETWORK      sicsLoWPAN_driver
12       #define SICSLOWPAN_CONF_COMPRESSION SICSLOWPAN_COMPRESSION_HC06
13   #else
14   //ip4 应该建立，但未经测试
15       #define LINKADDR_CONF_SIZE   2
16       #define NETSTACK_CONF_NETWORK      Rime_driver
17   #endif
```

例如，CC2530 可以采用芯片内部的 X_IEEE_ADDR 地址作为长地址，而地址高 2 bit 作为短地址，如代码 6-9 所示。

代码 6-9　CC2530 的芯片内部地址

```
1    #define  X_IEEE_ADDR  XREG(0x780C)  //唯一 IEEE 地址的开始
2    #if CC2530_CONF_MAC_FROM_PRIMARY
3      unsigned char volatile __xdata *macp = &X_IEEE_ADDR;
4    #else
```

```
5      unsigned char __code *macp = (unsigned char __code *)0xFFE8;
6    #endif
7    for(i = 7; i >= 0; --i) { ext_addr[i] = *macp;     macp++;  }
8    short_addr = ext_addr[7];
9    short_addr |= ext_addr[6] << 8;
```

通过调试可以看到，CC2530 芯片 MAC 地址的配置过程如图 6-4 所示。

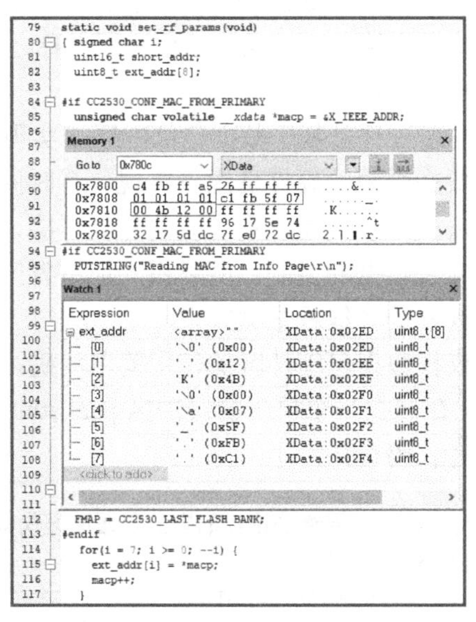

图 6-4　调试节点地址

（3）数据包缓冲区 packetbuf

在网络通信系统中，无论是采用 RIME 栈或 uIPv6 网络协议栈，都是采用层次结构。例如，uIPv6 网络协议栈就是采用如图 6-5 所示的层次结构。

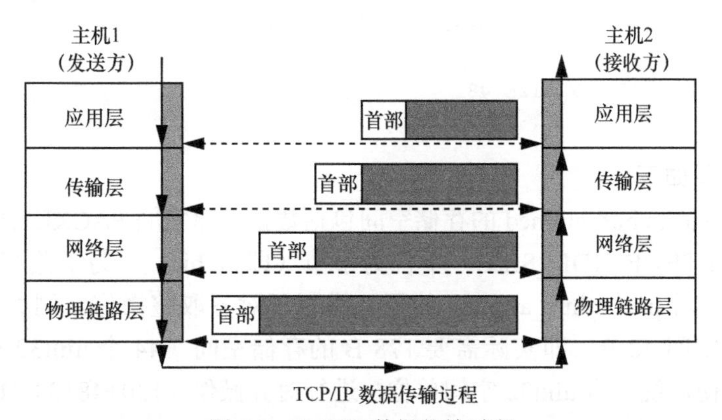

图 6-5　TCP/IP 数据传输过程

由图 6-5 可知，数据包在各通信层间传输，其实质是发送方基于数据包的一层层信息“封装”和接收方对数据包的一层层信息“解包”过程。这样不仅方便实现和维护，而且由于采用模块化的设计，隔离了层与层之间的变动，系统也比较安全可靠。

当发送方的每一层收到其上一层传来的数据后，都要加上本层的首部，然后再传给其下一层。这一层并不知道上一层给它的数据中哪些是用户需要发送的真正数据，它把上一层的协议首部和数据都看成自己的数据。这个过程就称之为“封装”。比如网络层的 IP 接收到传输层 TCP 送过来的数据后，它并不知道传输的是 FTP 还是 HTTP 或其他应用层协议的内容，只知道传过来的数据都是 TCP 数据，因此它增加一个 IP 首部，在首部的协议字段中填写 TCP 值，并且填写好总长度，校验和等选项后送给物理链路层的以太网协议。以太网层软件再在所有数据前增加一个以太网帧首部后发送出去。在接收方每一层收到相邻的下一层送来的数据后，将本层协议的首部去掉后交给其上一层。这个过程就称之为“解包”。经过层层剥离后，真正的数据交给等待数据的应用程序。

在具体的代码实现上，上述过程是基于数据包缓冲区来实现的。Contiki 是一个嵌入式操作系统，其网络协议栈也需要在受限的硬件资源下实现。有时候，网络协议栈只有几千字节的 ROM 或几百字节的 RAM 资源，因此，系统的硬件处理层、协议栈层和应用层都只能共用一个全局缓存区。因为不存在数据的复制，所以极大地节省空间和时间。当然这种协议栈也无法实现传统大型网络协议栈的多线程数据收发功能。

在 Contiki 中，网络协议栈数据包缓冲区的作用简单明确，就是将要发出和已经收到的数据包（包括数据和包属性）存储在一个单一的缓冲区 packetbuf 中，然后系统函数通过响应事件来实现网络的通信，参考代码 6-10。

代码 6-10　网络协议栈的数据包缓冲区代码

```
//文件路径：\Contiki-3.0\core\net\packetbuf.c
1    static uint32_t packetbuf_aligned[(PACKETBUF_SIZE+PACKETBUF_HDR_SIZE+3)/4];
2    static uint8_t *packetbuf = (uint8_t *)packetbuf_aligned;
3    #ifdef PACKETBUF_CONF_SIZE
4        #define PACKETBUF_SIZE PACKETBUF_CONF_SIZE
5    #else
6        #define PACKETBUF_SIZE 128
7    #endif
8    #ifdef PACKETBUF_CONF_HDR_SIZE
9      #define PACKETBUF_HDR_SIZE PACKETBUF_CONF_HDR_SIZE
10   #else
11     #define PACKETBUF_HDR_SIZE 48
12   #endif
```

代码 6-10 解释如下。

① 第 1 行：packetbuf_aligned 的存储空间包括数据存储空间 PACKETBUF_SIZE 和头部存储空间 PACKETBUF_HDR_SIZE，单位为字节（即 8 bit）。为了兼容不同字长（8 或 16 bit）的系统，对 packetbuf_aligned 的尾部进行了对齐取整操作。例如，需要的数据空间 130 B，头部空间 48 B，即实际需要 178 B 的存储空间（44 个 uint32 空间+1 个 uint16 空间），为了方便，统一为 uint32 空间单位，进行对齐操作（130+48+3）/4=45，占用 45 个 uint32 空间。

② 第 2 行：数据包缓冲区的首地址为 packetbuf。

③ 第 6 行和第 11 行：缺省情况下，数据存储空间为 128 B，头部空间为 48 B。

由代码 6-10 所示源码可知，缓冲区 packetbuf 由头部和数据两部分组成。为了便于读写缓冲区的数据，系统定义了几个属性参数，如代码 6-11 所示。

代码 6-11　数据包缓冲区的属性参数

```
1    static uint16_t buflen,  bufptr;
2    static uint8_t hdrptr;//头部指针
3    static uint8_t *packetbufptr;//整型指针，缓冲区数据部分起始地址
4    struct packetbuf_attr packetbuf_attrs[PACKETBUF_NUM_ATTRS];//包属性数组
5    struct packetbuf_addr packetbuf_addrs[PACKETBUF_NUM_ADDRS];//包属性地址数组
6    typedef uint16_t packetbuf_attr_t;
7    struct packetbuf_attr { packetbuf_attr_t val;}; //包属性的结构 uint16_t
8    struct packetbuf_addr { linkaddr_t addr;}; //包地址的结构 16/64
9    #define PACKETBUF_NUM_ATTRS (PACKETBUF_ATTR_MAX-PACKETBUF_NUM_ADDRS)
10   #if NETSTACK_CONF_WITH_RIME
11       #define PACKETBUF_NUM_ADDRS 4
12   #else /* NETSTACK_CONF_WITH_RIME */
13       #define PACKETBUF_NUM_ADDRS 2
14   #endif /* NETSTACK_CONF_WITH_RIME */
```

代码 6-11 解释如下。

① 第 1 行：buflen 指缓冲区数据包使用的空间长度，bufptr 指缓冲区数据段的偏移，其初始值为 0（即缓冲区数据部分起始处），随着数据增加，bufptr 往后移。

② 第 2 行：hdrptr 为头部数据的偏移。

③ 第 3 行：packetbufptr 是整型指针，指向缓冲区数据部分的起始地址。

④ 第 4 行：包属性数组，其结构定义在第 7 行，实质上是 16 bit 的无符号整型。

⑤ 第 5 行：包属性地址数组，其结构定义在第 8 行，实质上是一个 16 bit（Rime 地址）或 64 bit（IPv6 地址）的结构。

⑥ 第 9 行：PACKETBUF_ATTR_MAX 是数据包缓冲属性类型枚举变量的最后一个枚举元素，其值为 28，PACKETBUF_NUM_ADDRS=4，所以 PACKETBUF_NUM_ATTRS 值为 24。

⑦ 第 10～14 行：定义 PACKETBUF_NUM_ADDRS。

发送数据时的缓冲区处理过程如图 6-6 所示。

由图 6-6 可知，在系统初始化时，通过宏定义可以为数据包缓冲区分配空间。例如，缓冲区头部空间为 48 B，数据区空间为 128 B，即数据包缓冲区大小为 176 B（44 个 uint32 空间）。通过系统的变量定义，分配存储空间，获得两个存储区地址：缓冲区的首地址 packetbuf 和数据部分的首地址 packetbufptr。缓冲区初始化后，缓冲区没有数据包，数据包长度 buflen=0。此时（参考图 6-6 上侧的初始状态时），数据段的偏移地址 bufptr=0，头部段的偏移地址 hdrptr=48，具体代码可参考相关函数 packetbuf_clear()和 packetbuf_clear_hdr()。注意：从变量名来看，hdrptr、bufptr 都是指针类型变量。但实际上不是，根据定义可知它们是整型变量（前者为 uint8_t，后者为 uint16_t）。当有数据包需要发送时，例如待发送数据包的头部为 8 B，数据区数据长度 buflen=48 B（参考图 6-6 中部的发送数据加载到缓冲区）。调用函数 packetbuf_hdralloc()定位头部偏移位置。然后，调用函数 packetbuf_copyto_hdr(*head)，将一个内存区的头部信息内容复制到缓冲区的头部；同时，可调用 packetbuf_copyfrom()复制待发送数据到缓冲区数据段。当发送数据后，需要卸载缓冲区。例如，卸载数据区空间为 *n*。参考图 6-6 最下侧，此时调用函数 packetbuf_copyto()卸载缓冲区数据段，缓冲区长度减小 *n*。如果需要卸载头部，则调用 packetbuf_hdr_remove()卸载头部，向右偏移头部指针，hdrptr+头部数据量。

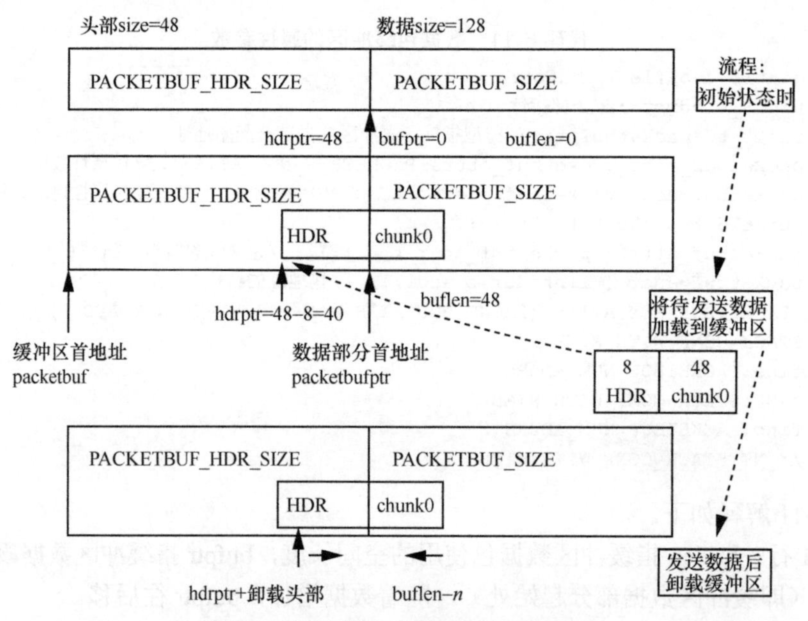

图 6-6　发送数据时的缓冲区处理过程

需要注意的是：缓冲区的使用是贯穿整个数据发送过程的，而数据包缓冲区模块只提供了最基础的入口和出口操作，即上述的发送数据加载大多位于网络传输的顶层应用层，而数据卸载基本上位于发送数据的出口，即物理层操作后就卸载。而中间层的头部封装工作则在中间层来实现，即数据段不变，只增加头部信息。

对于缓冲区操作函数，可以参考代码 6-12。

代码 6-12　缓冲区操作函数

```
1    int packetbuf_hdralloc(int size)
2    {  if(hdrptr >= size && packetbuf_totlen() + size <= PACKETBUF_SIZE)
3        {    hdrptr -= size;    return 1;  }
4        return 0;
5    }
6    int packetbuf_copyto_hdr(uint8_t *to)
7    { memcpy(to,packetbuf + hdrptr,PACKETBUF_HDR_SIZE-hdrptr);
8      return PACKETBUF_HDR_SIZE - hdrptr;
9    }
10   int packetbuf_copyfrom(const void *from,uint16_t len)
11   { uint16_t l;
12     packetbuf_clear();
13     l = len > PACKETBUF_SIZE? PACKETBUF_SIZE: len;
14     memcpy(packetbufptr,from,l);
15     buflen = l;
16     return l;
17   }
18   void packetbuf_hdr_remove(int size){  hdrptr += size;   }
19   int packetbuf_copyto(void *to)
20   { if(PACKETBUF_HDR_SIZE - hdrptr + buflen > PACKETBUF_SIZE) {   return 0;  }
21     memcpy(to,packetbuf + hdrptr,PACKETBUF_HDR_SIZE - hdrptr);
22     memcpy((uint8_t *)to+PACKETBUF_HDR_SIZE-hdrptr,packetbufptr+bufptr,buflen);
23     return PACKETBUF_HDR_SIZE - hdrptr + buflen;
```

```
24   }
25   int packetbuf_hdrreduce(int size)
26   {  if(buflen < size) {    return 0;  }
27     bufptr += size;    buflen -= size;
28     return 1;
29   }
```

代码 6-12 解释如下。

① 第 10～15 行：函数 packetbuf_copyfrom 加载数据到缓冲区，首先需要调用 packetbuf_clear()，清空缓冲区。第 14 行是将地址为 from、长度为 1 的数据队列，复制或加载到缓冲区。

② 第 18 行：卸载一个头部数据是从左侧开始卸载的，卸载的顺序是先进后出的原则，即先卸载最近加载的头部。

③ 第 19 行：卸载缓冲区。

④ 第 21 行：在发送缓冲时，卸载缓冲区头部，并将头部数据发送到目标模块。

⑤ 第 22 行：在发送缓冲时，卸载缓冲区数据段，并将数据段数据发送到目标模块。当成功执行完该行代码时，缓冲区的全部数据已经发送完成。虽然缓冲区内还保存有数据，但该数据已经没有缓冲价值，所以再次执行加载数据时，需要先运行 packetbuf_clear（）函数，确保缓冲区为空。

⑥ 第 25～29 行：在处理接收数据时，需要卸载一个头部数据，则调用函数 packetbuf_hdrreduce，不仅改变数据段的头部偏移，还改变数据段的长度。因为在接收数据缓冲时，头部和数据段都加载在缓冲区的数据段。

从代码原理来看，Contiki 协议栈的缓冲区比较小，并不适用于复杂的加载叠加机制。每次加载都是加载到空缓冲区中，处理完数据就清空缓冲区。同时，也不存在发送数据缓冲和接收数据缓冲同时并存的情况，基本上来说，发送和接收数据的频次和数据量都不大。但从实际实现来看，数据段的大小 PACKETBUF_SIZE 可以根据应用需要配置为较大的值，允许加载多个网络数据包，即待加载数据 from 可以包含多个数据包：chunk0，chunk1，…，chunk*s*。

接收数据时的缓冲区处理过程如图 6-7 所示。

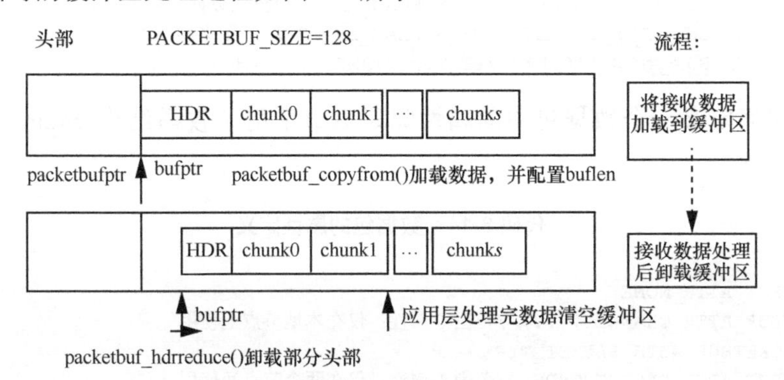

图 6-7 接收数据时的缓冲区处理过程

在接收数据的过程中，所有层间数据都存储加载在缓冲区的数据段，包括接收的头部和数据段，参考图 6-7 上侧的数据加载部分。而在接收数据的最后阶段，应用层获取了数据后，就可以调用函数清空缓冲区。对于数据接收过程，缓冲区模块也只提供了最基本的入口加载函数和头部偏移函数。接收过程实际上是一个数据包解封装的过程，即头部拆解。因此，模块提供了函数 packetbuf_hdrreduce()，为各层拆解头部服务。

总的来看，在数据的发送和接收过程中，缓冲区的操作流程如图 6-8 所示。

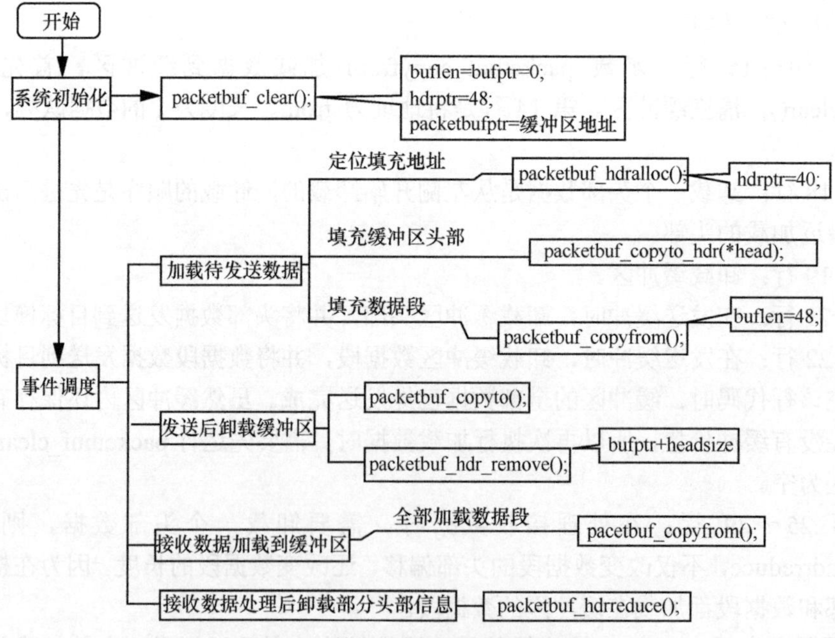

图 6-8　数据包缓冲区的操作流程

为了减少传输的属性数据量，同时兼容多种协议，缓冲区定义了一个属性数据结构。首先，定义了数据包的分类，如代码 6-13 所示。

代码 6-13　数据包的分类

```
1    #define PACKETBUF_ATTR_PACKET_TYPE_DATA       0 //数据
2    #define PACKETBUF_ATTR_PACKET_TYPE_ACK        1 //应答
3    #define PACKETBUF_ATTR_PACKET_TYPE_STREAM     2 //流式数据
4    #define PACKETBUF_ATTR_PACKET_TYPE_STREAM_END 3 //流数据尾标识
5    #define PACKETBUF_ATTR_PACKET_TYPE_TIMESTAMP  4 //时间戳
```

其次，如何定义一个数据包中的属性呢？本节采用了枚举结构 enum，如代码 6-14 所示。

代码 6-14　数据包的属性定义

```
1    enum {
2      PACKETBUF_ATTR_NONE,
3      PACKETBUF_ATTR_CHANNEL,...,//范围 0 属性：仅在本地节点上使用
4      #if PACKETBUF_WITH_PACKET_TYPE
5      PACKETBUF_ATTR_PACKET_TYPE,//范围 1 属性：仅在两个节点间使用
6    #endif
7    #if NETSTACK_CONF_WITH_RIME
8      PACKETBUF_ATTR_PACKET_ID,...,
9    #endif /* NETSTACK_CONF_WITH_RIME */
```

```
10    PACKETBUF_ATTR_PENDING,PACKETBUF_ATTR_FRAME_TYPE,
11  #if LLSEC802154_SECURITY_LEVEL
12      PACKETBUF_ATTR_SECURITY_LEVEL,...,
13  #if LLSEC802154_USES_EXPLICIT_KEYS
14         PACKETBUF_ATTR_KEY_ID_MODE,...,
15  #endif /* LLSEC802154_USES_EXPLICIT_KEYS */
16  #endif /* LLSEC802154_SECURITY_LEVEL */
17  #if NETSTACK_CONF_WITH_RIME
18    PACKETBUF_ATTR_HOPS,...,//范围 2 属性：仅在端到端节点间使用
19  #endif /* NETSTACK_CONF_WITH_RIME */
20    /* These must be last */
21    PACKETBUF_ADDR_SENDER,PACKETBUF_ADDR_RECEIVER,
22  #if NETSTACK_CONF_WITH_RIME
23    PACKETBUF_ADDR_ESENDER,PACKETBUF_ADDR_ERECEIVER,
24  #endif /* NETSTACK_CONF_WITH_RIME */
25    PACKETBUF_ATTR_MAX
26  };
```

参考代码 6-14 所示的源码，将所有属性构成一个枚举类型。实际上是将所有属性转化为一系列数值，当数据包传输时只传输较小数据量的数值。

为了便于处理文件系统的操作，系统在包缓冲区的基础上提供了二次缓存 queuebuf，可以进行一些基于上层应用文件的操作。本节不再展开阐述，细节可参考源码\core\net\queuebuf.c。

6.2　Rime 的结构与实现

6.2.1　Rime 的结构

（1）Rime 的研究背景

传统的分层通信架构很难满足资源受限的传感器网络，于是，研究者转向跨层优化（比如将数据聚合顶层的功能放在底层实现），但这导致系统变得更脆弱以及难以控制。传统分层通信结构再次得到重视。同时研究发现，传统分层效率几乎可以与跨层优化相媲美。Rime 就是在这样的背景中开发出来。

除适用于资源受限场景的目标外，还需要考虑应用的多样性。因为，无线传感器网络应用领域的多样化，导致不同应用的差异较大，很难用一种协议满足所有的需求。因此 Rime 协议就是通过提供一系列的基于功能分层的组件模块，而且要求这些功能模块短小精干，接口标准便于集成，便于用户根据需要选择部分模块，实现的特定功能的应用。

（2）Rime 架构

在使用 Rime 协议栈时，需要先在系统配置文件中定义栈配置，即#define NETSTACK_CONF_NETWORK Rime_driver

因此，在函数 main()中，网络协议栈初始化函数 NETSTACK_NETWORK.init()；在 Rime 应用中，实际运行函数为 Rime_driver.init()。Rime 驱动初始化如代码 6-15 所示。

代码 6-15　Rime 驱动初始化

```
// \core\net\Rime\Rime.c
1      const struct network_driver Rime_driver = {"Rime",init,input};
2      static void init(void)
3      { queuebuf_init();
4        packetbuf_clear(); //buflen = bufptr = 0; hdrlen = 0;
5        announcement_init();  //初始化 announcements 链表
6        chameleon_init();   /
7        broadcast_announcement_init(BROADCAST_ANNOUNCEMENT_CHANNEL,
8             BROADCAST_ANNOUNCEMENT_BUMP_TIME
9      BROADCAST_ANNOUNCEMENT_MIN_TIME,
10            BROADCAST_ANNOUNCEMENT_MAX_TIME);
11     }
```

代码 6-15 解释如下。

① 第 1 行：在协议栈顶层文件 Rime.c 中，首先定义了协议栈驱动对象 Rime_driver。

② 第 3 行：为数据包缓冲区分配空间。

③ 第 4～5 行：初始化数据包缓冲区，并初始化广播链表 announcements。

④ 第 6 行：配置 Chameleon 模块，定义链路层的属性表与物理层的帧头格式，实际功能是配置下行的链路接口。

分析源码，获得如图 6-9 所示的函数关系。

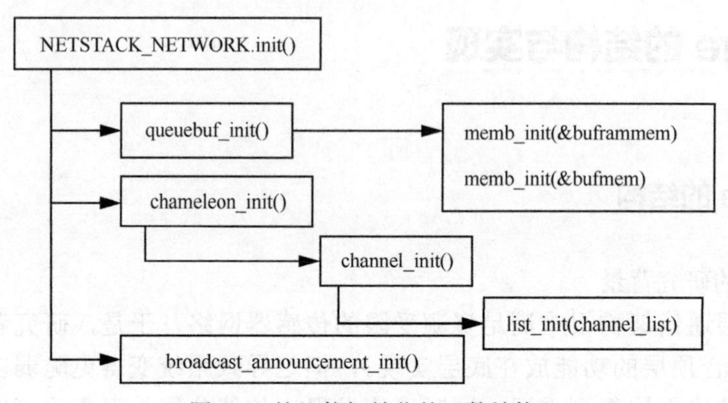

图 6-9　协议栈初始化的函数结构

根据分析函数控制逻辑可知，Rime 协议栈可描述为如图 6-10 所示架构。

Rime 架构包含两个重要组成部分：Chameleon 模块和 Rime 栈。Chameleon 模块提供多种向下的链路层支持，而 Rime 栈提供多种对上的应用层协议支持。两个部分的具体功能介绍如下。

① Chameleon 模块。该模块负责 Rime 协议中数据包的属性与物理层二进制数据帧头之间的转换。Rime 不同于其他协议栈，其数据包的信息（例如一跳传输属性还是多跳传输属性、是否需要应答、TTL、报文 ID 等信息都作为数据包的属性）使用数据结构进行表示，与任何帧格式无关，只有在发送到链路层时，才由 Chameleon 转化为特定物理层的帧格式。如果物理层是 IEEE 802.15.4 芯片，则转化为 IEEE 802.15.4 的帧格式；如果是以太网，则转换为以太网帧格式，这样 Rime 的实现代码与任何物理层帧格式无关，从而提高代码通用性，而通过 Chameleon 进行属性与帧格式的转换，使协议栈可以在各种物理层上运行，具有极大的灵活性。该架构既充分考虑了无线传感器网络应用的多样性，又实现了代码的通用性，设计思想非常巧妙。

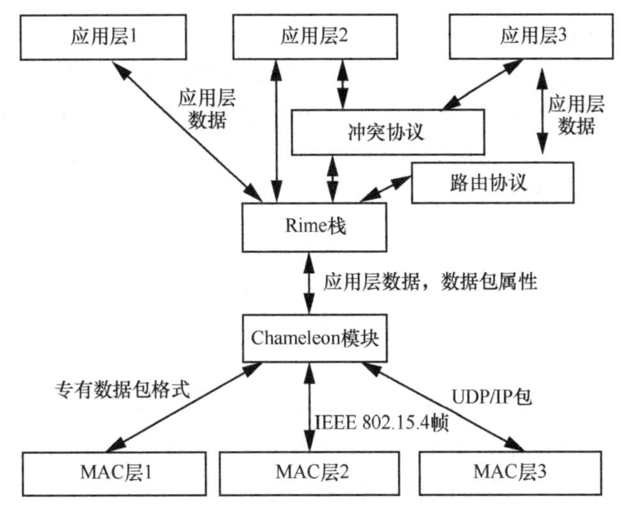

图 6-10　Rime 栈的模块结构

② Rime 栈。该模块提供一系列模块化的无线网络协议原语，从简单的匿名广播到复杂的 mesh 网络路由。一个复杂的协议（比如 multi-hop mesh routing）实现会被分解成若干部分，复杂的模块利用相对简单的模块来组成。

对于 Rime/Chameleon 协议栈的设计思想相关细节可以参考文献[1-2]。

Rime 是雾凇的意思，由许多很薄的冰组成，意指无线传感器网络通信是由许多节点自组织而成的。雾凇俗称树挂，是一种类似霜降的自然现象，一种冰雪美景。它是由于雾中无数零摄氏度以下尚未结冰的雾滴随风在树枝等物体上不断积聚冻粘的结果，表现为白色不透明的粒状结构沉积物。

（3）Rime 的基本功能模块

Rime 协议层内部的基本功能模块具有如图 6-11 所示的结构。

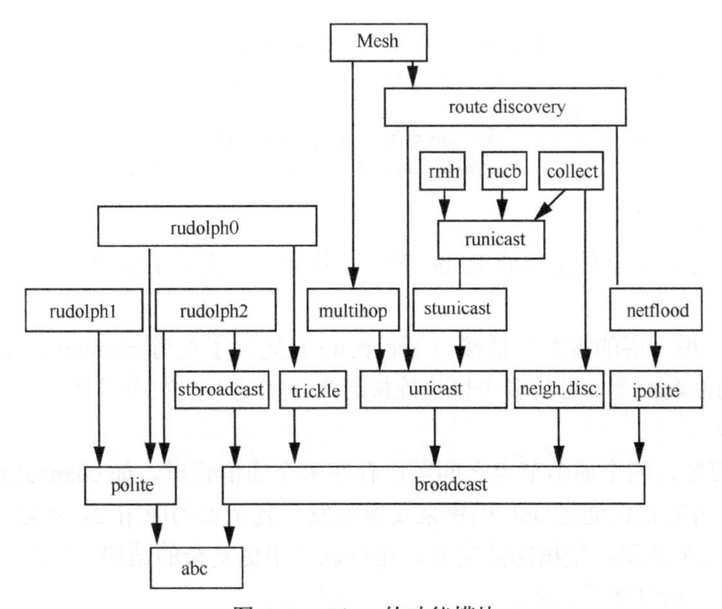

图 6-11　Rime 的功能模块

各功能模块解释如下。

abc：匿名广播，通过射频驱动发送数据包和接收数据包，并将它们送至上层。

broadcast：标识广播，它为发出的数据包添加了发送者地址，然后传递给 abc 模块。

unicast：类似 broadcast，只不过另外添加了一个目标地址给数据包，然后被传递给 broadcast 模块。如果接收端的节点地址与数据报地址不符，丢掉数据包。

stunicast：当要求发送数据包至某个节点，它将在给定的时间周期内反复发送，直到要求停止。为了防止无限次发送，必须指定一个最大重发次数。

runicast：可信单播，它使用 stunicast 模块发送数据包，并等待确认报文，收到后停止持续重发数据包。

polite/ipolite：功能几乎一致，当一个数据包必须在给定的时间帧内被发送，模块在到达时间的一半时，检查收到的数据包是否与它准备发送的相同，如果收到了，这个数据包将不被发送，否则发送。这是一个有效的泛洪技术，可以避免没必要的重发。

multihop：这个模块要求一个路由表功能，当发送数据时，它会请求路由表提供下一跳，并且使用 unicast 发送；当它收到一个数据包，如果本身即为目标节点就将数据包传至上层，否则再次请求路由表提供下一跳并转发。

trickle：Rime 的一个可靠的单源泛洪。

rmh：多跳转发。

rucb：可靠的单播批量传输。

rudolph0～rudolph2：一个简单的块数据泛洪协议。

Mesh：一个 Mesh 路由。

上述每一个模块都提供了调用接口，方便配置和驱动模块。调用接口一般都包含操作函数、子接口和收发地址等，如代码 6-16 所示。

代码 6-16　Rime 功能模块的接口定义

```
1    struct rucb_conn{  struct runicast_conn c; const struct rucb_callbacks *u;
2        linkaddr_t receiver,sender;
3        uint16_t chunk; uint8_t last_seqno;  int last_size; };
4    struct abc_conn {  struct channel channel;   const struct abc_callbacks *u;};
```

代码 6-16 解释如下。

① 第 1～3 行：对于最上层的 Rime 应用，其接口定义了子接口、操作函数和收发地址等内容。

② 第 4 行：最下层的匿名广播接口 abc_conn 只定义了信道 channel 和操作函数。

通过接口的嵌套配置，可将多个模块连接起来，实现不同的应用功能，例如图 6-12 所示应用的不同结构。

由图 6-12 可知，两个通信节点之间可以存在多个通信管道，如 channel x、channel y 等。最简单的应用，可以仅仅通过 abc 模块来实现收发。复杂点的应用 2，可以通过 abc 模块和 polite 模块的连接来实现。根据功能需要，还可以采用更复杂的结构，如应用 1，使用 mesh 路由模块，实现动态组网等功能。

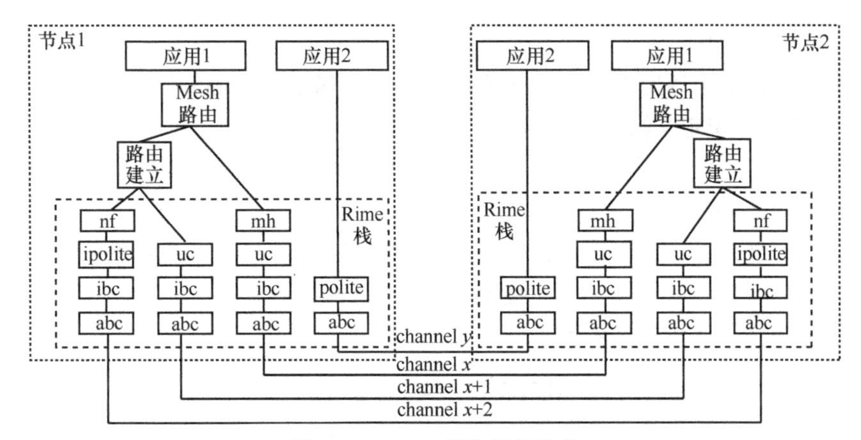

图 6-12　Rime 模块连接结构

（4）信道 channel

Rime 的底层通过信道传输数据。信道 channel 的数据结构如代码 6-17 所示。

代码 6-17　信道的数据结构

```
// \core\net\Rime\channel.h
1     struct channel
2     { struct channel *next;
3       uint16_t channelno;
4       const struct packetbuf_attrlist *attrlist;
5       uint8_t hdrsize;  };
```

代码 6-17 解释如下。

① 第 2 行：Next 表示一个指针，指向下一个信道。由此可见，信道肯定会组成一个信道链表。

② 第 3 行：Channelno 表示信道号。每个信道都有一个信道号，用来唯一标识一个信道。如果两个信道的信道号相等，则可以说这两个信道其实是同一个信道。

③ 第 4 行：Attrlist 表示属性链表。Rime 协议创建一个信道时，都是传递一个属性链表下来，里面是一系列的包属性。

④ 第 5 行：Hdrsize 表示属性链表中各属性的总大小，单位是位，不是字节。

Rime 协议栈维护了一个信道链表 channel_list，里面保存有系统当前正在使用的信道信息，channel_list 的定义可参考如代码 6-18 所示源码。

代码 6-18　信道链表

```
1    LIST(channel_list);
2    #define LIST(name)    static void *LIST_CONCAT(name,_list) = NULL; \
3             static list_t name = (list_t)&LIST_CONCAT(name,_list)
4    #define LIST_CONCAT2(s1,s2) s1##s2
5    #define LIST_CONCAT(s1,s2) LIST_CONCAT2(s1,s2)
6    static void *channel_list_list = NULL; \
7    static list_t channel_list = (list_t)&channel_list_list;
8    typedef void ** list_t;
9    LIST(announcements); //list_t announcements = (list_t)&announcements_list;
```

代码 6-18 解释如下。

① 第 1 行：采用宏调用的方式，定义了一个信道链表 channel_list。

② 第 2～5 行：宏定义源码

③ 第 6～7 行：第一行宏展开后，实际定义了两个变量：指针变量 channel_list_list 和该变量的指针 channel_list。

④ 第 8 行：定义了变量 channel_list 的数据类型为 void **，即指针的指针。

⑤ 第 9 行：同理，定义了一个广播链表 announcements 。

信道的操作函数如代码 6-19 所示。

代码 6-19　信道操作函数

```
1    void channel_init(void)
2    {  list_init(channel_list);}  //*channel_list=null;
3    void list_init(list_t list) {  *list = NULL;}//
4    void channel_open(struct channel *c,uint16_t channelno)
5    {   c->channelno = channelno;
6        list_add(channel_list, c);   }
7    void channel_set_attributes(uint16_t channelno,
8                   const struct packetbuf_attrlist attrlist[])
9    {   struct channel *c;
10       c = channel_lookup(channelno);
11       if(c != NULL)
12       {       c->attrlist = attrlist;
13               c->hdrsize = chameleon_hdrsize(attrlist);   }
14   }
15   void channel_close(struct channel *c)
16   {     list_remove(channel_list,c); }
```

代码 6-19 解释如下。

①第 1 行：在系统的主函数中，初始化 Rime 网络协议栈（init()）时，调用了信道初始化函数，定义了一个信道链表 channel_list。

② 第 2～3 行：参考第 3 行的函数定义，第 1 行函数的功能是信道链表首指针为 null，*channel_list=null。

③ 第 4～6 行：将新建信道添加到链表 channel_list 的尾部。

④ 第 7～14 行：定义信道的属性，即定义信道的属性地址和头部大小。

⑤ 第 15～16 行：关闭信道，即将信道从链表 channel_list 中删除。

注意，代码 6-18 第 7～8 行的定义信道属性可参考网络的数据包缓冲区属性，如代码 6-20 所示。

代码 6-20　信道属性的定义代码

```
1    static const struct packetbuf_attrlist attributes[]=
2      { ABC_ATTRIBUTES PACKETBUF_ATTR_LAST };
3    void abc_open(struct abc_conn *c,uint16_t channelno,
4          const struct abc_callbacks *callbacks)
5    { channel_open(&c->channel,channelno);
6      c->u = callbacks;
7      channel_set_attributes(channelno,attributes);     }
8    static const struct packetbuf_attrlist attributes[] =
```

```
9     {   MULTIHOP_ATTRIBUTES    PACKETBUF_ATTR_LAST    };
10    void multihop_open(struct multihop_conn *c, uint16_t channel,
11          const struct multihop_callbacks *callbacks)
12    {   unicast_open(&c->c,channel,&data_callbacks);
13        channel_set_attributes(channel,attributes);
14        c->cb = callbacks;
15    }
```

代码 6-20 解释如下。

① 第 1～7 行：在匿名广播 abc 应用中，新建信道需要定义信道属性。

② 第 8～15 行：在多跳 multihop 应用中，新建信道也需要定义信道属性。

6.2.2 匿名广播 abc 的实现

（1）匿名广播 abc 的数据结构

匿名广播 abc 的数据结构如代码 6-21 所示。

代码 6-21 匿名广播 abc 的数据结构

```
1    struct abc_conn
2    { struct channel channel; //信道变量
3      const struct abc_callbacks *u; };
4    struct abc_callbacks
5    { void (* recv)(struct abc_conn *ptr);//接收数据包
6      void (* sent)(struct abc_conn *ptr,int status,int num_tx);//发送数据包
7    };
```

对于匿名广播 abc 的数据结构，主要包括接口 abc_conn 和回调函数指针 abc_callbacks，而回调函数主要实现最基本的收发数据包的功能。

（2）匿名广播 abc 的主要操作函数

匿名广播 abc 的主要操作函数如代码 6-22 所示。

代码 6-22 匿名广播 abc 的主要操作函数

```
1     void abc_open(struct abc_conn *c,uint16_t channelno,
2           const struct abc_callbacks *callbacks)
3     { channel_open(&c->channel,channelno);
4       c->u = callbacks;
5       channel_set_attributes(channelno,attributes);
6     }
7     void abc_close(struct abc_conn *c){ channel_close(&c->channel); }
8     int abc_send(struct abc_conn *c)
9     {  PRINTF("%d.%d: abc: abc_send on channel %d\n",linkaddr_node_addr.u8[0],
10         linkaddr_node_addr.u8[1], c->channel.channelno);
11      return Rime_output(&c->channel);
12    }
13    void abc_sent(struct channel *channel,int status,int num_tx)
14    { struct abc_conn *c = (struct abc_conn *)channel;
15      PRINTF("%d.%d: abc: abc_sent on channel %d\n",
16         linkaddr_node_addr.u8[0],linkaddr_node_addr.u8[1],
17         channel->channelno);
```

```
18      if(c->u->sent) {    c->u->sent(c,status,num_tx);  }
19    }
```

代码 6-22 解释如下。

① 第 3～4 行：配置信道号 channelno，并将通道加入链表，再将 abc 接口的子变量配置为回调函数 callbacks。

② 第 5 行：配置信道的传输参数属性。

③ 第 7 行：将对应信道从信道链表中删除。

④ 第 8～11 行：将数据包缓冲区的数据发送出去，发送节点的地址为短地址，信道号指向对应信道。

（3）应用实例

匿名广播 abc 的应用实例代码如代码 6-23 所示。

代码 6-23　匿名广播 abc 的应用实例代码

```
1     #include "Contiki.h"
2     #include "net/Rime/Rime.h"
3     #include "dev/button-sensor.h"
4     #include "dev/leds.h"
5     #include <stdio.h>
6     PROCESS(example_abc_process,"ABC example");
7     AUTOSTART_PROCESSES(&example_abc_process);
8     static void abc_recv(struct abc_conn *c)//回调函数 abc_recv：接收 abc 广播
9     {  printf("abc message received '%s'\n",(char *)packetbuf_dataptr()); }
10    static const struct abc_callbacks abc_call = {abc_recv};
11    static struct abc_conn abc;
12    PROCESS_THREAD(example_abc_process,ev,data)
13    {
14      static struct etimer et;
15      PROCESS_EXITHANDLER(abc_close(&abc);)
16      PROCESS_BEGIN();
17      abc_open(&abc,128,&abc_call);
18      while(1)
19      {    etimer_set(&et,CLOCK_SECOND * 2 );
20            PROCESS_WAIT_EVENT_UNTIL(etimer_expired(&et));
21            packetbuf_copyfrom("Hello",6);
22            abc_send(&abc);
23            printf("abc message sent\n");
24      }
25      PROCESS_END();
26    }
```

代码 6-23 解释如下。

① 第 8 行：定义 abc 协议的广播接收回调函数 abc_recv。

② 第 11 行：定义一个连接接口 abc_conn。

③ 第 15 行：调用 abc 协议的操作函数 abc_close。

④ 第 17 行：调用 abc 协议的操作函数 abc_open。

⑤ 第 22 行：调用 abc 协议的操作函数 abc_send。

6.2.3　polite 广播的实现

（1）polite 广播的数据结构

polite 广播的数据结构如代码 6-24 所示。

代码 6-24　polite 广播的数据结构

```
1    struct polite_conn
2    { struct abc_conn c;   //指向上层的 Abc 接口
3      const struct polite_callbacks *cb;//回调函数指针
4      struct ctimer t;
5      struct queuebuf *q;//缓冲区队列指针
6      uint8_t hdrsize;//*上层会给polite传递一个表示数据包属性的结构体， polite将该结构体加到数据
7    包头,hdrsize 即代表结构体尺寸
8    };
```

参考图 6-11 和图 6-12 所示功能模块的连接结构，polite 模块作为应用系统的一个中间环节，需要对上层和下层连接。假如在数据发送过程中，上层模块传输数据，并定义传输属性。当 polite 模块接收数据时，就需要把上层属性添加到数据包的包头，添加数据的大小需要定义，即 hdrsize，在数据包缓冲区的头部区域添加数据。同时，指向下层的模块接口，例如 abc 接口，再由 abc 模块将数据发送到指定的信道。

（2）polite 广播的主要操作函数

polite 广播的主要操作函数如代码 6-25 所示。

代码 6-25　polite 广播的主要操作函数

```
1    struct polite_callbacks
2    {  void (* recv)(struct polite_conn *c);
3      void (* sent)(struct polite_conn *c);
4      void (* dropped)(struct polite_conn *c);//丢弃一个数据包时调用
5    };
```

相比最底层的 abc 模块的回调函数，除了最基本的数据收发回调函数外，作为上层模块，需要增加一个数据包的管理函数，即丢包函数 dropped()。

（3）polite 的应用实例

polite 模块的功能是在一个时间间隔内发送一个局域网广播数据包。如果在该时间间隔内从邻居节点接收到具有相同包头的数据包，则不发送该数据包。polite 的应用实例代码如代码 6-26 所示。

代码 6-26　polite 协议的应用实例代码

```
1    #include "net/Rime/polite.h"
2    #include "Contiki.h"
3    #include <stdio.h>
4    PROCESS(example_polite_process,"");
5    AUTOSTART_PROCESSES(&example_polite_process);
6    static void recv(struct polite_conn *c)
7    {  printf("recv '%s'\n",(char *)packetbuf_dataptr());        }
```

```
8    static void sent(struct polite_conn *c)
9    {     printf("sent\n"); }
10   static void dropped(struct polite_conn *c)
11   {  printf("dropped\n");     }
12   static const struct polite_callbacks callbacks = { recv,sent,dropped };
13   PROCESS_THREAD(example_polite_process,ev,data)
14   {
15     static struct polite_conn c;
16     PROCESS_EXITHANDLER(polite_close(&c));
17     PROCESS_BEGIN();
18     polite_open(&c,136,&callbacks);
19     while(1)
20     { static struct etimer et;
21       etimer_set(&et,CLOCK_SECOND * 4);
22       PROCESS_WAIT_EVENT_UNTIL(etimer_expired(&et));
23       packetbuf_copyfrom("Hej",4);
24       polite_send(&c,CLOCK_SECOND * 4,4);
25     }
26     PROCESS_END();
27   }
```

代码 6-26 解释如下。

① 第 7 行：接收数据位于缓冲区的数据段。

② 第 12 行：回调函数列表，包含 3 个回调子函数：接收数据、发送数据和丢弃数据。

③ 第 23 行：复制字符串到缓冲区。

④ 第 24 行：设置传输间隔时间为 4 s，并设置包头结构体尺寸为 4。

6.3 uIP 的结构与实现

6.3.1 uIP 的结构和接口

1. uIP 的结构

uIP 是一个小型的符合 RFC 规范的 TCP/IP 协议栈。因此，配置了 uIP 的 Contiki 应用可以直接和 Internet 网络通信。但与传统的大型网络协议栈相比，uIP 的性能并不强，无法实现复杂的高速多线程的网络通信。uIP 包含 TCP、UDP、ICMP、ARP 和 IP 等基本的网络协议模块，并提供了清晰的接口，便于实现网络应用。从网络的层次结构来观察，其中的 ARP 协议是底层协议，负责将 IP 地址转换为 MAC 地址。而应用程序级协议（如 SMTP）是上层协议，实现电子邮件的传输。在资源有限的嵌入式系统中，网络结构中的上层协议往往通过 API 的调用，封装成“应用程序”。而网络结构中的底层协议通常在硬件或固件中实现，并被称为“网络设备”，由网络设备驱动程序控制。

为了便于理解上述的网络层次结构，可参考如图 6-13 所示的 uIP 系统结构。

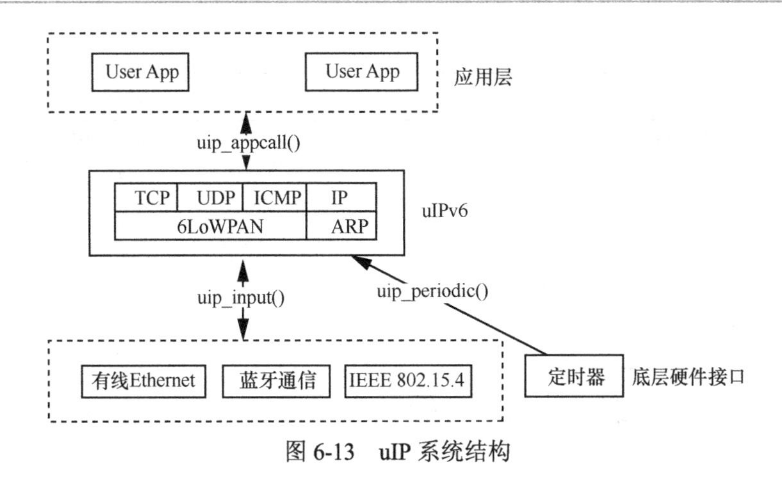

图 6-13　uIP 系统结构

由图 6-13 可知，uIP 协议栈通过一系列接口函数与底层函数和上层应用程序通信，uIP 位于中间层。对于 Contiki IPv6 的原理说明、通信评估和低耗评估等细节，可查询参考文献[3]。

2．uIP 的接口

uIP 协议栈具有如下接口。

（1）uIP_input()

当网络接口驱动收到一个输入数据包时，将放入全局缓冲区 uIP_buf 中，包的大小由全局变量 uIP_len 约束。同时将调用 uIP_input()函数，这个函数将会根据包首部的协议处理这个包和需要时调用应用程序。当 uIP_input()返回时，一个输出包同样放在全局缓冲区 uIP_buf 里，大小赋给 uIP_len。如果 uIP_len 是 0，则说明没有包要发送。否则调用底层系统的发包函数，将包发送到网络上。

（2）uIP_periodic()

uIP 周期计时用于驱动所有的 uIP 内部时钟事件。当周期计时激发时，每一个 TCP 连接都会调用 uIP_periodic()函数。类似于 uIP_input()函数。uIP_periodic()函数返回时，输出的 IP 包要放到 uIP_buf 中，供底层系统查询 uIP_len 的大小。

（3）uIP_appcall()

uIP 提供一个调用函数 uIP_appcall()与上位机应用程序通信。当 uIP 在接收到底层传来的数据包后，直接调用 uIP_appcall()就可以把数据传送到上层应用程序进行处理。

（4）uIP_init()

系统底层其实在一开始时还需要调用初始化 uIP 的函数——uIP_init()，主要是初始化协议栈的侦听端口和默认所有连接都是关闭的。

另外，uIP 协议栈还提供其他接口，如表 6-1 所示。

表 6-1　uIP 标准接口

接口	功能
uIP_listen()	开始监听端口
uIP_connect()	连接到远程主机
uIP_connected()	接收到连接请求
uIP_close()	主动关闭连接

（续表）

接口	功能
uIP_closed()	连接被关闭
uIP_acked()	发出去的数据被应答
uIP_send()	在当前连接发送数据
uIP_newdata()	在当前连接上收到新的数据
uIP_stop()	告诉对方要停止连接
uIP_aborted()	连接被意外终止

到目前为止，uIP 已经集成到 Contiki 操作系统内，最新的版本是 Contiki 3.0，如代码 6-27 所示。上述接口的详细定义以及更新，可以参考官网的文档，其中 Contiki/uIP interface 部分，接口函数的源码声明可参考 tcpip.h。

代码 6-27　Contiki 3.0 的 uIP 接口

```
//Contiki 2.6/uIP interface function: D:\cc2530code\Contiki_cc2530\core\net\ip\tcpip.h
1   #define  uIP_APPCALL   tcpip_uIPcall
2   //TCP 功能:
3   CCIF void tcp_attach (struct uIP_conn *conn,void *appstate)
4   CCIF void tcp_listen (uint16_t port)
5   CCIF void tcp_unlisten (uint16_t port)
6   struct uIP_conn* tcp_connect(uIP_ipaddr_t *ripaddr,u16 port,void *appstate)
7   void tcpip_poll_tcp (struct uIP_conn *conn)
8   #define  tcp_markconn(conn, appstate)   tcp_attach(conn,appstate)
9   //UDP 功能:
10  void udp_attach (struct uIP_udp_conn *conn, void *appstate)
11  struct uIP_udp_conn* udp_new(uIP_ipaddr_t *ripaddr,u16 port,void *appstate)
12  struct uIP_udp_conn * udp_broadcast_new (uint16_t port,void *appstate)
13  CCIF void tcpip_poll_udp (struct uIP_udp_conn *conn)
14  #define udp_markconn(conn,  appstate)   udp_attach(conn,appstate)
15  #define udp_bind(conn,  port)   uIP_udp_bind(conn,port)
16  //TCP/IP 包处理:
17  CCIF void tcpip_input (void)
18  uint8_t tcpip_output (void)
19  void tcpip_set_outputfunc (uint8_t(*f)(void))
20  void tcpip_IPv6_output (void)
```

代码 6-27 解释如下。

① 第 1 行：与上层应用层通信的消息响应函数 uIP_APPCALL()，实际上是指向 tcpip_uIPcall。

② 第 3 行：将一个 TCP 连接与当前的进程关联，当该连接产生新数据、重发等事件时，最终触发关联用户进程的响应处理。

③ 第 4 行：监听一个 TCP 端口。

④ 第 5 行：关闭一个监听的 TCP 端口。

⑤ 第 6 行：打开一个指定 IP 地址和端口 TCP 连接。

⑥ 第 7 行：触发一个指定的 TCP 连接被轮询。

⑦ 第 10 行：将当前进程与一个 UDP 连接关联。

⑧ 第 11 行：创建一个新的 UDP 连接。

⑨ 第 12 行：创建一个新的 UDP 广播连接。

⑩ 第 13 行：触发一个指定的 UDP 连接到被轮询。

⑪ 第 15 行：该函数将 UDP 连接绑定到指定的本地端口。当使用 udp_new()创建一个 UDP 连接时，系统会自动分配本地端口号。如果应用程序需要将连接绑定到指定的本地端口，则应使用此函数。

⑫ 第 17 行：将一个输入的接收报文加载到 TCP/IP 栈，输入的报文存储在缓冲 uIP_buf 中，数据长度存储在全局变量 uIP_len 中。

⑬ 第 18 行：将数据包输出到第二层，输出的最终目标地址为 MAC 地址层、即将 uIP 网络协议栈的上层数据报传递给物理层的网卡或射频驱动，通过网卡或射频模块将报文发送到远端。

⑭ 第 19 行：传递函数指针 f。

⑮ 第 20 行：该函数做地址解析，并调用报文输出函数 tcpip_output。

比较代码 6-26 和代码 6-27 可以发现，标准的接口功能相对比较简单直接，比较适合不带操作系统的应用。而新版的接口更多地倾向于与一个操作系统进程关联，通过系统内核的轮询，实现事件的响应。同时，对部分控制类型的新接口的源码分析如代码 6-28 所示。

代码 6-28 uIP 接口分析

```
1    void tcp_listen(uint16_t port)
2    { static unsigned char i;
3      struct listenport *l;
4      l = s.listenports;
5      for(i = 0; i < uIP_LISTENPORTS; ++i) {
6        if(l->port == 0) { l->port = port; l->p = PROCESS_CURRENT();
7          uIP_listen(port);      break;    }
8        ++l;  }
9    }
10   struct uIP_udp_conn* udp_new(uIP_ipaddr_t *ripaddr, u16 port, void *state)
11   { struct uIP_udp_conn *c;     uIP_udp_appstate_t *s;
12     c = uIP_udp_new(ripaddr,port);
13     if(c == NULL) {     return NULL;  }
14     s = &c->appstate;    s->p = PROCESS_CURRENT();    s->state =state;
15     return c;
16   }
```

观察代码 6-28 的第 7 行 uIP_listen(port)和第 12 行 c = uIP_udp_new(ripaddr, port)可知，新接口实际上是对老接口进行了封装，使接口更好应用，简化开发工作。

6.3.2 uIP 的分析

（1）uIP 的功能特点

根据 6.3.1 节 uIP 的结构和接口描述，uIP 主要的对外接口就是 uIP_input()、uIP_periodic()和 uIP_appcall()等。那么如何实现这些接口呢？

标准的 TCP/IP 网络协议要求支持 RFC 1122 标准，即实现以下两方面的功能。

① 处理主机到主机通信的需求——即“TCP 模块必须能够在任何数据报文段中接收 TCP

选项”，违反该要求的 TCP/IP 节点可能无法与其他 TCP/IP 节点通信，甚至可能导致网络故障。

② 处理应用程序和网络堆栈之间的通信需求——“必须有向应用程序报告软 TCP 错误条件的机制”，违反该要求只会影响系统内部的通信，不会影响主机到主机的通信。

因此，从本质上来看，上述第一条功能是基本功能，第二条功能是拓展功能。在众多 TCP/IP 网络协议栈系统应用中，使用最广泛的接口实现方式是 Socket 套接字。在 UNIX 和 Windows 系统中，Socket 套接字大都用于多线程编程，可以满足 RFC 1122 标准的两个功能。但这种设计模式内存开销很大，并不适用于硬件资源有限的嵌入式设备。

在 uIP 中，所有影响主机到主机通信的 RFC 需求都能被实现。但是，为了减少代码，简化了应用程序和网络堆栈之间的通信功能。例如删除了软错误报告机制和 TCP 连接的动态可配置服务位类型等。由于嵌入式系统的应用特点，这些功能的简化并不会对应用的功能需求和稳定性造成影响。

在接口封装上，uIP 采用了两种方式来实现这些 API，即 raw API 和 Protosocket APT。

① raw API。该方式更适合完成比较简单的应用程序，比如一个简单的 echo 服务器，监听某个 TCP 端口并发送回它收到的数据。但是当需要一个功能更强大的程序，或当两个这样的 echo 服务器需要同时工作时，采用 raw API 编程就会变得异常复杂。

② Protosocket 模型。这是一种新的基于事件驱动和 Protosocket 进程模型的 API，与多线程 socket 相比，事件驱动 API 降低了内存开销，提高了嵌入式设备的执行效率。该方式提供了一种类似于标准 BSD 套接字的接口，并且允许在 Contiki 的进程中使用。具体实现代码主要在 core/net 目录下。

（2）网络连接的数据结构和定义

uIP 的 API 都是基于事件驱动的接口。当数据被接收、数据被成功地传递到连接的另一端时，当建立了一个新的连接时，或者当数据必须被重新传输时，都会产生相应的事件，从而驱动一个回调函数。同时，uIP 还需要一个定时器，以产生定期轮询事件。而应用程序负责将不同的网络服务映射到不同的端口和连接。由于应用程序能够在 TCP/IP 堆栈收到数据包后立即对传入的数据和连接请求执行操作，因此即使网络节点采用资源有限的硬件平台，网络通信依然可以实现较低的响应时延。总的来说，raw API 的应用特点就是数据量小、通信响应机制简单、通信稳定可靠。

在所有的事件响应过程中，操作都是针对一个网络连接，即当前连接。为此，uIP 定义了一个全局指针变量，如代码 6-29 所示。

代码 6-29　uIP 的连接变量和操作

\Contiki_cc2530\core\net\ip\uIP.h

```
1    struct uIP_conn *uIP_conn;    //uIP_conn 总是指向当前连接
2    struct uIP_conn {
3      uIP_ipaddr_t ripaddr;   //远程主机的 IP 地址
4      uint16_t lport;         //本地 TCP 端口，以网络字节排序
5      uint16_t rport;         //远端 TCP 端口，以网络字节排序
6      uint8_t rcv_nxt[4];     //期待接收的下一个队列 sequence 号
7      uint8_t snd_nxt[4];     // 上一个发送的队列号 sequence
8      uint16_t len;           //先前发送的数据长度
9      uint16_t mss;           //连接的最大段大小
10     uint16_t initialmss;    // 初始的连接段大小
11     uint8_t sa;             // 重发超时变量
```

```
12      uint8_t sv;             //重发超时变量
13      uint8_t rto;            //重发超时变量
14      uint8_t tcpstateflags; //TCP 的状态和标志
15      uint8_t timer;          //重发时间
16      uint8_t nrtx;           //上次发送段的重发数量
17      /** The application state.
18      uIP_tcp_appstate_t appstate;//关联进程和状态
19    };
20    void connect_ex1_app(void)
21    {   if(uIP_connect(uIP_conn->ripaddr,HTONS(8080)) == NULL)
22        {       uIP_abort();    }
23    }
24    void connect_ex2_app(void)
25    {  uIP_addr_t ipaddr;
26       uIP_ipaddr(ipaddr,192,168,0,1);
27       uIP_connect(ipaddr,HTONS(8080));
28    }
```

代码 6-29 解释如下。

① 第 1 行：定义一个全局指针变量 uIP_conn，该指针总是指向“当前的网络连接”。uIP_conn 结构中的字段可用于区分不同的服务，或检查网络连接所指向的 IP 地址。一个典型的用途是检查本地 TCP 端口号 uIP_conn->lport()，以决定连接应该提供哪些服务。例如，如果 uIP_conn->lport 的值等于 80，则应用程序可能充当 HTTP 服务器；如果该值为 23，则充当 telnet 服务器。

② 第 2～19 行：uIP_conn 的数据结构。需要注意的是，该结构在两个文件中都有定义，分别是 uIP.c 和 uIP6.c，即 IPv4 和 IPv6 具有相同的变量指针，通过配置文件选择协议栈使用哪一个。

③ 第 20～23 行：给出了一个建立连接的代码实例，通过定义一个连接 IP 地址和端口配置连接。如果没有足够的 TCP 连接插槽允许打开新连接，uIP_connect()函数返回空值 NULL，当前连接将被 uIP_abort()中止。

④ 第 24～28 行：给出了一个建立连接的代码实例，通过填充结构变量 ipaddr，调用函数 uIP_connect 来建立连接。

（3）接收数据和发送数据

如果 uIP 的 API 函数 uIP_new data()非零，则表示连接的远程主机已发送新数据。主控制循环则调用输入处理程序函数 uIP_input()，查询 uIP_AppData 指针指向的实际数据。数据的大小是通过 uIP 函数 uIP_datalen()获得的。如果数据不由 uIP 缓冲，在应用程序函数返回后将被覆盖，因此应用程序必须直接对传入数据执行操作，或将传入数据复制到缓冲区中以供以后处理。其代码结构如代码 6-30 所示。

代码 6-30　输入处理程序函数 uIP_input( )

```
1   uIP_len = devicedriver_poll();
2     if(uIP_len > 0)
3     {    uIP_input();
4          if(uIP_len > 0) { devicedriver_send(); }
5     }
```

代码 6-30 解释如下。

① 第 1 行：当设备驱动程序轮询网络通信底层接口时，如果有新数据到达，则返回新数据长度。

② 第 2～4 行：如果待处理数据长度大于 0，则将新数据处理后，向网络协议栈的上层传递。

在发送数据时，uIP 根据可用缓冲空间和接收器定义的当前 TCP 数据序列宽度调整应用程序发送的数据长度。缓冲区空间的大小由内存配置决定。有时，可能应用程序发送的所有数据都没有到达接收器，应用程序可以使用 uIP_mss()函数查看堆栈实际发送的最大数据量。应用程序使用 uIP 函数 uIP_send()发送数据。uIP_send()函数接收两个参数：指向要发送的数据的指针和数据的长度。如果应用程序需要 RAM 空间来生成应发送的实际数据，则包缓冲区（由 uIP_appdata 指针指向）可用于此目的。应用程序在一个连接上一次只能发送一个数据块，并且不可能在每次应用程序调用中多次调用 uIP_send()，只发送上次调用的数据。

6.3.3 raw API 应用实例和响应函数模板

（1）应用实例 1

在 uIP 的应用中，通过 API 的调用可以实现许多简单有效的应用，这在物联网应用中非常普遍，如代码 6-31 所示。

代码 6-31　raw API 应用实例 1

```
1  void example1_init(void) {
2     uIP_listen(HTONS(1234));
3  }
4  void example1_app(void) {
5     if(uIP_newdata()|| uIP_rexmit()) {
6        uIP_send("ok\n",3);
7     }
8  }
```

代码 6-31 解释如下。

① 第 1～3 行：初始化函数调用 uIP 函数 uIP_listen()注册监听端口 1234。

② 第 4～8 行：在主程序中周期查询并调用函数 uIP_newdata()和 uIP_rexmit()，检查是否有新数据到达，或由于数据在网络中丢失需要重新传输。如果为真就向连接发送一个应答信号“ok”。

应用实例 1 显示了一个典型的 uIP 应用，应用程序不需要处理一些相对复杂的事件，如是否实现一个连接，返回非空的状态量 uIP_connected()。或判断发送接收数据超时 uIP_timedout()。总的来说，在物联网应用中，有大量的网络节点长期处于低功耗的休眠状态，短时采集传感器信号值，向服务器发送数据和节点应答。在这样的应用场景下，raw API 就可以非常简单快速地实现功能。

（2）应用实例 2

raw API 应用实例 2 如代码 6-32 所示。

代码 6-32　raw API 应用实例 2

```
1  struct example2_state
```

```
2    {   enum {WELCOME_SENT,WELCOME_ACKED} state;  };
3    void example2_init(void)
4    {   uIP_listen(HTONS(2345));}
5    void example2_app(void)
6    {  struct example2_state *s;
7       s = (struct example2_state *)uIP_conn->appstate;
8       if(uIP_connected())
9         { s->state = WELCOME_SENT; uIP_send("Welcome!\n", 9);   return;}
10      if(uIP_acked() && s->state == WELCOME_SENT)
11         {s->state = WELCOME_ACKED;   }
12      if(uIP_newdata()) {      uIP_send("ok\n", 3);    }
13      if(uIP_rexmit())
14      {    switch(s->state)
15           {  case WELCOME_SENT:
16                 uIP_send("Welcome!\n", 9);  break;
17              case WELCOME_ACKED:
18                 uIP_send("ok\n", 3);        break;
19           }
20      }
21   }
22   //config
23   #define uIP_APPCALL        example2_app
24   #define uIP_APPSTATE_SIZE sizeof(struct example2_state)
```

代码 6-32 解释如下。

① 第 1～2 行：定义一个状态结构，枚举几种连接状态。

② 第 3～4 行：初始化函数调用 uIP 函数 uIP_listen()注册监听端口 2345。

③ 第 5～21 行：定义一个消息响应函数。在新建连接和应答时，改变连接状态量。在新接收数据和重发数据包时，发出应答信号。

④ 第 22～24 行：在配置文件中，明确宏调用 uIP_APPCALL 指向函数 example2_app。

应用实例 2 也是一个网络应答应用，它比应用实例的应用稍微高级一些。虽然该应用也是监听一个端口的传入连接，并给出响应。但使用了 uIP_conn 结构中的应用程序状态字段，并根据状态发出不同的应答。从功能上来看，改动很小，这种看似很小的操作更改对应用程序的实现方式有很大的影响。复杂性增加的原因是，如果数据在网络传输中丢失，应用程序必须知道要重新传输什么数据。如果“Welcome！”消息丢失，应用程序必须重新传输“Welcome”信息；如果“OK”消息丢失，应用程序必须发送新的“OK”消息。应用程序知道只要远程主机尚未确认消息，该消息数据包就可能已在网络中丢失。但是，一旦远程主机发送回一个确认消息，应用程序就可以确保已经收到了欢迎消息，并且知道任何丢失的数据都必须是“确定”消息。因此，应用程序可以处于以下两种状态中的任意一种。

① 网络连接处于 WELCOME_SENT 状态，Welcome 信息已发送但未确认。

② 网络连接处于 WELCOME_ACKED 状态，Welcome 信息已被接收确认。

当数据包需要重发时，应用程序的复杂度将显著增加。标准的 TCP/IP 堆栈将传输的数据缓冲在内存中，直到已知数据成功传递到连接的远程端。如果需要重新传输数据，堆栈将在不通知应用程序的情况下处理重新传输。使用这种方法，在等待确认的同时，必须在内存中缓存数据。因此，这种方案会占用更大的内存空间，也能够适用更复杂的参数管理，在需要重发时快速定位重发数据。uIP 不同于其他标准的 TCP/IP 堆栈，它在执行重新传输时需要应用程序的帮助。为了减少内存使用，uIP 利用了这样一个事实：应用程序能够重新生成发送的数据，并允许应用程序参与重新传输。在设备驱动程序发送数据包内容后，uIP 不跟踪数据包内容，并且 uIP 要求应用程序在执行重新传输时主动参与。当 uIP 决定一个段应该重新传输时，它调用带有标志集的应用程序，指示需要重新传输。应用程序检查重传标志，并生成以前发送的相同数据。从应用程序的角度来看，执行重新传输与最初发送数据的方式并无不同。因此，应用程序的编写方式可以使相同的代码同时用于发送数据和重新发送数据。另外，需要注意的是，即使实际的重传操作是由应用程序执行的，堆栈也有责任知道何时进行重传。因此，基于 raw API 的应用程序建议用于功能相对单一的应用，以免响应函数的逻辑过于复杂。

（3）一个 Web Server

在网络通信中，Web Server 是一个典型的应用。当 Web Server 接收到一个 HTTP 请求时，会返回一个 HTTP 响应。当这个 Web Server 接收到多个不同远程连接的 HTTP 请求时，应用程序如何区分处理不同的请求呢？通常的方法是为不同的连接定义不同的连接端口。应用程序根据端口发送不同的响应数据。一个简单的 Web Server 可参考代码 6-33。

代码 6-33　一个 Web Server 的实例代码

```
1    struct example5_state {
2       char *dataptr;
3       unsigned int dataleft;  };
4    void example5_init(void)
5    {  uIP_listen(HTONS(80));
6       uIP_listen(HTONS(81));   }
7    void example5_app(void)
8    { struct example5_state *s;
9       s = (struct example5_state)uIP_conn->appstate;
10      if(uIP_connected()) {
11         switch(uIP_conn->lport) {
12         case HTONS(80):
13            s->dataptr = data_port_80;
14            s->dataleft = datalen_port_80;         break;
15         case HTONS(81):
16            s->dataptr = data_port_81;
17            s->dataleft = datalen_port_81;         break;
18         }
19         uIP_send(s->dataptr,s->dataleft);
20         return;
21      }
22      if(uIP_acked()) {
23         if(s->dataleft < uIP_mss()) { uIP_close();    return;   }
24         s->dataptr += uIP_conn->len;
25         s->dataleft -= uIP_conn->len;
26         uIP_send(s->dataptr,s->dataleft);
27      }
28   }
```

代码 6-33 解释如下。

① 第 1～3 行：定义一个连接状态的数据结构，该结构包含一个待发送数据的地址指针和待发送数据的长度。

② 第 4～6 行：初始化函数调用 uIP 函数 uIP_listen()注册监听端口 80 和 81。

③ 第 8～9 行：定义一个临时的指针变量，并赋值为网络连接结构中的状态指针。

④ 第 10～21 行：定义一个事件响应函数中的连接响应。根据建立的端口号，对连接状态的指针变量赋值，即对当前连接的子变量 uIP_conn->appstate 赋值。同时，对新建连接发送响应，即第 19 行代码向对应端口的连接发送待发送数据。其中，变量 data_port_80 和 data_port_81 分别为不同端口的待发送数据，datalen_port_80 和 datalen_port_81 分别为待发送数据的长度。

⑤ 第 22～28 行：对于应答事件的响应，需要检查待发送数据的长度小于发送数据段的最大许可长度。如果待发送数据的长度大于数据段的最大许可长度，则通过多次地址偏移进行多次发送，传输完成待发送数据。每次的数据指针增加 uIP_conn->len，待发送数据的长度减少 uIP_conn->len。

在 uIP 的应用中，内存是相对有限的稀缺资源。为了节约内存，uIP 堆栈没有使用显式的动态内存分配，而是使用一个全局缓冲区来保存数据包，并由一个固定表来保存连接状态。全局数据包缓冲区足够大，可以包含一个最大许可长度的数据包。因此，数据缓冲区的大小决定了系统应该能够处理的通信量和同时连接的最大数量。如果是响应数据量大的 HTTP 页面，则可能响应时延长，同时只允许少量的同时连接。

根据 uIP 的事件类别，可以考虑建立如代码 6-34 所示的事件响应函数模板。

代码 6-34 事件响应函数模板

```
1    Void example6_app(void)
2    {      if(uIP_aborted()) { aborted();}        // 连接终止
3           if(uIP_timedout()) { timedout(); }      // 超时
4           if(uIP_closed()) { closed();  }        // 连接关闭
5           if(uIP_connected () ) { connected();  }  // 已建立连接
6           if(uIP_acked()) { acked();  }         // 应答
7           if(uIP_newdata()) {newdata(); }     //处理新数据,设置要发送数据指针
8       if(uIP_rexmit()||uIP_newdata()||uIP_acked()||uIP_connected()||uIP_poll())
9           {  senddata();}//重传,有新数据,应答,已连接,轮询,发送数据
10   }
```

参考代码 6-34 代码可知，函数从检查错误开始调用 API 函数 uIP_aborted()或者 uIP_timedout()，检查连接是否终止、是否超时。如果确实有错误产生，返回值为 1，则执行相应的动作。接着，调用 uIP_connected()检查是否已建立连接，是则调用 connected()函数执行相应的动作（建立网络连接后的操作，如发送“确认”信号等）。其次，定义应答操作等，上述响应操作可以是发送信号动作，也可以是为变量赋值操作。最后，可以针对变化的数据执行函数 senddata()，完成事件的响应。

6.3.4 Protosocket 模型的 uIP 实现

（1）uIP 接口的 Protosocket 模型实现

根据图 6-13 所示的 uIP 系统结构，Protosocket 进程模型的 uIP 实现就是利用宏定义，将 uIP 的 API 转换为一些系统进程和用户进程。采用进程来封装 uIP 模块，使 uIP 模块的结构模块化更好，用户不需要太多地关注定时轮询、数据包头部叠加和拆解等系统操作，只用关

心应用层的收发数据，简化了应用开发。另外，良好的模块封装可以方便地实现一些相对复杂的网络通信功能。在功能表现上，相对于 raw API 的 uIP 应用，Protosocket 进程模型的 uIP 应用便于实现更复杂的通信功能。参考代码如代码 6-35 所示。

代码 6-35　uIP 接口函数分析

```
1   #define uIP_input()  uIP_process(uIP_DATA)
2   #if uIP_TCP
3   #define uIP_periodic(conn) do { uIP_conn = &uIP_conns[conn];     \
4       uIP_process(uIP_TIMER); } while (0)
5   #define uIP_conn_active(conn) (uIP_conns[conn].tcpstateflags != uIP_CLOSED)
6   #define uIP_periodic_conn(conn) do { uIP_conn = conn;   \
7       uIP_process(uIP_TIMER); } while (0)
8   #define uIP_poll_conn(conn) do { uIP_conn = conn;           \
9       uIP_process(uIP_POLL_REQUEST); } while (0)
10  #endif /* uIP_TCP */
11  #if uIP_UDP
12  #define uIP_udp_periodic(conn) do { uIP_udp_conn = &uIP_udp_conns[conn]; \
13      uIP_process(uIP_UDP_TIMER); } while(0)
14  #define uIP_udp_periodic_conn(conn) do { uIP_udp_conn = conn;    \
15      uIP_process(uIP_UDP_TIMER); } while(0)
16  #endif /* uIP_UDP */
```

代码 6-35 解释如下。

① 第 1 行：宏定义了 API 函数 uIP_input()的实际运行函数 uIP_process()。

② 第 2～16 行：分别针对 TCP/UDP 定义了定时轮询接口。

uIP 是基于事件驱动机制的应用。事件响应的回调接口函数如代码 6-36 所示。

代码 6-36　事件响应函数

```
1   static void appcall(void *state)
2   {  struct tcp_socket *s = state;
3     if(s != NULL && s->c != NULL && s->c != uIP_conn) { return;  }
4     if(uIP_connected())
5     {  if(s == NULL)
6        {    for(s = list_head(socketlist); s!= NULL;s = list_item_next(s))
7             {  if((s->flags & TCP_SOCKET_FLAGS_LISTENING) != 0 &&
8                s->listen_port!= 0 &&s->listen_port==uIP_htons(uIP_conn->lport))
9                {    s->flags &= ~TCP_SOCKET_FLAGS_LISTENING;
10                    s->output_data_max_seg = uIP_mss();
11                    tcp_markconn(uIP_conn,s);
12                    call_event(s,TCP_SOCKET_CONNECTED);
13                    break;
14               }
15            }
16       }else
17       {      s->output_data_max_seg = uIP_mss();
18              call_event(s,TCP_SOCKET_CONNECTED);
19       }
20      if(s == NULL) {    uIP_abort(); }
21      else {
22      if(uIP_newdata()) {    newdata(s);    }
23      senddata(s);     }
24      return;
```

```
25    }
26    if(uIP_timedout())
27    {  call_event(s,TCP_SOCKET_TIMEDOUT);
28        relisten(s);  }
29    if(uIP_aborted()) {
30      tcp_markconn(uIP_conn,NULL);
31      call_event(s,TCP_SOCKET_ABORTED);
32      relisten(s);  }
33    if(s == NULL) {    uIP_abort();    return;  }
34    if(uIP_acked()) {    acked(s);  }
35    if(uIP_newdata()) {    newdata(s);  }
36    if(uIP_rexmit()|| uIP_newdata()|| uIP_acked()) { senddata(s);  }
37    else if(uIP_poll()) {    senddata(s);  }
38    if(s->output_data_len == 0 && s->flags & TCP_SOCKET_FLAGS_CLOSING) {
39      s->flags &= ~TCP_SOCKET_FLAGS_CLOSING;
40      uIP_close();
41      s->c = NULL;
42      tcp_markconn(uIP_conn, NULL);
43      s->c = NULL;
44      //call_event(s,TCP_SOCKET_CLOSED);
45      relisten(s);
46    }
47    if(uIP_closed()) {
48      tcp_markconn(uIP_conn,NULL);    s->c = NULL;
49      call_event(s,TCP_SOCKET_CLOSED);    relisten(s);  }
50  }
51  PROCESS_THREAD(tcp_socket_process,ev,data)
52  {
53    PROCESS_BEGIN();
54    while(1)
55    {  PROCESS_WAIT_EVENT();
56      if(ev == tcpip_event) {  appcall(data);    }
57    }
58    PROCESS_END();
59  }
60  static void init(void)
61  {
62    static uint8_t inited = 0;
63    if(!inited)
64    { list_init(socketlist);
65      process_start(&tcp_socket_process,NULL);
66      inited = 1;  }
67  }
```

代码 6-36 解释如下。

① 第 1～50 行：定义了网络事件的响应函数 appcall(data)的具体响应动作。响应事件包括：检查连接状态、是否超时、是否有新数据等。

② 第 52～60 行：系统进程 tcp_socket_process 的主要功能是在操作系统的定时节拍 tick 下，查询是否有系统事件发生。如果有，并且是网络事件，则调用网络事件的响应函数：appcall(data)，其中，data 为进程传递数据。

③ 第 65～67 行：在主函数 main()中，首先初始化一个链表 socketlist，并启动系统进程：tcp_socket_process()。

（2）数据包的接收流程

参考 6.1.1 节主函数的结构可知，在主函数 main()的死循环中，有网络的数据包接收代码。分析代码，可获得如图 6-14 所示的网络数据接收流程。

在 main 函数中，通过初始化网络协议栈 netstack_init()，配置好物理层和 MAC 层的通信接口，网络数据的收发就会依照网络模型的层次结构来传递数据包。同时在死循环过程中，主函数不断运行内核调度函数 process_run()，检测是否有优先级高的任务需要处理，或有新的事件发生并响应。在网络通信的最底层——物理层，射频驱动查询是否有新的数据到达。如果有就加载到数据包缓冲区，并传递到上层 RDC 层。之后由 uIP 协议栈的 IP 层接收。

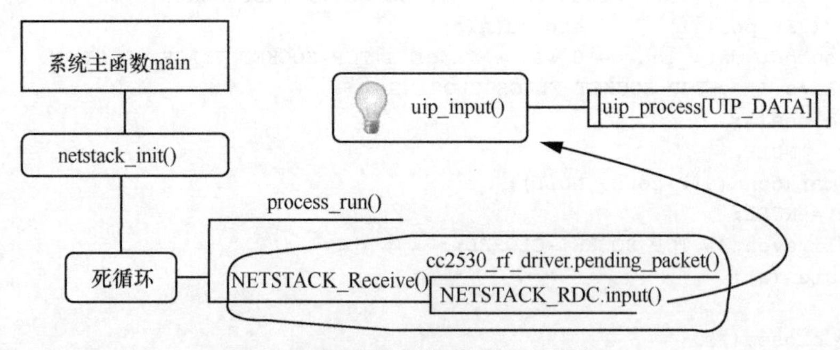

图 6-14　网络数据接收流程（部分）

在 uIP 协议栈的 TCP、UDP、IP 层，uIP 提供的输入接口 API 依然是 uIP_input()，但 Protosocket 进程模型的数据包接收实现是通过宏定义的，参考如代码 6-37 所示代码。

代码 6-37　接口 uIP_input 的实现

```
// \Contiki_cc2530\core\net\IPv6\uIP6.c
1  #define uIP_input() uIP_process(uIP_DATA)
2  #define uIP_DATA            1      //要缓存的新数据
3  #define uIP_TIMER           2     //告诉 uIP 定期计时器已触发
4  #define uIP_POLL_REQUEST   3      //连接应该被轮询
5  #define uIP_UDP_SEND_CONN 4        //uIP-buf 缓冲区中的 UDP 数据报
6  #if uIP_UDP
7  #define uIP_UDP_TIMER 5
8  #endif /* uIP_UDP */
9  void uIP_process(uint8_t flag);
```

代码 6-37 解释如下。

① 第 1 行：输入接口 API 函数 uIP_input()指向进程 uIP_process(uIP_DATA)。

② 第 2 行：当传输参数为 uIP_DATA 时，表示有一个新的接收数据到达，并已经存储在缓冲变量 uIP_buf 中，数据的长度存储在全局变量 uIP_len 中。

③ 第 3 行：当传输参数为 uIP_TIMER 时，表示有一个周期定时事件发生，有待处理。

④ 第 4 行：当传输参数为 uIP_POLL_REQUEST 时，表示有一个网络连接的轮询事件发生。

⑤ 第 5 行：当传输参数为 uIP_UDP_SEND_CONN 时，表示需要在缓冲变量 uIP_buf 中生成有一个 UDP 数据报文。

⑥ 第 6 行：uIP_process 是一个事件响应函数。

uIP_process 函数的源码较长，但基本功能明确，就是针对 IP、TCP、UDP 层的 uIP_DATA、

uIP_TIMER 和 uIP_POLL_REQUEST 等事件进行响应，这是一个系统函数，为内核的网络通信服务。代码的实现采用了状态机的结构，可参考如代码 6-38 所示精简的代码。

代码 6-38　函数 uIP_process 的实现

```
// uIP_process 省略部分代码
1    void uIP_process(uint8_t flag)
2    {
3    #if uIP_UDP    // UDP 输入处理
4     udp_input:
5      remove_ext_hdr();
6      PRINTF("Receiving UDP packet\n");
7    #if uIP_UDP_CHECKSUMS
8      uIP_len = uIP_len - uIP_IPUDPH_LEN;
9      uIP_appdata = &uIP_buf[uIP_IPUDPH_LEN + uIP_LLH_LEN];
10     if(uIP_UDP_BUF->udpchksum != 0 && uIP_udpchksum() != 0xffff) {
11       uIP_STAT(++uIP_stat.udp.drop);
12       uIP_STAT(++uIP_stat.udp.chkerr);
13       PRINTF("udp: bad checksum 0x%04x 0x%04x\n", uIP_UDP_BUF->udpchksum,
14              uIP_udpchksum());
15       goto drop;
16     }
17   #else /* uIP_UDP_CHECKSUMS */
18     uIP_len = uIP_len - uIP_IPUDPH_LEN;
19   #endif /* uIP_UDP_CHECKSUMS */
20     if(uIP_UDP_BUF->destport == 0) {
21       PRINTF("udp: zero port.\n");    goto drop;  }
22     //在 UDP 连接之间多路分解此 UDP 数据包
23     for(uIP_udp_conn = &uIP_udp_conns[0];
24         uIP_udp_conn < &uIP_udp_conns[uIP_UDP_CONNS]; ++uIP_udp_conn)
25     { if(uIP_udp_conn->lport!=0&&uIP_UDP_BUF->destport==uIP_udp_conn->lport&&
26         (uIP_udp_conn->rport==0||uIP_UDP_BUF->srcport==uIP_udp_conn->rport)&&
27         (uIP_is_addr_unspecified(&uIP_udp_conn->ripaddr) ||
28          uIP_ipaddr_cmp(&uIP_IP_BUF->srcipaddr,  &uIP_udp_conn->ripaddr))) {
29         goto udp_found;
30       }
31     }
32     PRINTF("udp: no matching connection found\n");
33     uIP_STAT(++uIP_stat.udp.drop);
34    udp_found:
35     PRINTF("In udp_found\n");  uIP_STAT(++uIP_stat.udp.recv);
36     uIP_conn = NULL;
37     uIP_flags = uIP_NEWDATA;
38     uIP_sappdata = uIP_appdata = &uIP_buf[uIP_IPUDPH_LEN + uIP_LLH_LEN];
39     uIP_slen = 0;
40     uIP_UDP_APPCALL();
```

代码 6-38 解释如下。

① 第 4～16 行：对于 UDP 的输入数据，首先校验 UDP 数据，如果异常，则丢弃这个数据报，参考第 15 行 goto drop。

② 第 21～22 行：如果 UDP 数据报的远端目的端口为 0，则丢弃这个数据报。

③ 第 23～29 行：在 UDP 连接列表 uIP_udp_conns 中寻找接收到的数据包是否存在连接异常，例如当前数据包的目的端口与本机端口不匹配，或者远程端口与 uIP_udp_new 中的端

口不匹配。如果存在异常，则丢弃这个数据报文，即 goto drop；如果不存在异常，则跳转到状态机的下一个状态 goto udp_found。

④ 第 34 行：进入跳转状态 udp_found。

⑤ 第 35～40 行：配置下级状态标志 uIP_flags = uIP_NEWDATA，将 uIP_sappdata、uIP_appdata 指向接收到的 UDP 包的数据部分，数据的长度可通过函数 uIP_datalen()获得，指向下级响应函数 uIP_UDP_APPCALL()。

代码 6-38 只对 UDP 相关的数据包接收过程进行了说明，对于 TCP 部分进行了省略。此时，数据的接收处理由函数 uIP_UDP_APPCALL()完成，可参考如代码 6-39 所示代码。

代码 6-39　数据的接收处理函数 uIP_UDP_APPCALL( )

```
// uIP_UDP_APPCALL()
1    #define uIP_APPCALL tcpip_uIPcall
2    #define uIP_UDP_APPCALL tcpip_uIPcall
3    void tcpip_uIPcall(void)
4    {  uIP_udp_appstate_t *ts;
5      #if uIP_UDP
6      if(uIP_conn != NULL) {  ts = &uIP_conn->appstate;}
7      else {    ts = &uIP_udp_conn->appstate;  }
8    #else /* uIP_UDP */
9      ts = &uIP_conn->appstate;
10   #endif /* uIP_UDP */
11   #if uIP_TCP  {/*省略*/ }
12   #endif /* uIP_TCP */
13     if(ts->p!= NULL){process_post_synch(ts->p, tcpip_event,  ts->state);
14   }
```

代码 6-39 解释如下。

① 第 2 行：宏定义函数 uIP_UDP_APPCALL 实际指向 tcpip_uIPcall()。

② 第 14 行：tcpip_uIPcall 最终调用了进程同步函数 process_post_synch()，该函数将对发送新数据的用户进程执行同步操作，即通知用户网络进程 ts->p，有新数据到达的事件发生，发送的数据存储在网络连接的状态子变量 ts->state 里。

至此，UDP 的新接收数据被传递到接收用户进程中，用户可以在进程代码中取出接收的数据。因此，对于 IPv6 的 uIP 应用，采用 UDP 协议，新接收的网络数据从底层物理层逐步传输到上层用户进程的完整流程如图 6-15 所示。

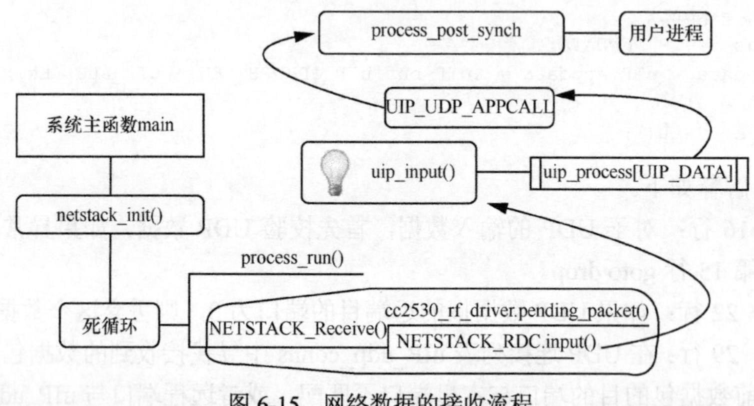

图 6-15　网络数据的接收流程

（3）数据包的发送流程

在 uIP 的非操作系统应用中，主动发送数据大多调用函数 uIP_send()或者 uIP_udp_send()。但在操作系统的应用中，主要有两种分类。

一种是对输入信号的回应。当检测到新的数据时，调用 uIP_input()，把接收到的 IP 包解包，然后提取出用户数据，调用 app_call，在 app_call 中通过调用 uIP_send()或者 uIP_udp_send()来发送数据。

另一种是用 uIP_periodic()，即在主循环超时仍没有接收到新数据时，调用 uIP_periodic()，再调用 app_call，最后再调用 uIP_send()或者 uIP_udp_send()来发送数据。

从本质上看，这两种方法都是将输入（接收报文）输出（发送报文）过程交给响应函数 uIP_process()处理，然后通过 app_call()通知用户进程响应。数据存储在缓冲区，数据长度存储在全局变量中。数据报文在网络层间的通信大多基于进程来处理。在 Contiki 操作系统中，大多数通用的网络任务都由系统进程 tcpip_process 来管理，参考源码如代码 6-40 所示。

代码 6-40　系统进程 tcpip_process

```
//进程 tcpip_process
1    PROCESS_THREAD(tcpip_process, ev, data)
2    {    PROCESS_BEGIN();
3         #if uIP_TCP
4         { static unsigned char i;
5         for(i = 0; i < uIP_LISTENPORTS; ++i)
6         { s.listenports[i].port = 0;    }
7         s.p = PROCESS_CURRENT(); }
8         #endif
9         tcpip_event = process_alloc_event();
10        #if uIP_CONF_ICMP6
11        tcpip_icmp6_event = process_alloc_event();
12        #endif /* uIP_CONF_ICMP6 */
13        etimer_set(&periodic,CLOCK_SECOND / 2);
14        uIP_init();
15        #ifdef uIP_FALLBACK_INTERFACE
16        uIP_FALLBACK_INTERFACE.init();
17        #endif
18        #if NETSTACK_CONF_WITH_IPv6 && uIP_CONF_IPv6_RPL
19        rpl_init();//如果配置为使用 RPL 则初始化 RPL
20        #endif /* uIP_CONF_IPv6_RPL */
21        while(1)
22        { PROCESS_YIELD();
23            eventhandler(ev,data);
24        }
25     PROCESS_END();
26   }
```

代码 6-40 解释如下。

① 第 9 行：为变量 tcpip_event 分配消息事件标志。

② 第 13 行：设置定时器 periodic。

③ 第 14 行：uIP 协议栈初始化。

④ 第 19 行：rpl_init()路由初始化。

⑤ 第 23 行：完成上述初始化工作后，进程 tcpip_process 不断循环执行的工作就是针对

网络事件进行处理，即 eventhandler(ev,data)。

对于网络事件处理，可参考如代码 6-41 所示代码。

代码 6-41　网络事件处理函数 eventhandler

```
// \Contiki_cc2530\core\net\ip\tcpip.c
1   static void eventhandler(process_event_t ev, process_data_t data)
2   { struct process *p;
3     switch(ev) {
4       case PROCESS_EVENT_EXITED:
5         p = (struct process *)data;//省略
6         break;
7       case PROCESS_EVENT_TIMER:
8         {  if(data == &periodic &&etimer_expired(&periodic)) { }    }
9         break;
10  #if uIP_UDP
11      case UDP_POLL:
12        if(data != NULL) {uIP_udp_periodic_conn(data);
13          #if NETSTACK_CONF_WITH_IPv6 tcpip_IPv6_output();
14          #else if(uIP_len > 0) {tcpip_output();}
15          #endif /* uIP_UDP */
16        }   break;
17  #endif /* uIP_UDP */
18      case PACKET_INPUT:   packet_input();  break;
19    };
20  }
```

由代码 6-41 可知，系统内核根据事件消息进行响应。当内核接到某个用户进程的轮询事件时，如果事件为 UDP_POLL，参考代码 6-41 代码第 12 行，检测事件包含的数据是否为空？如果 data != NULL，就对缓冲区的数据进行处理，即 uIP_udp_periodic_conn(data)，大多为数据的封装。例如，数据包从用户进程获得数据后，加 UDP 包头、加 IP 包头等，在缓冲区对层间数据完成格式封装，然后调用发送函数将加载完成的报文格式封装的数据发送出去，清空缓冲区。参考第 13 行和 14 行代码，tcpip_output()将报文发给包含 MAC 地址的驱动模块。函数 tcpip_IPv6_output()的底层依然是调用 tcpip_output，其实质上是针对 IPv6 的应用进行函数封装。

（4）Protosocket 模型的 uIP 实例

有两个主芯片为 CC2530 的物联网节点配置了 Contiki 操作系统的网络应用程序，通过 IPv6 和 UDP 传输数据。其中一个作为服务器端（server），绑定在 3000 端口，另一个作为客户端（client）。客户端周期性地发送消息给服务端，并打印发送的消息，服务器接收到消息之后，通过串口打印消息，并通过 UDP 发送一个确认消息给客户端，客户端接收到确认消息后，在串口上打印出来。这个通信实例是来源于 Contiki 官方的例程 echo-server，由于该例程是基于操作系统的应用，不涉及底层的驱动，故代码可以方便地移植到其他芯片的 Contiki 应用中。

Contiki 网络应用中主要采用 IPv6+UDP 的模式，很少使用 TCP，因为 TCP 的通信机制相对比较复杂，需要 3 次握手，占用较多的 RAM 资源，而且需要端到端进行确认，而无线传感器网络中多跳时延很大，TCP 难以直接应用到无线传感器网络中。目前，Contiki 网络应用的主要关注点是网络传输可靠性和能效。其中，数据包长度的研究可参考文献[4]。地址格式转换函数如代码 6-42 所示。

代码 6-42　地址格式转换函数

```
1    #define PRINTF(...) printf(__VA_ARGS__)
2    #define PRINT6ADDR(addr) PRINTF("%02x%02x:%02x%02x:%02x%02x:%02x%02x:%02x
3      %02x:%02x%02x:%02x%02x:%02x%02x ",((u8*)addr)[0],((uint8_t *)addr)[1],
4    ((u8*)addr)[2],((uint8_t*)addr)[3],((uint8_t*)addr)[4],((uint8_t*)addr)[5],
5    ((u8*)addr)[6],((uint8_t*)addr)[7],((uint8_t*)addr)[8],((uint8_t *)addr)[9],
6       ((uint8_t *)addr)[10], ((uint8_t *)addr)[11],((uint8_t *)addr)[12],
7    ((uint8_t *)addr)[13], ((uint8_t *)addr)[14],((uint8_t *)addr)[15])
8    #define PRINTLLADDR(lladdr)
9     PRINTF("%02x:%02x:%02x:%02x:%02x:%02x ",(lladdr)->addr[0],(lladdr)->addr[1],
10     (lladdr)->addr[2], (lladdr)->addr[3],(lladdr)->addr[4],(lladdr)->addr[5])
```

代码 6-42 所示代码的功能为通过格式转换函数，生成 IPv6 的地址字符串。uIP 实例代码 client 部分如代码 6-43 所示，server 部分如代码 6-44 所示。

代码 6-43　uIP 实例代码 client 部分

```
//client 代码
1    #include "Contiki.h"
2    #include "Contiki-lib.h"
3    #include "Contiki-net.h"
4    #include <string.h>
5    #define SEND_INTERVAL        8 * CLOCK_SECOND
6    #define MAX_PAYLOAD_LEN      40
7    static struct uIP_udp_conn *client_conn;
8    PROCESS(udp_client_process,"UDP client process");
9    AUTOSTART_PROCESSES(&udp_client_process);
10   static void tcpip_handler(void)
11   {  char *str;
12     if(uIP_newdata())
13     {      str = uIP_appdata;    str[uIP_datalen()] = '\0';
14            printf("Response from the server: '%s'\r\n", str);
15     }
16   }
17   static void timeout_handler(void)
18   {   static int seq_id;
19       char buf[MAX_PAYLOAD_LEN];
20     printf("\r\nClient send to: ");
21     PRINT6ADDR(&client_conn->ripaddr);
22     printf("\r\n");
23     sprintf(buf,"Hello #%d ",++seq_id);
24     printf("msg: %s\r\n",buf);
25     uIP_udp_packet_send(client_conn,buf,strlen(buf));
26   }
27   static void print_local_addresses(void)
28   { int i;
29     uint8_t state;
30     PRINTF("Client IPv6 addresses: \r\n");
31     for(i = 0; i < uIP_DS6_ADDR_NB; i++) {
32       state = uIP_ds6_if.addr_list[i].state;
33       if(uIP_ds6_if.addr_list[i].isused && (state==ADDR_TENTATIVE||state==ADDR_PREFERRED))
34       { PRINTF("  ");
35         PRINT6ADDR(&uIP_ds6_if.addr_list[i].ipaddr);
36         PRINTF("\r\n");
37         if(state == ADDR_TENTATIVE) {uIP_ds6_if.addr_list[i].state = ADDR_PREFERRED; }
```

```
38        }
39      }
40    }
41    static void set_connection_address(uIP_ipaddr_t *ipaddr)
42    { uIP_ip6addr(ipaddr, 0xfe80,0x0000,0x0000,0x0000,0x0212, 0x4b00,0x02f5,0xb5a0 );}
43    PROCESS_THREAD(udp_client_process,ev,data)
44    { static struct etimer et;
45      uIP_ipaddr_t ipaddr;
46      PROCESS_BEGIN();
47      PRINTF("UDP client process started\r\n");
48      etimer_set(&et,CLOCK_CONF_SECOND*3);
49      PROCESS_WAIT_EVENT_UNTIL(ev == PROCESS_EVENT_TIMER);
50      print_local_addresses();
51      set_connection_address(&ipaddr);
52      client_conn = udp_new(&ipaddr,uIP_HTONS(3000),NULL);
53      PRINTF("Created a connection with the server: ");
54      PRINT6ADDR(&client_conn->ripaddr);
55      PRINTF("local/remote port %u/%u\r\n",
56        uIP_HTONS(client_conn->lport),uIP_HTONS(client_conn->rport));
57      etimer_set(&et,SEND_INTERVAL);
58      while(1)
59      {  PROCESS_YIELD();
60         if(etimer_expired(&et)) { timeout_handler(); etimer_restart(&et);}
61         else if(ev == tcpip_event) {       tcpip_handler();     }
62      }
63      PROCESS_END();
64    }
```

代码 6-43 解释如下。

① 第 10～16 行：tcpip_handler()表示当有新数据到达时，将接收数据取出打印到串口端口。

② 第 17～27 行：定时超时事件响应函数不断向远端服务器发送“Hello #%d”的报文。

③ 第 25 行：进程内的数据发送函数 uIP_udp_packet_send，该函数的底层实际运行函数 tcpip_IPv6_output()，最终运行执行函数 tcpip_output()。

④ 第 54 行：新建一个远端 IPv6 地址固定的连接。

⑤ 第 60 行：定时器超时事件进行处理，即 timeout_handler()。

⑥ 第 61 行：对网络通信事件进行处理，即 tcpip_handler()。

代码 6-44　uIP 实例代码 server 部分

```
1    #include "Contiki.h"
2    #include "Contiki-lib.h"
3    #include "Contiki-net.h"
4    #include <string.h>
5    #define DEBUG 1
6    #if DEBUG
7    #include <stdio.h>
8    #define UDP_IP_BUF   ((struct uIP_udpip_hdr *)&uIP_buf[uIP_LLH_LEN])
9    #define MAX_PAYLOAD_LEN 120
10   static struct uIP_udp_conn *server_conn;
11   PROCESS(udp_server_process,"UDP server process");
12   AUTOSTART_PROCESSES(&udp_server_process);
13   static void tcpip_handler(void)
14   { static int seq_id;
```

```
15    char buf[MAX_PAYLOAD_LEN];
16    if(uIP_newdata()) {
17      ((char *)uIP_appdata)[uIP_datalen()] = 0;
18      PRINTF("------\r\nServer received: '%s' from client",(char *)uIP_appdata);
19      PRINT6ADDR(&UDP_IP_BUF->srcipaddr);
20      PRINTF("\r\n");
21      uIP_ipaddr_copy(&server_conn->ripaddr, &UDP_IP_BUF->srcipaddr);
22      server_conn->rport = UDP_IP_BUF->srcport;
23      PRINTF("Server Respond Message: \r\n");
24      sprintf(buf, "ACK to client! (%d)", ++seq_id);
25      PRINTF("  %s\r\n",buf);
26      uIP_udp_packet_send(server_conn,buf,strlen(buf));
27      memset(&server_conn->ripaddr,0,sizeof(server_conn->ripaddr));
28      server_conn->rport = 0;
29    }
30  }
31  static void print_local_addresses(void)
32  { int i;
33    uint8_t state;
34    PRINTF("Server IPv6 addresses:\r\n");
35    for(i = 0; i < uIP_DS6_ADDR_NB; i++) {
36      state = uIP_ds6_if.addr_list[i].state;
37    if(uIP_ds6_if.addr_list[i].isused&&(state==ADDR_TENTATIVE||state==ADDR_PREFERRED))
38      { PRINTF("  ");
39        PRINT6ADDR(&uIP_ds6_if.addr_list[i].ipaddr);
40        PRINTF("\r\n");
41        if(state==ADDR_TENTATIVE){uIP_ds6_if.addr_list[i].state = ADDR_PREFERRED;}
42      }
43    }
44  }
45  PROCESS_THREAD(udp_server_process,ev,data)
46  {
47    static struct etimer timer;
48      PROCESS_BEGIN();
49    PRINTF("UDP server started\r\n");
50    etimer_set(&timer, CLOCK_CONF_SECOND*5);
51    PROCESS_WAIT_EVENT_UNTIL(ev == PROCESS_EVENT_TIMER);
52    print_local_addresses();
53    server_conn = udp_new(NULL,uIP_HTONS(0), NULL);
54    udp_bind(server_conn,uIP_HTONS(3000));
55    PRINTF("Server listening on UDP port %u\r\n",uIP_HTONS(server_conn->lport));
56    while(1)
57    {     PROCESS_YIELD();
58          if(ev == tcpip_event) {tcpip_handler();     }
59    }
60    PROCESS_END();
61  }
```

代码 6-44 解释如下。

① 第 16～17 行：网络的消息事件处理函数中，当有新数据到达时，从 uIP_appdata 取出数据。

② 第 25 行：通过 uIP_udp_packet_send 发送收到确认报文。

③ 第 53 行：新建一个 IPv6 的连接，并配置端口为 3000。

Protosocket 进程模型的 uIP 网络通信是基于进程模型和事件消息响应机制的应用，通过用户进程中的主动发送报文函数，周期轮询地被动接收到达的报文。报文在网络层间的传递处理，主要通过系统进程进行报文数据封装，数据一直存在缓冲区。Contiki 的网络通信实现稳定可靠，占用内存较少。但需要注意的是，通信的数据量不易过大，通信频率不宜太频繁。本质上来说，系统的定时轮询周期决定了应用的节奏，比较适合物联网系统中的传感器节点采集应用，传感器大多数时间处于低功耗休眠状态。当唤醒后采集信号通过 IPv6 把数据传到路由器或服务器时，发送的数据也是一个报文。如果传送的数据较大，大于报文的最大长度，需要多次传输，就需要应用程序对数据的维护进行更多工作，确保每次定时轮询操作的数据不会被覆盖。因为数据缓冲区只有一个，而且收发过程共用缓冲区。如果在用户进程中多次执行发送函数，可能导致在新的进程轮询时，缓冲区的数据只有最后一次发送的数据，因为多次发送的数据都被最后一次发送的数据覆盖了。

总的来说，本章描述的主要内容是 Contiki 网络协议栈的基本原理和基础结构，就像一幅画中的整体轮廓和主体印象。为了更好地展现 WSN 这幅作品的美景，或在实际应用中更好地构建 WSN，还有必要关注了解一些细节信息。例如，为了加强 IPv6 网络和低功耗无线网络的融合，加强 IPv6 主机与传感器节点间的点到点交互（查询信息和控制逻辑），文献[5]描述了在 IPv6 主机上封装 6LoWPAN 适配器层的方法。为了优化网络通信，文献[6]提出了资源寻址迭代模型，优化 IPv6 主机与传感器节点间的通信编址。为了实现最佳的低时延、高吞吐量以及低能耗，文献[7]提出了最佳的 MAC 层参数集选择方法。为了改善端到端可靠性，降低时延，文献[8]提出了将 IPv6 数据包切成片的方法。

参考文献

[1] DUNKELS A. Rime-a lightweight layered communication stack for sensor networks[C]//European Conference on Wireless Sensor Networks. Berlin: Springer, 2007: 1-2.

[2] DUNKELS A, ÖSTERLIND F, HE Z T. An adaptive communication architecture for wireless sensor networks[C]//The Proceeding of the Fifth ACM Conference on Networked Embedded Sensor Systems. New York: ACM Press, 2007: 335-349.

[3] DUNKELS A, ERIKSSON J, FINNE N, et al. Low-power IPv6 for the Internet of things[C]//2012 Ninth International Conference on In Networked Sensing Systems. Piscataway: IEEE Press, 2012: 1-6.

[4] FRESCHI V, LATTANZI E. A Study on the impact of packet length on communication in low power wireless sensor networks under interference[J]. IEEE Internet of Things Journal, 2019, 6(2): 3820-3830.

[5] LUO B Q, SUN Z X. Enabling end-to-end communication between wireless sensor networks and the Internet based on 6LoWPAN[J]. Chinese Journal of Electronics, 2015, 24(3): 633-638.

[6] LUO B Q, SUN Z X. Research on the model of a lightweight resource addressing[J]. Chinese Journal of Electronics, 2015, 24(4): 832-836.

[7] AL-KASEEM B R, AL-RAWESHIDY H S, AL-DUNAINAWI Y, et al. A new intelligent approach for optimising 6LoWPAN MAC layer parameters[J]. IEEE Access, 2017. 5: 16229-16240.

[8] TANAKA Y, MINET P, WATTEYNE T. 6LoWPAN fragment forwarding[J]. IEEE Communications Standards Magazine, 2019, 3(1): 35-39.

第 7 章 RPL 路由协议及 Cooja 仿真

7.1 RPL 路由协议概述

RPL 是 IPv6 Routing Protocol for Low-Power and Lossy Network 的简称，即低功耗有损网络 IPv6 路由协议，是由 IETF 组织 ROLL 工作组专门针对低功耗有损网络（Low-power and Lossy Network，LLN）制定的一种满足特定应用需求且基于 IPv6 的低功耗路由协议[1]。

RPL 是一个距离向量路由协议，运行在 IEEE 802.15.4 物理层和 MAC 层之上，其目的在于能够在不同的应用场景或者变化的网络中，按照不同的度量标准去优化路由，从而适应不同的需求[2]。RPL 协议应用广泛，包括智能城市、交通、家庭自动化、医疗、工业自动化、节能等多种 LLN 应用场景。

7.2 RPL 路由协议的发展背景

路由一直都是网络的主要组成部分，过去的 20 年间，在 IP 网络中定义了很多路由协议，其中包括自治系统域内路由选择协议，比如路由信息协议（RIP）和开放最短通路优先（OSPF），以及自治系统域间路由选择协议，比如边界网关协议（BGP）。这些路由协议支持在由数百甚至上千节点组成的网络中快速收敛，而且具有计算满足特定服务质量（Quality of Service，QoS）路径的能力。

LLN 是指节点设备和它们之间的连接通常都受限的网络。具体来说，节点设备在功耗、带宽、数据处理、存储空间和能量方面的能力都是受限的。它们可以通过多种链路连接，比如 IEEE 802.15.4、蓝牙、低功率 Wi-Fi，甚至低功耗电力线通信（Power Line Communication，PLC）等。节点设备之间的通信链路是有损的，具有低功耗的典型性特征，这种低功耗给 LLN 带来了高丢包率、低速率传输和网络不稳定的问题。例如，6LoWPAN 是一个由 IEEE 802.15.4

链路连接无线网络设备的 LLN。与传统的网络 IP 相比，LLN 的链路高度不稳定，路由协议需要支持成百上千的节点，同时保持很低的内存占用，而且为了限制网络中控制信息的流量，路由协议不能对 LLN 临时故障做出过度反应。这样的链路特性给 LLN 中路由协议的选择提出了新的约束和挑战。因此，有必要针对受限特性研究轻量级的协议，来优化存储容量和计算能力十分有限的嵌入式设备的通信性能。

为了解决上述问题，IETF 于 2008 年 2 月成立了专门的工作组 ROLL，为 LLN 研究制定 IP 标准。ROLL 工作组首先评价了现有的路由协议，如 OSPF、IS-IS、AODV、OLSR 等，结果显示现有的一些路由协议不能很好地满足低功耗易丢失网络的路由要求。于是 ROLL 工作组开始制定新的能够满足低功耗易丢失网络的路由要求的路由协议。ROLL 工作组详细地调研了所关注领域的路由要求后，提交了 4 个 RFC 文档（RFC 5548[3]、RFC 5673[4]、RFC 5826[5]、RFC 5867[6]），分别对上述几个领域的路由要求做了具体的说明。然后该工作组根据这些路由要求，制定了 RPL RFC 6550，并于 2012 年 3 月发布，涉及 RPL 低功耗有损网络路由协议的技术细节[1]。

RPL 的设计适应了无线传感器网络中节点处理能力和能量资源有限的特点，以及链路具有高丢包率、低传输速率和不稳定等特点的网络形态。RPL 是一个距离向量路由协议，其设计高度模块化，节点通过交换距离向量构造一个有向无环图（Directed Acyclic Graph，DAG）。DAG 可以有效防止路由环路问题，DAG 的根节点通过广播路由限制条件来过滤网络中一些不满足条件的节点，然后节点通过路由度量来选择最优的路径，从而消除传统路由协议可能存在的瓶颈问题，解决由网络路由所带来的巨大开销、所引发的网络生存周期缩短等技术难题。为了使 RPL 在 LLN 应用领域有广泛的应用，RPL 将数据处理和数据转发从路由优化目标中分离出来。RPL 支持很多不同形式的链路层，包括但不限于有损链路和用在主机或路由设备中资源有限的链路层。

7.3 RPL 路由协议的基本概念

7.3.1 RPL 路由协议的基本术语

为了便于理解 RPL 的工作原理，本节对 RPL 中的一些概念和术语进行介绍[1,7]。

（1）DAG

DAG 是对 RPL 形成的拓扑的一种描述。拓扑中所有的路径为边，这些边构成了一个有向无环图，即这些边不会形成环路，各个边汇聚于一点，这个点被称作 DAG 根节点（Root），即 Sink 节点或网关。DAG 根节点有构建 DAG 的能力，同时担任着连接 LLN 和 Internet 的网关（或边界路由器）角色。

（2）面向目的地的 DAG（Destination-Oriented DAG，DODAG）

DODAG 是 RPL 拓扑的基本单元，一个 DAG 可以由一个或多个 DODAG 组成。一个 DODAG 有且只有一个根节点，称作 DODAG Root，通常为 Sink 节点或处理能力比较强的普通节点。DODAG 根节点最后全部汇聚于目的地节点，即 DAG 根节点。DODAG 根节点能起到边界路由器的作用，有构建 DODAG 的能力，并负责本地 DODAG 的路由聚集和信息收集。特别地，在需要的情况下，DODAG 根节点可以更新 DODAG 拓扑。

（3）向上路由

向上路由是节点沿着 DODAG（或 DAG）边朝向根节点方向的路由。

（4）向下路由

向下路由是节点沿着 DODAG（或 DAG）边与向上路由方向相反的路由。

（5）最佳父节点

最佳父节点指 DODAG 拓扑中节点向上路由的默认下一跳节点。最佳父节点的选择规则由目标函数（Object Function，OF）定义。

（6）等级（Rank）

Rank 可以看作 RPL 路由协议的路由"梯度"，表征单个节点相对 DODAG 根节点的距离，其本质是将节点到 DODAG 根节点的距离以量化的形式表示出来，Rank 值越小，说明距根节点越近。Rank 值由 OF 计算得到，可以用来避免路由回环和进行路由回环检测。为了保证环路探测机制，沿着节点到 DODAG 根节点的方向，节点的 Rank 值必须单调减小，如图 7-1 所示，DODAG 根节点的 Rank 值为 0，父节点的 Rank 值大于子节点的 Rank 值。

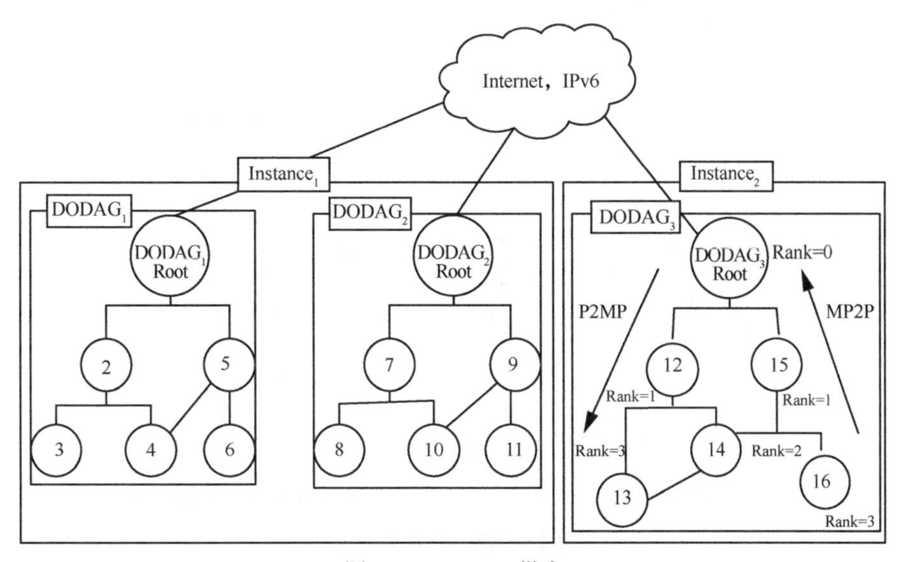

图 7-1 DODAG 梯度

Rank 值的作用范围是 DODAG Version Number，当 DODAG Version Number 变化时，节点会重新计算 Rank 值。Rank 值的大小代表了该节点距离根节点的距离。节点 Rank 值由目标函数来计算。但值得注意的是，Rank 值不是路径代价，但它可以通过路径代价得到。

（7）目标函数（Object Function，OF）

OF 定义了路由度量、路由优化目标和 Rank 值的计算方式。另外，OF 还定义了 DODAG 中选取最佳父节点的方式和 DODAG 的构建方式。RPL 旨在使用 OF 功能使节点到达 DODAG 根节点的路径成本最小化。OF 可以根据网络应用场景的不同来灵活定义。

（8）RPL 实例（RPL Instance）

同一个 RPL 实例中的 DODAG 使用相同的 OF，也就是说即使在同一个网络中，也可以根据不同的区域或不同的要求，定义不同的 OF 来满足目标。不同的实例可能有不同的约束条件或执行标准。一个 DAG 可以包含多个 RPL 实例，同一个 RPL 实例由一个或多个 DODAG 组成。一个节点可以属于多个 RPL 实例，并根据 DODAG 特点标记数据流量，但在所属的每个 RPL 实例中只能属于其中一个 DODAG。如图 7-1 所示，$DODAG_1$ 的约束条件可以是链路成本最小化，而 $DODAG_2$ 的约束条件可以是传输时延最小化。

（9）RPL 实例号（RPL Instance ID）

RPL Instance ID 由 DAG 根节点设定。RPL 实例由 RPL Instance ID 唯一表征。

（10）DODAG 号（DODAG ID）

DODAG ID 由 DODAG 根节点设定。DODAG 由 RPL Instance ID 和 DODAG ID 唯一表征。

（11）DODAG 版本号（DODAG Version Number）

DODAG Version Number 由 DODAG 根节点设定。节点通常会因为自身的原因（如节点电池耗尽）或者环境原因而失去作用，结果导致 DODAG 的拓扑结构发生变化，因此路由协议必须维护 DODAG 的拓扑。RPL 路由协议通过 DODAG 版本号来定义不同 DODAG 的拓扑版本，当 DODAG 因为某种原因重新建立而变成另外一个拓扑版本时，DODAG 版本号都会加 1。一个 DODAG 版本号由 RPL 实例号、DODAG 号和 DODAG 版本号共同唯一表征。

如图 7-2 所示，左边 DODAG 的版本号为 N，当拓扑结构发生变化时，DODAG 的版本号变成了 N+1。

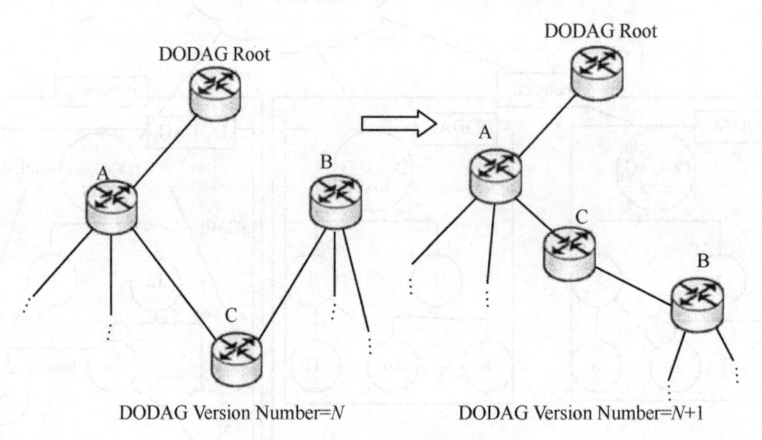

图 7-2　DODAG 的版本变化

RPL 的核心思想是构建 DAG 拓扑。DAG 拓扑是一个类似于树状拓扑的结构，用它来规定 LLN 节点之间的默认路由。但与典型树状拓扑中节点只允许有一个父节点的情况不同，DAG 结构中节点可以与多个父节点连接。具体来说，一个 DAG 由一个或多个 RPL 实例组成，一个 RPL 实例中又包含一个或多个 DODAG。每个 DODAG 有唯一的 DODAG ID。DODAG ID 的范围是一个 RPL Instance。一个 RPL Instance ID 和一个 DODAG ID 唯一地确定了一个 DODAG。如图 7-1 中有 2 个 RPL Instance，RPL Instance ID 分别为 1 和 2。第一个 RPL Instance 中有 2 个 DODAG，　DODAG ID 分别为 1 和 2。RPL Instance ID = 1 和 DODAG ID = 1 唯一地代表最左边的一个 DODAG。在 DODAG 中，目的地节点往往是 DAG 的根节点，根节点通过骨干网连接到路由器，再由路由器连接到传统的有线网络中。在同一个网络中可以同时运行多个 RPL 实例，这些 RPL 实例的操作在逻辑上互相独立。

7.3.2　RPL 控制消息的功能模块

DAG 拓扑是依靠 RPL 控制信息的交互来构建的。RPL 严格遵从 IPv6 架构，其控制消息借用 ICMPv6 的消息包格式。根据 RFC 4443，RPL 控制消息包含了一个 ICMPv6 的报头和消息主体部分。其中，ICMPv6 报头由类型（Type）、代码（Code）及校验和（Checksum）三部分组成，如图 7-3 所示。消息主体部分包含一个基础信息（Base）部分和一系列的选项（Option），其中 Type 域占用 1 B，指明的是采用了 ICMPv6 数据包，该消息是 RPL 控制消息，其类型值为 155（即 0x9B）；Code 域占用 1 B，包括 RPL Type、Security 和 Reserved 这 3 种字段，其字段格式如图 7-4 所示。RPL 类型（RPL Type）定义 RPL 控制消息类型；安全字段（Security）只有 RPL 在安全模式下该字段才有效，否则忽略该字段；Reserved 是保留字段。RPL 协议定义了 9 种控制消息，分别是 DIO（DODAG Information Object）消息、DIS（DODAG Information Solicitation）消息、DAO（Destination Advertisement Object）消息和 DAO-ACK（Destination Advertisement Object-Acknowledge）消息，及其对应的带有安全选项的消息类型 SDIS（Security DIS）、SDIO（Security DIO）、SDAO（Security DAO）和 SDAO-ACK（Security DAO-ACK），以及 CC（Consistency Check）。

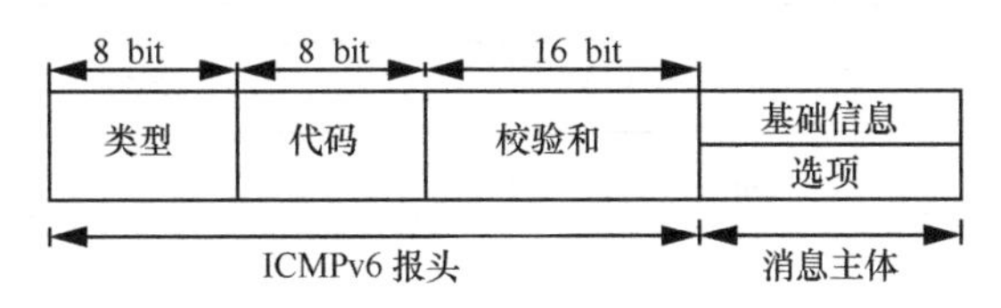

图 7-3　RPL 控制消息报文格式

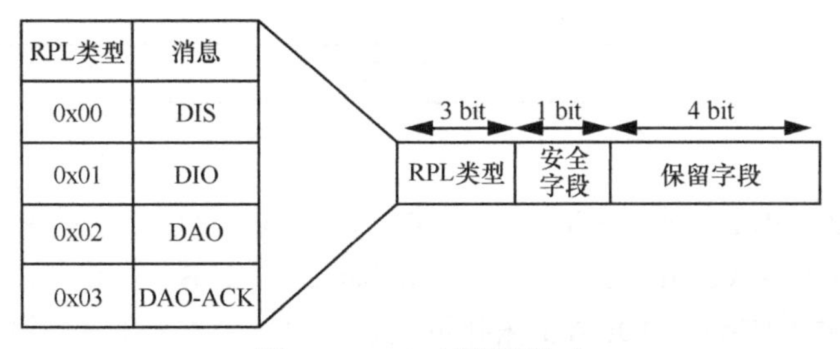

图 7-4　Code 域字段格式

图 7-4 明确了各消息类型对应的代码值。RPL 路由协议的运行和维护是由图 7-4 中的 DIS、DIO、DAO、DAO-ACK 或其对应的带有安全选项的消息来实现的。下面对这 4 种消息进行深入解析，以明确各个消息的作用和实现方法。

（1）DIS 消息

当节点没有收到 DIO 消息时，可以用 DIS 向 RPL 节点请求 DIO 消息，也可以使用 DIS 来快速获得 DIO 消息。DIS 还可以用来在邻近的 DODAG 中探测邻居节点，类似于 IPv6 中邻居发现协议 ND 的路由器请求（Router Solicitation，RS）信息。现有的 DIS 消息格式中留有未定义的标志位和字段，方便以后使用。DIS 的 RPL Type=0x00，图 7-5 所示为 DIS 消息中的基础字段格式。

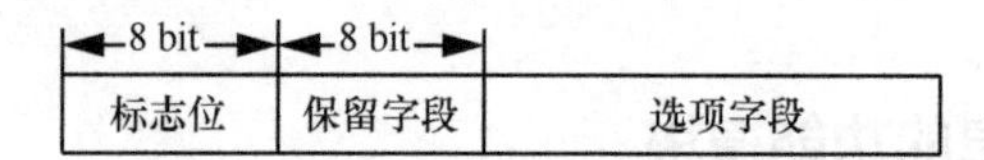

图 7-5　DIS 消息中的基础字段格式

标志位（Flag）：该字段还未使用，保留用于标志。发送消息时该字段必须清 0，收到含有该字段的消息时必须忽略该字段。

保留字段（Reserved）：发送消息时该字段必须清 0，收到含有该字段的消息时必须忽略该字段。

选项字段（Option）：未使用字段，可以用来增加功能。

（2）DIO 消息

为了向下构建 DODAG，DODAG 根节点发起 DIO 广播消息。DIO 消息携带了 DODAG 和节点的相关信息，以使其他节点发现这个 RPL 实例中的这个 DODAG，并学习它的配置参数，挑选 DODAG 中的父节点集合，选择最佳父节点，同时也可用于维护 DODAG。DIO 信息在协议中扮演了重要的角色。

DIO 消息的 RPL Type=0x01，其基础信息（Base）字段域的格式如图 7-6 所示，其含义如下。

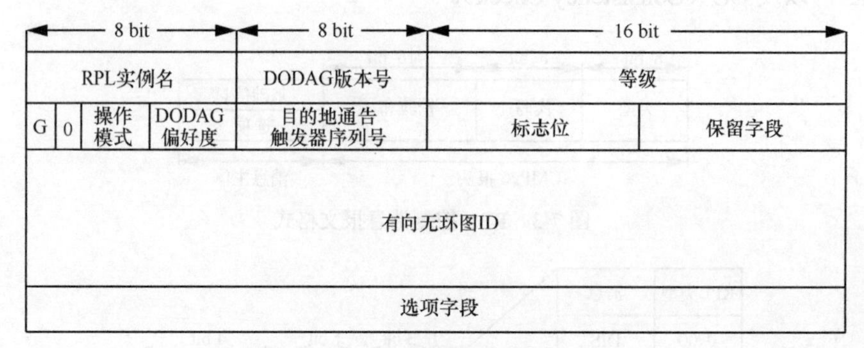

图 7-6　DIO 消息中的基础字段格式

① RPL 实例名（RPL Instance ID）：占 1 B，表示 DODAG 所在的 RPL 实例。

② DODAG 版本号（DODAG Version Number）：占 1 B，标识 DODAG 的版本号，由 DODAG 根节点创建并维护。DODAG 拓扑每更新一次，版本号加 1，保证 DODAG 中的节点与拓扑同步更新。

③ 等级（Rank）：占 2 B，表示发送 DIO 消息节点本身在 DODAG 中的位置。

④ G：1 bit 标志位。指示当前 DODAG 是否满足应用中定义的目标，DODAG 根节点需要学习应用中定义的目标并确定自身是否能够满足该目标，若满足则设置该字段，若不满足则将该字段清 0。关于应用目标如何定义不在 RPL 任务范围之内。

⑤ 操作模式（Mode of Operation，MOP）：占 3 bit，表征 RPL Instance 的操作模式，该模式由 DODAG 根节点设定。RPL 定义了 4 种操作模式，其区别在于是否支持向下路由维护和广播。RPL 默认支持向上路由。加入 DODAG 的任何节点都要处理 MOP 字段，从而成为既能产生数据流量又能转发数据包的节点，否则将被认为只能产生数据流量而不能转发数据包的节点。MOP=0 表示 DAO 消息被禁止，只有向上的路由；MOP=1 表示运行在非存储模式；MOP=2

表示运行在存储模式，但不支持多播；MOP=3 表示运行在存储模式，且支持多播。

⑥ DODAG 偏好度（DODAG Preference，Prf）：占 3 bit。定义了当前 DODAG 根节点对于作为其他 DODAG 根节点的偏好度，表征希望吸引其他节点加入自己 DODAG 中的期望值。Prf 取值范围从 0x00 （最低优先）到 0x07（最高优先），默认值是 0x00。

⑦ 目的地通告触发器序列号（Destination Advertisement Trigger Sequence Number，DTSN）：占 1 B，用于维护向下路由。

⑧ 标志位（Flag）：占 1 B，该字段还未使用，保留用于标志。发送消息时该字段必须清 0，收到含有该字段的消息时必须忽略该字段。

⑨ 保留字段（Reserved）：占 1 B。发送消息时该字段必须清 0，收到含有该字段的消息时必须忽略该字段。

⑩ 有向无环图 ID（DODAG ID）：占 128 bit，由 DODAG 根节点设置的 128 bit IPv6 地址。DODAG ID 和 RPL Instance ID 共同唯一确定一个 DODAG。

⑪ 选项字段（Option）：0x00 表示 Padl 选项，填充单字节；0x01 表示 PadN 选项，填充 2 个以上字节；0x02 表示 DAG 度量；0x03 表示路由信息；0x04 表示 DODAG 的配置信息；0x08 表示前缀信息。

（3）DAO 消息

目的地公告对象（Destination Advertisement Object，DAO）消息是由节点顺着 DODAG 向上传播目的地信息的控制消息，支持 P2P 和 P2MP 模式。DAO 消息用子节点的前缀填充路由表，并将自己的地址和前缀告知自己的父节点。当 DAO 消息沿着向上路径传递到 DODAG 根节点后，从 DODAG 根节点到该节点的完整路径建立起来。DAO 还可以用于向节点通告前缀可达性。在存储模式中，DAO 消息是由子节点向父节点单播的；在非存储模式中，DAO 消息是向 DODAG 的根节点单播的。DAO 消息可以选择目的节点是否回复 DAO-ACK。

DAO 消息的 RPL Type=0x02，其基本字段部分包含的报文如图 7-7 所示，依次介绍如下。

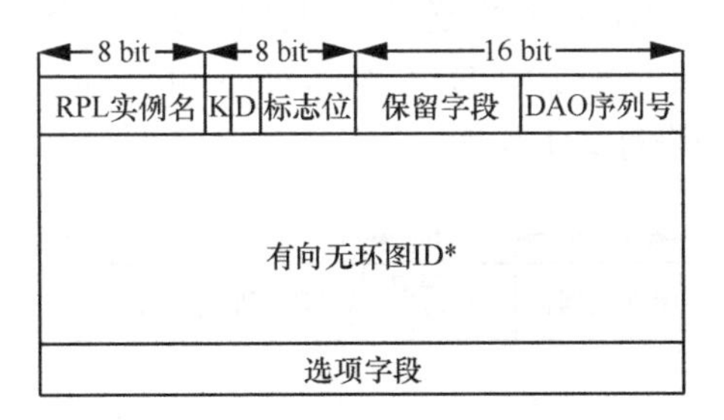

图 7-7　DAO 消息中的基础字段格式

① RPL 实例名（RPL Instance ID），占 1 B，表示 DODAG 所在的拓扑实例，可以从 DIO 消息中获得。

② K：1 bit 标志位，表示是否需要接收端回复 DAO-ACK 进行确认。

③ D：1 bit 标志位，表征 DODAG 字段的存在。若置 1，表示 DODAGID 出现在 DAO 中，否则 DAO 中将不会出现该字段。

④ 标志位（Flag）：6 bit 标志位，该字段还未使用，保留用于标志。发送消息时该字段必须清 0，收到含有该字段的消息时必须忽略该字段。

⑤ 保留字段（Reserved）：8 bit 保留位，发送消息时该字段必须清 0，收到含有该字段

的时消息时必须忽略该字段。

⑥ DAO 序列号（DAO Sequence）：8 bit 字符。每发送一个 DAO 消息，该序列号值加 1。

⑦ 有向无环图 ID（DODAG ID）：DAO 消息中的 DODAG ID 字段仅当标志位 D 置 1 时才有效，为 128 bit 无符号的整数，图 7-7 中的*代表 DODAG ID 不是必选字段。

⑧ 选项字段（Option）：未使用字段，可以用来增加 RPL 功能。

节点将 DAO 消息不断顺着 DODAG 向上传送，从而建立起向下路由所需的多条路径，实现了 P2MP 的路由形式。值得注意的是，DAO 消息的一个特殊实例称为“无路径”，用于存储模式下清除那些通过 DAO 操作建立起来的向下路由的状态。“无路径”携带一个目标选项和一个生命周期为 0x00000000 的中转信息，以此来表示无法到达那个目标。

在非存储模式中，消息选项中 DODAG 的父节点地址子域可能包含不止一个地址。所有地址都必须是发送节点的 DAO 父节点的地址。DAO 消息沿着父节点上的默认路由直接发送给根节点。当节点把另一个节点从自己的 DAO 父节点集合中移除时，它可能产生一个新的 DAO 消息，这个 DAO 消息的选项会被更新。在非存储模式下，节点使用 DAO 消息来向根节点汇报自己的 DAO 父节点。DODAG 可以根据路由中每个节点的 DAO 父节点集合，拼凑出到达节点的向下路由。

在存储模式中，RPL 通过 IPv6 目的地址向下路由信息，消息选项中 DODAG 的父节点子域必须置空。每收到一个单播的 DAO 消息，节点必须计算其是否改变了节点自身之前发布的前缀集合。节点每产生一个新的 DAO，都会单播给它的每一个 DAO 父节点。当节点将它的 DAO 父节点集合中的节点移除时，会向其发送一个 No-Path 消息，将存在的路由置为无效。在存储模式下，信息存储在每个节点的路由表中，DAO 消息是直接传送给 DAO 父节点的，并由这些父节点来存储信息。

（4）DAO-ACK 消息

目的地公告对象确认（Destination Advertisement Object-Acknowledgement，DAO-ACK）消息是由接收到 DAO 消息的接收端发送的，以此作为对一个单播的 DAO 消息的回复。DAO-ACK 消息携带 RPL Instance ID、DAO Sequence 和 Status，RPL Type=0x02，其基础字段格式如图 7-8 所示，分别进行如下说明。

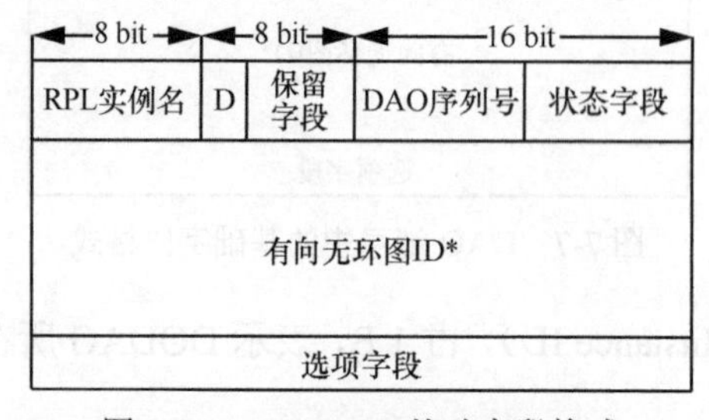

图 7-8　DAO-ACK 基础字段格式

① RPL 实例名（RPL Instance ID）：占 1 B，表示 DODAG 所在的拓扑实例，从 DAO 消息中获得。

② D：1 bit 标志位，表示是否有 DODAG ID 域。若置 1，DAO 中有 DODAG ID 字段，否则没有该字段。

③ 保留位（Reserved）：占 7 bit。发送消息时该字段必须清 0，收到含有该字段的消息

时必须忽略该字段。

④ DAO 序列号（DAO Sequence）：占 1 B，从 DAO 消息中学习到的 DAO 消息序列号，用于与 DAO 消息相对应，避免信息错误。

⑤ 有向无环图 ID（DODAG ID）：DAO-ACK 消息中的 DODAG ID 字段仅当标志位 D 置 1 时才有效，故图 7-8 中的*代表 DODAG ID 不是必选字段。

⑥ 状态字段（Status）：占 1 B，状态字段还没有明确定义。若状态字段为 0，表示无条件接收状态，也即接收 DAO-ACK 的节点没有被拒绝；1～127 bit 表示不断然拒绝，发送 DAO-ACK 的节点愿意作为父节点，但是接收节点建议寻找和使用一个替代的父节点；128～255 bit 表示拒绝，发送 DAO-ACK 的节点不愿意作为父节点，节点需要选择一个其他节点作为父节点。

⑦ 选项字段（Option）：未使用字段，可以用来增加 RPL 功能。

节点根据需要发送 DAO-ACK 回应 DAO 消息，从而建立一套完整向下路由的过程。通过 DAO 序列号建立起 DAO 消息和 DAO-ACK 的联系。DAO 消息和 DAO-ACK 是 RPL 路由协议中在节点间用以建立起向下路由的重要的控制消息。

7.4 RPL 路由协议的工作原理

RPL 路由协议是一个基于 IPv6 的距离矢量路由协议。它通过一个目标函数和一些路由代价及路由约束建立一个目标导向的有向无环图 DODAG。每个 DODAG 中的节点（根节点除外）会选择一个父节点作为沿着 DODAG 向上的默认路由。目标函数通过路由代价和约束来选择一条最优的路径。一个节点上可以有好多种不同的目标函数，因为同一个节点可以部署到不同的环境中去。有的应用环境要求用期望传输次数（ETX，Expected Transmissions）作为路由代价，有的应用环境需要用时延作为路由代价。当一个 RPL 节点获得一个 IPv6 地址后（通过 DHCPv6 动态获得或者静态指定），会通过和周围的节点交换 3 种 ICMPv6 消息（DIS、DIO 和 DAO）以选择自己父节点来加入一个目标导向的有向无环图。

RPL 路由协议支持 3 种类型的数据通信模型，即低功耗节点之间点到点（Point -to-Point）的通信、低功耗节点到主控设备的多点到点（Multipoint-to-Point）的通信和主控设备到多个低功耗节点的点到多点（Point -to- Multipoint）的通信。RPL 路由协议可以工作在两种不同的模式：非存储模式（Non-Storing Mode）和存储模式（Storing Mode）。在多点到点的通信方式中，Non-Storing Mode 和 Storing Mode 中的节点都将父节点作为默认的下一跳路由，通过父节点转发数据到根节点。在点到多点的通信方式中，Non-Storing Mode 只有根节点存有到下面节点的路由表，所以根节点会根据路由表构建到其余节点的源路由；在 Storing Mode 中除了根节点，其余节点也会存有路由表，所以根节点只会决定到达目的节点的下一跳地址，而不会构建一个源路由。在点到点的通信方式中，Non-Storing Mode 会将数据先发送到源节点和目的节点共同的父节点，然后通过父节点将数据转发到目的节点，但是在 Storing Mode 中会先将数据发送到根节点，然后通过根节点将数据发送到目的节点。

7.5 RPL 路由协议的建立过程

本节主要讨论 RPL 拓扑是如何建立的[8-9]。DODAG 的构建基于邻居发现 ND 过程，主要可以分成两个部分：①由 DODAG 根节点向邻居节点广播 DIO 控制消息，收到 DIO 消息的节点根据 DIO 携带的信息决定是否加入 DODAG，从而建立由根节点到子节点的下行路由；②加入拓扑的节点向根节点发送包含自己路由信息的 DAO 控制消息，从而构建上行路由。

7.5.1 上行路由的建立

上行路由的建立主要通过 DIO 和 DIS 两种消息来完成。为了构建一个新的 DODAG，DODAG 根节点会首先广播 DIO 消息，消息中包含 DODAG ID、Rank 值、所选择的目标函数等信息。收到 DIO 消息的节点可以通过这些信息来确定自己是否要加入。

当节点决定加入 DODAG 时，它会将发送 DIO 消息的节点地址写入自己的父节点列表中，之后会根据目标函数来计算自己的 Rank 值，并根据程序中设定的判断规则为自己选择最佳父节点，这些判断规则可以是目标函数、路径成本、Rank 值等。最佳父节点将作为自己到根节点向上路由的默认下一跳路由。节点成功加入 DODAG 后，把自己的 Rank 值放入 DIO 消息中继续广播，以同样的方式继续构建 DODAG 拓扑。节点也可以主动发送 DIS 消息来探测父节点并请求 DIO 消息。

如果收到 DIO 消息的节点已经在 DODAG 中，那么它有 3 种不同的方式来处理 DIO。

① 根据 RPL 规定的一些准则丢掉 DIO。

② 处理 DIO 但维持自身在 DODAG 中的位置，如当收到的 DIO 中的 Rank 值比自身的 Rank 值大时。

③ 根据 DIO 中的目标函数和路径损耗找到更小的 Rank 值的父节点，以改善自己在 DODAG 中的位置。值得注意的是，一旦节点的 Rank 值发生改变，它必须丢弃父节点列表中所有 Rank 值小于新计算的 Rank 值的节点，从而避免出现路由环（Loop），这个过程可以总结为如图 7-9 所示的 DODAG 创建流程。

另外，RPL 上行路由的发现和处理有 3 个逻辑因素要考虑。

① 候选的邻居节点集合必须是 Link-Local 多播能到达的节点的子集。

② 父节点的集合需要是候选邻居节点集合满足一定限制条件的子集。

③ 最优父节点集合是在上行路由中，考虑父节点集合中最佳下一跳节点的集合。通常来说，最优父节点是一个单独的父节点，不过若有些父节点都具有相同的优先级以及相同的 Rank 值，它们也可以作为一组最优父节点。

以上 3 个集合的关系可以用图 7-10 进行描述。

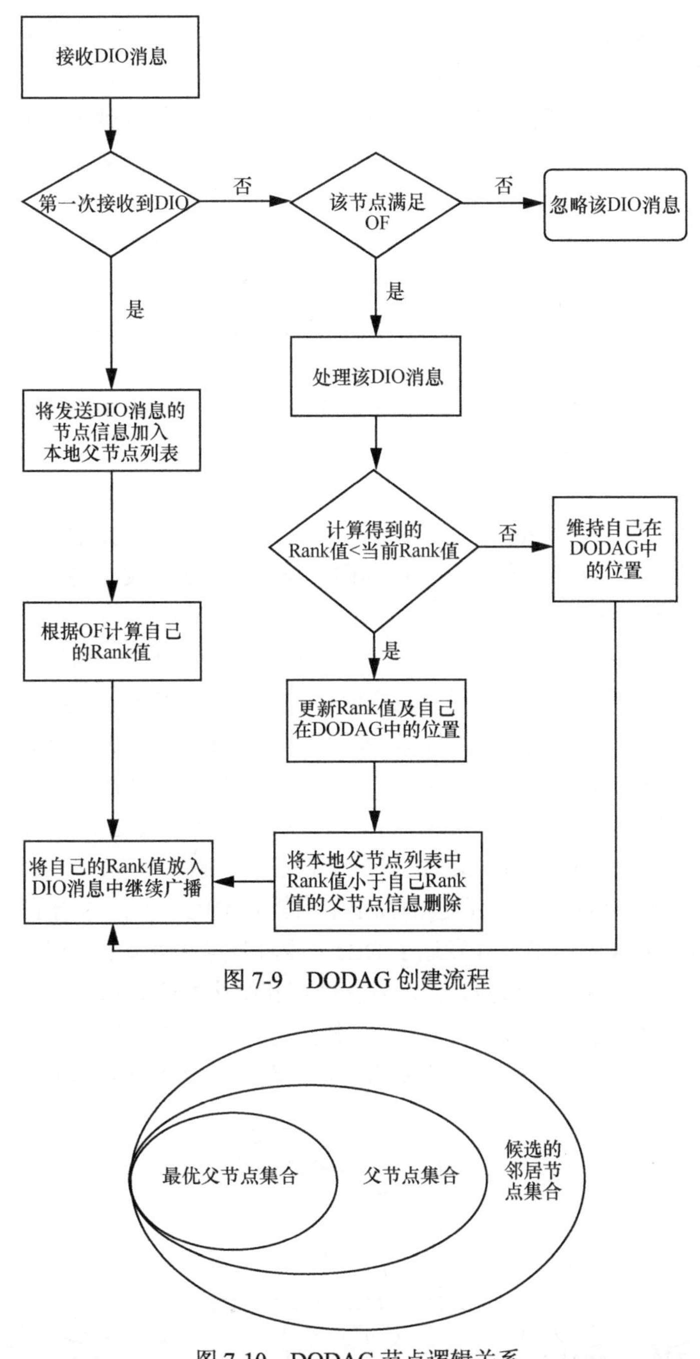

图 7-9　DODAG 创建流程

图 7-10　DODAG 节点逻辑关系

以上 3 个集合的设置也有助于节点判断是否应该处理收到的 DIO 消息，如果收到的 DIO 消息是来自候选邻居节点集合，而且 DIO 消息是完整的，那么节点就必须要处理这个 DIO 消息。当节点处理了来自候选邻居节点集合的 DIO 消息之后，这个候选邻居节点将会变成父节点。这样节点就可以通过这个新的父节点和 DODAG 连接在一起，并且自动建立起一条通往根节点的上行路径。

此外，已经加入 DODAG 中的节点依旧可以在 DODAG 内部移动或者在 DODAG 间移动，这也是为了适应多变的 LLN 环境。当节点在 DODAG 内部或之间移动时，需要遵循以下基本原则。

① 一个节点可以在任何时间移动到之前没有访问过的任何其他 DODAG 中，位置不限。不过协议文档建议最好是当所有排队的包都在原本的 DODAG 中传送完毕，再进行 DODAG 的切换。

② 当节点已经切换到另一个 DODAG 中时，它可以在任何时间通告一个更低的 Rank 值。

③ 在一次 DODAG 的迭代中，节点禁止通告比 L+DAGMaxRankIncrease 更大的 Rank 值，其中 L 表示最低 Rank，DAGMaxRankIncrease 是由 DODAG 根节点通告的一个变量，当它的值为 0 时，可以禁止这条规定。

可以说，节点在 DODAG 中向上移动去选择比它当前父节点 Rank 值更低的节点作为新的父节点是非常安全的。但这种情况下，节点需要舍弃所有 Rank 值大于自身 Rank 值的父节点和兄弟节点进行重新选择。如果节点想要在 DODAG 中向下移动，会导致 Rank 值的增加，那么它需要采用毒化和等待（Poison and Wait）规则，从而避免回路的产生。

DODAG 建立后，节点都会有一个默认的向上路由（即最佳父节点），经过多个默认向上路由逐个转发，节点的数据就可以到达 DODAG 的根节点。

如图 7-11 所示，上层为节点分布图，下层第一个图为最开始的时候，节点 0 和节点 1 为根节点，节点 2 和节点 3 在节点 0 的通信范围内，节点 3 和节点 4 在节点 1 的通信范围内。下层第二个图，根节点开始向周围的节点发送 DIO。节点 2 收到节点 0 的 DIO，同时节点 3 收到节点 0 和节点 1 的 DIO，节点 4 收到节点 1 的 DIO。显然节点 2 和节点 4 分别选择了节点 0 和节点 1 作为自己的父节点，因为它们只收到了一个 DIO。节点 3 通过目标函数计算选择了节点 0 作为自己的父节点。此时 RPL Instance 的状态就到了下层第三个图，节点 2、节点 3 和节点 4 修改路由代价及 Rank 值信息后再向自己的周围节点转发 DIO，节点 2 给节点 5 和节点 6 发送了 DIO，节点 3 和节点 4 都给节点 6 发送了 DIO。最后节点 5 将节点 2 当作父节点，而节点 6 通过目标函数选择节点 4 作为父节点，到此时整个拓扑结构都建立起来了。当节点 5 要向节点 0 发送数据时，会将数据默认发给其父节点 2，然后通过节点 2 转发给节点 0。但是此时如果节点 0 要给节点 5 发送数据，节点 0 还不知道发送的路径，因为此时向下的路由还没有建立。

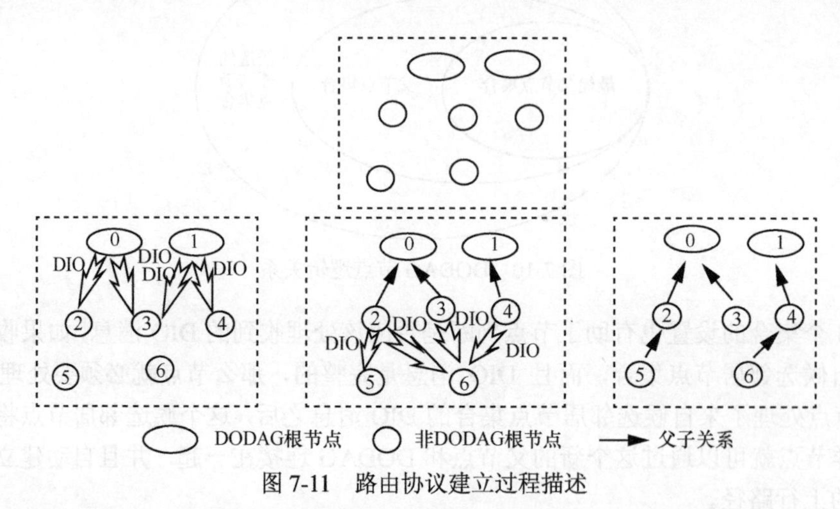

图 7-11　路由协议建立过程描述

7.5.2 下行路由的建立

由 DIO 消息创建 DODAG 后，接下来就是要通过 DAO 消息沿着 DODAG 填充路由，以支持向下的流量（P2MP）。主要过程为：加入 DODAG 的节点会定时地向父节点发送包含自身前缀信息的 DAO 消息，父节点收到 DAO 消息之后，缓存子节点的前缀信息，在路由表中加上相应的路由信息，并回应 DAO-ACK 消息。这样在进行通信时，通过前缀匹配就可以将数据包发送到目的节点。

针对下行路由的建立，RPL 定义了两种模式：存储模式（Storing Mode）和非存储模式（Non-Storing Mode）。在存储模式下，节点会存储其所有子 DODAG 中节点的路由信息，这就要求所有节点都有足够的存储空间来存储路由表。然而，网络中的一些节点可能在内存方面存在很大的限制，无法存储太多的路由条目，可能造成的后果就是不能把 P2P 流量或 P2MP 流量顺利传送到目的节点上，因此 RPL 规定了非存储模式，即中间节点不需要存储路由信息，将路由信息都汇集到根节点上。不过这样一来，会使数据包的传递变得很复杂。

在存储模式下，一个节点收到 DIO 消息选择好父节点后，会向父节点发送 DAO。DAO 消息中包含了通过该节点可以到达的地址或者地址前缀信息。当父节点收到 DAO 后会处理 DAO 消息中的地址前缀，然后在路由表中加入相应的路由项。当父节点做完这些后就会向它的父节点发送 DAO 数据包。如此重复，直到整个向下的路由建立起来。在非存储模式下，一个节点收到 DIO 消息后不是向父节点发送 DAO，而是向 DODAG 根节点发送 DAO。当然必须要通过父节点转发，当根节点收到所有节点发送过来的 DAO 消息后，就会建立到所有节点的路由表。当根节点要向下面的节点发送数据包时，根节点根据路由表构建源路由。

DODAG 创建后，下一个任务是沿着 DODAG 填充路由表，以支持向下的数据流量（从根节点到普通节点的方向）。如果 DIO 消息中的 MOP 不是 0，则支持从根节点到节点的向下路由。在这种情况下，收到 DIO 消息的节点必须发送一个 DAO 单播控制消息确定反向路由（向下路由）信息。当 DAO 消息到达 DODAG 根节点后，路径上的所有节点信息都记录在了 DAO 消息中，进而节点到根节点的通信路径成立。

DODAG 拓扑建立完成后，路由表填充完毕，整个网络就可以开始进行通信了。

7.6 RPL 路由协议的功能机制

7.5 节介绍了 RPL 的拓扑构建流程，本节将深入介绍保证 RPL 的 DAG 拓扑成功构建和路由实施的几个关键机制。

7.6.1 Trickle 机制

RPL 提供了一种 Trickle 机制，用来控制管理 DIO 消息的发送，控制 RPL 信令开销。如果 DIO 消息包含冗余信息，Trickle 算法可以通过指数倍地减少节点发送 DIO 消息的频率，来避免控制报文冗余。

对于任何一个节点，当且仅当该节点接收到的邻域发送的所有控制报文数量足够小时，Trickle 才会触发，发送一个新的 DIO 消息。算法把时间分割成了以 I 为时间间隔的无穷序列。当在时间间隔的始端，节点监听到的信令消息的数量小于给定的界限值时，Trickle 会触发节点在该时间间隔的后半段中的一个随机时间点 t 发送一个新的 DIO 消息。I 的值不是固定的，它有一个取值范围，从最小值 I_m 开始，每过一个时间间隔，I 的值增加一倍，直到最大值 $2^M \cdot I_m$，m 和 M 的值可以在程序中设置，也可以使用算法的默认值。当检测到非正常运行状态，如检测到环路或节点加入一个新的 DODAG 版本，Trickle 计时器重启，即 I 还原成最小值。

7.6.2 修复机制

修复机制是路由协议的关键组成部分。由于链路节点度量改变或者链路和节点故障而导致的网络拓扑结构的改变，协议必须动态地更新路由，来适应拓扑的变化。因此，有很多机制用来在网络拓扑发生变化时进行重构 DODAG。

RPL 主要规定了两种互补的修复机制，分别是全局修复（Global Repair）和本地修复（Local Repair）。采用的方法为当检测到链路或邻居节点失效后，节点在上行方向上没有其他路由，那么路径被认为是不可用的，必须寻找替代路径，则节点触发本地修复以快速寻找到替代的父节点或路径。当本地修复发生时，有可能会破坏整个网络的最佳模式，从而根节点会触发全局修复来重新构建 DODAG，拓扑中的每个节点都通过目标函数来重新选择更优的父节点。

全局修复对 DODAG 进行了重建，因此它不仅用作修复机制，也用作对 DODAG 的优化。考虑到它是由根节点驱动的，还有控制流量的问题，它需要额外的成本。因此，可以增加一些机制来请求 DODAG 根节点快速触发全局修复。当然，本地修复也很有用，因为其影响是本地范围内的，并且速度非常快，所以两种修复机制都是不可或缺的。

7.6.3 安全机制

在智能物联网领域，安全是个很重要的因素。但另一方面对于资源受限的 LLN 来说，协议或程序执行的复杂性和规模大小也会对网络性能产生重要影响。所以，无论是从经济角度还是物理角度，将复杂的安全运算法则包括进 RPL 中都不可行。人们可以利用链路层或其他的安全机制来满足实际部署中的安全需求。同时，RPL 提供了一个可选的扩展安全机制。这种安全机制有 3 种模式[10]：非安全模式、预置安全模式和授权安全模式。如果启用扩展安全机制，每个 RPL 消息中会有一个安全变量。安全模式和算法在协议报文中体现，安全变量提供完整性、重放保护、保密性、时延保护等功能。

在非安全模式下，RPL 使用基础 DIS、DIO、DAO 和 DAO-ACK 消息时无安全的部分，由于网络可使用诸如链路层等其他安全机制，非安全模式并不意味着没有任何保护地发送所有消息；在预置安全模式下，RPL 使用安全的消息，为加入 RPL 实例，节点必须拥有预安装密钥，节点使用这个密钥提供消息的保密性、完整性和真实性，通过这个预安装密钥，节点可以作为主机或路由器加入 RPL 网络；在授权安全模式下，RPL 使用安全的消息，为加入 RPL 实例，节点必须拥有预安装密钥，节点使用这个密钥提供消息的保密性、完整性和真实性，通过使用这个预安装密钥，节点仅能以主机的身份加入网络，如果要以路由器的身份加入网络，节点必须从密钥认证机构获取第二个密钥，这个密钥认证机构在向请求者提供第二个密钥前，能够认证请求者是否可以作为路由器。

7.6.4　RPL 通信模式

RPL 有 3 种通信模式：MP2P、P2MP、P2P。

（1）MP2P 模式

MP2P 适合用于 DODAG 根节点从众多底层节点收集信息时，数据流量向上转发的过程。MP2P 是 LLN 应用中主要的通信模式。MP2P 通信模式中，通信到达的最终目的地通常是边界路由器。数据由底层节点到父节点层层转发，到达 DODAG 根节点，再由 DODAG 根节点到达目的地节点。DIO 消息中含有目的地节点地址的前缀，节点就是通过前缀匹配找到目的地节点的。MP2P 模式的优势在于只需要存储能够到达 DAG 根节点的自己上一跳节点信息，极大地节省了维护路由的成本和开销。

（2）P2MP 模式

P2MP 模式中，数据流量是根节点通过向下路由到达底层众多节点。P2MP 对于一些 LLN 应用来说十分必要，比如家庭自动化和工业控制，因为管理用户需要向节点传达控制消息。该模式中，RPL 使用了目的地通知机制，向路由器节点提供向下路由，直到到达目的地节点。在向下路由的路径中，中间的每个路由器节点在 DAO 消息中加入自己的地址，建立反向路由表。

（3）P2P 模式

P2P 模式中，可以实现任何两个节点之间的路由。如果路由的目的地节点和源节点同处于可传输距离范围内，则源节点可以直接向目的地节点发送消息，而不需要经过父节点。否则，P2P 机制依赖于 RPL 事先设置成存储模式或非存储模式。非存储模式下，数据包需要先经过 DODAG 向上路由到根节点，然后再由根节点将数据包转发到目的地节点。在存储模式下，源节点只需要向上路由到路由表中有目的地节点信息的节点即可，再由该节点向下转发，直到到达目的地节点。

7.7　RPL 路由协议的目标函数与度量

7.7.1　目标函数

目标函数（Objective Function，OF），定义了节点如何在同一个 Instance 里面选择和优化其路径。选择哪种 OF 通常由 DIO 消息中的 OCP 决定，它决定了构建 DODAG 所采用的方法。此外，OF 还定义了节点如何将路由度量和限制转换成 Rank 值，从而进行父节点的选择。

通常，目标函数的运作会遵从下面这些规则。

① 每当一个潜在的下一跳信息更新时，便会触发一次父节点的选择。这通常发生在节点收到一个 DIO 消息、定时器到期、所有的父节点都不可用或者 Candidate Neighbor 的状态发生变化时。

② OF 会扫描节点的所有接口，虽然有些场景下节点只有一个接口。不过当有多个接口可供考虑时，可能会有本地机制将它们排序。应该首先遵循这个排序机制的结果，排名靠前的要优先考虑。

③ OF 会扫描所有的 Candidate Neighbor，看它们是否可以作为 DODAG 的路由，再根据一定的规则选择最佳的节点。

OF 通过给备选父节点加上一个代表节点相对位置的值来计算该节点的 Rank 值，同时也要注意两点。

① Rank 值增量的最小值为 MinHopRankIncrease。

② 为了避免路由环的产生，以及度量的最优化，Rank 值的增量需要反映对应的度量的增加。

Candidate Neighbor 如果广播的是和当前 OF 不同的 OF，则需要忽略该节点。当 OF 扫描完所有的 Candidate Neighbor 时，则会把当前最佳父节点和这些邻居节点进行比较，把 Rank 值相对较小的节点作为新的父节点，并重新计算子节点的 Rank 值。

当然，以上只是目标函数的一些基本规则，具体的实施还要根据不同的目标函数进行计划和改善。

7.7.2 路由度量

路由度量也是路由策略的关键组成部分。比如 OSPF 和 IS-IS，都使用静态度量。其他机制比如多协议标签交换协议，使用反映链路带宽、时延、开销或几种度量的组合，然后路由协议按照这些链路度量，来计算最短路径。RPL 中，OF 也需要结合路由度量/限制来帮助节点选择 DODAG 和父节点。

LLN 里，带宽和电量都是极其稀缺的资源，必须非常小心地限制控制流量的开销。另外，过于频繁地更新路由也会引起网络因拥塞而造成的电量耗尽。尤其是对于电池供电的网络，这方面的问题尤其突出。因此，在设计 LLN 的路由策略时，要兼顾节点资源的受限性等各方面的问题，所以其所需要的路由度量策略也更加复杂。

IETF 专门发布了文档 RFC 6551，从节点和链路两个方面来阐述 RPL 中所用到的路由度量和限制。通常情况下，RPL 采用极其简单的单一度量，如跳数、能量等；有些情况下，根据网络需求，也会同时用到几个有关链路以及节点的路由度量和限制。具体采用什么度量和限制，会根据不同的应用场景下的需求来决定。

RFC 6551 中主要提出了以下的路由度量和限制，如图 7-12 所示。

（1）节点状态和属性目标（Node State and Attribute Object，NSA）

节点状态和属性目标主要用于报告各种节点状态信息和节点属性。例如，节点可以作为数据流量的汇聚器，有些应用可能将这个属性利用到路由选择中，来最小化网络中的流量，从而潜在地延长了节点的生存周期。

（2）节点能量目标（Node Energy Object）

能量是 LLN 中的一个关键指标，特别是在电池供电类型的节点中。文档 RFC 6551 中提供了多种方向来描述节点的能量，分别为：①节点功耗模式，3 个标志用来指示节点是否是主供电、电池供电，或节点能量收集（如太阳能等）供电；②预计的和潜在的剩余寿命；③潜在的一些与电源或功率相关的度量和属性。

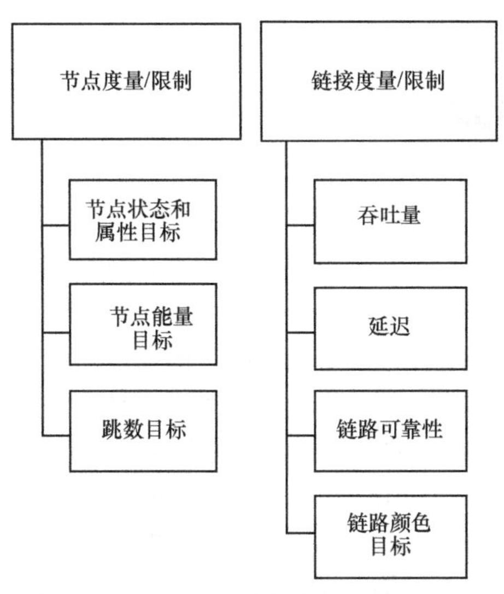

图 7-12　RPL 节点和链路的度量和限制

（3）跳数目标（Hop-Count Object）

跳数目标用来报告消息传递所经历的路径的跳数，也是最简单、最常见的目标。

（4）吞吐量（Throughput）

吞吐量目标用于报告链路吞吐量。当用作 Metric 时，它可以用作累加的度量，或者用来报告最大值和最小值。

（5）延迟（Latency）

延迟目标用来报告路径延迟。与吞吐量相似，延迟作为一个 Metric 时，延迟目标表示总的延迟，即累加的度量，或者路径上的最大延迟和最小延迟。而用作限制时，延迟目标可以用来过滤掉延迟大于一定值的链路。

（6）链路可靠性（Link Reliability）

协议中主要定义了两种度量来描述链路的可靠性，分别是链路质量级别（Link Quality Level，LQL）和预期传输数（Expected Transmission Metric，ETX）。后者是目前最流行的可靠性度量，它主要表示成功传输一个数据包所需要的平均传输次数。因此 ETX 与路径吞吐量是紧密结合的。目前，人们也提出了很多方法用来计算 ETX，不过 IETF 并没有指定某种方法。

（7）链路颜色目标（Link Color Object）

链路颜色是一个 10 bit 的链路常数定义的属性，可以根据不同的流量类型，来吸引或者避免特定颜色的链路。例如，假定红色用于标识支持加密的链路，收到路由度量后，若记录了链路的颜色，节点就可以被选择为父节点，并且使用加密链路（红色链路）进行通信。如果没有完全由红色链路组成的路径时，就选择红色链路数量最多的路径。

以上这些目标都可以作为路由度量或者路由限制使用，度量和限制的主要区别在于一个度量是一个标量。路由度量根据特定的目标选择最好的路径。例如，选择一条跳数最少的路径、选择一条总延迟最小的路径等。路由限制是用来排除某些不满足特定标准的链路或者节点。例如，OF 可能规定不选择路径上电池供电的节点、不能提供加密的链路等。实际应用中，目标函数可以与链路/节点的度量和限制相结合，例如找到一条延迟最小且不经过任何不加密链路的路径等。

7.8 Cooja 仿真器

Cooja 是 Contiki 系统提供的网络模拟器[11]，它使用 Java 语言开发的具有图形化界面的仿真模拟器，通过 Java Native Interface (JNI)与 Contiki 系统其他 C 语言代码进行通信，Cooja 可以模拟各种运行在 Contiki 操作系统中的网络协议，来测试分析网络协议性能及节点的能耗、路由、丢包等参数，Cooja 集成很多功能强大的模块，可以方便地设置网络节点大小、距离、拓扑等，也可以设置节点的功率、通信距离、IP 地址、类型等相关信息，在开始仿真后可以实时观察网络拓扑、节点间的数据传输路径及路由过程，Cooja 还嵌入了 Collect View、Powertracker 等应用模块，对节点的能耗、时延、网络拓扑动态变化等进行记录和显示。

Cooja 网络模拟器中各个模拟节点的运行状态与实际硬件节点的运行状态基本相近，真实节点结构和与仿真平台中节点结构的对比如图 7-13 所示。图 7-13(a)真实节点上的上层应用通过驱动和硬件交互通信，节点间交互通过无线信道实现。图 7-13(b)仿真节点的部分驱动被仿真模块代替，上层应用通过驱动和仿真模块交互通信。节点模型依然运行操作系统和各类硬件驱动程序，但节点间交互由仿真平台对其进行信道模拟。

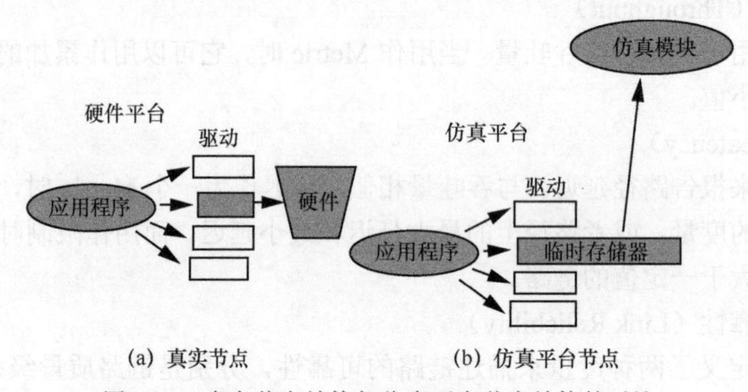

图 7-13　真实节点结构与仿真平台节点结构的对比

Cooja 网络仿真由一定数量的节点构成，每个节点对应其节点类型，所有节点可以是一种类型，也可以是不同种类型，如普通类型节点和汇聚路由节点。当仿真开始时，Cooja 网络中的节点运行如图 7-14 所示，所有节点按照队列循环执行仿真，直到仿真暂停或者时间结束。

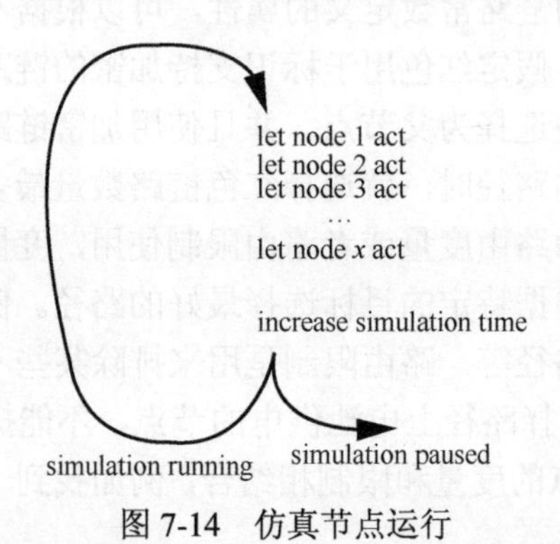

图 7-14　仿真节点运行

每个仿真节点由节点接口单元、节点存储器单元和节点类型单元组成，其组成如图 7-15 所示。

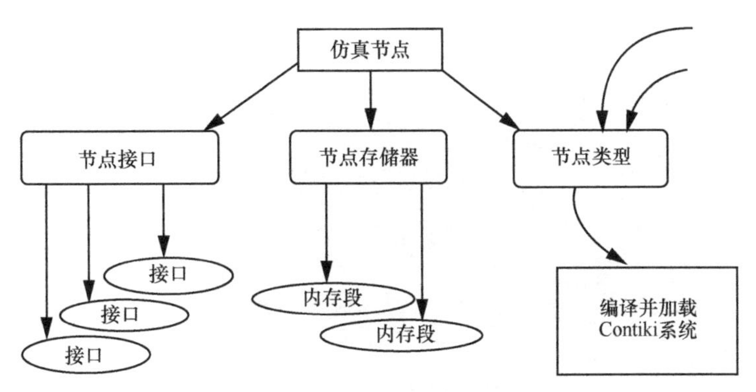

图 7-15　仿真节点的组成

接口的作用是与存储器交互以及模拟时钟单元、无线收发单元等节点设备单元，例如当时间改变时，定时器单元接口会更新相关的时间变量，同时这些时间变量会存储到对应节点的存储器中。

节点类型是仿真节点与加载的执行节点特定代码的 Contiki OS 之间的桥梁。这就是被仿真的内核 Contiki 操作系统的初始化，并初始化内存的地方，具有相同类型的节点连接相同的被加载的 Contiki 系统，节点类型同时也使不同的节点变量映射至内存地址，这意味着时钟接口想改变时钟变量，需询问节点类型来确定对应变量的地址。当一个节点开始仿真时，节点类型负责节点和对应的 Contiki 系统相关联，具有相同类型的节点共用一个 Contiki 核心系统。

7.8.1　Cooja 的启动及使用

1．启动 Cooja

运行 VmWare，并打开从官网下载的 Instant Contiki 3.0 虚拟机文件，开启虚拟机后进入集成 Contiki 系统的 Ubuntu 系统，进入系统后界面如图 7-16 所示。

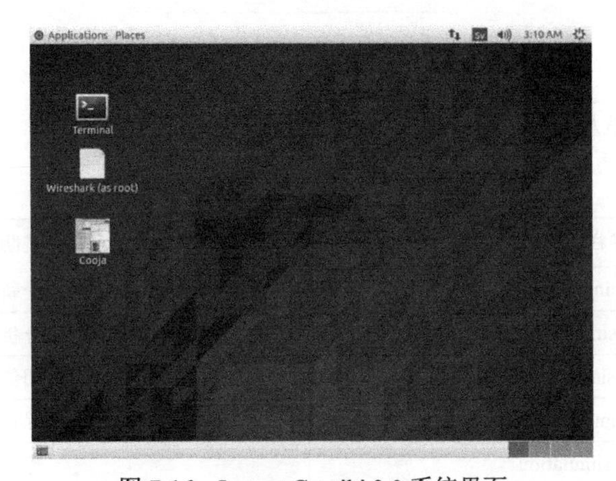

图 7-16　Instant Contiki 3.0 系统界面

在桌面运行 Cooja 程序，进入 Cooja 仿真程序窗口，窗口包含 File 菜单栏、Simulation 菜单栏、Motes 菜单栏、Tools 菜单栏、Settings 菜单栏及 Help 菜单栏，如图 7-17 所示。

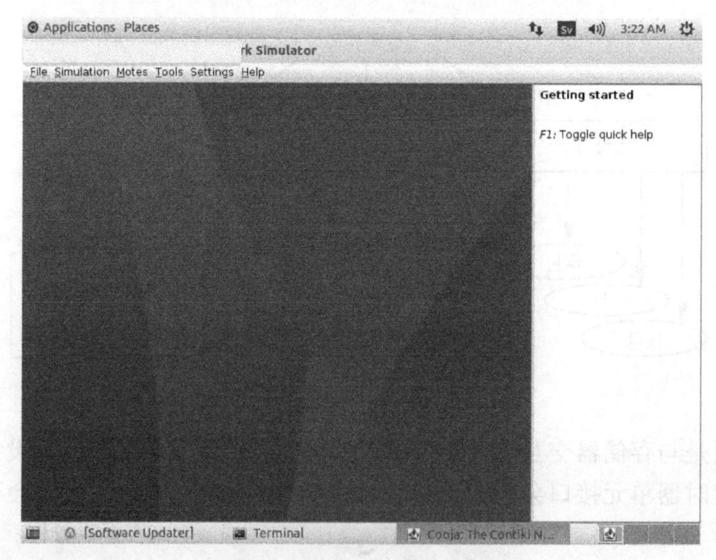

图 7-17　Cooja 仿真程序窗口

2．菜单简介

（1）File 菜单

File 菜单主要负责仿真程序的建立、打开、关闭、保存及输出，如图 7-18 所示。

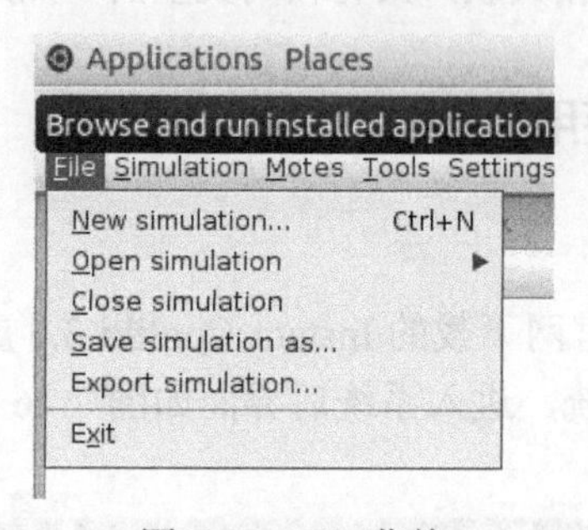

图 7-18　File 菜单

File 菜单各项菜单栏如表 7-1 所示。

表 7-1　File 菜单的各项菜单栏

菜单栏名称	说明
New simulation	创建一个新的仿真
Open simulation	打开仿真
Close simulation	关闭仿真
Save simulation as	保存
Export simulation	输出
Exit	退出

（2）Simulation 菜单

Simulation 菜单控制仿真的启停及相关设置，如图 7-19 所示。

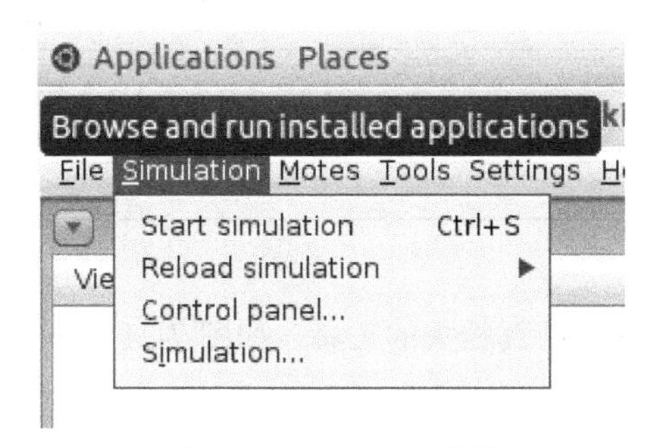

图 7-19　Simulation 菜单

Simulation 菜单的各项菜单栏如表 7-2 所示。

表 7-2　Simulation 菜单的各项菜单栏

菜单栏名称	说明
Start simulation	开始仿真
Reload simulation	重新加载仿真
Control panel	控制面板
Simulation	仿真器信息

（3）Motes 菜单

Motes 菜单主要与仿真节点信息相关，如图 7-20 所示。

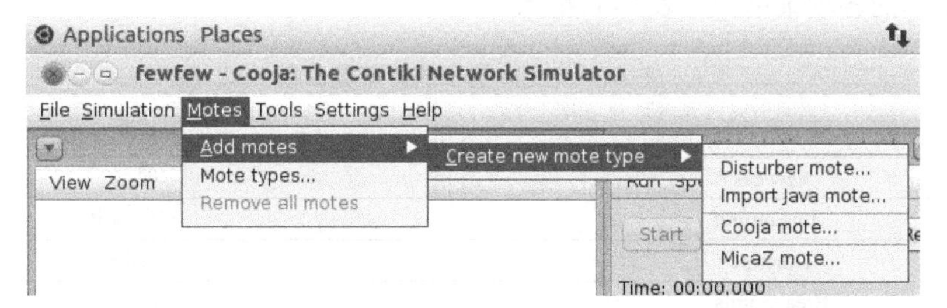

图 7-20　Motes 菜单

Motes 菜单的各项菜单栏如表 7-3 所示。

表 7-3　Motes 菜单的各项菜单栏

菜单栏名称	说明
Add motes	添加节点
Mote types	节点类型
Remove all motes	删除所有节点

其中，节点类型子菜单如表 7-4 所示。

表 7-4　节点类型子菜单

菜单栏名称	说明
Disturber mote	Disturber 节点
Import Java mote	输入 Java 节点
Cooja mote	Cooja 节点
MicaZ mote	MicaZ 节点

（4）Tools 菜单

Tools 菜单里主要是一些与仿真相关的工具，如图 7-21 所示。

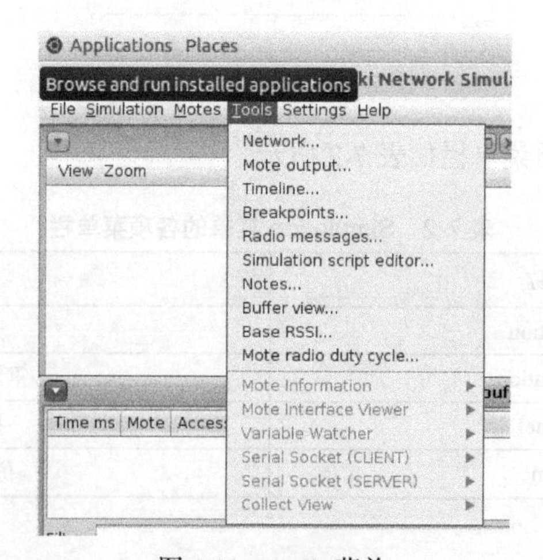

图 7-21　Tools 菜单

Tools 菜单的各项菜单栏如表 7-5 所示。

表 7-5　Tools 菜单的各项菜单栏

菜单栏名称	说明
Network	网络
Mote output	节点输出
Timeline	时间轴
Breakpoints	断点
Radio messages	无线消息
Simulation script editor	模拟脚本编辑器
Notes	注释
Buffer view	缓冲区观察
Base RSSI	基准接收信号强度
Mote radio duty cycle	节电无线电占空比
Mote Information	节点信息
Mote Interface Viewer	节点接口观察
Variable Watcher	变量窗口
Serial Socket（CLIENT）	客户端串口套接字
Serial Socket（SERVER）	服务器端串口套接字
Collect View	Collect 工具观察

（5）Settings 菜单

Settings 菜单主要是设置外部工具路径、仿真文件扩展、节点向导配置及缓冲区大小，如图 7-22 所示。

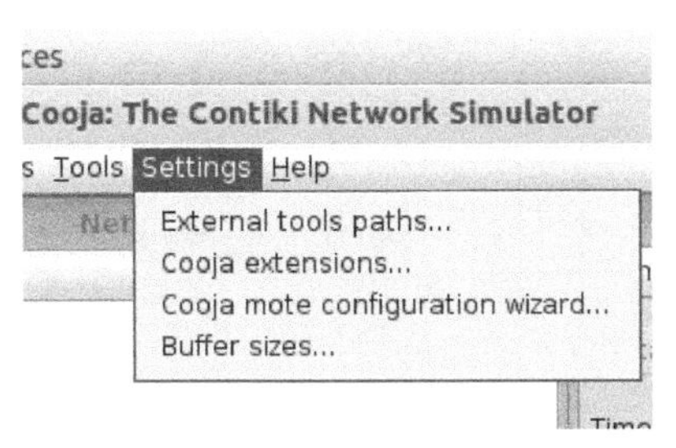

图 7-22　Settings 菜单

Settings 菜单的各项菜单栏如表 7-6 所示。

表 7-6　Settings 菜单的各项菜单栏

菜单栏名称	翻译
External tools paths	外部工具路径
Cooja extensions	文件扩展
Cooja mote configuration wizard	向导配置
Buffer sizes	缓冲区大小

7.8.2　运行一个仿真实例

1．创建仿真

创建一个新的仿真并设置，设置好后再创建仿真，如图 7-23 所示，输入仿真实例名称、无线电类型、仿真节点时延、随机数种子设定等参数。

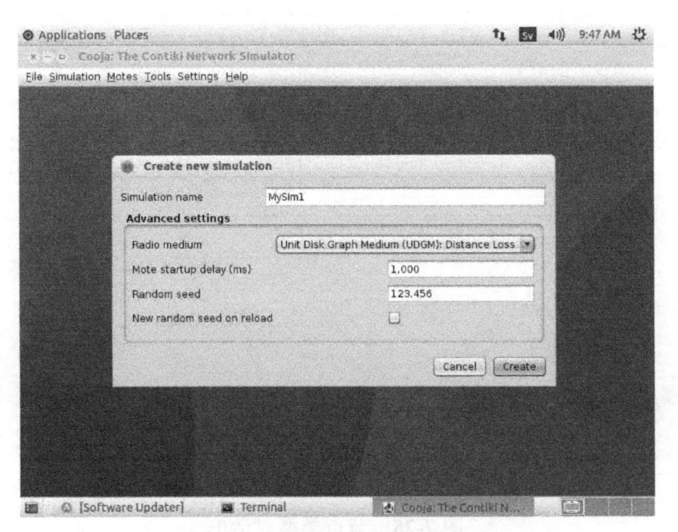

图 7-23　新的仿真实例的建立

2．仿真界面

创建一个新的空白仿真后，仿真界面出现网络窗口、时间线窗口、节点输出窗口、备注窗口及仿真控制窗口，如图 7-24 所示。

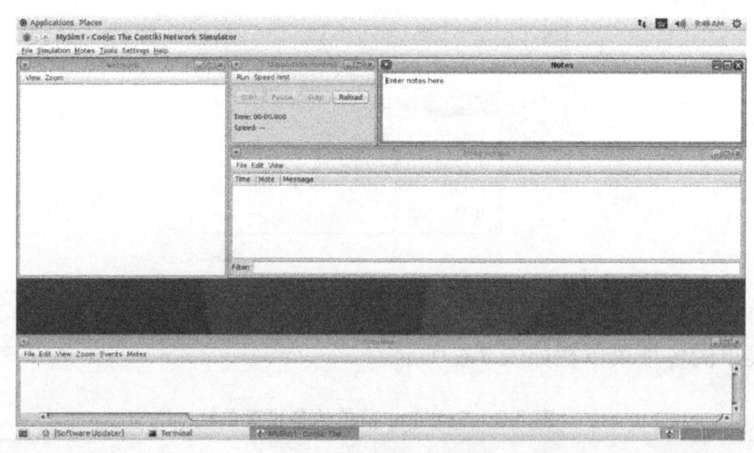

图 7-24　仿真主界面

网络窗口用于显示所有的节点信息，如位置、IP 地址等。时间线窗口显示仿真过程中各个时间点发生的事件。节点输出窗口显示所有节点的串口输出信息。备注窗口用于输入备注信息。仿真控制窗口用于仿真的开始、暂停及结束。

3．添加仿真节点

在仿真启动前，我们配置好仿真界面后，需加入节点，节电可以是一种仿真类型，也可以是两种及以上的仿真类型。通过节点菜单可以添加节点。如果节点的节点类型在菜单栏里没有，可以通过创建新的节点类型添加新的类型。点击添加新的 Cooja mote，出现新的节点类型对话框，如图 7-25 所示，包括节点描述和仿真节点的进程文件。

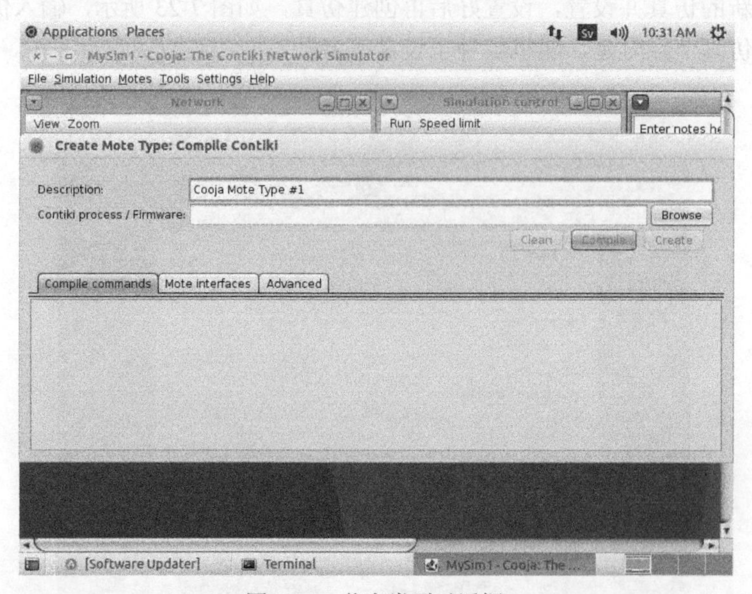

图 7-25　节点类型对话框

修改节点类型的名字，打开节点类型的 Contiki 进程 C 与源文件，其文件位置目录如图 7-26 所示。打开 simlpe-udp-rpl 目录下的 broadcast-example.c 文件，选择 broadcast-example.c 文件，然后点击 Compile 编译按钮开始编译。编译完成后点击创建按钮就可以创建这一类型的节点了，如图 7-27 所示。

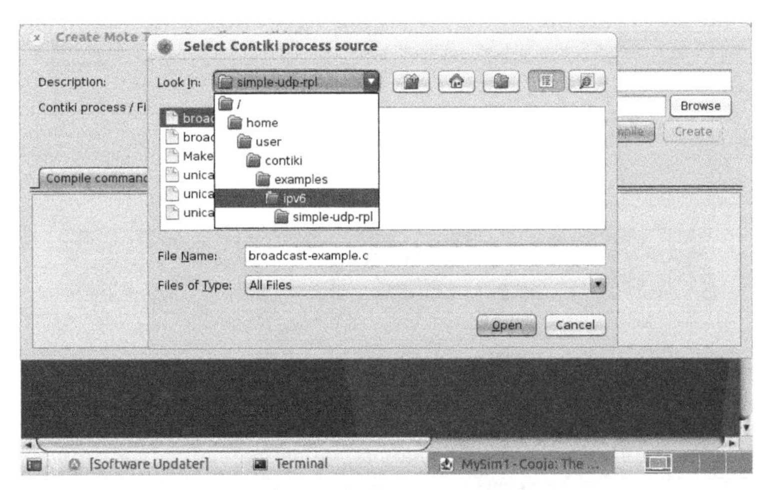

图 7-26　仿真节点进程文件

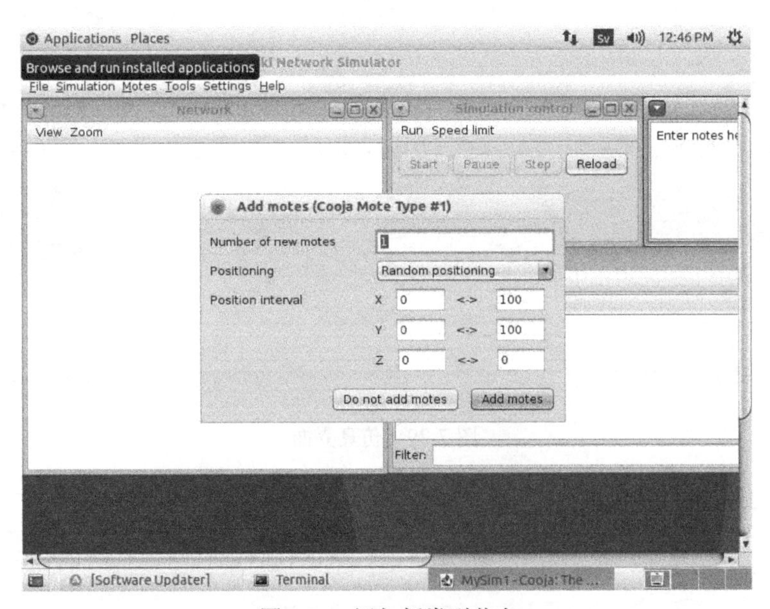

图 7-27　添加新类型节点

将图 7-27 中的节点数改为 10 个节点，位置随机，最后点击增加节点按钮，生成 NetWork 网络图，其界面如图 7-28 所示，在 NetWork 子界面中出现了 10 个同类型的仿真节点。

修改网络示意图界面的 VIEW 选项，如增加节点序号、网格、节点 IP 地址、节点位置，然后点击仿真控制窗口中的开始按钮，就可以开始仿真，仿真界面如图 7-29 所示。仿真运行后，可在图中各个节点当前的信息发送路径，右边节点输出窗口可看到对应时间各个节点的数据收发情况、节点无线电收发信息等。

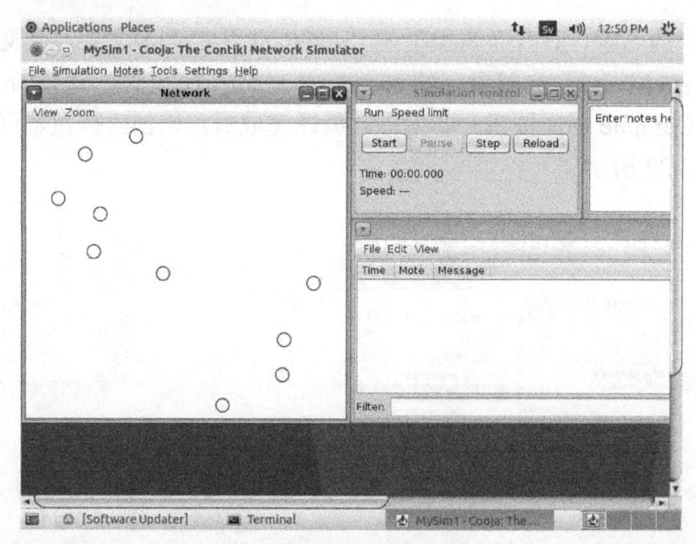

图 7-28　NetWork 子界面

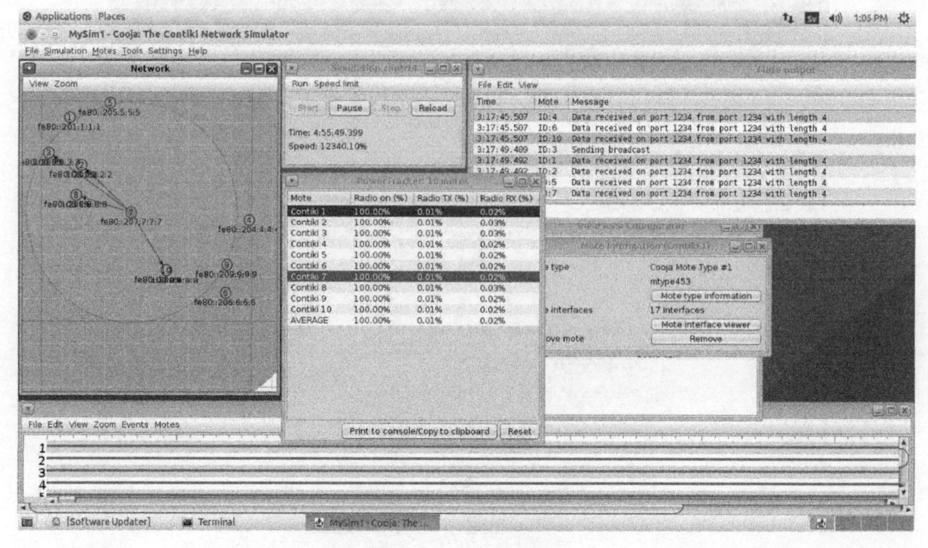

图 7-29　仿真界面

4．仿真文件

将图 7-29 所示的仿真文件保存，文件名后缀为 CSV 文件，里面也包含了仿真过程及节点信息。

5．节点类型文件

节点类型文件 broadcast-example.c 里面有自启动进程 broadcast_example_process 及相关函数，其主要代码及注释如代码 7-1 所示。

代码 7-1　broadcast_example_process 及相关函数的主要代码及注释

```
//broadcast_example_process 进程主体
1   PROCESS_THREAD(broadcast_example_process,ev,data)
2   {
3     static struct etimer periodic_timer;
```

```
4      static struct etimer send_timer;
5      uIP_ipaddr_t addr;
6      PROCESS_BEGIN();
7    //建立一个端口号为 1234 的 UDP 连接服务，并调用 reciever 函数
8      simple_udp_register(&broadcast_connection,UDP_PORT,
9                          NULL,UDP_PORT,
10                         receiver);
11   //设置 etimer 定时,定时时间为 20 s
12     etimer_set(&periodic_timer,SEND_INTERVAL);
13     while(1) {
14    //等待 periodic_timer 超时事件
15       PROCESS_WAIT_EVENT_UNTIL(etimer_expired(&periodic_timer));
16       etimer_reset(&periodic_timer);
17    //设置 etimer 定时，发送时间 0~20 s 随机
18       etimer_set(&send_timer,SEND_TIME);
19    //等待 send_timer 超时事件，然后发送广播包
20       PROCESS_WAIT_EVENT_UNTIL(etimer_expired(&send_timer));
21       printf("Sending broadcast\n");
22       uIP_create_linklocal_allnodes_mcast(&addr);
23       simple_udp_sendto(&broadcast_connection, "Test",4,&addr);
24     }
25     PROCESS_END();
26   }
```

broadcast-example.c 文件中会调用 simple_udp_register 这个函数，其函数在 simple-udp.c 文件中定义，这个函数会启动 simple_udp_process 进程，simple-udp.c 文件代码如代码 7-2 所示。

代码 7-2　simple-udp.c 文件代码

```
1     #include "Contiki-net.h"
2     #include "net/ip/simple-udp.h"
3     #include <string.h>
4     PROCESS(simple_udp_process,"Simple UDP process");
5     static uint8_t started = 0;
6     static uint8_t databuffer[uIP_BUFSIZE];
7     #define uIP_IP_BUF   ((struct uIP_udpip_hdr *)&uIP_buf[uIP_LLH_LEN])
8     //启动 simple_udp_process 进程
9     static void init_simple_udp(void)
10    {
11      if(started == 0) {
12        process_start(&simple_udp_process,NULL);
13        started = 1;
14      }
15    }
16    //发送 UDP 数据至 remote_addr 节点，端口号为 remote_port
17    int simple_udp_send(struct simple_udp_connection *c,
18                        const void *data,uint16_t datalen)
19    {
20      if(c->udp_conn != NULL) {
21        uIP_udp_packet_sendto(c->udp_conn,data,datalen,
22                              &c->remote_addr,uIP_HTONS(c->remote_port));
23      }
24      return 0;
25    }
```

```
26  //发送 UDP 数据至 to 节点，端口号为 remote_port
27  int
28  simple_udp_sendto(struct simple_udp_connection *c,
29                    const void *data,uint16_t datalen,
30                    const uIP_ipaddr_t *to)
31  {
32    if(c->udp_conn != NULL) {
33      uIP_udp_packet_sendto(c->udp_conn,data,datalen,
34                            to, uIP_HTONS(c->remote_port));
35    }
36    return 0;
37  }
38  //发送 UDP 数据至 to 节点,端口号为 port
39  int
40  simple_udp_sendto_port(struct simple_udp_connection *c,
41                 const void *data,uint16_t datalen,
42                 const uIP_ipaddr_t *to,
43                 uint16_t port)
44  {
45    if(c->udp_conn != NULL) {
46      uIP_udp_packet_sendto(c->udp_conn,data,   datalen,
47                            to,uIP_HTONS(port));
48    }
49    return 0;
50  }
51  //UDP 连接服务的注册，包括进程调用,UDP 连接建立
52  int
53  simple_udp_register(struct simple_udp_connection *c,
54                      uint16_t local_port,
55                      uIP_ipaddr_t *remote_addr,
56                      uint16_t remote_port,
57                      simple_udp_callback receive_callback)
58  {
59    init_simple_udp();
60    c->local_port = local_port;
61    c->remote_port = remote_port;
62    if(remote_addr != NULL) {
63      uIP_ipaddr_copy(&c->remote_addr,remote_addr);
64    }
65    c->receive_callback = receive_callback;
66    PROCESS_CONTEXT_BEGIN(&simple_udp_process);
67    c->udp_conn = udp_new(remote_addr,uIP_HTONS(remote_port),c);
68    if(c->udp_conn != NULL) {
69      udp_bind(c->udp_conn,uIP_HTONS(local_port));
70    }
71    PROCESS_CONTEXT_END();
72    if(c->udp_conn == NULL) {
73      return 0;
74    }
75    return 1;
76  }
77  //simple_udp_process 进程主体，处理接收到 tcpip_events 时间，并调用 receive_callback 函数
78  PROCESS_THREAD(simple_udp_process,ev,data)
79  {
80    struct simple_udp_connection *c;
```

```
81      PROCESS_BEGIN();
82        while(1) {
83        PROCESS_WAIT_EVENT();
84        if(ev == tcpip_event) {
85          c = (struct simple_udp_connection *)data;
86          if(c != NULL) {
87            if(uIP_newdata()) {
88              memcpy(databuffer, uIP_appdata,uIP_datalen());
89              if(c->receive_callback != NULL) {
90                PROCESS_CONTEXT_BEGIN(c->client_process);
91                c->receive_callback(c,
92                                    &(uIP_IP_BUF->srcipaddr),
93                                    uIP_HTONS(uIP_IP_BUF->srcport),
94                                    &(uIP_IP_BUF->destipaddr),
95                                    uIP_HTONS(uIP_IP_BUF->destport),
96                                    databuffer,uIP_datalen () );
97                PROCESS_CONTEXT_END();
98              }
99            }
100         }
101       }
102     }
103     PROCESS_END();
104   }
```

7.9 RPL 在 Contiki 中的实例及仿真

RPL 代码在 core\net\rpl 目录下主要包含 rpl.c（rpl.h）、rpl-conf.h、rpl-dag.c、rpl-ext-header.c、rpl-icmp6.c、rpl-mrhof.c、rpl-of0.c、rpl-private.h、rpl-timers.c。

基于 RPL 上的网络层协议主要有 TCP 和 UDP，实际系统中用得较多的是 UDP，本节以 UDP 为实例，主要包含 server 和 client 两个文件。

7.9.1 RPL 的主要函数

1．rpl-of0.c

此文件主要实现了 RPL 目标函数 OF 的相关函数，主要包括 3 个函数。

（1）calculate_rank 函数

calculate_rank 函数根据当前节点的上层父节点和根节点计算得到当前节点的 rank 值，其函数代码如代码 7-3 所示。

代码 7-3　calculate_rank 函数代码

```
1    static rpl_rank_t
2    calculate_rank(rpl_parent_t *p, rpl_rank_t base_rank)
3    {
4      rpl_rank_t increment;
5      if(base_rank == 0) {
6        if(p == NULL) {
```

```
7          return INFINITE_RANK;
8        }
9        base_rank = p->rank;
10     }
11     increment = p != NULL ?
12                   p->dag->instance->min_hoprankinc :
13                   DEFAULT_RANK_INCREMENT;
14     if((rpl_rank_t)(base_rank + increment) < base_rank) {
15       PRINTF("RPL: OF0 rank %d incremented to infinite rank due to wrapping\n",
16           base_rank);
17       return INFINITE_RANK;
18     }
19     return base_rank + increment;
20   }
```

（2）best_dag 函数

best_dag 函数依据目标函数比较两个 DAGS 选出较优的 DAGS，如代码 7-4 所示。

代码 7-4　best_dag 函数代码

```
1    static rpl_dag_t *
2    best_dag(rpl_dag_t *d1,rpl_dag_t *d2)
3    {
4      if(d1->grounded) {
5        if (!d2->grounded) {
6          return d1;
7        }
8      } else if(d2->grounded) {
9        return d2;
10     }
11     if(d1->preference < d2->preference) {
12       return d2;
13     } else {
14       if(d1->preference > d2->preference) {
15         return d1;
16       }
17     }
18     if(d2->rank < d1->rank) {
19       return d2;
20     } else {
21       return d1;
22     }
23   }
```

（3）best_parent 函数

best_parent 函数依据目标函数比较两个父节点并选出较优的父节点，其函数代码如代码 7-5 所示。

代码 7-5　best_parent 函数代码

```
1    static rpl_parent_t *
2    best_parent(rpl_parent_t *p1, rpl_parent_t *p2)
3    {
4      rpl_rank_t r1, r2;
5      rpl_dag_t *dag;
```

```
6      uIP_ds6_nbr_t *nbr1, *nbr2;
7      nbr1 = rpl_get_nbr(p1);
8      nbr2 = rpl_get_nbr(p2);
9      dag = (rpl_dag_t *)p1->dag; //所有的父节点必须在同一个 DAG
10     if(nbr1 == NULL || nbr2 == NULL) {
11       return dag->preferred_parent;
12     }
13     PRINTF("RPL: Comparing parent ");
14     PRINT6ADDR(rpl_get_parent_ipaddr(p1));
15     PRINTF(" (confidence %d, rank %d) with parent ",
16           nbr1->link_metric, p1->rank);
17     PRINT6ADDR(rpl_get_parent_ipaddr(p2));
18     PRINTF(" (confidence %d, rank %d)\n",
19           nbr2->link_metric, p2->rank);
20     r1 = DAG_RANK(p1->rank, p1->dag->instance) * RPL_MIN_HOPRANKINC  +
21       nbr1->link_metric;
22     r2 = DAG_RANK(p2->rank, p1->dag->instance) * RPL_MIN_HOPRANKINC  +
23       nbr2->link_metric;  if(r1 < r2 + MIN_DIFFERENCE &&
24        r1 > r2 - MIN_DIFFERENCE) {
25       return dag->preferred_parent;
26     } else if(r1 < r2) {
27       return p1;
28     } else {
29       return p2;
30     }
31   }
```

2．rpl-mhrof.c

此文件主要实现了路由度量相关函数。

（1）calculate_path_metric 函数

calculate_path_metric 函数根据目标函数计算出路径度量值，其函数代码如代码 7-6 所示。

代码 7-6　calculate_path_metric 函数代码

```
1    static rpl_path_metric_t
2    calculate_path_metric(rpl_parent_t *p)
3    {
4      uIP_ds6_nbr_t *nbr;
5      if(p == NULL) {
6        return MAX_PATH_COST * RPL_DAG_MC_ETX_DIVISOR;
7      }
8      nbr = rpl_get_nbr(p);
9      if(nbr == NULL) {
10       return MAX_PATH_COST * RPL_DAG_MC_ETX_DIVISOR;
11     }
12   #if RPL_DAG_MC == RPL_DAG_MC_NONE
13     {
14       return p->rank + (uint16_t)nbr->link_metric;
15     }
16   #elif RPL_DAG_MC == RPL_DAG_MC_ETX
17     return p->mc.obj.etx + (uint16_t)nbr->link_metric;
18   #elif RPL_DAG_MC == RPL_DAG_MC_ENERGY
19     return p->mc.obj.energy.energy_est + (uint16_t)nbr->link_metric;
20   #else
21   #error "Unsupported RPL_DAG_MC configured. See rpl.h."
```

```
22 #endif /* RPL_DAG_MC */
23 }
```

（2）neighbor_link_callback 函数

neighbor_link_callback 函数获得链路层邻居信息，其函数代码如代码 7-7 所示。

代码 7-7　neighbor_link_callback 函数代码

```
1   static void
2   neighbor_link_callback(rpl_parent_t *p, int status, int numtx)
3   {
4     uint16_t recorded_etx = 0;
5     uint16_t packet_etx = numtx * RPL_DAG_MC_ETX_DIVISOR;
6     uint16_t new_etx;
7     uIP_ds6_nbr_t *nbr = NULL;
8     nbr = rpl_get_nbr(p);
9     if(nbr == NULL) {
10      //父节点没有邻居节点
11      return;
12    }
13    recorded_etx = nbr->link_metric;
14    //发生冲突或传输错误时不惩罚 ETX
15    if(status == MAC_TX_OK || status == MAC_TX_NOACK) {
16      if(status == MAC_TX_NOACK) {
17        packet_etx = MAX_LINK_METRIC * RPL_DAG_MC_ETX_DIVISOR;
18      }
19      if(p->flags & RPL_PARENT_FLAG_LINK_METRIC_VALID) {
20        //有了一个有效的链接指标，并用加权移动平均值进行更新
21        new_etx = ((uint32_t)recorded_etx * ETX_ALPHA +
22                   (uint32_t)packet_etx * (ETX_SCALE - ETX_ALPHA)) / ETX_SCALE;
23      } else {
24        //没有有效的链接指标，将其设置为当前数据包的 ETX
25        new_etx = packet_etx;
26        //将链接指标设置为有效
27        p->flags |= RPL_PARENT_FLAG_LINK_METRIC_VALID;
28      }
29      PRINTF("RPL: ETX changed from %u to %u (packet ETX = %u)\n",
30          (unsigned)(recorded_etx / RPL_DAG_MC_ETX_DIVISOR),
31          (unsigned)(new_etx  / RPL_DAG_MC_ETX_DIVISOR),
32          (unsigned)(packet_etx / RPL_DAG_MC_ETX_DIVISOR));
33      //更新此 nbr 的链接指标
34      nbr->link_metric = new_etx;
35    }
36  }
```

（3）calculate_rank 函数

calculate_rank 函数和 rpl-of0.c 中的 calculate_rank 函数相似，区别在于当无父节点时 rank 增加值等于 RPL_INIT_LINK_METRIC 值，其他情况下等于 link_metric 值，其函数代码如代码 7-8 所示。

代码 7-8　calculate_rank 函数代码

```
1   static rpl_rank_t
2   calculate_rank(rpl_parent_t *p, rpl_rank_t base_rank)
3   {
```

```
4     rpl_rank_t new_rank;
5     rpl_rank_t rank_increase;
6     uIP_ds6_nbr_t *nbr;
7     if(p == NULL || (nbr = rpl_get_nbr(p)) == NULL) {
8       if(base_rank == 0) {
9         return INFINITE_RANK;
10      }
11      rank_increase = RPL_INIT_LINK_METRIC * RPL_DAG_MC_ETX_DIVISOR;
12    } else {
13      rank_increase = nbr->link_metric;
14      if(base_rank == 0) {
15        base_rank = p->rank;
16      }
17    }
18    if(INFINITE_RANK - base_rank < rank_increase) {
19      //达到最高等级
20      new_rank = INFINITE_RANK;
21    } else {
22    根据来自 DIO 或其他方式存储的新等级信息计算等级
23      new_rank = base_rank + rank_increase;
24    }
25    return new_rank;
26  }
```

（4）best_parent 函数

best_parent 函数和 rpl-of0.c 中的 calculate_rank 函数相似，此处比较的主要依据是 path metric 值，其函数代码如代码 7-9 所示。

代码 7-9　best_parent 函数代码

```
1   static rpl_parent_t *
2   best_parent(rpl_parent_t *p1, rpl_parent_t *p2)
3   {
4     rpl_dag_t *dag;
5     rpl_path_metric_t min_diff;
6     rpl_path_metric_t p1_metric;
7     rpl_path_metric_t p2_metric;
8     dag = p1->dag; //所有的父节点在同一个 DAG 中
9     min_diff = RPL_DAG_MC_ETX_DIVISOR /
10               PARENT_SWITCH_THRESHOLD_DIV;
11    p1_metric = calculate_path_metric(p1);
12    p2_metric = calculate_path_metric(p2);
13    //在等级相似的情况下保持首选父节点的稳定性
14    if(p1 == dag->preferred_parent || p2 == dag->preferred_parent) {
15      if(p1_metric < p2_metric + min_diff &&
16         p1_metric > p2_metric - min_diff) {
17        PRINTF("RPL: MRHOF hysteresis: %u <= %u <= %u\n",
18               p2_metric - min_diff,
19               p1_metric,
20               p2_metric + min_diff);
21        return dag->preferred_parent;
22      }
23    }
24    return p1_metric < p2_metric ? p1 : p2;
25  }
```

7.9.2 RPL-UDP Server 文件

RPL-UDP Server 负责建立 UDP 服务器端的连接，其流程如图 7-30 所示[12]，程序的主要功能是 RPL 网络的建立、UDP 服务器端的建立和监听并接收客户端发送的信息。

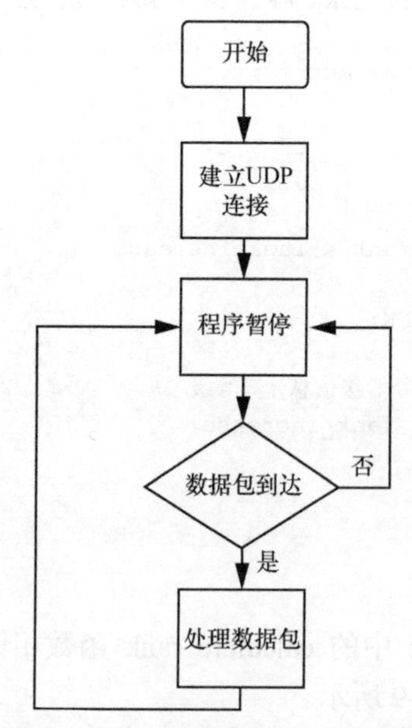

图 7-30 RPL-UDP Server 连接流程

① 初始化 RPL DAG，其主要代码如代码 7-10 所示。

代码 7-10 初始化 RPL DAG 的代码

```
1    uIP_ds6_addr_add(&ipaddr, 0,ADDR_MANUAL);
2    root_if = uIP_ds6_addr_lookup(&ipaddr);
3    if(root_if != NULL) {
4      rpl_dag_t *dag;
5      dag = rpl_set_root(RPL_DEFAULT_INSTANCE,(uIP_ip6addr_t *)&ipaddr);
6      uIP_ip6addr(&ipaddr, 0xaaaa,0, 0, 0, 0, 0, 0, 0);
7      rpl_set_prefix(dag, &ipaddr, 64);
8      PRINTF("created a new RPL dag\n");
9    } else {
10     PRINTF("failed to create a new RPL DAG\n");
```

② 建立 UDP 连接，其主要代码如代码 7-11 所示。

代码 7-11 建立 UDP 连接代码

```
1    server_conn = udp_new(NULL,uIP_HTONS(UDP_CLIENT_PORT),NULL);
2    if(server_conn == NULL) {
3      PRINTF("No UDP connection available,exiting the process!\n");
4      PROCESS_EXIT();
5    }
6    udp_bind(server_conn,uIP_HTONS(UDP_SERVER_PORT));
7    PRINTF("Created a server connection with remote address ");
8    PRINT6ADDR(&server_conn->ripaddr);
```

```
9     PRINTF(" local/remote port %u/%u\n",uIP_HTONS(server_conn->lport),
10            uIP_HTONS(server_conn->rport));
```

③ 等待事件的到来，如果是 tcpip 事件就调用 tcpip_handle 函数，其代码如代码 7-12 所示。

代码 7-12　tcpip_handle 函数代码

```
1   while(1)
2   {
3       PROCESS_YIELD();
4       if(ev == tcpip_event)
5       {
6           tcpip_handler();
7       }
8       else if (ev == sensors_event && data == &button_sensor)
9       {
10          PRINTF("Initiaing global repair\n");
11          rpl_repair_root(RPL_DEFAULT_INSTANCE);
12      }
13  }
```

④ tcpip_handler 函数处理到来的 tcpip 事件，打印输出接收到的信息，并向客户端返还发送的数据信息，其主要代码如代码 7-13 所示。

代码 7-13　tcpip_handler 函数处理到来的 tcpip 事件代码

```
1   static void
2   tcpip_handler(void)
3   {
4     char *appdata;
5     if(uIP_newdata()) {
6       appdata = (char *)uIP_appdata;
7       appdata[uIP_datalen()] = 0;
8       PRINTF("DATA recv '%s' from ",appdata);
9       PRINTF("%d",
10             uIP_IP_BUF->srcipaddr.u8[sizeof(uIP_IP_BUF->srcipaddr.u8) - 1]);
11      PRINTF("\n");
12  #if SERVER_REPLY
13      PRINTF("DATA sending reply\n");
14      uIP_ipaddr_copy(&server_conn->ripaddr,&uIP_IP_BUF->srcipaddr);
15      uIP_udp_packet_send(server_conn,"Reply",sizeof("Reply"));
16      uIP_create_unspecified(&server_conn->ripaddr);
17  #endif
18    }
19  }
```

7.9.3 RPL-UDP Client

RPL-UDP Client 文件负责建立客户端与 UDP 服务器端的连接，其流程如图 7-31 所示，程序的主要功能是 UDP 服务器端的建立和周期性发送数据至服务器端。

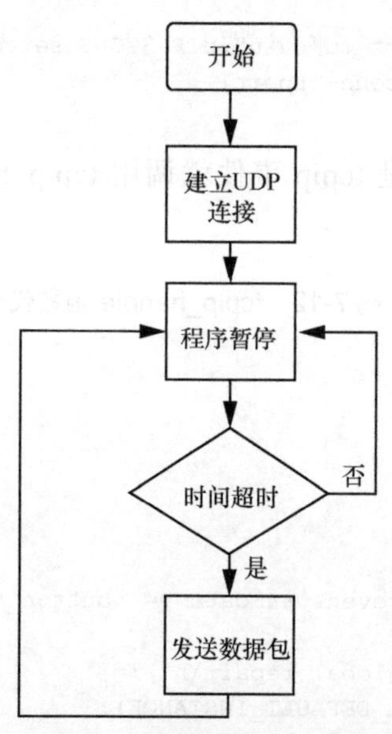

图 7-31　RPL-UDP Client 流程

① 建立 UDP 连接，其主要代码如代码 7-14 所示。

代码 7-14　建立 UDP 连接代码

```
1     /* new connection with remote host */
2     client_conn = udp_new(NULL, uIP_HTONS(UDP_SERVER_PORT),NULL);
3     if(client_conn == NULL) {
4       PRINTF("No UDP connection available,exiting the process!\n");
5       PROCESS_EXIT();
6     }
7     udp_bind(client_conn, uIP_HTONS(UDP_CLIENT_PORT));
8     PRINTF("Created a connection with the server ");
9     PRINT6ADDR(&client_conn->ripaddr);
10    PRINTF(" local/remote port %u/%u\n",
11      uIP_HTONS(client_conn->lport), uIP_HTONS(client_conn->rport));
```

② 如果是 tcpip_event 事件，通过调用 tcpip_event 函数处理；如果是定时器超时事件，则通过 send_packet 函数向服务器端发送数据，其主要代码如代码 7-15 所示。

代码 7-15　etimer 超时事件的代码

```
1     etimer_set(&periodic, SEND_INTERVAL);
2     while(1) {
3       PROCESS_YIELD();
4       if(ev == tcpip_event) {
5         tcpip_handler();
6       }
7           if(etimer_expired(&periodic)) {
8         etimer_reset(&periodic);
9         ctimer_set(&backoff_timer,SEND_TIME,send_packet, NULL);
10  }
```

③ send_packet 函数主要负责向服务器端发送信息，其代码如代码 7-16 所示。

代码 7-16　send_packet 函数代码

```
1   static void
2   send_packet(void *ptr)
3   {
4     static int seq_id;
5     char buf[MAX_PAYLOAD_LEN];
6     seq_id++;
7     PRINTF("DATA send to %d 'Hello %d'\n",
8            server_ipaddr.u8[sizeof(server_ipaddr.u8) - 1],seq_id);
9     sprintf(buf,"Hello %d from the client",seq_id);
10    uIP_udp_packet_sendto(client_conn,buf,strlen(buf),
11                          &server_ipaddr,uIP_HTONS(UDP_SERVER_PORT));
12  }
```

7.9.4　仿真及分析

在 Cooja 环境下打开 RPL-UDP.CSV 配置文件，里面主要进行节点的参数配置及相关通信仿真环境的设置。配置文件定义了两种节点，一种是 SKY1 节点，其相关对应源文件为 udp-server.c，另一种是 SKY2 节点，其相关对应源文件为 udp-client.c。SKY1 有 1 个，其标识为 0；SKY2 节点有 30 个，其标识为 1～30。

（1）网络拓扑

网络拓扑可以在 NetWork 工具窗口中查看，如图 7-32 所示，图中显示了节点类型、数量位置，还可以查看节点的无线覆盖范围。

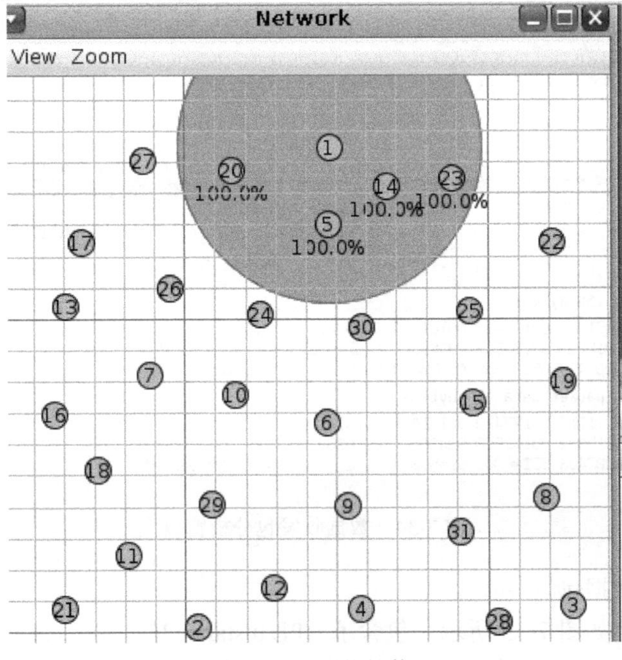

图 7-32　网络拓扑

（2）节点信息输出窗口

网络拓扑图可以在 Mote Output 工具窗口中查看，如图 7-33 所示，窗口中可以查看节点发信息的时间、内容等信息。

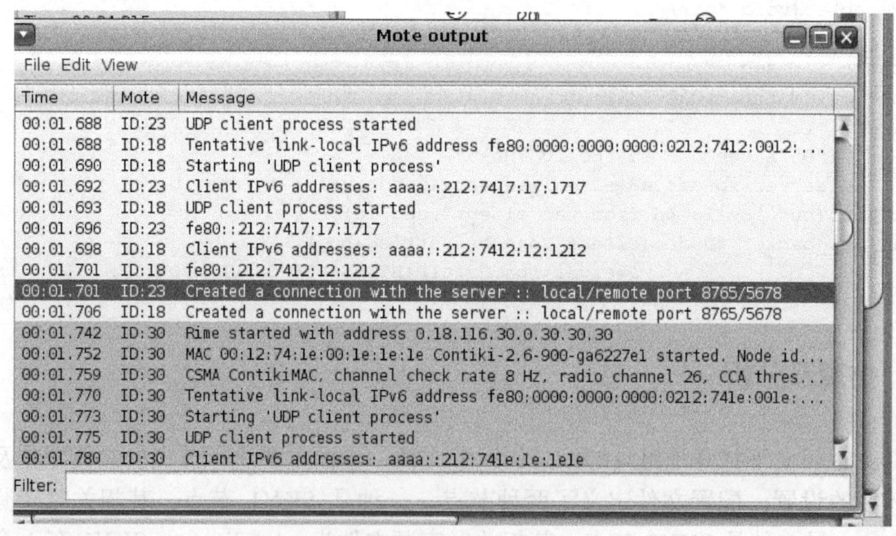

图 7-33　节点信息输出窗口

（3）数据收发包分析窗口

数据收发包分析可以在 Radio messages 工具窗口中查看，如图 7-34 所示，可以查看发送包的内容，等同于 wireshark 抓包。

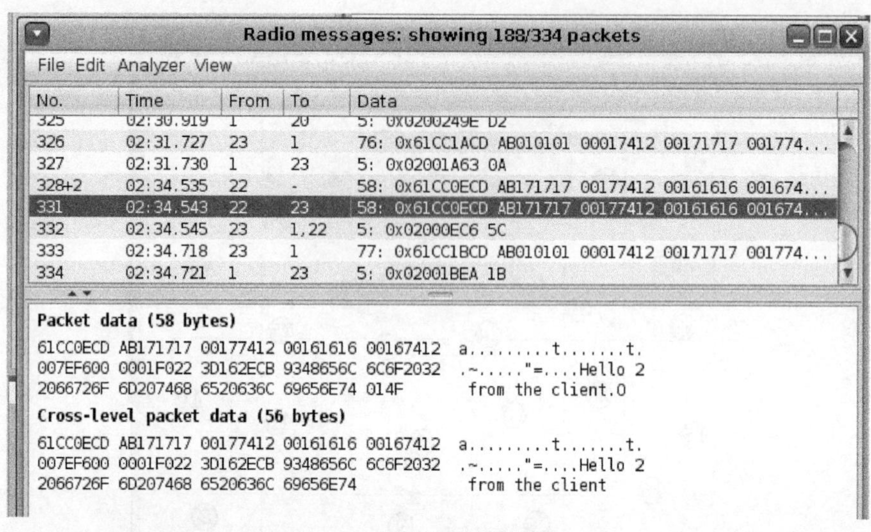

图 7-34　数据收发包分析窗口

（4）RPL DIO 数据包

RPL DIO 数据包如图 7-35 所示，包含了 RPL Instance ID、Version、Rank 等信息。

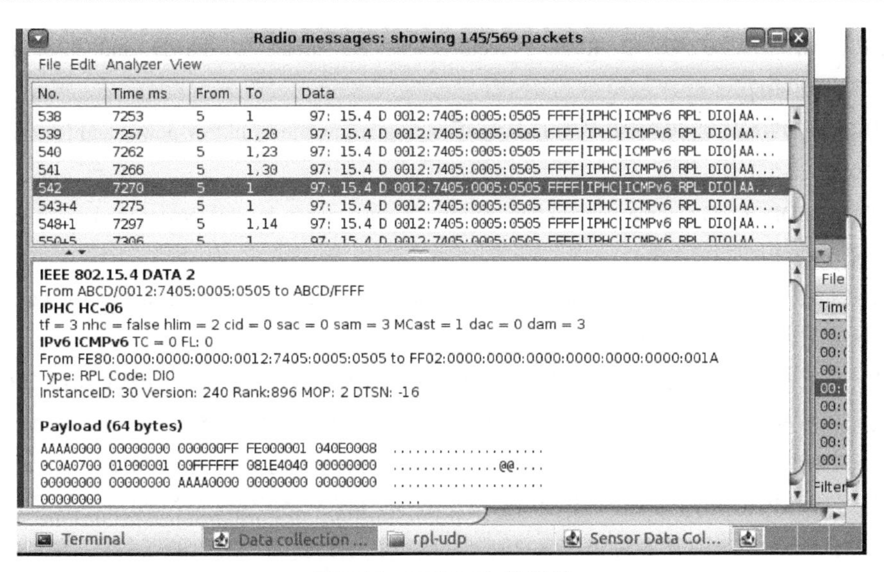

图 7-35　RPL DIO 数据包

（5）RPL DAO 数据包

RPL DAO 数据包如图 7-36 所示。

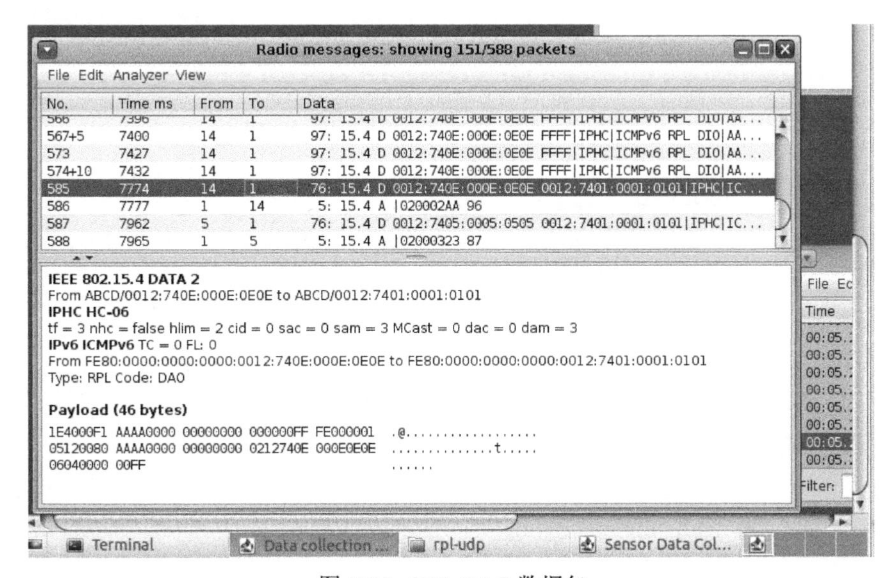

图 7-36　RPL DAO 数据包

参考文献

[1] WINTER T, THUBERT P, BRANDT A, et al. RPL: IPv6 routing protocol for low-power wireless personal area networks[R]. (2012-03)[2020-01].

[2] MONTENEGRO G, KUSHALNAGAR N, HUI J, et al. Transmission of IPv6 packets over IEEE 802.15.4 networks[R]. (2007-09)[2020-01].

[3] DOHLER M, WATTEYNE T. Routing requirements for urban low-power and lossy networks[R]. (2009-05)[2020-01].

[4] THUBERT P, DWARS S, PHINNEY T. Industrial routing requirements in low-power and lossy networks[R]. (2009-10)[2020-01].

[5] BURON J, PORCU G. Home automation routing requirements in low-power and lossy networks[R]. (2010-04)[2020-01].

[6] MARTOCCI J, MIL DE P, RIOU N, et al. Building automation routing requirements in low-power and lossy networks[R]. (2010-06)[2020-01].

[7] 李树军. 基于 6LoWPAN 的 RPL 路由协议研究[J]. 重庆工商大学学报(自然科学版), 2013, 30(8): 72-77.

[8] 于鹏澎. 6LoWPAN 网络几个关键技术研究[D]. 淮南: 安徽理工大学, 2015.

[9] 吴晗. 低功耗有损网络路由协议 RPL 的实现与改善[D]. 北京: 北京邮电大学, 2015.

[10] 马雁飞. 基于 RPL 的适配层安全机制的研究与实现[D]. 北京: 北京交通大学, 2015.

[11] 丘建. 基于 Contiki/Cooja 平台的 IEEE 802.15.4 协议实现与改进[D]. 成都: 电子科技大学, 2015.

[12] ANRG. RPL UDP[R]. (2016-09-09)[2020-01].

第 8 章

基于 6LoWPAN 的低功耗家居物联网应用

本章在上述章节的基础上，给出了一个基于 6LoWPAN 的低功耗家居物联网应用范例。首先对智能家居物联网应用系统结构和功能需求给予定义；然后以几个低功耗感知和控制节点应用设计为例，说明了它们各自的硬件设计、底层驱动和应用层协议设计；接着针对边缘节点的实现及相关的串行线路网际协议（Serial Line Internet Protocol，SLIP）进行了详细阐述；最后进行了网络通信测试。

8.1 概述

8.1.1 智能家居物联网应用系统结构

随着物联网技术[1]的不断成熟，为了满足智慧城市和智能家居[2]的海量现实需求，物联网应用逐渐进入高速增长阶段，具体的应用形式包括车联网、智慧城市和智能家居等[3]。其中，智能家居发展相对较快。由于家电厂商的产业化推进，传统的白色家电和照明应用借助于物联网技术快速升级，并融合了健康网络的内容，将体温、心跳、血压、体重等人体生理健康检测信息集成到大数据中，形成了新一代的智能家居应用系统。

智能家居物联网应用系统结构如图 8-1 所示，一般包含如下几个部分。

（1）用户接口终端

用户接口终端包括交互电脑、服务器等固定终端，以及手机、平板、智能手表和笔记本等形式的移动终端。由于终端基于开放的网络协议，因此可以采用 Internet 有线网、局域网 wi-Fi、卫星和移动通信网络等多种信道接入云端，实现数据的存储管理等功能。根据终端的硬件特性和软件生态，用户终端可以采用 Windows、Linux、Android 和 iOS 等多种系统平台。

（2）云端

除了云存储有利于数据的集成和管理外，云端数据的分析计算功能也不断加强。

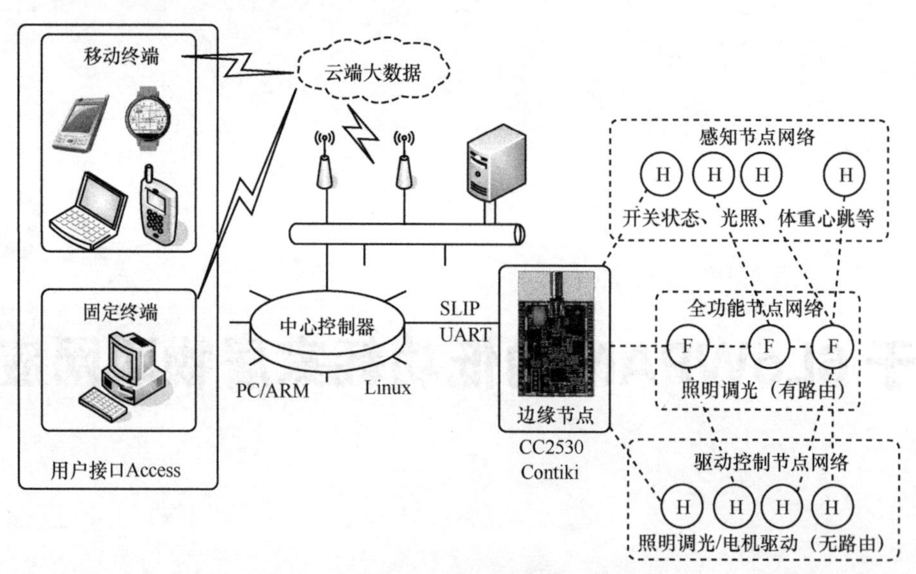

图 8-1　智能家居物联网应用系统结构

（3）中心控制器

中心控制器是一个具有较强运算能力，并与 Internet 连接的嵌入式系统。其大多采用 ARM Cortex A 系列的 CPU，所以操作系统大多采用 Linux 操作系统，也支持 Windows CE 系统。中心控制器一般应具有串行 UART 接口，通过 SLIP[4]与下级的边缘节点通信。Linux 和 Windows 都包含 slip 协议的驱动程序，但需要应用开发团队针对系统特点开发驱动程序之上的应用模块。

（4）边缘节点

边缘节点实现 IEEE 802.15.4[5]的协调器功能。该节点一端通过 UART 接口和中心控制器通信，另外一端通过无线射频接口同 WSN 网络中的节点通信，实现不同信道的数据转换和传递。边缘节点可以采用 CC2530、CC2538 等物联网芯片，操作系统采用 Contiki 系统。因为 Contiki 系统包含面向 Linux 和 Windows 的 SLIP 通信程序，提供基于 SLIP 的虚拟设备通信，从而实现基于 IEEE 802.15.4 协议的低功耗无线个域网与 Internet 的连接。同时，边缘节点也是一个完整的智能家居物联网路由节点，提供支持 6LoWPAN 协议的网络通信和路由功能。

（5）全功能节点

全功能节点是图 8-1 中标注为 F 的节点，具有持续的电源供应，始终打开无线接收器，可以作为路由节点转发数据帧。该节点在规定的应用端口监听，并通过边缘节点把信息转发给中心控制器。同时也运行着应用线程，负责节点本身的应用逻辑和通信功能，例如实现 LED 照明等功能。

（6）低功耗节点

低功耗节点是图 8-1 中标记为 H 的节点。该类型节点一般采用电池供电，为了降低功耗，大部分时间处于低功耗休眠模式，只在工作的时候被唤醒执行应用逻辑功能。根据应用逻辑功能的不同，可分为传感器感知节点和驱动控制节点。前者主要执行环境光照检测、开关状态监测、温湿度、体重、心跳、血压等信息感知逻辑，后者主要执行驱动执行部件工作的功能。例如，在照明应用中，照明开关节点为感知节点，大多数时间都处于休眠状态，通过开关按键的中断唤醒，检测开关控制状态并发送信息；环境光和温湿度传感器节点也是感知节点，但需要采用定时唤醒；照明控制节点则是驱动节点，采用定时唤醒或在指定的时间窗口接收驱动信息，执行照明电路电流驱动以及调光的逻辑。

从本质上来看，全功能节点是智能家居系统的主干，而低功耗节点则是智能家居系统的外围分支。因为全功能节点具有路由转发功能，所以可以将多个全功能节点串联，扩展网络的拓扑结构。而低功耗节点则必须就近连接一个全功能节点，通过一跳通信，将信息传输到这个全功能节点。借助于这个全功能节点的路由转发，实现信息的全网络通信。观察图 8-1 所示的结构可知，每一个标识为 H 的低功耗节点都必须连接一个标识为 F 的全功能节点或具有路由功能的边缘节点，不存在两个或两个以上的 H 节点串联，而全功能节点 F 则可以多级串联。

总的来说，因为应用的多样性，传感器感知节点和驱动控制节点会有不同的应用逻辑和表现形式，但在通信结构上是基本类似的。为了便于说明，本章采用典型的智能照明应用来诠释智能家居系统物联网系统的设计与实现。对于功能节点，主要描述照明开关感知节点、照明驱动控制节点和边缘节点，以及温度和体重等其他感知节点。

8.1.2　智能家居系统的功能要求

本节以智能家居照明系统为例，来说明智能家居系统应具备的一般功能。

① 便于安装、维护和扩展升级。要求简化布线和配套的施工，降低安装成本。提供快速方便的照明控制开关与照明驱动节点的关联配置，便于检索关联配置，并随时添加或删改照明节点。因此，系统需要选择便于布线的无线网络，并具有便捷的可配置特性。

② 为了便于在不同层次的网络中接入检索网络信息、管理驱动网络节点，并保证网络的可扩展性和兼容性，最好采用可连接 Internet 的结构，即支持 IPv4 或 IPv6 协议，从而可以解析传递 Internet 的 IP 数据报文。其次，由于无线传感器网络应用中节点的数量远远大于 IPv4 协议可分配的 IP 地址数量，采用 IPv4 协议无法真正实现端到端的网络连接与通信。因此 IPv6 协议成为必然的选择。

③ 由于无线传感器网络应用中的大多数节点功能都相对简单，对计算资源的要求不高，响应实时性底，但要求低功耗和低成本，长期无人值守。因此，在智能家居系统的应用中无线传输的物理层和链路层建议使用低功耗的 IEEE 802.15.4 协议。当然，也可以选择蓝牙或 Wi-Fi，但从低功耗和成本考虑，IEEE 802.15.4 协议更具有竞争力。

④ 由于智能家居系统的底层通信采用 IEEE 802.15.4 协议，网络通信的上层又需要支持 IPv6 协议，存在 IPv6 的最大传输单元（Maximum Transmission Unit，MTU）和 IEE 802.15.4 协议最大有效负载不匹配的问题。IPv6 要求的最小 MTU 为 1 280 B，而 IEE 802.15.4 链路层除去自身开销后最多只能为网络层提供 102 B 的负载空间。因此，只能调整方案，在 IPv6 网络层和 IEEE 802.15.4 的 MAC 层之间再插入一层 6LoWPAN 适配层。通过对 IPv6 大数据包进行分片、重组以及报头压缩等方式，解决网络协议的上下层匹配问题。

⑤ 为了满足智能家居系统的低功耗要求，大多数网络节点被设计为不断休眠和唤醒的工作模式。这是因为射频模块消耗的能量约占整个传感器网络节点能量消耗的 80%。而射频通信模块包含的发送、接收、空闲和休眠 4 种状态中，又以发送信号状态消耗的能量最多，空闲状态和接收状态的能耗接近，而休眠状态的能耗最少。因此，为了节省能量，降低功耗，

节点只有在需要发送数据的短时间内才进入发送状态，大多数时间处于休眠状态，并关闭射频模块。同时，为了有效降低射频信号的发射功率，就需要将长距离的射频信号传输分解为多个短距离的信号传递，将单个节点的海量射频能量消耗分担到整个网络的能量消耗中，延长整个网络的平均能量消耗。因此，系统必须考虑路由协议，实现两个远距离节点间的通信路由，通过中间节点的数据转发，最终实现信息的传递。同时，在智能家居系统中的每一瞬时都有大量节点进入休眠状态或唤醒状态。有些节点还具有较强的移动属性。因此，这种位置拓扑结构不断变化的网络特性，必然造成数据在路由转发过程中出现丢失。为了维护数据的准确性和一致性，必须考虑数据的维护机制。因此，网络的路由协议建议采用 RPL 路由协议，即针对低功耗和有损网络的路由协议。

⑥ 虽然低功耗感知节点和驱动控制节点的应用千差万别，包含大量不同的传感器和多种驱动控制结构，但为了便于系统集成和结构维护，有必要在软硬件上设计规范的结构形式。在节点的硬件开发方面，将通用 I/O 接口和 SPI、I2C、USART 等串行接口以用户接口总线的形式统一组织起来，在挂载传感器或驱动模块时，将上下通信的数据转换为基于用户接口总线的通信。同时，在通信数据的描述方面，通过建立统一的属性描述结构，将不同类型的传感器感知数据抽象为统一的结构。从而在软硬件上尽量兼顾通用性和可扩展性的需要。

⑦ 为了方便地通过用户接口感知获得传感器的数据，应用层有必要增加 CoAP 协议[6]。传统的 Web 传输协议为超文本传输协议（HyperText Transfer Protocol，HTTP），它是基于传输控制协议的，报头较大，不适于低速率高误码率的无线传感器网络，建议采用 CoAP 协议。CoAP（TCP）基于 UDP，并且使用表述性状态转移架构，可通过 PUT、POST、GET、DELETE 等协议命令对节点资源进行操作。

⑧ 对于大多数节点，尽量实现绿色节能。对于智能光照系统来说，实现“软启动”和智能调光。因为根据研究发现，在点灯初始时段，如果采用 5%～10%的调光级别“软启动”灯泡，能有效延长灯泡的使用寿命。和传统的照明系统相比，智能照明系统如果采用渐入渐出及慢开启调光控制，可以有效避免对灯具的冷热冲击，延长灯具的使用寿命，减少更换灯泡的次数，降低使用成本。同时，还有利于人眼对光强的适应。通过对外界环境光的感知，以及策略性的调节光强，实现智能调光。这不仅能实现节能，还能提高照明系统的舒适特性，改善光照质量，避免光照强弱的不稳定变化。

⑨ 在具体的应用逻辑方面，实现面向需求的功能设计。例如，对于智能照明系统，除了实现传统照明系统的开关控制和调光控制功能，增加了网络的远程感知和控制外，还需要增加面向需求的功能设计。在照明开关节点和照明控制节点之间建立灵活的配置逻辑，在功能上可实现一对多（一个开关控制多个照明节点）、多对一（多个开关控制一个照明节点）和多对多（多个开关控制多个照明节点）等功能。虽然这部分的技术实现都不难，但有效的实施将大大改善系统的应用效果，是工程应用的重要环节。由于本章重点关注系统的技术实现，因此不再讨论该环节的具体实现。

根据上述的功能要求分析，智能家居系统的应用网络应采用开放的无线网络协议：IEEE 802.15.4 协议+6LoWPAN+RPL+CoAP。为了便于实现这些协议，在感知节点上部署 Contiki 操作系统是最佳的选择。在终端节点的软硬件设计上，尽量建立抽象统一的虚拟接口，规范节点的差异特性，便于拓展维护网络，也便于快速开发实施应用。在应用逻辑方面，应详细分析需求，以满足应用功能。

8.2　低功耗节点的实现

在无线传感器网络中存在大量的感知节点，如照明系统中的按键开关节点，就是用于测量数字开关量而设计的节点。另外，还有很多模拟量感知节点是基于多种不同的传感器信号测量模块构建的。常见的传感器包括温湿度传感器、光照亮度传感器、烟雾传感器、二氧化碳浓度传感器、人体红外热释电传感器等。虽然这些节点的功能千差万别，但从功能特点来看都是感知状态、检测特定信号、有低功耗等要求。因此，在节点设计时，可以将所有这些节点归为一类，建立相对规范的结构，便于系统的维护和拓展。

以智能家居物联网应用为目的，为了便于说明，本节考虑低功耗照明感知节点、全功能照明开关节点、温度采集节点和体重采集节点的设计和实现。

8.2.1　低功耗照明感知节点的实现

从工作内容来看，节点设计主要包括如下几个方面：硬件电路设计、软件底层驱动设计、应用层通信协议设计和应用层用户逻辑设计。不像驱动节点，如调光有多种用户逻辑的调光策略，感知节点多为状态感知，也可以做一些感知状态的译码等设计。

1. 硬件电路设计

基于低功耗感知节点的特性，可选择的硬件主芯片较多。但是出于成本和性价比的考虑，Ti 公司推出的物联网芯片 CC253X 系列是比较有竞争力的，市场应用也比较普遍。本节将从主芯片 CC2530、射频电路和接口电路 3 个方面进行说明。

为了实现最大化的性价比，芯片 CC2530 采用了一个单周期的 8051 兼容内核，并在封装尺寸、低功耗和射频等方面做了大量优化。该芯片的 VQFN 40pin 封装只有 6 mm×6 mm。除了供电电源，只需要很少的外围电路就可以工作。

芯片 CC2530 硬件系统结构如图 8-2 所示，其最小系统包括以下几个部件。

（1）供电电路。对于全功能节点来说，因为有持续电源供电，如单相电供电，可以选择多种不同的 LDO 降压稳压电路。而对于低功耗节点来说，大多采用电量有限的电池供电。

（2）复位和时钟电路。基于 1～2 个晶振和几个电容电阻，具体电路可参考芯片数据手册。

（3）射频电路。主要涉及选择何种天线和配套的阻抗匹配电路。如果考虑节约成本，可选择 PCB 天线，配套的巴伦电路也只需要 4～8 个电感电容，具体电路可参考芯片数据手册。如果考虑很小的 PCB 尺寸，则可以选择价格相对更贵的陶瓷天线。天线以及匹配电路的设计较重要，对通信指标、距离和系统功耗都有较大影响。

（4）用户逻辑电路。包括按键开关和多种传感器电路，具体参考各传感器厂商推荐的应用电路。对于照明开关来说，最简单的电路仅仅需要限流电阻与按键开关串联到电源。在具体应用时，由于市场提供了大量复合开关，可根据需要将开关按键功能与调光整合到一起。CC2530 内部集成了 2 个 uart 单元和 ADC 单元，可以连接基于串口协议的数字传感器，也可以连接采用调理电路将模拟信号调制为测量区间，并连接到芯片的 ADC 单元。

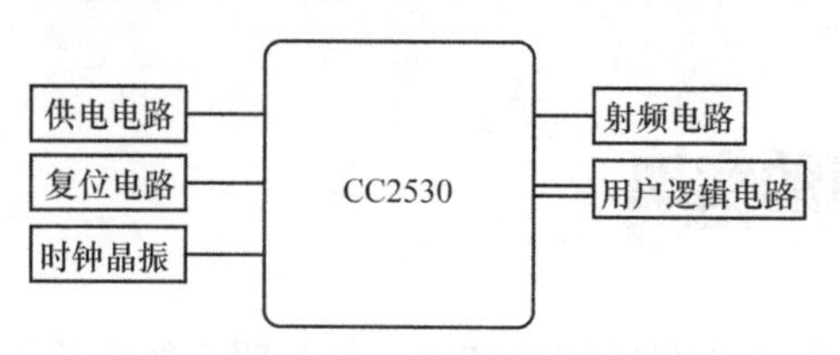

图 8-2　CC2530 硬件最小系统结构

总的来说，采用 CC2530 构建低功耗节点能以较小的尺寸实现低功耗，并适用于信号感知和射频通信。

2．软件底层驱动设计

在完成了电路设计后，就需要开发配套的驱动程序，硬件才能实现具体的功能。基于上述硬件结构的分析，驱动程序主要包括射频驱动和用户逻辑电路驱动。其中，根据传感器的不同，用户逻辑驱动又可分为串口通信、ADC 采样和功能逻辑实现。串口通信和 ADC 采样比较简单，本节不再阐述，具体可参考芯片厂商提供的软件参考手册，本节主要关注功能逻辑实现。按键检测和传感器通信的底层驱动代码相对比较简单，但从应用的角度来看，不具有规范性。因此，有必要在这些不同的驱动程序之上设计一个统一的功能逻辑接口，为上层的应用提供唯一接口格式的底层驱动接口。这样，上层逻辑便于获得不同物理量、测量范围、电路结构的感知信息，实现底层驱动的抽象规范。

Contiki 操作系统为各种感知节点提供了一个通用的数据结构，可参考代码 8-1 所示的源代码。

代码 8-1　针对感知节点定义的通用数据结构

```
//core/lib/sensors.h
1   struct sensors_sensor
2   { char *  type;
3     int  (* value)    (int type);
4     int  (* configure)(int type, int value);
5     int  (* status)   (int type);  };
6   #define SENSORS_ACTIVATE(sensor) (sensor).configure(SENSORS_ACTIVE, 1)
7   #define SENSORS_DEACTIVATE(sensor) (sensor).configure(SENSORS_ACTIVE, 0)
8   #define SENSORS_SENSOR(name, type, value, configure, status)        \
9   const struct sensors_sensor name = { type, value, configure, status }
10  #define SENSORS(...) \
11  const struct sensors_sensor *sensors[] = {__VA_ARGS__, NULL};        \
12  unsigned char sensors_flags[SENSORS_NUM]
13  const struct sensors_sensor *sensors_find(const char *type);
14  const struct sensors_sensor *sensors_next(const struct sensors_sensor *s);
15  const struct sensors_sensor *sensors_first(void);
16  void sensors_changed(const struct sensors_sensor *s);
17  extern process_event_t sensors_event;
18  PROCESS_NAME(sensors_process);
19  #define SENSORS_NUM (sizeof(sensors) / sizeof(struct sensors_sensor *))
```

针对代码 8-1，其各行功能说明如下。

第 1～5 行：感知信号的数据结构。其中 type 用于描述传感器类型，为文本字符串数据类型；value、configure、status 都是函数指针，分别指向 3 个函数的首地址，这 3 个函数分别用来读取传感器的值、配置传感器、返回传感器的当前状态。

第 6～7 行：提供了两个常用的宏，用于低功耗节点唤醒和休眠状态下的激活和关闭传感器。其实质是调用传感器配置函数 configure()。

第 8～9 行：通过宏的形式声明一个传感器驱动，实质上是为一个 sensors_sensor 数据结构的实例分配存储空间。之后，在传感器初始化配置过程中，通过为该数据结构赋值，实现特定底层驱动与统一接口的关联。

第 10～12 行：通过宏 SENSORS，将所有传感器驱动放在一个数组当中，用 SENSORS_NUM 表示传感器的数量。在驱动不同传感器时，上层逻辑代码只需要更改对应传感器的顺序号，就可以执行对应的底层驱动。

第 13～15 行：为了便于操作传感器数组中的用户逻辑，系统提供了根据类型、数组序列位置等几个逻辑函数。

第 16～18 行：定义了更新传感器函数，用于进程通信的事件对象和传感器进程。

第 19 行：宏 SENSORS_NUM 定义了传感器的数量。

Contiki 系统为低功耗开关节点设计了一个接口文件，通过宏的方式，将按键的端口定义、初始化函数封装起来，其源码如代码 8-2 所示。

代码 8-2　低功耗开关节点接口宏定义

```
// contiki-3.0\platform\wsn2530\dev\button-sensor.h
1    #define BUTTON1_PORT 1
2    #define BUTTON1_PIN  2
3    #define BUTTON2_PORT 1
4    #define BUTTON2_PIN  3
5    #define button_sensor button_1_sensor
6    extern const struct sensors_sensor button_1_sensor;
7    extern const struct sensors_sensor button_2_sensor;
8    #if BUTTON_SENSOR_ON
9          HAL_ISR_FUNC_PROTOTYPE(port_1_isr, P1INT_VECTOR);
10   #define   BUTTON_SENSOR_ACTIVATE() do { \
11       button_1_sensor.configure(SENSORS_ACTIVE, 1); \
12       button_2_sensor.configure(SENSORS_ACTIVE, 1); \
13   } while(0)
14   #end if /* BUTTON_SENSOR_ON */
```

针对代码 8-2，其各行功能说明如下。

第 1～4 行：定义了两个按键开关挂载的 CPU 端口和 pin 脚号。

第 6～7 行：定义了描述开关按键的数据对象，其本质还是 sensors_sensor 数据结构，由 type、value、configure、status 等指针组成。

第 8～13 行：在系统初始化时，开启对应端口的中断，并激活启动按键电路。

Contiki 为 ADC 采样感知节点设计了一个接口，源码如代码 8-3 所示。

代码 8-3　ADC 采样感知节点接口定义

```
// contiki-3.0\platform\wsn2530\dev\adc-sensor.h
1   #include "contiki-conf.h"
2   #include "lib/sensors.h"
3   #define ADC_SENSOR_TYPE_TEMP    0
4   #define ADC_SENSOR_TYPE_VDD     4
5   extern const struct sensors_sensor adc_sensor;
6   #define ADC_SENSOR_ACTIVATE() adc_sensor.configure(SENSORS_ACTIVE, 1)
```

针对代码 8-3，其各行功能说明如下。

第 1～2 行：定义了包含文件，第 1 行为全局宏定义配置文件；第 2 行为感知接口文件。

第 3～4 行：定义了采样的数据范围。

第 5 行：定义了采样接口实例 adc_sensor，其实质是感知数据结构 sensors_sensor。

第 6 行：定义了宏，激活采样传感器。其实质还是执行上层接口的 configure 函数。

在调用上述接口和对应驱动时，需要配置全局宏定义，并启动感知进程，源码如代码 8-4 所示。

代码 8-4　感知节点感知进程宏定义

```
//  contiki-3.0\platform\wsn2530\contiki-main.c   main()
1   #if BUTTON_SENSOR_ON || ADC_SENSOR_ON
2     process_start(&sensors_process, NULL); //启动感知进程
3     BUTTON_SENSOR_ACTIVATE();
4     ADC_SENSOR_ACTIVATE();
5   #end if
```

针对代码 8-4，其第 2 行功能说明如下。

第 2 行：在系统初始化时，启动感知进程 sensors_process。

感知进程源码如代码 8-5 所示。

代码 8-5　感知进程

```
//core/lib/sensors.c
1   PROCESS_THREAD(sensors_process, ev, data)
2   { static int i,events;
3     PROCESS_BEGIN();
4     sensors_event= process_alloc_event();
5     for(i = 0; sensors[i] != NULL; ++i)
6     { sensors_flags[i] = 0;
7       sensors[i]->configure(SENSORS_HW_INIT, 0);
8     }  num_sensors = i;
9     while(1) {
10      PROCESS_WAIT_EVENT();
11      do {events = 0;
12        for(i = 0; i < num_sensors; ++i) {
13      if(sensors_flags[i] & FLAG_CHANGED)
14        {if(process_post(PROCESS_BROADCAST,sensors_event,(void *)sensors[i])
15              == PROCESS_ERR_OK)
16              {  PROCESS_WAIT_EVENT_UNTIL(ev == sensors_event); }
17        sensors_flags[i] &= ~FLAG_CHANGED;        events++; }       }
18      } while(events);
19    }  PROCESS_END();
20  }
21  static int configure(int type, int value)
22  {   switch(type) { case SENSORS_HW_INIT:...}  //传感器底层启动代码
```

针对代码 8-5，其各行功能说明如下。

第 4 行：系统启动时，为进程间通信分配进程事件标志。

第 5～8 行：系统启动时，执行驱动初始化。参考第 21～22 行代码可知，第 7 行的初始化配置，实质是调用传感器配置函数 configure()。根据感知类型的不同，在相同的函数名

configure 中有不同的驱动配置代码。例如，在第 22 行状态量 SENSORS_HW_INIT 后，按键开关节点执行 I/O 口驱动，而模拟量采样节点则执行 ADC 采样驱动。

第 9～10 行：进程接入无限死循环，并在第 10 行进入阻塞逻辑，等待相关事件发生。

第 11～18 行：一旦进程跳出阻塞状态，就遍历整个传感器节点数组，检测发生状态变化的传感器。例如，如果按键开关的状态发生变化，该节点的状态参数就变为 unsigned char sensors_flags[i]=FLAG_CHANGED，从而驱动 process_post 广播，给系统内的其他所有进程发送 sensors_event 事件，并传递状态参数，即 sensors[i]的结构参数。而接收到 sensors_event 事件的进程，就会调用 sensors[i]的结构参数，如配置函数指针，跳转到配置函数 configure 执行逻辑。

感知节点基于低功耗的考虑，大多处于低功耗模式，实时性并不强。因此，很多状态量的检测都是通过查询的方式获得的。按键中断函数如代码 8-6 所示。

代码 8-6　按键中断函数

```
// contiki-3.0\platform\wsn2530\dev\button-sensor.c
1    HAL_ISR_FUNCTION(port_0_isr, P0INT_VECTOR)
2    { EA = 0;
3      ENERGEST_ON(ENERGEST_TYPE_IRQ);
4      if(BUTTON_IRQ_CHECK(1))
5      {  if(timer_expired(&debouncetimer))
6         { timer_set(&debouncetimer, CLOCK_SECOND / 8);
7          sensors_changed(&button_sensor);    }  }
8      BUTTON_IRQ_FLAG_OFF(1);
9      ENERGEST_OFF(ENERGEST_TYPE_IRQ);
10     EA = 1;
11   }
12   void sensors_changed(const struct sensors_sensor *s)
13   { sensors_flags[get_sensor_index(s)] |= FLAG_CHANGED;
14     process_poll(&sensors_process);  }
```

针对代码 8-6，其各行功能说明如下。

第 1、10 行：第 1 行，当进入中断响应程序后，先关闭 8051 内核的中断总开关，处理中断逻辑。第 10 行，当处理完中断逻辑后，再打开中断。

第 4～7 行：定时器 debouncetimer 定时查询，当对应的中断标志位被检测到后，调用状态更新函数 sensors_changed()。第 8 行清除状态标志位。

第 12～14 行：状态更新函数的实质是更新状态数组 sensors_flags[]，并激活执行系统进程 sensors_process。

总的来说，底层驱动设计包括接口数据结构设计、底层硬件驱动代码实现和进程逻辑 3 个环节，三者之间的关系如图 8-3 所示。感知接口数组 sensors_sensor[SENSORS_NUM] 包含多个子接口，如 adc_sensor、button_1_sensor 等，它是系统进程 sensors_process 与底层硬件驱动代码的纽带。节点在中断查询代码中通过状态数组 sensors_flags[]有选择地驱动系统内的进程通信，并通过广播和通信传递接口参数。最终执行具体节点的底层操作函数 configure()。

3. 应用层通信协议设计

根据上节的分析，照明应用系统的整体框架基本确定，实现了从底层硬件到系统进程间的通信。但针对具体的通信协议或数据描述格式规则还要根据需求进行设计。根据应用的不同，该协议会有所差异。但这并不是开放的通信协议，而是面向应用层的私有通信约定。即使都是为智能家居照明应用设计的，也可以根据需求形成不同的协议约定。由于无线传感网络的特性，网络节点间的所有数据传输采用 UDP6 数据帧，而没有采用基于 3 次握手机制的 TCP。

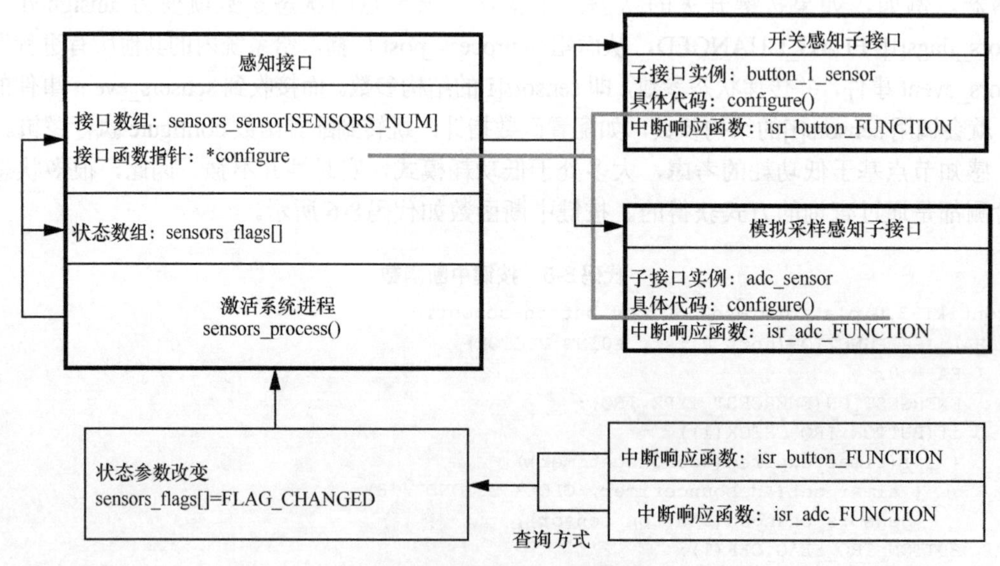

图 8-3　驱动结构和中断响应

为了便于说明，照明开关的通信协议采用最简形式：照明开关节点是电池供电的设备，长期工作于低功耗模式下，一般处在深度休眠状态。有开关按键被按下时，节点微控制器被设计为中断唤醒，恢复射频工作状态。启动发送开关状态数据。所有发送数据帧统一长度为 16 B，要广播发送到本地地址，端口 3500。

（1）开关在约定时间内没有通信发生，应当发送心跳包，数据帧格式如下。

数据序号/B	1	2	3～4	5	6	7～15	16
数据名	起始标志	设备类别	帧序号	命令代码	电池电压	填充信息	校验和
数据示例	‘@’0x40	0x31	0x3X3X	0x32	XX	9 个 0x30	Sum

说明：其中帧序号是上次通信的序号加 1。电池电压如果无效则为 0xFF，否则为电压的代码。填充信息为全‘0’，校验和采用前面所有字节的和，其中 X 标识数字 0～9。

（2）开灯命令

发送开灯指令，数据帧格式如下。

数据序号/B	1	2	3～4	5	6～15	16
数据名	起始标志	设备类别	帧序号	命令代码	填充信息	校验和
数据示例	‘@’0x40	0x31	0x3X3X	0x33	10 个 0x30	Sum

（3）关灯命令

发送关灯指令，数据帧格式如下。

数据序号/B	1	2	3～4	5	6～15	16
数据名	起始标志	设备类别	帧序号	命令代码	填充信息	校验和
数据示例	'@'0x40	0x31	0x3X3X	0x34	10 个 0x30	Sum

（4）灯状态翻转命令

发送状态翻转指令，数据帧格式如下。

数据序号/B	1	2	3～4	5	6～15	16
数据名	起始标志	设备类别	帧序号	命令代码	填充信息	校验和
数据示例	'@'0x40	0x31	0x3X3X	0x35	10 个 0x30	Sum

总的来说，对于开关按键的通信协议，采用 16 B 存储空间。除了设计标志位\设备类别与效验和等字段外，根据开关状态的不同，分别设计不同的命令字编码。如果需要增加特殊的用户信息，可考虑在填充信息中分配几个字节，但注意不要占用太多字节，因为 UDP 要求帧长度为 16 B。

应用层通信协议的实现是通过用户逻辑进程来实现的，其源码如代码 8-7 所示。

代码 8-7　用户逻辑进程

```
//App process
1    #include "contiki.h"
2    #include "contiki-lib.h"
3    #include "contiki-net.h"
4    #include "......." //用户驱动和逻辑代码
5    unsigned int SequenceID=0;
6    static struct uip_udp_conn *client_conn;
7    PROCESS(udp_client_process, "UDP client process");
8    AUTOSTART_PROCESSES(&udp_client_process);
9    static void set_connection_address(uip_ipaddr_t *ipaddr)//设置服务器地址
10   {uip_ip6addr(ipaddr, 0x2409,0x8a00,0x1846, 0x3f80, 0xc81c, 0xb076, 0xb718, 0xe6b0));}
11   PROCESS_THREAD(udp_client_process,ev,data)//按照通信协议发送开关状态数据至服务器
12   {  static struct etimer et;  int i,j;
13   static char strTemp[17];  static int Tempkeyvalue;
14     uip_ipaddr_t ipaddr;
15     memset(strTemp,0x30,15);//初始化位'0'字符
16     strTemp[0]=0x40;     strTemp[1]=0x31;         strTemp[15]=0;  strTemp[16]=0;
17     PROCESS_BEGIN();
18       etimer_set(&et, CLOCK_CONF_SECOND);
19       PROCESS_WAIT_EVENT_UNTIL(ev == PROCESS_EVENT_TIMER);
20       set_connection_address(&ipaddr);
21       client_conn = udp_new(&ipaddr, UIP_HTONS(3500), NULL);
22       etimer_set(&et, SEND_INTERVAL);
23     while(1)
24     {   PROCESS_WAIT_EVENT_UNTIL(etimer_expired(&et));
25         Tempkeyvalue =Getbutton();              //读取开关状态函数
26         SequenceID++;
27          if(SequenceID>99)
28             SequenceID=0;
29         strTemp[2] = SequenceID/10+48;       strTemp[3] = SequenceID%10+48;
30         strTemp[4] = (int)Tempkeyvalue+48;  //取出开关状态值，来源于按键开关的底层驱动赋值
```

```
31          for(i=0;i<5;i++)        strTemp[15]+=strTemp[i];
32          uip_udp_packet_send(client_conn,strTemp,17);
33          etimer_reset(&et);
34      }   PROCESS_END();
35  }
```

针对代码 8-7，其各行功能说明如下。

第 7 行：声明用户逻辑进程 udp_client_process。

第 10 行：赋值 IPv6 格式的服务器地址。

第 14 行：定义两个变量：strTemp[17]、Tempkeyvalue，分别用于存储通信协议编码和按键开关编码。

第 17 行：对 strTemp[]赋值，参考用户通信协议格式，字段分别对应起始标志、设备类型等。

第 20～21 行：建立网络连接，配置服务器 IP 地址和端口。

第 32 行：借助网络协议栈的 UDP 函数 uip_udp_packet_send()，发送通信编码。

根据上述所示代码分析可知，应用层的 UDP 通信一般需要下列步骤。

① 在用户逻辑进程 udp_client_process 中，建立一个 UDP 数据结构的连接对象：client_conn=udp_new(&ip_addr,port,null)。

② 调用 uip 的数据发送函数：uip_udp_packet_send()。

③ 在本地的服务器端进程 udp_server_process 中，需要建立一个连接对象，并绑定端口：server_conn = udp_new(NULL, UIP_HTONS(0), NULL); udp_bind(server_conn, UIP_HTONS(3500))。

④ 数据的传送实际依赖于系统进程 tcpip_process，位于内核网络文件 tcpip.c 中。系统进程通过响应 tcpip 事件，执行数据在网络中的传递。

总的来说，由于 Contiki 中 UIP 对用户接口的封装比较好，因此用户层的代码比较精简，系统层和应用层的进程协作清晰流畅。

4. 超低功耗节点的实现

在无线传感器网络中，传感器节点的供电电池通常为干电池、纽扣电池等，并且在很多时候如果电池不能更换或者电池耗尽时，由于安装节点位于无人值守的野外导致节点被直接废弃。因此，从降低成本和系统易维护性的角度出发，节点设计中通常要以尽可能地节能降耗、提高节点的使用寿命作为最重要的设计目标。

CC2530 芯片有几种不同的低功耗模式，即 PM1、PM2 和 PM3，如表 8-1 所示。

表 8-1　CC2530 低功耗模式比较

功率模式	高频时钟源(A/B)	低频时钟源(C/D)	电压调节器	功耗参考
Active	A 或 B	C 或 D	ON	Idle(RX 24 mA,TX 29 mA)
PM1	None	C 或 D	ON	0.2 mA
PM2	None	C 或 D	OFF	1 μA
PM3	None	None	OFF	0.4 μA

说明：高频时钟源包括 A（芯片外的 32 MHz 晶体振荡器）和 B（芯片内部的 16 MHz RC

振荡器），低频时钟源包括 C（芯片外的 32.768 kHz 晶体振荡器）和 D（芯片内部的 32 kHz RC 振荡器）。其中，A（32MHzXOSC）除了为芯片内核提供时钟源之外，还是 RF 射频模块必需的时钟基准。（RX 24 mA,TX 29 mA）指芯片处于空闲状态时，维持射频信号接收状态需要消耗 24 mA 的电流；发射信标信号需要 29 mA 的电流。

由表 8-1 可知，CC2530 芯片有 4 种不同的供电运行模式：主动模式（Active）、PM1、PM2 和 PM3。其中，主动模式是一般芯片正常全速运行的模式，此时芯片内数字内核的电源稳压器开启，高速时钟和低速时钟也开启工作，可选择外部晶振或芯片内的 RC 震荡时钟。但是如果需要射频模块收发信号，必须选择 32 MHz 振荡器。而空闲模式（Idle）是主动模式的一个特例，只是由于 CPU 没有运行代码处于待机状态。主动模式适于有长期供电的全功能节点。PM1 模式只有低速时钟开启，同时电源调节器开启，此时功率消耗最大的射频模块关闭。PM1 使用的上电/掉电序列较快，等待唤醒事件的预期时间相对较短（小于 3 ms）。因此，PM1 模式可设计为对功耗要求不敏感，但需要频繁唤醒和休眠的低功耗节点。PM2 模式则进一步运行掉电序列，关闭了电源调节器，但低速时钟振荡器开启，可通过定时模块中断唤醒。PM3 模式具有最低的功耗，只有当复位按键或中断唤醒按键被触发时才被唤醒进入主动模式。参考表 8-1 中的功率消耗可知，PM2 和 PM3 的功耗位于同一等级，两种模式下的大部分内部电路停止供电，但芯片内的 SRAM 保留部分内容，内部寄存器（CPU 寄存器、外设寄存器和射频寄存器）也保留维持数据。但 PM3 模式下，睡眠定时器的寄存器不保存数据。对于许多位于野外、长期无人值守的节点，休眠时间远远大于 3 ms，唤醒时间比较短暂，此时节点必须定时中断唤醒模块工作。因此，在 WSN 应用中，超低功耗节点的设计主要考虑 PM2 模式。而 PM3 模式主要应用于对功耗要求敏感，但有操作人员干预的情况。

在 CC2530 应用中，低功耗模式的选择是通过配置下列寄存器实现的。

（1）供电模式控制寄存器：PCON (0x87)

位	名称	复位	R/W	描述
7:1		0000000	R/W	未使用，总是写作 0000 000
0	IDLE	0	R0/W H0	写 1 时将强制芯片进入睡眠模式 SLEEP.MODE （注意 MODE=0x00 且 IDLE = 1 将停止 CPU 内核活动） 设置的供电模式标志，读该寄存器位时一直是 0。 当发生中断时，芯片将恢复配置位为 0，同时芯片进入主动模式

（2）睡眠模式控制寄存器，SLEEPCMD (0xBE)

位	名称	复位	R/W	描述
7	OSC32K_CALDIS	0	R/W	禁用 32 kHz RC 振荡器校准 0：使能 32 kHz RC 振荡器校准；1：禁用 32 kHz RC 振荡器校准
6:3		0000	R0	未使用
2		1	R/W	总为 1，关闭不用的 RC 振荡器
1:0	MODE[1:0]	00	R/W	供电模式设置。 00：主动/空闲模式；01：PM1；10：PM2；11：PM3

（3）睡眠模式控制状态寄存器 SLEEPSTA

位	名称	复位	R/W	描述
6	XOSC_STB	0	R	32 MHz 晶振稳定状态 0：32 MHz 晶振上电不稳定；1：32 MHz 晶振上电稳定

睡眠定时器是一个 24 位的定时器，当定时器的值等于比较器的值时，就发生一次定时器比较。通过写入寄存器 ST2:ST1:ST0 来设置比较值。

（4）休眠定时器：ST2 (0x97)，ST1 (0x96)，ST0 (0x95)

位	名称	复位	R/W	描述
7:0	ST2[7:0]	0x00	R/W	休眠定时器计数/比较值。当读取时,该寄存器返回休眠定时器的高位[23:16]。写该寄存器即设置比较值的高位[23:16]
7:0	ST1[7:0]	0x00	R/W	休眠定时器计数/比较值。当读取时,该寄存器返回休眠定时器的高位[15:8]。写该寄存器即设置比较值的高位[15:8]
7:0	ST0[7:0]	0x00	R/W	休眠定时器计数/比较值。当读取时,该寄存器返回休眠定时器的高位[7:0]。写该寄存器即设置比较值的高位[7:0]

配置休眠或唤醒的参考源码如代码 8-8 所示。

代码 8-8　休眠或唤醒配置定义

```
//休眠唤醒示例
1       void DoSleep()
2      {    SLEEPCMD |= 2;      //设置系统睡眠模式 PM2
3           PCON = 0x01;             //强制对寄存器写 1，进入低功耗状态
4           #pragma asm
5           NOP
6           #pragma endasm
7      }
8      void config_sleepTime(unsigned long sleeptime)
9      {    unsigned long stval;
10          stval = ST0;
11          stval += ((unsigned long int)ST1) << 8;
12          stval += ((unsigned long int)ST2) << 16;
13          stval += sleeptime;
14          ST2 = (unsigned char)(stval >> 16);
15          ST1 = (unsigned char)(stval >> 8);
16          ST0 = (unsigned char)stval;
17          while(!(STLOAD&0x01));
18      }
19     #pragma vector = ST_VECTOR
20     __interrupt void ST_ISR(void)
21     {     STIF = 0;            //清标志位
22     }     //  while(!(SLEEPSTA & 0x40));    SLEEPCMD |= 0x04;
23     void InitSleepTimer(void)
24     {    EA = 1;       //开中断
25          STIE = 1;    //睡眠定时器中断使能 0:  中断禁止        1:  中断使能
26          STIF = 0;    //睡眠定时器中断标志 0:  无中断未决      1:  中断未决
27     }
28     void main(void)
29     {    InitSleepTimer();          //初始化休眠定时器
```

```
30          while(1)
31          {       //用户逻辑代码
32              Set_ST_Period(5);    //设置睡眠时间，睡眠 5 秒后唤醒系统
33              DoSleep();     //重新进入睡眠模式 PM2
34          }
35      }
```

针对代码 8-8，其各行功能说明如下。

第 1～7 行：驱动芯片进入低功耗休眠状态。其中，第 2 行设置低功耗模式为 PM2，第 3 行强制对寄存器 PCON 写 1，驱动芯片进入低功耗状态。为了保证芯片顺利进入低功耗状态，要求第 3 行的指令位于代码区的 2 字节边界。而该指令在编译后可能正好不对齐 2 字节，从而导致休眠加载失败。此时，可添加第 4～6 行的代码，通过添加 nop 空操作来对齐边界。如果边界对齐，则不需要第 4～6 行的代码。

第 8～18 行：设置休眠间隔时间。其中 Sleeptime 为需要配置的休眠时间数值。第 10～12 行，将 24 位休眠定时器中的当前值取出，赋值给临时变量 stval。第 13 行，将配置的休眠间隔时间加到临时变量 stval。第 14～16 行，将 stval 中的数值复制到定时器寄存器 ST2、ST1 和 ST0 中。此时，24 位休眠定时器中的数值与代码第 12 行前的数值作差即为配置的休眠间隔秒数。第 17 行，观察状态寄存器，等待配置过程完成。

第 19～21 行：休眠定时器的中断响应函数。当休眠定时器的产生中断时，芯片就回主动对寄存器 PCON 恢复 0 状态，并进入唤醒流程，回到主动模式。这是一个芯片的主动操作，不需要用户代码干预。第 21 行，清除中断标志位，允许下一次激活中断。

第 22 行：一般在唤醒后，需要开启射频模块。建议加对应语句。SLEEPSTA 为睡眠模式控制状态寄存器，如果 SLEEPSTA=0x40，即第 6 位为 1，表示 32 MHz 时钟源处于稳定状态，此时可以关闭 RC 时钟源。

第 23～27 行：休眠定时器的初始化函数。初始化需要打开芯片的中断总开关 EA=1，并使能激活休眠的事件，清空中断标志位。

第 28～35 行：应用主函数。第 29 行，在系统初始化时，初始化休眠定时器和其他外设。第 31 行，在死循环中不断执行用户逻辑代码。第 32～33 行，当运行完成用户逻辑，驱动芯片进入 PM2 低功耗状态。

IEEE 802.15.4 协议为低速率、低能耗、低成本的无线个域网标准。该标准仅定义了物理层（PHY 层）和介质访问控制层（MAC 层）。而为了有效地实现超低功耗，就需要将节点间的最基本通信约束在硬件底层。比如，在 MAC 层节点间的通信是基于最简的 MAC 帧格式的。而 IP 层和传输层，通信的数据帧则需要添加头部等其他信息。相对而言，上层通信功能比较丰富，易于操作解析，可实现多种应用层功能，但要求 CPU 和射频模块更多的操作，依赖的软件系统（如网络协议栈等）相对较多，对于能量消耗就不可避免地占用过多。而超低功耗节点的主要应用，是超低功耗和简单的信息感知，应用侧重点不同。因此，在超低功耗感知节点的软件设计中，有必要执行一个最简工作模式，将超低功耗模式下的网络通信建立在 MAC 层上。通过可有限解析的 MAC 层响应，维持网络的拓扑结构。同时，压缩 CPU 和射频的工作时间，从而降低联网的功耗和应用逻辑的功耗。

在具体实现上，就是删除 Contiki 操作系统中 MAC 层的原始驱动 csma.c，简化为新的超低功耗 MAC 驱动，并简化 Contiki-main.c 文件中的主函数，参考源码如代码 8-9 和代码 8-10 所示。

代码 8-9　简化超低功耗 MAC 驱动

```
//lowpower_csma.c
1    void csma_check_all(void)  //v2
2    {   struct neighbor_queue *n;
3        n=list_head(neighbor_list);
4        while(n!=NULL)
5        {   transmit_packet_list(n);
6            n=n->next;
7        }
8    }
9    static void transmit_packet_list(void *ptr)
10   {   struct neighbor_queue *n = ptr;
11       if(n)
12        {struct rdc_buf_list *q = list_head(n->queued_packet_list);
13           if(q != NULL)
14           {  PRINTF("csma: num %d %p, que_len %d\n", n->transmissions, q,
15                   list_length(n->queued_packet_list));
16              NETSTACK_RDC.send_list(packet_sent, n, q);
17           }
18       }
19   }
```

针对代码 8-9，其各行功能说明如下。

第 1～8 行：检查信标，维持网络的拓扑结构的最简操作表。第 3 行，检测邻居发现列表中的节点个数。如果 $n>0$，说明至少有一个全功能节点在附近，并发出了连接信息。而对于上层的连接响应，transmit_packet_list()实质是执行 NETSTACK_RDC.send_list()，即驱动 RDC（Radio Duty Cycling）层操作。RDC 层也就是信道接入层，其功能是尽量保持无线设备休眠并且定期检查无线传输介质。

第 16 行：信道接入操作函数 NETSTACK_RDC.send_list()。

代码 8-10　简化超低功耗系统主程序

```
1   int main(void)
2   { clock_init();//硬件初始化
3     soc_init();
4     stack_poison(); //etimer等
5     process_init();
6     random_init(0);
7     netstack_init();
8     set_rime_addr();
9   #if UIP_CONF_IPv6
10    memcpy(&uip_lladdr.addr, &rimeaddr_node_addr, sizeof(uip_lladdr.addr));
11    queuebuf_init();
12    //process_start(&tcpip_process, NULL);
13  #endif /* UIP_CONF_IPv6 */
14   autostart_start(autostart_processes);
15    while(1)
16    {  uint8_t r;
17      do {     r = process_run();     } while(0);
18      len = NETSTACK_RADIO.pending_packet();
19      if(len)
20      {   packetbuf_clear();
21          len = NETSTACK_RADIO.read(packetbuf_dataptr(), PACKETBUF_SIZE);
```

```
22          if(len >0) { packetbuf_set_datalen(len); NETSTACK_RDC.input();}
23      }
24      csma_check_all();
25      config_sleepTime();
26      NETSTACK_CONF_RADIO.off();
27      DoSleep();
28    }
29  }
```

针对代码 8-10，其各行功能说明如下。

第 1～8 行：系统的硬件初始化，打开中断开关，初始化网络协议栈等。

第 9～13 行：配置 IPv6 网络。第 12 行，注释原始的系统网络进程 tcpip_process，改为基于底层的简化操作。

第 24 行：检查射频收到的邻居信息是否为空，非空执行 RDC 响应。

第 25～27 行：设置休眠时间，关闭射频模块，并进入低功耗状态。一般而言，进入低功耗的代码都位于死循环的最后位置，在执行完用户逻辑和上层连接响应后，才进入休眠。

最后，应用层也需要设计采集信号的用户逻辑，其参考代码如代码 8-11 所示。

代码 8-11　用户应用层程序设计源码案例

```
//app.c
1     #include "contiki.h"
2     #include "contiki-lib.h"
3     #include "contiki-net.h"
4     #include <string.h>
5     #include "dev/leds.h"
6     #include "dev/button-sensor.h"
7     static char buf[MAX_PAYLOAD_LEN];
8     static struct uip_udp_conn *l_conn;
9     #define UIP_IP_BUF    ((struct uip_ip_hdr *)&uip_buf[UIP_LLH_LEN])
10    #define UIP_UDP_BUF   ((struct uip_udp_hdr *)&uip_buf[uip_l2_l3_hdr_len])
11    PROCESS(udp_client_process, "UDP client process");
12    AUTOSTART_PROCESSES(&udp_client_process);
13    static void timeout_handler(void)
14    { static int seq_id;
15      unsigned char i;
16      memset(buf, 0, 16);
17      seq_id++;
18      memcpy(buf+2, &seq_id, sizeof(seq_id));
19      buf[0]='@';      buf[1]=0x00;
20      for(i=0;i<15;i++)buf[15]+=buf[i];
21      uip_udp_packet_send(l_conn, buf, 16);
22    }
23    PROCESS_THREAD(udp_client_process, ev, data)
24    { static struct etimer et;
25      uip_ipaddr_t ipaddr;
26      PROCESS_BEGIN();
27      uip_ip6addr(&ipaddr,0xFF02,0,0,0,0,0,0,0x1);
28      l_conn = udp_new(&ipaddr, UIP_HTONS(3500), NULL);
29      if(!l_conn) {    PRINTF("udp_new l_conn error.\r\n");  }
30      udp_bind(l_conn, UIP_HTONS(3500));
31      while(1)
32      {   process_poll(&udp_client_process);
```

```
33          PROCESS_YIELD();
34          //用户逻辑代码
35          timeout_handler();
36      }
37      PROCESS_END();
38  }
```

针对代码 8-11，其各行功能说明如下。

第 11 行：说明应用层进程 udp_client_process。

第 13～22 行：应用层定时溢出函数，按照应用层的通信协议发送 UDP6 报文。通信协议格式可参考 8.2.2 节第 3 部分。

第 23～38 行：设置 etimer 定时器，建立 UDP 的上层网络连接，执行简化的 UDP 操作。

8.2.2 全功能照明开关节点的实现

由于 LED 灯具有照明效率高、节能等优点，因此成为目前照明行业的主流灯具。作为低功耗驱动节点，除了开关灯操作外，目前智能照明的一个主要功能是调光。而 LED 灯具的智能调光主要采用脉宽调制（PWM）模式。因此，本节分别从硬件电路、底层驱动和通信协议等方面来说明低功耗全功能节点的设计和实现。

1．节点硬件电路设计

LED 灯具的调光方式主要包括如下 3 种：线性调光、可控硅调光以及 PWM 调光[7]。

① 线性调光是利用分压原理，通过改变电流大小来调节灯具的明亮，因为在一定范围内 LED 的亮度与电流近似正比例关系。总的来说，线性调光的电路实现相对简单稳定，但效率低、调光范围小、调节逻辑不灵活，随着电流的降低还会发生变色以及分压过热等缺点，所以主要用在对照明需求不高的场所。

② 可控硅调光通过改变流过灯具的交流电有效值来达到调光效果，即通过脉冲信号控制可控硅的导通角，通过改变导通角的大小来改变输出交流电的有效值。导通角和输出电压有效值间具有近似比例关系。可控硅调光效率相对比较高，而且性能大多稳定，但在低照度时不太稳定。这是因为可控硅导通时必须有一个维持电流来维持导通，否则将会恢复到截止状态。不同型号的可控硅维持电流为几毫安到几十毫安。如果导通时的维持电流逼近临界值，导通角就会变得很不稳定，造成输出波形不稳定，出现过大的尖峰以及颤动，并在灯具上出现闪烁现象。

③ 脉宽调制通过调节数字输出信号的脉冲占空比来线性地改变输出电流，从而改变光强。由于能源效率高、便于编程实现、控制逻辑灵活以及动态响应好等诸多优点，是目前照明市场的主流调光方式。在调光过程中，如果调光的脉冲频率在 100 Hz 以下，人眼就能够明显地感受到 LED 闪烁。所以在实际的调光时，调光的脉冲频率都高于 400 Hz。调光的 PWM 信号可以通过通用的微控制器编程实现，也可以通过专用的集成芯片实现。由于照明市场的需求旺盛，同时芯片流片的成本降低，专业的照明调光集成芯片也发展很快。

为了便于说明，本节采用微控制器编程实现 PWM 信号输出。对于照明驱动节点的硬件系统，大多具有如图 8-4 所示的结构。

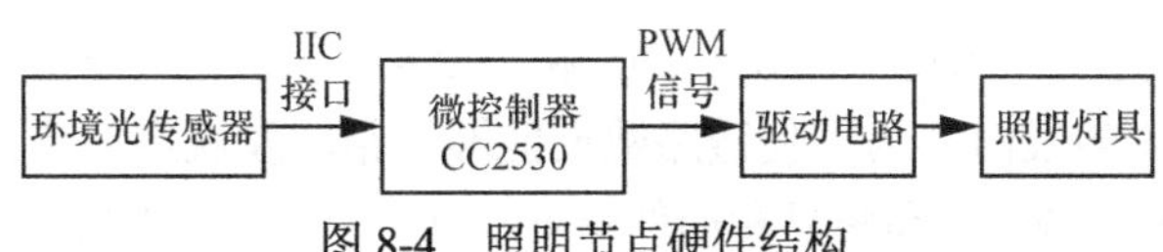

图 8-4　照明节点硬件结构

由图 8-4 可知，为了实现智能照明，驱动节点的前端往往集成了一个或多个光照传感器，用于感知外界的环境光强度。主控制器用于识别分析环境光特性，并根据调光逻辑输出 PWM 信号。驱动电路放大电流，并保证电流稳定以及光照稳定。国内外都有照明厂商采用流片或晶圆封装的形式，将几块电路集成在一个封装内，可在性能成本等方面更有竞争力。本节则采用多个器件来实现硬件单元，主控采用 CC2530，光照传感器采用数字型传感器 BH1750，驱动电路采用美国美信的 LED 线性驱动器 MAX16828，光照检测电路和驱动电路如图 8-5 所示。

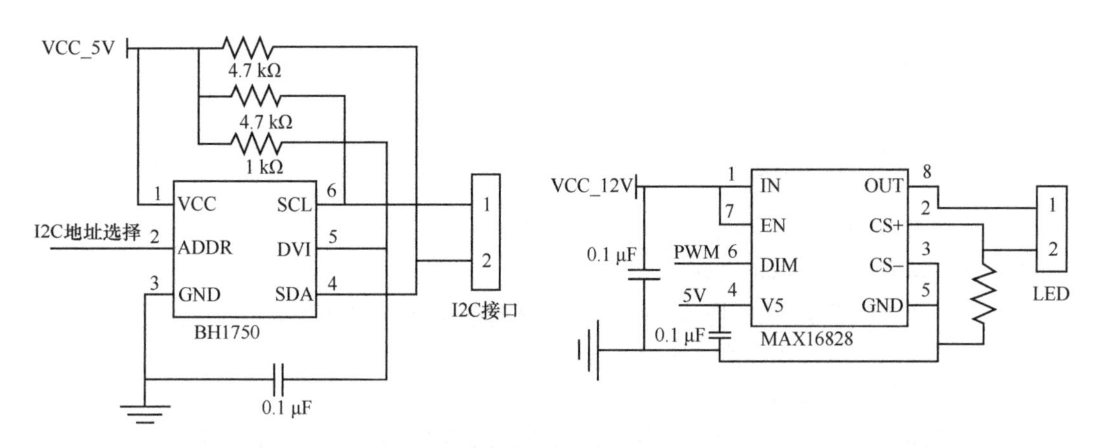

ON Semiconductor LM3445

图 8-5　光照检测电路和驱动电路

2．底层驱动与服务进程

（1）PWM 驱动

CC2530 一共有 4 个定时器，定时器 T1 是 16 bit，具有定时和 PWM 功能，定时器 T2 是专门为支持 IEEE 802.15.4 的 MAC 或者软件中其他时槽的协议而设计的，T3、T4 均为 8 bit，具有定时、计时和 PWM 功能。

一般而言，使用 T3 和 T4 作为 PWM 的信号源，可以实现 200Hz 以上的调光频率，能满足大多数情况。但对于一些对光照要求较高的场所，例如卧室或书房，则建议使用 T1 作为 PWM 信号源，实现更高频率的步进调光，使光照的亮度变化更小，更柔和。对于开灯和关灯，也可做一些用户逻辑，使 PWM 调光曲线更接近眼的适应曲线，避免光照的瞬时急剧变化。

（2）全功能节点的路由

路由协议归属于网络层，但传统的 IP 网络路由并不适用于 WSN。由于 WSN 属于低功耗有损网络，节点数量远远大于 Internet，单个节点计算性能要求不高，而且大量时间属于低功耗休眠模式。因此，基于 WSN 的 RPL 路由需要维护一个动态的拓扑结构。对于全功能节点来说，它与低功耗节点最基本的区别就是具有路由功能。作为 WSN 的主干，节点在启动后首先需要检测周围的节点，然后发出建立连接的请求，通过路由表更新已有路由和维护拓扑结构。

在 WSN 中，路由节点通过 ICMP6 格式的控制消息来发现节点、建立网络并维护路由。其中，控制信息包括 4 种类型：DIO、DAO、DIS 和 DAO-ACK。当节点由于电能耗尽或其他故障导致其不能再实现路由转发时，为了使链路数据能够正常转发就需要建立起其他的路由，RPL 路由协议支持两种修复方式：全局修复和局部修复。当一个非根节点失效时，它会告知其子节点自己已经失效，这样其子节点会根据 DIO 消息选择其他的父节点，从而发起一个局部修复；当一个根节点失效时，这个路由结构（DODAG 无环图）就会重新构建，从而发起一个全局修复。

Contiki 操作系统提供的 uIP 协议栈和 6LoWPAN 技术也实现了 RPL，可在系统配置文件中通过宏定义实现功能选择，具体代码如代码 8-12 所示。

代码 8-12　Contiki 操作系统提供的 uIP 协议栈和 6LoWPAN 技术

```
//project-conf.h
1   #ifndef PROJECT_CONF_H_
2   #define PROJECT_CONF_H_
3   #define BUTTON_SENSOR_CONF_ON 1
4   #define UIP_CONF_IPv6      1
5   #define UIP_CONF_ICMP6       1
6   #define UIP_CONF_IPv6_RPL 1
7   #endif /* PROJECT_CONF_H_ */
```

代码 8-12 配置文件中有关功能说明如下。

第 4 行：声明配置 uIPv6 协议。

第 5 行：声明配置 ICMP6 协议，就可在测试时使用 ping 等网络测试功能。

第 6 行：声明配置 uIPv6 协议的 RPL 路由功能。

3．应用层通信协议设计

对于全功能节点的应用层设计，主要包括两方面的工作：通信协议的设计和调光驱动进程的实现。

（1）通信协议的设计

根据调光功能需求，可设计如下协议。

（2）对于调光命令，设计发送调光指令。

数据序号/B	1	2	3～4	5	6	7～15	16
数据名	起始标志	设备类别	帧序号	命令代码	步长	填充信息	校验和
数据示例	‘@’0x40	0x31	0x3X3X	0x31	0x3X3X	8 个 0x30	Sum

说明：步长采用有符号 char 型数据表示亮度增加和减少的步长。

（3）照明驱动控制器通信协议

照明驱动控制器是一个具有持续电力供应的设备，除了和协调器通信接收命令外，还应该转发接收到的开关信息。监听本地端口 3500，如收到广播，向地址 aaaa::1、端口 3500 发送如下包。

数据宽度/B	1	1	8	16	2	2	1	1
数据名	起始标志	帧类别	发送端地址	转发信息	RSSI	LQI		校验和
数据示例	‘@’(0x40)	0x31	mac	XXXX	XXXX	XXXX	00	Sum

发送的信息总共 32 B，分别为状态信息和命令帧。

状态信息帧（16 B）：发送给协调器，地址 aaaa::1，端口 3000。

数据序号/B	1	2	3～4	5～15	16
数据名	起始标志	帧类别	亮度	填充信息	校验和
数据示例	‘@’0x40	0x31	0x3X3X	11 个 0x30	Sum

命令帧（16 B）：从 3500 端口接收地址 aaaa::1 的命令、调节自身亮度等。

数据序号/B	1	2	3～4	5～15	16
数据名	起始标志	帧类别	亮度	填充信息	校验和
数据示例	‘@’0x40	0x31	0x3X3X	11 个 0x30	Sum

（4）调光驱动进程的实现

调光的进程属于应用层进程。当照明节点在定时溢出后，进入阻塞的进程函数，检查是否有收到网络节点的数据报文。如果有，根据报文格式检查报文是否为驱动调光报文。如果是，从报文中取出调光步长和 PWM 周期等参数，执行调光代码。参考代码 8-13 所示调光代码。

代码 8-13　调光驱动进程

```
1     void InitIO(void) //红绿蓝彩灯控制端口输出
2     {    P1DIR |= 0x13;  //P10、P11、P14 定义为输出
3          LED1 = 1;   LED2 = 1;   LED3 = 1;      //LED 灯初始化为关
4     }
5     void powerOn(int step,int cycle)//最高亮度和 PWM 周期
6     {    unsigned int PWM_H=0;
7          for(PWM_H=1;PWM_LOW<step;PWM_H++)
8          { LED0=1;              Delay(PWM_H);//点亮红 LED
9            LED0=0;              Delay(cycle -PWM_H); //熄灭红 LED
10         }
11     }
```

代码 8-13 功能说明如下。

第 1～3 行：初始化调光端口。示例为红绿蓝 3 色的端口

第 5～11 行：红灯的 PWM 调光开灯函数。Cycle 为 PWM 输出的频率参数。Step 为最终步进，最大 step=cycle。第 7～9 行实现 PWM 波形输出。令 step=150，cycle=200。开始，高电平为 1 个时延，低电平为 199 个时延。最后，高电平为 150 个时延，低电平为 50 个时延。此时，经过驱动芯片的转换，获得设置的最大亮度，实现了逐渐调亮，可调到设定的最大亮度。

8.2.3 温度采集节点的实现

DS18B20 是常用的数字温度传感器[8]，其输出的是数字信号，具有体积小、适用电压宽、与微处理器接口简单的优点，其采用的一线总线结构具有简洁且经济的特点，可使用户轻松地组建传感器网络，它的测量温度范围为−55℃～+125℃，精度为±0.5℃。现场温度直接以“一线总线”的数字方式传输，大大提高了系统的抗干扰性。它能直接读出被测温度，并且可根据实际要求通过简单的编程实现 9～12 位的数字值读数方式。它工作在 3～5.5 V 的电压范围，

采用多种封装形式，从而使系统设计灵活、方便，设定分辨率及用户设定的报警温度存储在 EEPROM 中，掉电后依然保存。

1．节点硬件电路设计

如图 8-6 所示，DS18B20 第一管脚接地，第二管脚接 CC2530 的 P0.7 及 4.7kΩ 电阻（另一端接 3.3V），第三管脚接 3.3V。

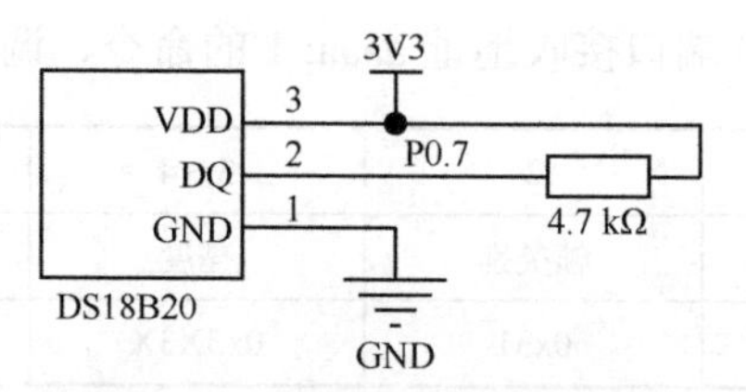

图 8-6　DS18B20 硬件连接

2．应用层通信协议设计

无线温度计由电池供电，所有数据传输采用 UDP6 数据帧，定时发送温度数据至服务器，所有发送数据帧统一长度为 16 B，发送地址为网关节点，端口 3500，格式如下。

数据序号/B	1	2	3～4	5	6	7	8～15	16
数据名	起始标志	设备类别	帧序号	温度百位	温度个位	温度小数一位	填充信息	校验和
数据格式	0x40	0x32	XXXX	0xXX	0xXX	0xXX	8 个 0x30	Sum
示例（23.8℃）	‘@’	‘2’	‘01’	‘2’	‘3’	‘8’	8 个‘0’	Sum

说明：帧序号是上次通信的序号加 1，填充信息为全‘0’(0x30)，校验和采用前面所有字节之和，每位的数字用 ASCII 码表示，共三位，包含一位小数点，发送的 23.8℃的数据如上表最后一行。

3．底层驱动与服务进程

（1）底层驱动

DS18B20 的典型温度读取过程如图 8-7 所示。

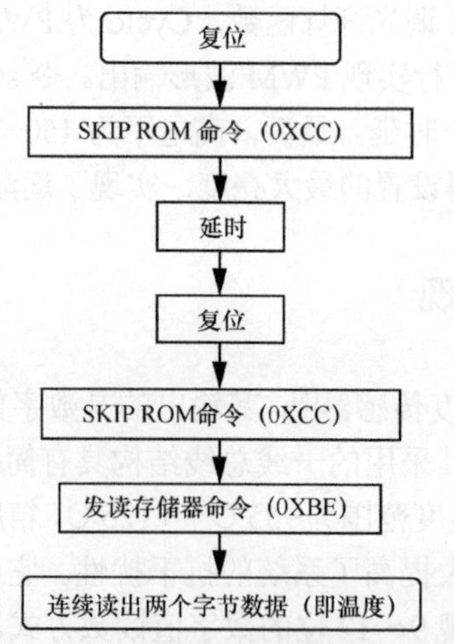

图 8-7　DS18B20 的典型温度读取流程

底层驱动函数简介如表 8-2 所示。

表 8-2　底层驱动函数

函数	功能简介
Ds18b20InputInitial(void)	ds18b20 端口设置为输入
Ds18b20OutputInitial(void)	ds18b20 端口设置为输出
unsigned char Ds18b20Initial(void)	ds18b20 初始化函数
void Ds18b20Write(unsigned char infor)	ds18b20 写命令函数
unsigned char Ds18b20Read(void)	ds18b20 读命令函数
float floatReadDs18B20(void)	s18b20 温度读取函数（含 1 位小数位）

底层驱动程序代码如代码 8-14 所示。

代码 8-14　底层驱动程序

```
1     #include "ds18b20.h"
2     #define Ds18b20IO P0_7        //温度传感器引脚
3     void Ds18b20Delay(unsigned int k)// 时延函数
4     {
5       while (k--)
6       {
7         asm("NOP");
8         asm("NOP");
9         asm("NOP");
10        asm("NOP");
11        asm("NOP");
12        asm("NOP");
13        asm("NOP");
14        asm("NOP");
15        asm("NOP");
16      }
17    }
18    void Ds18b20InputInitial(void)//Ds18b20 输入端口初始化函数
19    {
20        P0DIR &= 0x7f;
21    }
22    void Ds18b20OutputInitial(void)//Ds18b20 输出端口初始化函数
23    {
24        P0DIR |= 0x80;
25    }
26    unsigned char Ds18b20Initial(void)//Ds18b20 初始化函数
27    {
28        unsigned char Status = 0x00;
29        unsigned int CONT_1 = 0;
30        unsigned char Flag_1 = 1;
31        Ds18b20OutputInitial();
32        Ds18b20IO = 1;        //DQ 复位
33        Ds18b20Delay(260);  //稍做时延
34        Ds18b20IO = 0;        //单片机将 DQ 拉低
35        Ds18b20Delay(750);  //精确时延大于 480 us 且小于 960 us
36        Ds18b20IO = 1;        //拉高总线
37        Ds18b20InputInitial();//设置 IO 输入
```

```
38        while((Ds18b20IO != 0)&&(Flag_1 == 1))//等待 Ds18b20 响应，具有防止超时功能
39        {                        //等待约 60 ms
40            CONT_1++;
41            Ds18b20Delay(10);
42            if(CONT_1 > 8000)Flag_1 = 0;
43            Status = Ds18b20IO;
44        }
45        Ds18b20OutputInitial(); //Ds18b20 输出端口初始化
46        Ds18b20IO = 1;        //IO 口置高电平
47        Ds18b20Delay(100);  //时延
48        return Status;        //返回初始化状态
49    }
50    void Ds18b20Write(unsigned char infor)//Ds18b20 写函数
51    {
52        unsigned int i;
53        Ds18b20OutputInitial();
54        for(i=0;i<8;i++)
55        {
56            if((infor & 0x01))
57            {
58                Ds18b20IO = 0;
59                Ds18b20Delay(6);
60                Ds18b20IO = 1;
61                Ds18b20Delay(50);
62            }
63            else
64            {
65                Ds18b20IO = 0;
66                Ds18b20Delay(50);
67                Ds18b20IO = 1;
68                Ds18b20Delay(6);
69            }
70            infor >>= 1;
71        }
72    }
73    unsigned char Ds18b20Read(void)//Ds18b20 读函数
74    {
75        unsigned char Value = 0x00;
76        unsigned int i;
77        Ds18b20OutputInitial();
78        Ds18b20IO = 1;
79        Ds18b20Delay(10);
80        for(i=0;i<8;i++)
81        {
82            Value >>= 1;
83            Ds18b20OutputInitial();
84            Ds18b20IO = 0;// 给脉冲信号
85            Ds18b20Delay(3);
86            Ds18b20IO = 1;// 给脉冲信号
87            Ds18b20Delay(3);
88            Ds18b20InputInitial();
89            if(Ds18b20IO == 1) Value |= 0x80;
90            Ds18b20Delay(15);
91        }
92        return Value;
```

```
93     }
94     float floatReadDs18B20(void) //Ds18b20 读取温度函数
95     {
96         unsigned char V1,V2;    //定义高低 8 位 缓冲
97         unsigned int temp;      //定义温度缓冲寄存器
98         float fValue;
99         Ds18b20Initial();
100        Ds18b20Write(0xcc);     // 跳过读序号列号的操作
101        Ds18b20Write(0x44);     // 启动温度转换
102        Ds18b20Initial();
103        Ds18b20Write(0xcc);     //跳过读序号列号的操作
104        Ds18b20Write(0xbe);     //读取温度寄存器等（共可读 9 个寄存器） 前两个就是温度
105        V1 = Ds18b20Read();     //低位
106        V2 = Ds18b20Read();     //高位
107        temp=V2*0xFF+V1;
108        fValue = temp*0.0625;
109        return fValue;
110    }
```

（2）服务进程

服务进程主要包括 UDP 服务器地址的设置及读取温度数据、转化为对应的通信协议格式，并发送数据至服务器，其主要函数如表 8-3 所示。

表 8-3　服务进程主要函数

函数	功能简介
set_connection_address(uip_ipaddr_t *ipaddr)	设置服务器地址
PROCESS_THREAD(udp_client_process, ev, data)	按照通信协议发送温度数据至服务器

服务进程主要程序代码如代码 8-15 所示。

代码 8-15　服务进程主要程序代码

```
1      #include "contiki.h"
2      #include "contiki-lib.h"
3      #include "contiki-net.h"
4      #include "dev/serial-line.h"
5      #include "net/uip-udp-packet.h"
6      #include "ds18b20.h"
7      #include <string.h>
8      #define DEBUG 1
9      #if DEBUG
10     #include <stdio.h>
11     #define PRINTF(...) printf(__VA_ARGS__)
12     #define PRINT6ADDR(addr) PRINTF(" %x%x:%x%x:%x%x:%x%x:%x%x:%x%x:%x%x:%x%x ",
13     ((uint8_t *)addr)[0], ((uint8_t *)addr)[1], ((uint8_t *)addr)[2], ((uint8_t *)addr)[3],
14     ((uint8_t *)addr)[4], ((uint8_t *)addr)[5], ((uint8_t *)addr)[6], ((uint8_t *)addr)[7],
15     ((uint8_t *)addr)[8], ((uint8_t *)addr)[9], ((uint8_t *)addr)[10], ((uint8_t *)addr)[11],
16     ((uint8_t *)addr)[12], ((uint8_t *)addr)[13], ((uint8_t *)addr)[14], ((uint8_t *)
       addr)[15])
17     #define PRINTLLADDR(lladdr) PRINTF(" %02x:%02x:%02x:%02x:%02x:%02x ",(lladdr)->addr[0],
18     (lladdr)->addr[1], (lladdr)->addr[2], (lladdr)->addr[3],(lladdr)->addr[4], (lladdr)
       ->addr[5])
19     #else
```

```
20   #define PRINTF(...)
21   #define PRINT6ADDR(addr)
22   #define PRINTLLADDR(addr)
23   #endif
24   #define SEND_INTERVAL        8 * CLOCK_SECOND
25   #define MAX_PAYLOAD_LEN      40
26   unsigned int SequenceID=0;
27   static struct uip_udp_conn *client_conn;
28   PROCESS(udp_client_process, "UDP client process");
29   AUTOSTART_PROCESSES(&udp_client_process);
30   static void set_connection_address(uip_ipaddr_t *ipaddr)//设置服务器地址
31   {
32     uip_ip6addr(ipaddr, 0xfe80,0x0000,0x0000, 0x0000, 0x0212, 0x4b00, 0x1bd8, 0x2ac5 );
33   }
34   PROCESS_THREAD(udp_client_process, ev, data)//按照通信协议发送温度数据至服务器
35   {
36     static struct etimer et;
37     int i,j;
38     static char strTemp[17];
39     static float Tempfloat;
40     uip_ipaddr_t ipaddr;
41     P0SEL &= 0x7f;
42     memset(strTemp,0x30,15);//初始化位'0'字符
43     strTemp[0]=0x40;//'@';
44     strTemp[1]=0x32; //'1'
45     strTemp[15]=0;
46     strTemp[16]=0;
47     PROCESS_BEGIN();
48     PRINTF("UDP client process started\r\n");
49     etimer_set(&et, CLOCK_CONF_SECOND);
50     PROCESS_WAIT_EVENT_UNTIL(ev == PROCESS_EVENT_TIMER);
51     set_connection_address(&ipaddr);
52     client_conn = udp_new(&ipaddr, UIP_HTONS(3500), NULL);
53     PRINTF("Created a connection with the server: ");
54     PRINT6ADDR(&client_conn->ripaddr);
55     PRINTF("local/remote port %u/%u\r\n",
56     UIP_HTONS(client_conn->lport), UIP_HTONS(client_conn->rport));
57     etimer_set(&et, SEND_INTERVAL);
58     while(1) {
59       PROCESS_WAIT_EVENT_UNTIL(etimer_expired(&et));
60       Tempfloat = floatReadDs18B20();             //温度读取函数
61       SequenceID++;
62       strTemp[2] = SequenceID/10+48;
63       strTemp[3] = SequenceID%10+48;
64       strTemp[4] = (int)Tempfloat/10+48;          //取出十位数
65       strTemp[5] = (int)Tempfloat%10+48;          //取出个位数
66       strTemp[6] = (int)(Tempfloat*10)%10+48;         //取出个位数
67       for(i=0;i<9;i++)
68         strTemp[15]+=strTemp[i];
69       printf("uart0 recv: %s\r\n",strTemp);
70       uip_udp_packet_send(client_conn,strTemp,17);
71       etimer_reset(&et);
72     }
73     PROCESS_END();
74   }
```

8.2.4 体重采集节点的实现

1. 节点硬件电路设计

体重采集节点主要由电阻应变半桥式传感器、HX711 24 位低速高精度 A/D 转换芯片[9]及 CC2530 底层驱动程序与通信服务进程组成。

（1）电阻应变半桥式传感器

体重采集节点的传感器主要由四块电阻应变半桥式传感器组成，其结构外观如图 8-8(a)所示。内部为 1kΩ 半桥式应变片，量程为 50 kg，当受压时中间的应变梁发生弯曲，阻值发生变化，使用四只半桥式传感器组成全桥测量，测量的量程为 200 kg，如图 8-8(b)所示。

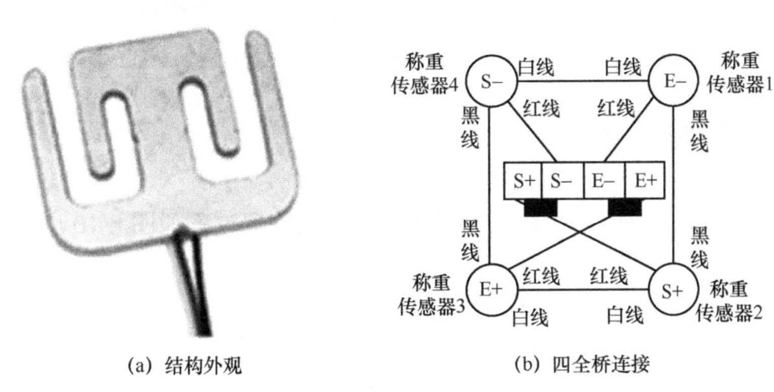

(a) 结构外观 (b) 四全桥连接

图 8-8 电阻应变半桥式传感器及四全桥连接

（2）HX711 24 位低速高精度 A/D 转换芯片

HX711 是一款专为高精度称重传感器而设计的低成本 24 位 A/D 转换器芯片，与同类型其他芯片相比，该芯片是专门为称重传感器设计的。称重传感器只需要一个 HX711 芯片即可完成称重信号的处理及 A/D 转换，上位机只需一个简单函数读取此时 A/D 值，并通过一个线性方程的转换后即可获取此时物体的精确重量。

（3）硬件电路设计

HX711 硬件电路如图 8-9 所示。图中 E+、E−、S−、S+与图 8-8（b）的对应端口相接，DOUT 接 CC2530 芯片的 P0.7，PD_SCK 接 P0.6。

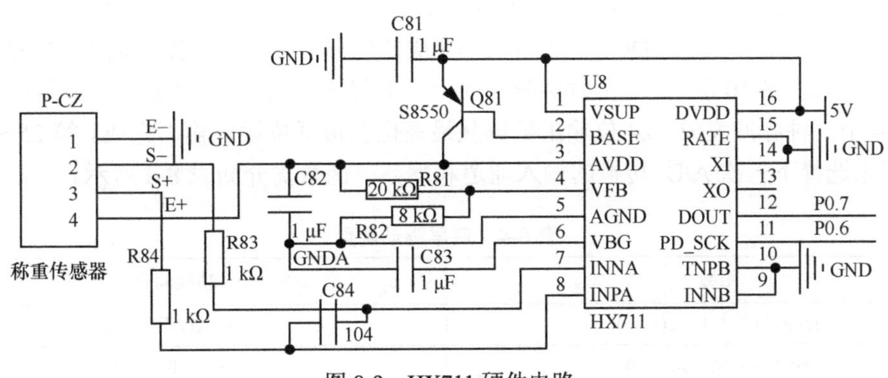

图 8-9 HX711 硬件电路

2．应用层通信协议设计

体重采集节点是电池供电的设备，一般处于断电状态，电源打开时，启动发送数据。所有发送数据帧统一长度为 16 B，发送 UDP 数据到网关节点，端口 3500，格式如下。

数据序号/B	1	2	3-4	5	5	6	7	8	9-15	16
数据名	起始标志	设备类别	帧序号	体重百位	体重百位	体重个位	体重小数一位	体重小数二位	填充信息	校验和
数据格式	0x40	0x33	XXXX	0xXX	0xXX	0xXX	0xXX	0xXX	7 个 0x30	Sum
示例（132.84 kg）	‘@’	‘3’	‘01’	‘1’	‘3’	‘2’	‘8’	‘4’	7 个 ‘0’	Sum

说明：体重单位为 kg，帧序号是上次通信的序号加 1，填充信息为全’0’(0x30)，校验和采用前面所有字节之和，每位的数字共五位（用 ASCII 码表示），包含两位小数点，发送 132.84 kg 的数据如上表最后一行。

3．底层驱动与服务进程

（1）底层驱动

底层驱动主要为读取 HX711 的 A/D 采集数据，其读取过程如图 8-10 所示。

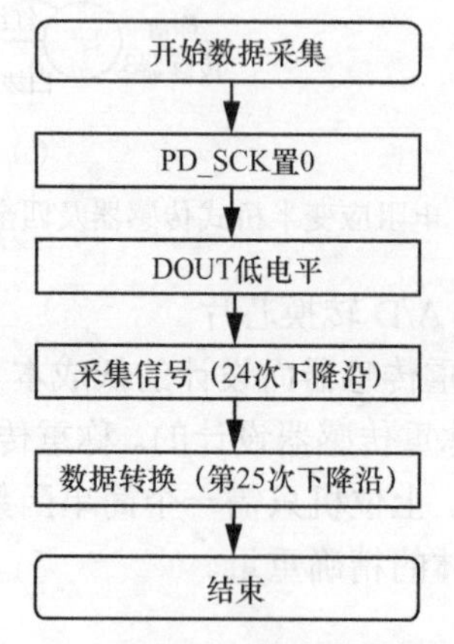

图 8-10　HX711 称重数据读取流程

通信线由管脚 PD_SCK 和 DOUT 组成，用来输出数据，选择输入通道和增益。当数据输出管脚 DOUT 为高电平时，表明 A/D 转换器还未准备好输出数据，此时串口时钟输入信号 PD_SCK 应为低电平。当 DOUT 从高电平变成低电平后，PD_SCK 应输入 25～27 个不等的时钟脉冲，如图 8-10 所示。一个时钟脉冲的上升沿将读出输出 24 位数据的最高位（MSB），直至第 24 个时钟脉冲完成，24 位输出数据从最高位至最低位逐位输出完成。第 25～27 个时钟脉冲用来选择下一次 A/D 转换的输入通道和增益。函数简介如表 8-4 所示。

表 8-4　底层驱动函数

函数	功能简介
long HX711_Read(void)	芯片 AD 数据读取
void Get_Maopi(void)	开机上电时数据

void Get_Weight(void)	称重重量

底层驱动程序代码如代码 8-16 所示。

代码 8-16　底层驱动程序

```
1   #include "hx711.h"
2   #define HX711_DOUT P0_7        //DT
3   #define HX711_SCK P0_6        //SCK
4   #define AVERAGE 1
5   long Weight_Maopi;
6   long Weight_Shiwu;
7   long Weight_chenpi;
8   void Delay_us(unsigned int k)
9   {
10    while (k--)
11    {
12      asm("NOP");
13      asm("NOP");
14      asm("NOP");
15      asm("NOP");
16      asm("NOP");
17      asm("NOP");
18      asm("NOP");
19      asm("NOP");
20      asm("NOP");
21    }
22  }
23  void Init_HX711pin(void)//设置端口为输入
24  {
25      P0SEL &= 0x3f; //P0.6,P0.7 通用 IO
26      P0DIR &= 0x7f;//P0.7 输入【0 输入，1 输出】
27      P0DIR |= 0x40; //P0.6 输入 【0 输入，1 输出】
28  }
29  unsigned long HX711_Read(void)//AD 数据读取
30  {
31      unsigned long count=0;
32      unsigned char i=0;
33      HX711_SCK=0;
34      count=0;
35      Delay_us(10);
36      while(HX711_DOUT);
37      for(i=0;i<24;i++)
38      {
39          HX711_SCK=1;
40          count=count<<1;
41          Delay_us(10);
42          HX711_SCK=0;
43          if(HX711_DOUT)
44                count++;
45          Delay_us(10);
46      }
47      HX711_SCK=1;
48          count=count^0x800000;//第 25 个脉冲下降沿来时，转换数据
```

```
49          Delay_us(10);
50      HX711_SCK=0;
51      return(count);
52  }
53  void Get_Maopi(void)//开机上电时数据
54  {
55      unsigned char  i=0;
56      long temp=0;
57      Weight_Maopi=0;
58      for(i=0;i<AVERAGE;i++)
59      {
60          temp += HX711_Read();
61      }
62      Weight_Maopi=temp/AVERAGE;
63  }
64  void Get_Weight(void)//称重重量
65  {
66      unsigned char  i;
67      long temp=0;
68      Weight_chenpi=0;
69      for(i=0;i<AVERAGE;i++)
70      {
71          temp += HX711_Read();
72      }
73      Weight_chenpi= temp/AVERAGE;
74      Weight_Shiwu = (Weight_chenpi-Weight_Maopi)*0.0363;
75   }
```

（2）服务进程

服务进程主要包括 UDP 服务器地址的设置及读取称重数据、转化为对应的通信协议格式，并发送数据至服务器，其主要函数如表 8-5 所示。

表 8-5　服务进程主要函数

函数	功能简介
set_connection_address(uip_ipaddr_t *ipaddr)	设置服务器地址
PROCESS_THREAD(udp_client_process, ev, data)	按照通信协议发送称重数据至服务器

服务进程主要程序代码如代码 8-17 所示。

代码 8-17　服务进程主要程序代码

```
1     #include "contiki.h"
2     #include "contiki-lib.h"
3     #include "contiki-net.h"
4     #include "dev/serial-line.h"
5     #include "net/uip-udp-packet.h"
6     #include "hx711.h"
7     #include <string.h>
8     #define DEBUG 1
9     #if DEBUG
10    #include <stdio.h>
11    #define PRINTF(...) printf(__VA_ARGS__)
```

```
12    #define PRINT6ADDR(addr) PRINTF(" %x%x:%x%x:%x%x:%x%x:%x%x:%x%x:%x%x:%x%x ",
13    ((uint8_t *)addr)[0],((uint8_t *)addr)[1],((uint8_t *)addr)[2],((uint8_t *)addr)[3],
14    ((uint8_t *)addr)[4],((uint8_t *)addr)[5],((uint8_t *)addr)[6],((uint8_t *)addr)[7],
15    ((uint8_t *)addr)[8],((uint8_t *)addr)[9],((uint8_t *)addr)[10],((uint8_t *)addr)[11],
16    ((uint8_t *)addr)[12],((uint8_t *)addr)[13],((uint8_t *)addr)[14],((uint8_t *)addr)[15])
17    #define PRINTLLADDR(lladdr)PRINTF("%02x:%02x:%02x:%02x:%02x:%02x",(lladdr)->addr[0],
18    (lladdr)->addr[1],(lladdr)->addr[2],(lladdr)->addr[3],(lladdr)->addr[4],(lladdr)->addr[5])
19    #else
20    #define PRINTF(...)
21    #define PRINT6ADDR(addr)
22    #define PRINTLLADDR(addr)
23    #endif
24    #define SEND_INTERVAL        8 * CLOCK_SECOND
25    #define MAX_PAYLOAD_LEN      40
26    unsigned char FirstWeightMark=0;
27    unsigned char SequenceID=0;
28    static struct uip_udp_conn *client_conn;
29    PROCESS(udp_client_process, "UDP client process");
30    AUTOSTART_PROCESSES(&udp_client_process);
31    static void
32    print_local_addresses(void)//显示本地地址
33    {
34      int i;
35      uint8_t state;
36      PRINTF("Client IPv6 addresses: \r\n");
37      for(i = 0; i < UIP_DS6_ADDR_NB; i++) {
38        state = uip_ds6_if.addr_list[i].state;
39        if(uip_ds6_if.addr_list[i].isused && (state == ADDR_TENTATIVE || state
40          == ADDR_PREFERRED)) {
41          PRINTF("  ");
42          PRINT6ADDR(&uip_ds6_if.addr_list[i].ipaddr);
43          PRINTF("\r\n");
44          if(state == ADDR_TENTATIVE) {
45            uip_ds6_if.addr_list[i].state = ADDR_PREFERRED;
46          }
47        }
48      }
49    }
50    static void
51    set_connection_address(uip_ipaddr_t *ipaddr)//设置服务器地址
52    {
53      uip_ip6addr(ipaddr, 0x2409,0x8a00,0x1846, 0x3f80, 0xc81c, 0xb076, 0xb718, 0xe6b0 );
54    }
55    #define ARRAY_SIZE(arr) (sizeof(arr) / sizeof(arr)[0])
56    void UartSendString(char *Data, int len)
57    {
58        unsigned int i;
59        for(i=0; i<len; i++)
60        {
61            U0DBUF = *Data++;
62            while(UTX0IF == 0);
63            UTX0IF = 0;
64        }
65    }
```

```
66    PROCESS_THREAD(udp_client_process, ev, data)//称重数据采集进程
67    {
68      static struct etimer et;
69      int i;
70      static char strTemp[17];
71      uip_ipaddr_t ipaddr;
72      Init_HX711pin();
73      memset(strTemp,0x30,15);
74      strTemp[0]=0x40;//'@';
75      strTemp[1]=0x33; //'3'
76      strTemp[15]=0;
77      strTemp[16]=0;
78      PROCESS_BEGIN();
79      PRINTF("UDP client process started\r\n");
80      etimer_set(&et, CLOCK_CONF_SECOND);
81     PROCESS_WAIT_EVENT_UNTIL(ev == PROCESS_EVENT_TIMER);
82      if(!FirstWeightMark)//自身开机称重数据采集
83      {
84        FirstWeightMark=1;
85        Get_Maopi();
86      }
87      print_local_addresses();
88      set_connection_address(&ipaddr);
89      client_conn = udp_new(&ipaddr, UIP_HTONS(3500), NULL);
90      PRINTF("Created a connection with the server: ");
91      PRINT6ADDR(&client_conn->ripaddr);
92      PRINTF("local/remote port %d/%d\r\n",
93      UIP_HTONS(client_conn->lport), UIP_HTONS(client_conn->rport));
94      etimer_set(&et, SEND_INTERVAL);
95      while(1) {
96        PROCESS_WAIT_EVENT_UNTIL(etimer_expired(&et));
97        Get_Weight();//读取称重数据
98        Weight_Shiwu=Weight_Shiwu/10;//原单位是克，数据缩小 10 倍
99         SequenceID++;
100        if(SequenceID>99)
101           SequenceID=0;
102       strTemp[2]=SequenceID/10%10+48;
103       strTemp[3]=SequenceID%10+48;
104       strTemp[8]=abs(Weight_Shiwu%10000)/1%10+48;//数字范围 0～200 公斤，精度 0.01 公斤，
105       //数据放大 100 倍上传
106       strTemp[7]=abs(Weight_Shiwu%10000)/10%10+48;
107       strTemp[6]=abs(Weight_Shiwu%10000)/100%10+48;
108       strTemp[5]=abs(Weight_Shiwu%10000)/1000%10+48;
109       strTemp[4]=abs(Weight_Shiwu/100)/100%10+48;
110      for(i=0;i<9;i++)
111        strTemp[15]+=strTemp[i];
112       printf("%s\r\n",strTemp);
113       uip_udp_packet_send(client_conn,strTemp,17);
114       etimer_reset(&et);
115     }
116     PROCESS_END();
117   }
```

8.3 边缘节点的实现

要实现无线传感器网络接入互联网的目的，还要设计开发一个中心控制器和边缘节点（功能类似于物联网网关），实现沟通 WSN 和 Internet 的功能。理想情况下，最好部署 CoAP。

8.3.1 中心控制器和边缘节点的软硬件结构

边缘节点首先是一个具有路由功能的全功能节点。其次，需要实现 IPv6 适配的功能。IPv6 网络终端（手机或电脑等）借助互联网应用程序（Web 服务器），对一个 WSN 的节点 H 进行通信，其一般过程如图 8-11 所示。

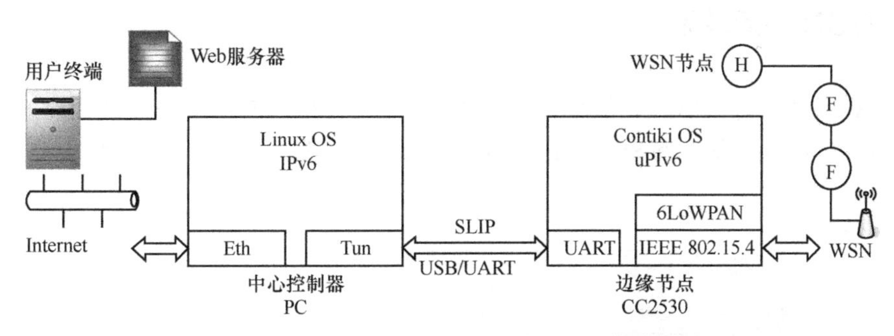

图 8-11　中心控制器和边缘节点的硬件结构

由图 8-11 所示的硬件结构可知，Internet 上的用户终端如果对 WSN 节点 H 发送一个数据请求包，该数据包是 IPv6 格式的，则通过 Internet 将数据包发送到中心控制器。中央控制器为一台 PC 或计算性能相对较强的嵌入式系统（运行 Linux 操作系统），边缘节点为运行 Contiki 操作系统的 CC2530 平台。中央控制器与边缘节点间通过串口数据线相连，运行 SLIP 程序传递信息。Tun 为中央控制器上的虚拟网卡驱动。边缘节点通过 SLIP 协议从 PC 收到数据包，需要对其适配，转换为 IEEE 802.15.4 格式的数据包，通过 WSN 传输到节点 H。然后，传感器节点 H 对接收到的数据请求包进行响应，采集数据并将数据进行封装，最后将数据返回 Web 服务器，过程与接收过程类似。

为了便于理解边缘节点和中心控制器的工作流程，可参考如图 8-12 所示的软件流程。

由图 8-12 可知，边缘节点中的 6LoWPAN 适配层对接收到的 IPv6 数据包进行了头部压缩、数据包分片等工作，接着被处理的数据包分片发往目的地址（也就是传感器节点 H 的地址）。一般边缘节点是作为 WSN 的根节点，并构造一个有向的 DODAG 路由拓扑结构。最终，经过多个全功能节点的邻居发现，维护扩展 DODAG 路由结构。同时，通过路由数据转发，H 节点收到所有被分片处理过的数据包，对所有分片进行重组和头部处理等操作，解析还原数据请求包。

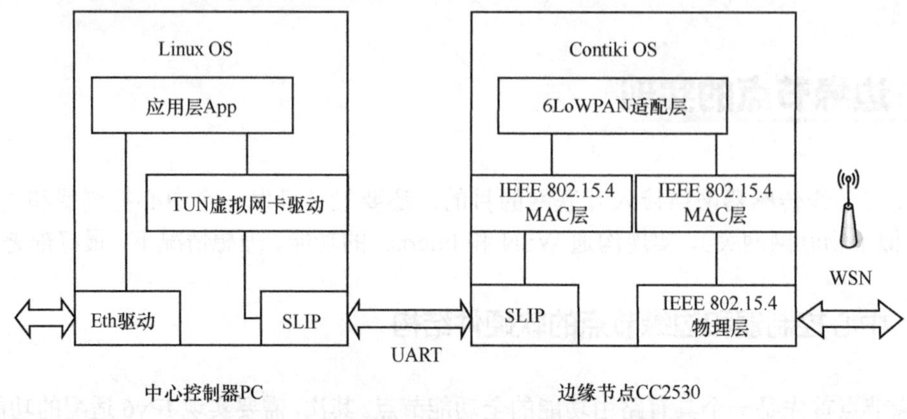

图 8-12　中心控制器和边缘节点的软件工作流程

8.3.2　WSN 节点地址

每个 CC2530 芯片在出厂时都有自己一个符合 IEEE 802.15.4 相关标准的 IEEE 地址，这个地址共 8 B。参考开发工具 SmartRF Flash Programmer 获取的 CC2530 芯片的 IEEE 地址如图 8-13 所示。

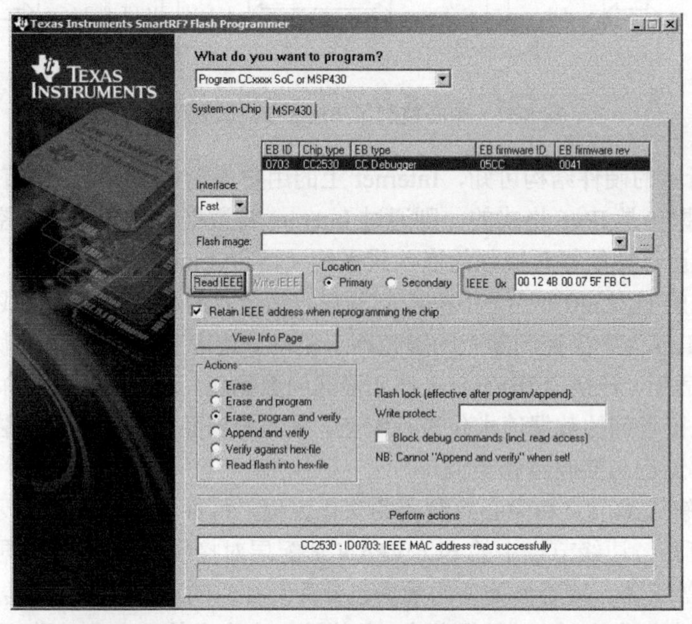

图 8-13　基于 SmartRF Flash Programmer 获取的 CC2530 芯片的 IEEE 地址

由图 8-13 可知，CC2530 芯片的 IEEE 地址为 00-12-4B-00-07-5F-FB-C1。经过转换之后的 IPv6 地址变为 FE-80-00-00-00-00-00-00-02-12-4B-00-07-5F-FB-C1。其中，IEEE 地址中的 00 被反转成 02，其中的 0 被省略后，地址可以简写成 FE80::212:4B00:075F:FBC1。

只要将客户端的 IPv6 地址在代码中改成服务器的 IPv6 地址，那么客户端节点就可以实现与服务器之间的正常通信。

8.3.3　SLIP 简介

SLIP（Serial Line Internet Protocol，串行线路网际协议）是远程访问的一种旧工业标准，支持 TCP/IP，通过对数据报进行简单的封装，用于点对点的串行传输线路。它是一种数据打包协议：定义了一系列字符来打包在串行线路上的 IP 包。但除此之外，SLIP 既不提供寻址、包类型识别，也不提供错误检测/更正。SLIP 链路两端的计算机必须知道对方的地址，才能进行正确的路由。图 8-14 给出了 SLIP 的帧数据报文格式。

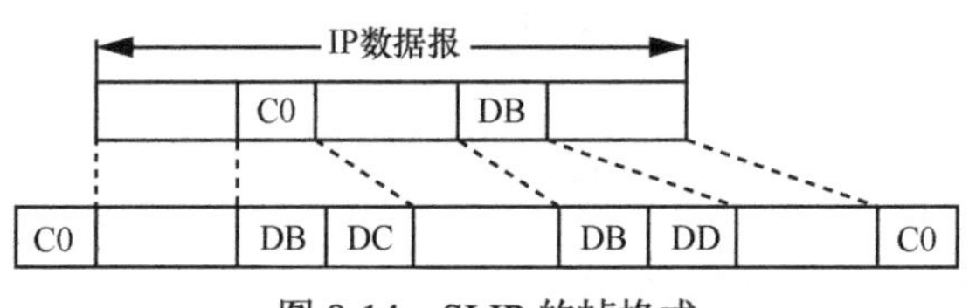

图 8-14　SLIP 的帧格式

SLIP 帧的封装规则如下。

① 在每个 IP 数据报的首部和尾部各加上特殊的标志字节 END，封装成 SLIP 帧，标识字节 END 的编码为（0xC0），在 SLIP 帧首加上 END 字符的作用是防止在 IP 数据报到来之前将线路上的噪声当成数据报的内容。

② 如果 IP 数据报中的某一个字节恰好与标识字节 END 的编码一样，那么就要将这一个字节更换成 2 B 序列（0xDB,0xDC），这里的特殊字符（0xDB）称为 SLIP 转义字符。

③ 如果 IP 数据报中的某一个字节恰好与 SLIP 转义字符（0xDB）一样，则将它更换成 2 B 序列（0xDB,0xDD）。

8.3.4　SLIP 程序分析

在 Contiki 操作系统中已经实现了 slip 实现程序，其主要文件在 core/dev/目录下的 slip.h、slip.c、slip-arch.c 文件及 platform\wsn2530dk/dev/目录下的 slip-arch.c 文件。

（1）slip.h 头文件

slip.h 头主要包含了 slip.c 及 slip-arch.c 源文件的一些定义及函数申明，其申明函数如代码 8-18 所示。

代码 8-18　slip.h 申明函数

```
1    PROCESS_NAME(slip_process);//申明 slipslip_process 进程
2    uint8_t slip_send(void);//将 IP 数据包封装为 slip 数据包并发送至串口
3    int slip_input_byte(unsigned char c);//接收 1 bit 的 slip 串口数据
4    uint8_t slip_write(const void *ptr, int len);//向串口发送 slip 数据包
5    extern uint8_t slip_active;
6    extern uint16_t slip_rubbish, slip_twopackets, slip_overflow, slip_ip_drop;
7    void slip_set_input_callback(void (*callback)(void));//设置输入回调函数，就是调用对应函数
8    //处理输入的消息
9    //调用 slip_input_callback 函数处理输入消息【函数在 slip-bridge.c】，在 slip_arch.c 定义
10   void slip_arch_init(unsigned long ubr);//串口和 slip 初始化
11   void slip_arch_writeb(unsigned char c);//条用串口发送 slip 数据
```

（2）slip-arch.c 源程序

slip-arch.c 主要是针对 CC2530 这类与硬件平台相关的串口硬件设置，包括 slip_arch_writeb 和 slip_arch_init 两个函数，slip_arch_writeb 函数主要是向串口发送字符，slip_arch_init 主要包括串口速率设置及设置输入函数返回显示调用，如代码 8-19 所示。

代码 8-19 slip-arch.c 源程序

```
1    void slip_arch_writeb(unsigned char c)
2    {
3      io_arch_writeb(c);
4    }
5    void slip_arch_init(unsigned long ubr)
6    {
7      if(ubr==115200)
8        UART_SET_SPEED(0, UART_115_M, UART_115_E);
9      else if(ubr==38400)
10       UART_SET_SPEED(0, UART_38_M, UART_38_E);
11     else if(ubr==9600)
12       UART_SET_SPEED(0, UART_9_M, UART_9_E);
13     else
14       UART_SET_SPEED(0, UART_38_M, UART_38_E); //默认波特率
15     io_arch_set_input(slip_input_byte);
16   }
```

（3）slip.c 源文件

slip.c 文件实现 SLIP 数据包的封装和解封，处理上层串口 SLIP 数据和 IPv6 网络的 IP 数据的转换，主要包含封装网络应用层数据包 SLIP 并通过串口发送，同时接收串口的 SLIP 数据解码为网络应用层数据。

在 slip.c 文件开头定义了 4 个特殊的标识字符，介绍如代码 8-20 所示。

代码 8-20 slip.c 4 个特殊的标识字符

```
1   #define SLIP_END     0300 //0xC0
2   #define SLIP_ESC     0333 //0xDB
3   #define SLIP_ESC_END 0334 //0xDC
4   #define SLIP_ESC_ESC 0335 //0xDD
```

① slip_set_input_callback 函数指向一个返回值和参数均为空的函数指针 c，如代码 8-21 所示。

代码 8-21 slip_set_input_callback 函数

```
1   static void (* input_callback)(void) = NULL;
2   void slip_set_input_callback(void (*c)(void))
3   {
4     input_callback = c;
5   }
```

后续程序有调用此函数，函数指针被赋值之后就变成了函数指针 input_callback 指向 slip_input_callback，此函数的实现在 slip-bridge.c 文件中。

② slip_send 函数实现 IP 数据包转换为 SLIP 数据包并串口发送数据，如代码 8-22 所示。

代码 8-22　slip_send 函数

```
1     uint8_t slip_send(void)
2     {
3       uint16_t i;
4       uint8_t *ptr;
5       uint8_t c;
6       slip_arch_writeb(SLIP_END);//slip 包起始数据 0xC0
7       ptr = &uip_buf[UIP_LLH_LEN];//IP 数据包地址
8       for(i = 0; i < uip_len; ++i) {
9         if(i == UIP_TCPIP_HLEN) {
10          ptr = (uint8_t *)uip_appdata; //定位应用层数据起始地址
11        }
12        c = *ptr++;
13        if(c == SLIP_END) {//如果数据为 0xC0，添加 0xDB  0xDC 数据
14          slip_arch_writeb(SLIP_ESC);
15          c = SLIP_ESC_END;
16        } else if(c == SLIP_ESC) {//如果数据为 0xDB，添加 0xDB  0xDD 数据
17          slip_arch_writeb(SLIP_ESC);
18          c = SLIP_ESC_ESC;
19        }
20        slip_arch_writeb(c);
21      }
22      slip_arch_writeb(SLIP_END);//包尾添加截止数据 0xC0
23      return UIP_FW_OK;
24    }
```

从代码 8-22 可以看出，slip_send 主要是 IP 数据包定位并添加 0xC0 至头尾，在寻找 IP 包中特殊字符 0xC0 为 OxDB 0xDC, 0xDB 为 OxDB 0xDD。

③ slip_write 函数与 slip_send 很相近，只打包数据为 SLIP 的数据包。

④ slip_poll_handler 函数 SLIP 数据包的前几个数据处理数据包，当收到前 6 个数据为“Client”时，直接返回一串数据信息；当收到信息为“？M”(定义了 SLIP_CONF_ANSWER_MAC_REQUEST 字段)时，发送含有 MAC 信息的 SLIP 数据包至串口；当为其他信息时，rxbuf 字符串信息至 outbuf 指针，如代码 8-23 所示。

代码 8-23　slip_poll_handler 函数

```
1   static uint16_t slip_poll_handler(uint8_t *outbuf, uint16_t blen)//
2   {
3     if(rxbuf[begin] == 'C') {//CLIENT 信息处理
4       int i;
5       if(begin < end && (end - begin) >= 6
6          && memcmp(&rxbuf[begin], "CLIENT", 6) == 0) {
7         state = STATE_TWOPACKETS;
8         memset(&rxbuf[begin], 0x0, 6);
9          rxbuf_init();
10        for(i = 0; i < 13; i++) {
11      slip_arch_writeb("CLIENTSERVER\300"[i]);
12        }
13        return 0;
14      }
15    }
16  #ifdef SLIP_CONF_ANSWER_MAC_REQUEST //查询 MAC 使能
17    else if(rxbuf[begin] == '?') {
```

```
18      int i, j;
19      char* hexchar = "0123456789abcdef";
20      if(begin < end && (end - begin) >= 2
21         && rxbuf[begin + 1] == 'M') {//?M指令，查询MAC地址
22        state = STATE_TWOPACKETS; /* Interrupts do nothing. */
23        rxbuf[begin] = 0;
24        rxbuf[begin + 1] = 0;
25        rxbuf_init();
26         rimeaddr_t addr = get_mac_addr();
27        slip_arch_writeb('!');
28        slip_arch_writeb('M');
29        for(j = 0; j < 8; j++) {
30          slip_arch_writeb(hexchar[addr.u8[j] >> 4]);
31          slip_arch_writeb(hexchar[addr.u8[j] & 15]);
32        }
33        slip_arch_writeb(SLIP_END);
34        return 0;
35      }
36    }
37  #endif  //查询MAC使能
38    if(begin != pkt_end) {//普通信息提取至outbuf指针
39      uint16_t len;
40      if(begin < pkt_end) {
41        len = pkt_end - begin;
42        if(len > blen) {
43      len = 0;
44        } else {
45      memcpy(outbuf, &rxbuf[begin], len);
46        }
47      } else {
48        len = (RX_BUFSIZE - begin) + (pkt_end - 0);
49        if(len > blen) {
50      len = 0;
51        } else {
52      unsigned i;
53      for(i = begin; i < RX_BUFSIZE; i++) {
54        *outbuf++ = rxbuf[i];
55      }
56      for(i = 0; i < pkt_end; i++) {
57        *outbuf++ = rxbuf[i];
58      }
59        }
60      }
61      begin = pkt_end;
62      if(state == STATE_TWOPACKETS) {
63        pkt_end = end;
64        state = STATE_OK;
65         process_poll(&slip_process);//再次调用slip进程
66      }
67      return len;
68    }
69    return 0;
70  }
```

⑤ slip_process 进程函数主要是等待 PROCESS_EVENT_POLL 事件的到来，然后调

用 slip_poll_handler 处理串口接收到的 SLIP 数据包，并将数据包转为 IP 数据包，调用 tcpip_input 函数，将数据交给网络层处理，如代码 8-24 所示。

代码 8-24　slip_process 函数

```
1    PROCESS_THREAD(slip_process, ev, data)
2    {
3      PROCESS_BEGIN();
4      rxbuf_init();
5      while(1) {
6        PROCESS_YIELD_UNTIL(ev == PROCESS_EVENT_POLL);
7        slip_active = 1;
8        uip_len = slip_poll_handler(&uip_buf[UIP_LLH_LEN],//将 slip 数据包赋值给 uip_buf 指针里
9                    UIP_BUFSIZE - UIP_LLH_LEN);
10    //UIP_CONF_IPv6=1 采用 IPv6 数据封装
11       if(uip_len > 0) {
12         if(input_callback) {
13           input_callback();//调用 input_callback 函数
14         }
15         tcpip_input();//uip_buf 提交网络层处理
16       }
17     }
18     PROCESS_END();
19   }
```

⑥ slip_input_byte 函数用于将 SLIP 数据包中的单个数据还原信息，如果数据是有效数据，将存入 rxbuf 字符指针变量里，如代码 8-25 所示。

代码 8-25　slip_input_byte 函数

```
1    int slip_input_byte(unsigned char c)//输入 slip 字节的解码
2    {
3      switch(state)
4      {//根据前一个 slip 状态判断 c 字符解码方式
5      case STATE_RUBBISH:   //前一个状态为 STATE_RUBBISH 下
6        if(c == SLIP_END) //新数据包开始
7        {
8          state = STATE_OK; //当为 SLIP_END 改变状态为 STATE_OK
9        }
10       return 0;
11     case STATE_TWOPACKETS://前一个状态为 STATE_TWOPACKETS 下,丢弃 c
12       return 0;
13     case STATE_ESC:    //前一个状态为 STATE_ESC 下
14       if(c == SLIP_ESC_END) //当前 c 值为 SLIP_ESC_END
15       {
16         c = SLIP_END;   //c 改为 SLIP_END【STATE_ESC SLIP_ESC_END】两个数据变为 SLIP_END
17       } else if(c == SLIP_ESC_ESC) {//SLIP_ESC_ESC
18         c = SLIP_ESC; //c 改为 SLIP_ESC【STATE_ESC SLIP_ESCESC】两个数据变为 SLIP_ESC
19       } else {  //其他数据
20         state = STATE_RUBBISH;  //非正常状态，丢弃 c，状态改为 STATE_RUBBISH
21         SLIP_STATISTICS(slip_rubbish++);
22         end = pkt_end;         /* remove rubbish */
23         return 0;
24       }
25       state = STATE_OK;//正常状态，设置当前状态为 STATE_OK
```

```
26        break;
27      case STATE_OK:    //前一个状态为 STATE_OK 下
28        if(c == SLIP_ESC)
29        {
30          state = STATE_ESC; //C 为 SLIP_ESC，改变状态为 STATE_ESC
31          return 0;
32        }
33        else if(c == SLIP_END) //前一个状态为 STATE_END 下态
34        {
35          if(end != pkt_end)
36          {
37            if(begin == pkt_end)
38            {
39              pkt_end = end;//end 值赋给 pkt_end，解码完成一个有效 slip 数据包
40            }
41            else
42            {
43              state = STATE_TWOPACKETS;
44              SLIP_STATISTICS(slip_twopackets++);
45            }
46            process_poll(&slip_process);//slip_process 轮训请求
47            return 1;
48          }
49          return 0;
50        }
51        break;
52      }
53    //如果为有效数据就加到 rxbuf 指针末尾
54      {
55        unsigned next;
56        next = end + 1;
57        if(next == RX_BUFSIZE)//数据超过接收最大值
58        {
59          next = 0; //溢出，将 next 设为 0
60        }
61        if(next == begin) //next 复位表示溢出
62        {
63          state = STATE_RUBBISH;//设置状态位为 STATE_RUBBISH
64          SLIP_STATISTICS(slip_overflow++);
65          end = pkt_end;          //复位 end
66          return 0;
67        }
68        rxbuf[end] = c;//有效 c 值赋与 rxbuf
69        end = next;//end+1
70      }
71      if(c == 'T' && rxbuf[begin] == 'C') {//字符为 C*T 时
72        process_poll(&slip_process); //slip_process 轮询请求
73        return 1;
74      }
75      return 0;
76    }
```

8.3.5　边缘网关节点程序实现

边界网关节点程序主要通过 SLIP 及 RPL 协议来实现 SLIP 通信及 RPL 网络的建立，主要文件是 slip-bridge.c 和 border-router.c 两个文件，border-router.c 里的 border_router_process 进程主要是获取网络号、本地 IPv6 地址，slip-bridge.c 文件起到 slip.c 文件宏协议与本硬件平台的桥接。

边缘节点开机启动后，系统等待中心控制器的 SLIP 握手，其流程如图 8-15 所示。

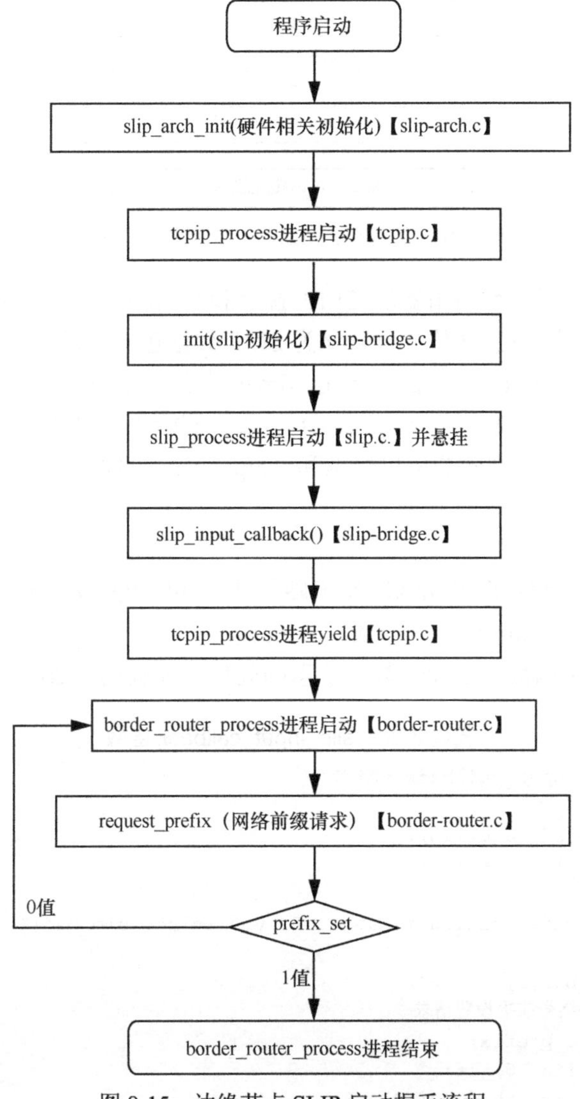

图 8-15　边缘节点 SLIP 启动握手流程

当中心控制器发送 SLIP 网络信息后，触发 PROCESS_EVENT_POLL 事件，slip_process 进程启动开始网络初始设置，其流程如图 8-16 所示。

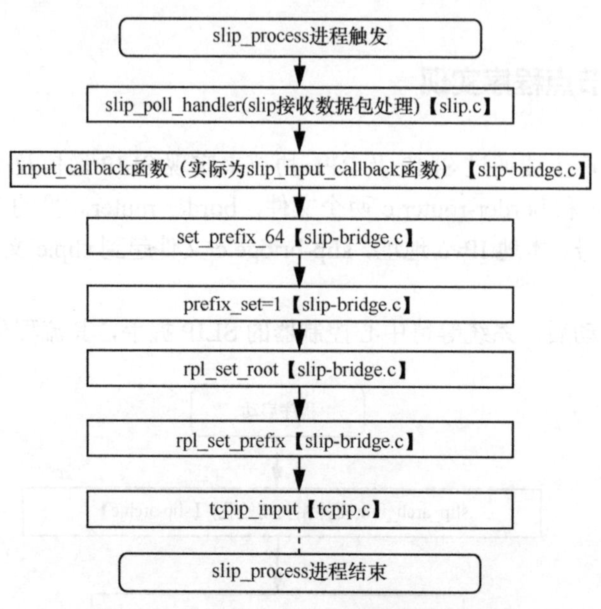

图 8-16 边缘节点 SLIP 初始网络信息流程

以上两个流程完成了边缘路由器的 SLIP 握手和网络相关的初始化，系统根据事件处理收到的 SLIP 数据报将应用层 IP 数据报转化为 SLIP 数据包向外发送。当 TCP/IP 输出事件到来，启动 tcpip_ipv6_output 函数后就调用 slip.c 中的 output 处理函数，当 PROCESS_EVENT_POLL 事件到来，就调用 tcpip_input 函数。初始化后系统根据 PROCESS_EVENT_POLL 事件处理收到中心控制器的串口数据和 tcpip_event 事件处理内部网络通过网关向外部网络发送的数据。

（1）slip-bridge 源文件

slip-bridge.c 文件起到了 Contiki 系统硬件平台和 slip 文件的衔接，主要是定义了 slip_input_callback 函数、slip 初始化函数、output 输出处理函数以及 slip_interface 函数。

slip_input_callback 函数用于 slip 数据信息的处理，如代码 8-26 所示。

代码 8-26 slip_input_callback 函数

```
1  static void slip_input_callback(void)
2  {
3    PRINTF("SIN: %u\n", uip_len);
4    if((char) uip_buf[0] == '!')
5    {
6      PRINTF("Got configuration message of type %c\n", uip_buf[1]);
7      uip_len = 0;
8      if((char)uip_buf[1] == 'P')
9       {//"!P"表示网络号前缀设置请求
10        uip_ipaddr_t prefix;
11        memset(&prefix, 0, 16);
12        memcpy(&prefix, &uip_buf[2], 8);
13        PRINTF("Setting prefix ");
14        PRINT6ADDR(&prefix);
15        PRINTF("\n");
16        set_prefix_64(&prefix);
17     }
```

```
18    }
19    else if (uip_buf[0] == '?')
20    {
21      PRINTF("Got request message of type %c\n", uip_buf[1]);
22      if(uip_buf[1] == 'M')
23      { //"?M"表示查询MAC地址
24        char* hexchar = "0123456789abcdef";
25        int j;
26        uip_buf[0] = '!';
27        for(j = 0; j < 8; j++)
28        {
29          uip_buf[2 + j * 2] = hexchar[uip_lladdr.addr[j] >> 4];
30          uip_buf[3 + j * 2] = hexchar[uip_lladdr.addr[j] & 15];
31        }
32        uip_len = 18;
33        slip_send();
34      }
35      uip_len = 0;
36    }
37    else
38    {//剥除网络应用层数据的报头信息
39      uint8_t i;
40      uint8_t *ptr=&uip_buf[UIP_LLH_LEN];
41      for(i = 0; i < uip_len; ++i)
42      {
43        if(i == UIP_TCPIP_HLEN)
44        {
45          ptr = (uint8_t *)uip_appdata;
46        }
47        if(i < 128)
48        debug_data[i] = *ptr++;
49      }
50      i++;
51    uip_ipaddr_copy(&last_sender, &UIP_IP_BUF->srcipaddr);//备份源地址数据信息
52  }
```

init 函数用于串口速率及相关初始化，启动 slip_process 进程，调用 slip_input_callback 函数进行网络初始化设置，如代码 8-27 所示。

代码 8-27　init 函数

```
1   static void init(void)
2   {
3     slip_arch_init(38400);//波特率设置
4     process_start(&slip_process, NULL);//启动设置
5     slip_set_input_callback(slip_input_callback);//启动slip_input_callback函数
6   }
```

output 函数处理网络应用层网络数据包，然后调用 slip_send 函数封装并发送 slip 数据包，如代码 8-28 所示。

代码 8-28　output 函数

```
1   static void output(void)
2   {
3     uint8_t i;
```

```
4     uint8_t *ptr=&uip_buf[UIP_LLH_LEN];
5     for(i = 0; i < uip_len; ++i)
6     {
7       if(i == UIP_TCPIP_HLEN)
8       {
9         ptr = (uint8_t *)uip_appdata;
10      }
11      if(i < 128)
12        debug_data[i] = *ptr++;
13    }
14    i++;
15    if(uip_ipaddr_cmp(&last_sender, &UIP_IP_BUF->srcipaddr))
16  {//发送地址和源地址一致，发送路由错误信息
17      PRINTF("slip-bridge: Destination off-link but no route\n");
18    } else
19    {
20      PRINTF("SUT: %u\n", uip_len);
21      slip_send();//调用 slip_send()发送 slip 数据包
22    }
23  }
```

在 slip-bridge.c 文件最后定义了一个 uip_fallback_interface 结构体实例 slip_interface，结构体里的成员为 init 及 output 函数指针，如代码 8-29 所示。

代码 8-29　结构体实例 slip_interface

```
1  struct uip_fallback_interface slip_interface = {
2    init, output
3  };
```

uip_fallback_interface 的定义在 uip.c 文件中，其定义如代码 8-30 所示。

代码 8-30　uip_fallback_interface 定义

```
1  struct uip_fallback_interface {
2    void (*init)(void);
3    void (*output)(void);
4  };
```

最后在 tcpip.c 文件中的 tcpip_process 调用了 init 及 output 函数，调用 init 函数如代码 8-31 所示。

代码 8-31　调用 init 函数

```
1  #ifdef UIP_FALLBACK_INTERFACE
2    UIP_FALLBACK_INTERFACE.init();
3  #endif
```

调用 output 函数如代码 8-32 所示。

代码 8-32　调用 output 函数

```
1  #ifdef UIP_FALLBACK_INTERFACE
2        PRINTF("FALLBACK: removing ext hdrs & setting proto %d %d\n",
3           uip_ext_len, *((uint8_t *)UIP_IP_BUF + 40));
4        if(uip_ext_len > 0) {
5          extern void remove_ext_hdr(void);
```

```
6           uint8_t proto = *((uint8_t *)UIP_IP_BUF + 40);
7           remove_ext_hdr();
8           UIP_IP_BUF->proto = proto;
9         }
10        UIP_FALLBACK_INTERFACE.output();
11  #else
```

其中，UIP_FALLBACK_INTERFACE 在 project-conf 进行了宏定义，其定义如代码 8-33 所示。

代码 8-33　UIP_FALLBACK_INTERFACE 定义

```
1   #define UIP_FALLBACK_INTERFACE slip_interface
```

（2）border-router 源文件

border-router.c 文件主要包含 border_router_process 进程的定义及加入自启动、本边缘节点 IPv6 地址的串口输出函数 print_local_addresses、请求获得网络号函数 request_prefix、设置本地网络地址及 RPL 网的建立函数 set_prefix_64。

request_prefix 发送"?P"指令以获取网络号前缀，如代码 8-34 所示。

代码 8-34　request_prefix 函数

```
1  void request_prefix(void) {//发送"?P " slip 数据包
2    uip_buf[0] = '?';
3    uip_buf[1] = 'P';
4    uip_len = 2;
5    slip_send();
6    uip_len = 0;
7  }
```

set_prefix_64 函数是依据获得的网络号设置本地 IP 地址及创建 RPL 网络根节点，如代码 8-35 所示。

代码 8-35　set_prefix_64 函数

```
1   void set_prefix_64(uip_ipaddr_t *prefix_64)
2   {
3     rpl_dag_t *dag;
4     uip_ipaddr_t ipaddr;
5     memcpy(&ipaddr, prefix_64, 16);
6     prefix_set = 1;
7     uip_ds6_set_addr_iid(&ipaddr, &uip_lladdr);//设置本地 IPv6 地址第八位为 0x02
8     uip_ds6_addr_add(&ipaddr, 0, ADDR_AUTOCONF);//设置本地 IPv6 后面部分
9     dag = rpl_set_root(RPL_DEFAULT_INSTANCE, &ipaddr);//创建 RPL 根节点
10    if(dag != NULL) {
11      rpl_set_prefix(dag, &ipaddr, 64);//RPLE
12      PRINTF("Created a new RPL dag with ID: ");
13      PRINT6ADDR(&dag->dag_id);
14      PRINTF("\n");
15    }
16  }
```

border_router_process 进程主要功能是不断触发 request_prefix 函数以获得网络号信息，信息接收成功后退出进程，如代码 8-36 所示。

代码 8-36　border_router_process 函数

```
1    PROCESS_THREAD(border_router_process, ev, data)
2    {
3      static struct etimer et;
4      PROCESS_BEGIN();
5      PRINTF("Border Router started\n");
6      prefix_set = 0;// 网络是否有前缀标识
7      PRINTF("Send Prefix request per second.\n");
8      while(!prefix_set) {
9        etimer_set(&et, CLOCK_SECOND);
10       request_prefix();//发送网络号请求
11       PROCESS_WAIT_EVENT_UNTIL(etimer_expired(&et));//定时发送直到收到网络号信息
12     }
13     PRINTF("On Channel %u\n", (uint8_t)((FREQCTRL + 44) / 5));
14     print_local_addresses();//打印 IPv6 地址信息
15     PROCESS_EXIT();
16     PROCESS_END();
17   }
```

SLIP 相关的初始化在 contiki-main 主函数中调用 slip_arch_init 函数，如代码 8-37 所示。

代码 8-37　slip_arch_init 函数

```
1    #if SLIP_ARCH_CONF_ENABLE
2      slip_arch_init(0);
3    #else
4      io_arch_set_input(serial_line_input_byte);
5      serial_line_init();
6    #endif
```

slip_arch_init 函数的功能为 SLIP 相关初始化，设置串口速率为 38400，调用 slip_input_byte 函数并将返回值发送至串口，如代码 8-38 所示。

代码 8-38　slip_input_byte 函数

```
1    void slip_arch_init(unsigned long ubr)
2    {
3      if(ubr==115200)
4        UART_SET_SPEED(0, UART_115_M, UART_115_E);
5      else if(ubr==38400)
6        UART_SET_SPEED(0, UART_38_M, UART_38_E);
7      else if(ubr==9600)
8        UART_SET_SPEED(0, UART_9_M, UART_9_E);
9      else
10       UART_SET_SPEED(0, UART_38_M, UART_38_E); //默认速率
11     io_arch_set_input(slip_input_byte);//调用串口输入设置，参数为 slip_input_byte 函数返回值
12   }
```

其中，io_arch_set_input（slip_input_byte）函数最后转化为 uart0_set_input(slip_input_byte)，调用了 slip_input_byte(unsigned char c)函数。

8.4　网络通信测试

测试平台包括一台中心控制器（带网卡和 USB 接口，系统为 ubuntu 18.04 版本）和四套 CC2530 模块（一套用于边缘路由，一套采集体重数据，一套采集温度数据，一套用于灯的亮暗控制），其连接示意如图 8-17 所示，同时每个单元的 IPv6 地址也标识出来。

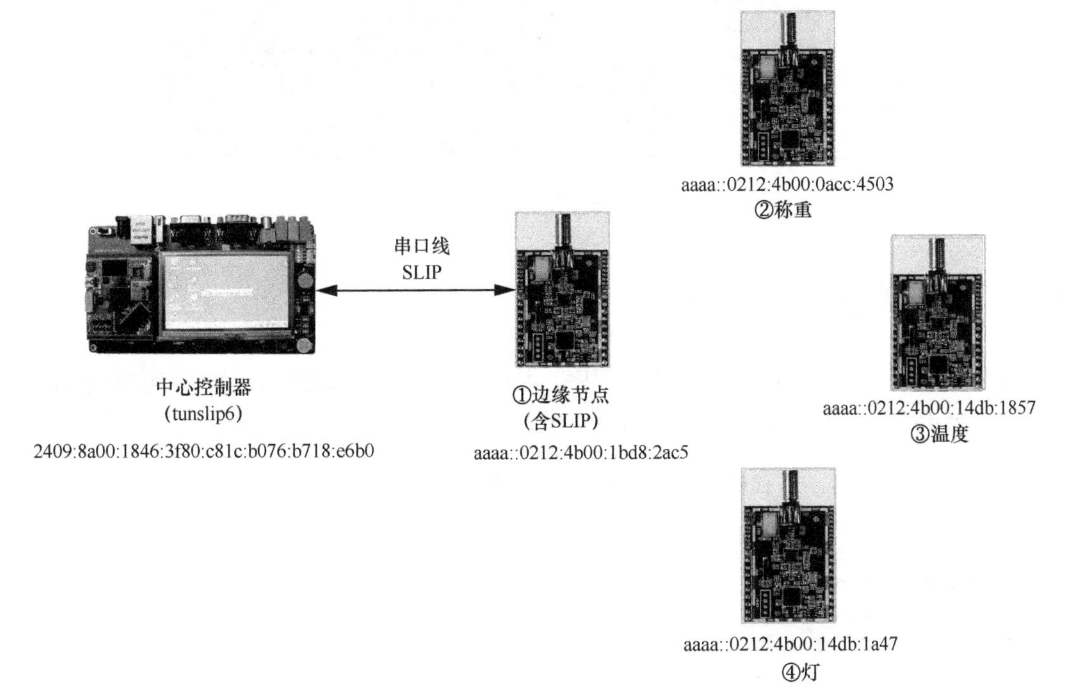

图 8-17　测试硬件连接

8.4.1　SLIP 测试

中心控制器要安装编译 tunslip6 程序，其源程序位于 Contiki 目录下的 tools 子目录。编译好后，启动 tunslip6（需安装好串口驱动），设置波特率、对应串口和网络地址，其启动命令如图 8-18 所示，注意需要串口读写权限。

```
lyj@lyj-muc-111:~/contiki/BorderRouter/tools$ sudo chmod 766 /dev/ttyUSB0
lyj@lyj-muc-111:~/contiki/BorderRouter/tools$ ls -l /dev/ttyUSB0
crwxrw-rw- 1 root dialout 188, 0 3月  21 08:54 /dev/ttyUSB0
lyj@lyj-muc-111:~/contiki/BorderRouter/tools$ sudo ./tunslip6 -B 38400 -s /dev/ttyUSB0  aaaa::1/64
```

图 8-18　tunslip6 启动命令

正确启动 tunslip6 后，会显示虚拟网络设备 tun0 及相关网络信息，同时与边缘路由器开始 SLIP 初始握手协议，成功后会返回边缘节点的网络地址，其相关信息显示如图 8-19 所示。

```
********SLIP started on ``/dev/ttyUSB0''
opened tun device ``/dev/tun0''
ifconfig tun0 inet `hostname` up
ifconfig tun0 add aaaa::1/64
ifconfig tun0 add fe80::0:0:0:1/64
ifconfig tun0

tun0: flags=4305<UP,POINTOPOINT,RUNNING,NOARP,MULTICAST>  mtu 1500
        inet 127.0.1.1  netmask 255.255.255.255  destination 127.0.1.1
        inet6 aaaa::1  prefixlen 64  scopeid 0x0<global>
        inet6 fe80::1  prefixlen 64  scopeid 0x20<link>
        inet6 fe80::b8e9:ad49:d6b3:bec3  prefixlen 64  scopeid 0x20<link>
        unspec 00-00-00-00-00-00-00-00-00-00-00-00-00-00-00-00  txqueuelen 500  (未指定)
        RX packets 0  bytes 0 (0.0 B)
        RX errors 0  dropped 0  overruns 0  frame 0
        TX packets 0  bytes 0 (0.0 B)
        TX errors 0  dropped 0 overruns 0  carrier 0  collisions 0

*** Address:aaaa::1 => aaaa:0000:0000:0000
SIN: u
Got configuration message of type P
Setting prefix aaaa::
Created a new RPL dag with ID: aaaa::0212:4b00:1bd8:2ac5
SIN: u
On Channel u
Router's IPv6 addresses:
  aaaa::0212:4b00:1bd8:2ac5
  fe80::0212:4b00:1bd8:2ac5
```

图 8-19　tunslip 运行状态

8.4.2　服务器监控程序测试

服务器启动基于 IPv6 的 UDP 监听程序，用于接收网络节点信息，程序还可以向 LED 节点发送调节亮度控制信息，其程序及说明如代码 8-39 所示。

代码 8-39　基于 IPv6 的 UDP 监听程序及说明

```
1    #include <stdio.h>
2    #include <stdlib.h>
3    #include <errno.h>
4    #include <string.h>
5    #include <sys/types.h>
6    #include <netinet/in.h>
7    #include <sys/socket.h>
8    #include <sys/wait.h>
9    #include <unistd.h>
10   #include <arpa/inet.h>
11   #include <pthread.h>
12   char testMessage[30]="UDP Server";
13   void * Inputfuc(void * arg )//线程调用函数
14   {
15       printf("Input LED bringtness[0-100]:");//输入控制灯亮度
16       scanf("%s",testMessage);
17   }
18   int main(int argc, char **argv)
19   {
20       struct sockaddr_in6 s_addr;//服务器地址
21       struct sockaddr_in6 c_addr;//客户端地址
22       int sock;
23       socklen_t addr_len;
24       int len,i;
25       int nNetTimeout=3000;//超时设置，单位为ms
26       char buff[128];
27       char buf_ip[128];
```

```
28      pthread_t t1; //线程
29      if ((sock = socket(AF_INET6, SOCK_DGRAM, 0)) == -1)  //建立 UDP socket
30      {
31          perror("socket");
32          exit(errno);
33      } else
34          printf("create socket.\n\r");
35      memset(&s_addr, 0, sizeof(struct sockaddr_in6));
36      s_addr.sin6_family = AF_INET6;
37      if (argv[2])//程序运行输入参数 2，端口号，默认 3500
38          s_addr.sin6_port = htons(atoi(argv[2]));
39      else
40          s_addr.sin6_port = htons(3500);
41      if (argv[1])//程序运行输入参数 1，服务器 IPv6 地址
42          inet_pton(AF_INET6, argv[1], &s_addr.sin6_addr);
43      else
44          s_addr.sin6_addr = in6addr_any;
45      if ((bind(sock, (struct sockaddr *) &s_addr, sizeof(s_addr))) == -1)//绑定 IPv6 地址
46      {
47          perror("bind");
48          exit(errno);
49      } else
50          printf("bind address to socket.\n\r");
51      //开启 socket 接收超时
52      setsockopt(sock,SOL_SOCKET,SO_RCVTIMEO,(char *)&nNetTimeout,sizeof(int));
53      addr_len = sizeof(c_addr);
54      while (1)
55      {
56          memset(testMessage, 0, sizeof(testMessage));//接收远端数据连接
57          len = recvfrom(sock, buff, sizeof(buff) - 1, 0,
58                         (struct sockaddr *) &c_addr, &addr_len);
59          if(len>0)
60          {
61              buff[len] = '\0';
62              printf("\r\nreceive from %s: buffer:%s\n\r",
63                  inet_ntop(AF_INET6, &c_addr.sin6_addr, buf_ip, sizeof(buf_ip)),
64                  buff);
65              if(strstr(inet_ntop(AF_INET6, &c_addr.sin6_addr,
66              buf_ip, sizeof(buf_ip)),"aaaa::212:4b00:14db:1a47"))//灯地址
67              {
68                  pthread_create(&t1,NULL,Inputfuc,testMessage);//启动线程，用于键盘输入
69                  sleep(2);
70                  pthread_cancel(t1);//终止线程
71                  pthread_join(t1,NULL);
72                  if(sendto(sock,testMessage,12,0,(struct sockaddr *) &c_addr,addr_len)<0)
73                  //发送调光参数
74                  {
75                      perror("send error\r\n");
76                      exit(errno);
77                  }
78              }
79          }
80      }
81      return 0;
82  }
```

8.4.3 运行测试

运行服务器监听程序[10]，需带本机 IPv6 地址及端口号，如图 8-20 所示。

```
lyj@lyj-muc-111:~/UPDSocket$ sudo ./IPV6UDPServer 2409:8a00:1846:3f80:c81c:b076:
b718:e6b0 3500
create socket.
bind address to socket.
receive from aaaa::212:4b00:14db:1a47: buffer:@35955000000000
```

图 8-20 启动服务程序

输出结果如图 8-21 所示。

```
receive from aaaa::212:4b00:acc:4503: buffer:@30300000000000
Input LED bringtness[0-100]:
receive from aaaa::212:4b00:14db:1857: buffer:@23025300000000
Input LED bringtness[0-100]:
receive from aaaa::212:4b00:14db:1a47: buffer:@15055000000000
Input LED bringtness[0-100]:
receive from aaaa::212:4b00:acc:4503: buffer:@30400058000000
Input LED bringtness[0-100]:
receive from aaaa::212:4b00:14db:1857: buffer:@23125300000000
Input LED bringtness[0-100]:
receive from aaaa::212:4b00:14db:1a47: buffer:@15155000000000
Input LED bringtness[0-100]:
```

图 8-21 输出结果

图 8-21 中，aaaa::212:4b00:acc:4503 获得的数据为@30400058000 数据，标识 3 号模块，数据序号为 04，重量为 0.58 kg；aaaa::212:4b00:14db:1857 获得的数据为@231253000 数据，标识为 2 号模块，数据序号为 31，温度为 25.1℃；aaaa::212:4b00: 14db:1a47 获得的数据为@1515500000 数据，标识为 1 号模块，数据序号为 51，调光亮度为 55，在界面输入 0～100 的数字，可以调节灯节点的 LED 亮度。

参考文献

[1] 刘云浩. 物联网导论(第 2 版)[M]. 北京：科学出版社, 2013.

[2] 童晓渝, 房秉毅, 张云勇. 物联网智能家居发展分析[J]. 移动通信, 2010, 34(9): 16-20.

[3] 廖建尚. 企业级物联网开发与应用[M]. 北京：电子工业出版社, 2018.

[4] ROMKEY J L. Nonstandard for transmission of IP datagrams over serial lines: SLIP[R]. (1988-06)[2020-01].

[5] MONTENEGRO G, KUSHALNAGAR N, HUI J. Transmission of IPv6 packets over IEEE 802.15.4 networks[R]. (2007-09)[2020-01].

[6] SHELBY Z, HARTKE K, BORMANN C. The constrained application protocol (CoAP) [R]. (2014-06)[2020-01].

[7] 吕天刚, 吕鹤男, 王跃飞, 等. LED 灯丝灯调光控制技术[J]. 半导体照明技术与应用, 2019, 30(1): 69-74.

[8] 周月霞, 孙传友. DS18B20 硬件连接及软件编程[J]. 传感器世界, 2001, 7(12): 25-29.

[9] 于飞, 李擎, 员乾乾. 基于 HX711 的电子称设计[J]. 传感器世界, 2016, 40(12): 33-36.

[10] 刘畅, 彭楚武. Linux 下的 UDP 协议编程[J]. 仪表技术, 2005(4): 62-63, 79.